中国专门史文库
编辑委员会

作者简介

谢世俊 笔名大殷、尚农，1937年10月生于四川合川。曾为丹东市气象局高级工程师，辽宁省科普作协副理事长，中国大气科学史研究会副主任。出版各种图书11部，主编3部，参与工具书写作4部，科普作品和科研成果数次获全国及省市奖。

湖北省学术著作出版专项资金资助项目

中国专门史文库

中国古代气象史稿

谢世俊 著

武汉大学出版社
WUHAN UNIVERSITY PRESS

图书在版编目(CIP)数据

中国古代气象史稿/谢世俊著．—武汉：武汉大学出版社,2016.3
中国专门史文库
ISBN 978-7-307-14584-9

Ⅰ．中… Ⅱ．谢… Ⅲ．气象学—历史—中国—古代 Ⅳ．P4-092

中国版本图书馆 CIP 数据核字(2014)第 239633 号

责任编辑:白绍华　　责任校对:汪欣怡　　版式设计:马　佳

出版发行:**武汉大学出版社**　(430072　武昌　珞珈山)
(电子邮件:cbs22@whu.edu.cn　网址:www.wdp.whu.edu.cn)
印刷:武汉中远印务有限公司
开本:720×1000　1/16　印张:33　字数:474 千字　插页:3
版次:2016 年 3 月第 1 版　　2016 年 3 月第 1 次印刷
ISBN 978-7-307-14584-9　　定价:99.00 元

总　　序

冯天瑜

人类历史是一个有机整体的发展历程，社会、经济、政治、文化等要素彼此交融、相互渗透在这个整体之中，起伏跌宕、波澜壮阔地向前推进。因此，历史研究不能满足于现象的“个体描述”，而应当关注“总体历史”，关注社会综合结构（社会形态）的演化，从而发现历史大势及其规律，诚如太史公所称，他治史绝非满足于枝节性的记载，其宏远目标是“究天人之际，通古今之变”。

然而，“总体”由“专门”综合而成，“一般”植根于“个别”之中，对于“总体历史”的认识、对于社会结构的真切把握，必须建立在历史现象分门别类深入辨析的基础之上。太史公通过“本纪”探究自五帝、夏、商、周、秦，直至汉武帝的纵向专史进程；通过“世家”开辟横向的列国专史；又以八“书”，并述礼、乐、律、历、天官、封禅、河渠、平准，开文化、科技、财经等专门史之先河；“大宛列传”、“货殖列传”实为民族史、中外交通史、商业史之雏形……正是有了诸多专门史具体而微的考实，太史公方能造就整体史学大业，“成一家之言”。《汉书》以下的正史又将《史记》的“书”扩设为“志”(律历志、礼乐志、刑法志、食货志、天文志、地理志、艺文志，等等)，形成较为翔实、细密的专史篇章。

中国史学有着深厚的专门史传统，不仅表现在《史记》、《汉书》等正史为其保留较充分的展开空间，而且自成格局的专志也纷至沓来，如后魏郦道元《水经注》是专论山川地理的志书发轫，两宋以下，各种专史（如金石志、画谱、学案、盐政、畴人传，等等）相继从通史中独立出来，斐然成章，构筑一个大的学术门类。中国的专史之早成、之丰硕，置之古代世界史坛，亦足称先进。

时至近现代，随着学术分科向广度与深度拓展，专门史更成为历史研究蓬勃兴盛的领域。20 世纪前半叶，商务印书馆出版王云五主编的《中国文化史丛书》，在“大文化”名目下，囊括了各类专门史论著，从《文学史》、《美术史》到《财政史》、《赋税史》、《中外交通史》，以至《赌博史》、《娼妓史》，尽纳其中，反映了古今中西文化激荡之际的民国学界专史研究的实绩。20 世纪 80 年代，上海人民出版社推出新的《中国文化史丛书》，收入“文化热”时期的数十种论著（包括《小学史》、《甲骨史》、《杂技史》、《园林史》、《染织史》等以往少见的分科史著)，是我国专门史成果的又一次结集。

近年来，专门史研究有新的发展，在高等教育的一级学科历史学之下，设置专门史二级学科，多所大学及科研院所设立经济史、文化史、社会史等专门史研究机构，探究领域有所拓殖，新史料的开掘、新方法的运用皆有创获，人才成长、论著涌现，蔚然大观。武汉大学出版社推出的《中国专门史文库》便在此种新气象之下应运而生。

本文库以几种早年蜚声学坛的专史作为引领篇什，更多地选入近十年来的专史佳品，其中又分两类，一为曾经出版，现经作者认真修订补充，二为新作。本文库拟分数辑，分批推出，期以共襄专门史研习之大业。

2011 年 10 月 19 日　书于武昌珞珈山

目　录

绪　论

人类生活在地球大气中。大气里的风云变幻，时刻都影响着人们的生产、生活，影响着人们的科学文化活动，以至政治、军事、宗教等一切活动。

气象科学有极其悠久的历史。长期以来，它主要是研究寒来暑往、雨雪晴霁、风云雷电这些属于气候和天气变化的古老问题。然而，气象科学又是一门保持着朝气的科学。从它的萌芽一直发展到今天，人们总是不断用最新的科学技术成果来武装它，而且越来越自觉地在生产、生活，特别是抗灾斗争中广泛地应用它。气象科学已由最初的气候学、物候学、天气学，发展为具有众多分支学科的大气科学体系。气象科学是一门古老而又年轻的科学。

气象科学研究的对象，主要是包围着地球的大气层。同时，对于大气的下垫面，人类及生物圈，大气之外的空间包括太阳、行星等对大气发生的影响，也要加以认识。气象科学虽然上涉天文，下及地理，但三者的研究对象是判然有别的。由于历史上气象科学的任务是"观天候气"，人们认为气象与天文都是研究头顶上空的现象，所以古代气象与天文不分家；而近代自然科学中，气象科学一开始就划在地球科学这个大的部类之中，人们往往弄不清天文、气象、地理这三门科学的联系与区别。

长期以来，气象科学和天文学一样，是一门观测科学。它的工作方法，是通过观测积累资料来进行研究；对于得到的认识，也是用观测来检验和证明。它面对的是整个大气层，大气的运动变化不能拿到实验室去分析研究。人们努力改变这种状况，用电子计算机和其他设备来对大气运动进行模拟试验，对云滴作取样分析，只是近代才取得的进展。

气象科学的理论性和实用性都很强。它的一些基础学科，如大气物理、大气化学、动力气象，直入当代科学前沿，最新的数、理、化、空间科学成果以及最好的电子计算机、通信工具都满足不了它的需要，解不开它的难题。它们的理论很深，但又能有效地应用于人类生产、生活，人人都能利用它的成果，天天都能知道天气预报。

长期以来，除了神话幻想故事中的呼风唤雨，在实际生活中，人们只能预知气象变化，而且是不十分准确的预知。不能阻止气象变化的发生，或者干预这种变化，改变它发生的时间、方式和方向。当然，人们也不是完全无能为力。对于气候，从古代就通过工程措施如水利，生物措施如植树造林，在一定范围内取得某些改善。对于天气，近代也开始了人工影响局部的云雨、冰雹、雾、霜，甚至削弱台风的试验。

气象科学还具有这样的特点：人人都在自觉或不自觉地接触它、应用它，并积累自己的经验和认识；它可以个别地在某地、由某人来观测研究，取得局部地方的气象知识；但它更需要广泛的交流与协作，以至全球的国际合作；气象台站网必须遍布全球，而观测资料又要尽快集中于气象中心；全球监测网日夜运行不息。

气象科学不仅渗入到人们物质生产、生活各领域，而且广泛渗入到其他自然科学、哲学、社会科学、文化艺术等领域。因而，人们十分需要了解气象科学及其历史。在人类文明的发展对地球大气环境影响越来越大的今天，尤其如此。

第一节　气象学史的发展阶段

人类怎样适应大自然，和大自然作斗争，认识大自然的规律和改造大自然，从而取得自身的进步和发展，其经验教训是弥足珍贵的。

人类与大自然关系的历史，大部分可以说是人和气象关系的历史，在古代尤其如此。因为人类最初接触到、感受到和需要认真对付的，主要是自然界里的风云变幻。至今人类遭受的自然灾害中，气象灾害也是最严重和最常见的。而良辰美景，适宜环境，则由良好的气象条件造成。

自然科学的发生和发展，是从气象学和天文学开始。恩格斯曾指出："必须研究自然科学各部门的顺序发展。首先是天文学——游牧民族和农业民族为了定季节，就已经绝对需要它。"① 恩格斯所说的天文学，实际上包括天文与气象两门科学，定季节，是需要天文学和气象学共同努力才能实现的，二者缺一不可。这两门科学发展初期，本是一对孪生姊妹。许多科学包括气象学、天文学、农学、地学乃至数学，其萌芽都可以追溯到原始社会的母系氏族公社时代。古代天文、气象没有分家，我们现在分别追根溯源，有些问题也必须一并提及。

想出办法来确定季节，如观察鸟兽活动、草木萌发，那是人类自觉地、有意识地认识自然的开始。气象科学就这样萌芽了。有目的地从事科学活动，这是极其宝贵的，是取得进展的重要条件。无意识的活动，完全被动的行为，有时也能有所发现，但终不会有较快进步。

然而，人类被动地受大自然的驱使的历史，比有意识地认识大自然的历史要漫长得多。

人类大约在300万年前完成了"人猿相揖别"，从而进入了原

① 恩格斯：《自然辩证法》，《马克思恩格斯全集》第20卷，人民出版社1972年版，第523页。

始社会。先是“前氏族公社”，到了20万—30万年前才进入“氏族公社”，而5千—6千年前进入了阶级社会。① 对那些遥远的时代，我们可以通过地下发掘来了解气象科学怎样开始萌芽。

从猿到人的进化经历了一个极其漫长的过程，亦人亦猿的状态比人类300万年的历史长得多。处于这种从猿群到人类过渡的形态的动物叫“前人”。前人及其萌芽形式的社会组织“原始群”，大约是2500万年前从腊玛古猿及其动物群落中分化出来的。于是，从那时开始有了生物学上的“人科”。经过两千多万年，人类才完成与猿的分手。在这漫长的过程中，我们可以看到人类的祖先怎样适应自然，看到气象变化在人类形成和发展过程中的重要作用。恩格斯指出是劳动创造了人。而最初的劳动，是猿和“前人”为了适应气候变化带来的后果而进行，受到气象变化的驱使，并且开始了不自觉的、被动的与自然的斗争。

人与自然界的风雨雷电、旱涝寒暑的关系，从本能地应付到自觉地认识，从不知到逐渐有所知，从粗浅的零散知识到深入系统的科学，构成了古代气象学史所经历的不同发展阶段。各个阶段的知识，是与当时生产力发展的水平相适应的，否则就不能解释那种知识的产生。这是我们划分科学发展阶段必须注意之点。

在具体划分气象学史的阶段时，我们着眼于两点：一是人类与气象的关系，其发展过程表现出质的差异的几个阶段是：受自然驱使而本能地适应；有了初步经验而加以利用和防御；有了感性知识而进行祈求与揆卜；有了科学认识而加以预测与改造。二是与前述过程有关的气象知识本身的发展，具有质的差异的几步是：最初只有个别具体感受；进而有了经验并概括为一些零散的知识，知识积累较多并整理成若干系统，形成科学；系统知识上升成为理论体系，构成科学体系；科学出现后，工具、方法、理论不断更新及重点学科随时代变化而显出阶段性。

史前人类对气象变化只能是本能地适应；原始氏族公社人类有了产业，才开始积累气象知识。这些知识多是表面现象的、感性的

① 参见吴汝康：《人类的起源和发展》，科学出版社1980年版。

和零散的。到了氏族社会晚期，随着农牧业的发展，气象知识丰富了，并逐渐系统化，气象科学就在这时萌芽了。这个萌芽期实际是相当长的。有了系统知识并发展到理论性的概括和探索气象现象的本质和内在联系（尽管对气象变化的解释未必正确），才能算初步具有了科学形态。对于物候、气候和节气形成系统学问，大约始于奴隶社会的夏代。夏、商、周、秦、汉，气象科学逐渐发展，到二十四节气定型时，达到了古代气象科学的一个高峰。

在考虑了现有各种材料之后，我们这样来划分中国古代气象学史的发展阶段：

（1）史前人类：人们完全受大自然的驱使，但也学会了躲避风雨，适应和利用气象环境，逐优良环境而居。人与气象的关系的踪迹可由考古材料来探寻。

（2）氏族社会：人们开始了自觉地观察物候、气象、天文，进行了“治历明时”的探索。“观天候气”的成果，是懂得了自然变化的一些简单的周期，开始了历法和节气的创造。神话故事，英雄传说和历史考古发掘为我们提供了这一阶段气象科学萌芽过程的史实。

（3）奴隶社会早期夏代（公元前21—前16世纪）：气象科学生根发芽，结出了第一个硕果——夏历。有了一份系统的物候知识《夏小正》，从那些擅长于观天候气的氏族集团中产生了专职、世袭的天文、气象人员。

（4）奴隶社会发展期商周时代（公元前16—前8世纪）：出现阴阳五行解释自然变化的系统理论和气象科学的系统的知识，同时，官方和民间气象工作分道发展，民间谚语测天出现。

（5）奴隶制度走向衰亡的时期春秋战国（公元前8—前2世纪）：物候学有进展，节气知识进一步发展，医疗气象学、军事气象初具规模，天人关系学说各学派形成。

（6）封建社会早期秦汉（公元前2—1世纪）：高度严密的二十四节气知识完成，天人关系学说发展，自古以来的各项知识系统整理成书。

以上六个方面，是本书所要叙述的中国古代气象学史的内容。

断限取在汉代，是因为汉代二十四节气已基本定型，达到了古代气象学史上的一个高峰。一万多年探索气候规律、治历明时的努力，到这时结成了科学的硕果。而其他气象科学成果如医疗气象、军事气象、农业气象等，在古代也是以气候和节气知识为基础。

三国以后，中国气象学史大致可分为这样几个大的阶段：（1）中世纪气象学史，起自魏晋止于明代，要点包括：仪器发明，物候测天，对西域气候及“南洋”、“西洋”各国气候的了解和方志中丰富的气候记载等。（2）清代气象学史，自明末徐光启介绍西方科学开始到清末，气象有了新概念和新知识，开始了现代仪器的创造和探索，是现代气象学的准备期。（3）现代气象学史，自竺可桢开创中国近代气象科学始至当代。这样划分是否妥帖，尚待讨论。我们认为中国气象学史可以写成这样四部。本书为第一部，不叙述后几个时期的气象学史，因而不作具体讨论。

第二节 中国古代气象学史与人类文明

中国古代气象科学的成果极其辉煌。这一成果的结晶，就是二十四节气的完成。对一年的气候作出十分精确、完整、系统、实用的划分，这在世界气象史和天文史上都堪称重要贡献。

几千年来，二十四节气家喻户晓，对人类农业社会的物质文明的发展做出了很大贡献。中国素称发达的农业，全赖二十四节气来保证。农业是中华五千年文明的基础，从实际社会经济效益来说，二十四节气的意义不低于造纸术、指南针、印刷术和火药四大发明，也不低于丝绸的发明。几千年来，人们一直依靠它来安排生产和生活活动。二十四节气的影响也远播国外，欧美现代科学家很赞扬它。曾经担任英国气象局局长的著名气象学家肖纳伯（Napier Shaw，1854—1945），就曾在1928年的国际气象台台长会议上，倡议欧美国家采用中国的二十四节气。英国气象局在农业气候和生产统计中，就采用了肖纳伯的建议。

二十四节气的发展过程，大致反映了上古时代人们适应气象、利用气象与自然灾害斗争的经验。二十四节气不是自然发生的。它经历了几千年甚至上万年的岁月，由一代又一代气象、天文工作者苦心探求，才实现了“天地节而四时成。节以制度，不伤财，不害民”① 这个明确的目标。这是人类与大自然作斗争的一个丰功伟绩。在“治历明时”的科学工作中作出了贡献的人们，上古时代被奉为天神或神话人物，被尊为圣人。

在二十四节气知识发展过程中，早期的一项成果就是《夏历》。这方面的史实颇多：《夏小正》这篇文献确实反映了夏代的一些物候和天象知识；彝族学者刘尧汉等人发掘出的在大、小凉山保留了近5000年之久的《彝夏太阳历》；王鹏飞教授考证了连云港地区的东夷测分至社石，这一切可以证明，古老的中国对世界文明的发展有着重大贡献。

在那遥远的时代，古埃及、古巴比伦、古印度等文明的发祥地，都不曾有中国古代二十四节气这样辉煌的气象学和天文学成果。随着夏墟的发掘，夏代的历史已成为一部信史。当年梁启超曾因“中国乃世界文明之鼻祖”，竟屈居于埃、巴、印之后而引以为憾②。如果说梁启超这种思想有一定盲目性，当时那样说或许有偏颇，那么，我们在研究了气象学史之后，当为中华民族对人类文明的贡献而感到自豪。

气象科学对于人类文明发展的重要影响，可以从以下几个方面来说明。

一、古代人类与大自然作斗争的主要内容与经验

人类生存繁衍的起码条件温饱与安全，在原始社会并不是很有保证的。洪水、猛兽、狂风、暴雨、寒暑、疾疫，常常破坏先民们的食物来源，危害他们的生命。因此，人类从一开始就需要与大自然作斗争。斗争的对手，除了有时是疾疫和猛兽，在多数情况下，

---

① 《周易·节·象》，引《黄侃手批白文十三经》，上海古籍出版社1983年版。本书引十三经文除注明者外，均出此书。

② 李乔：《可以告慰梁启超先生》，《人民日报》1985年8月20日第8版。

都是自然界里的气象变化。这种斗争的结果，是人们学会了择适宜气候而居；学会了用火直到自己造火来改善食物、环境和驱逐猛兽；学会了用衣物来御寒、防日晒风吹，并发展出了装饰艺术；学会了建立掩蔽所直到修筑宫室以蔽风雨寒暑，并产生了建筑艺术；学会了保养身体以免受风、湿、暑、燥、寒导致的疾病，并有了简单的治疗方法。从这些方面，我们可以看到科学文化的许多幼芽，其萌发都与气象感受或气象知识有关。

到了畜牧社会和农业社会，生活有保障多了。但是，人类与大自然的斗争一点也没有松懈。在某些方面，对气象条件的依赖可能更大了。比如播种，掌握不好时机就可能导致收获甚少，乃至一无所获，那么就难免要发生饥荒。这里有一条经验：科学越是进步，一些部门越是需要利用气象知识来保障其活动及安全。当代尖端技术宇宙航行，没有气象保障就要出事故；航空、航海离了气象条件更是寸步难行。人类永远要与自然作斗争，这种斗争不会终止，科学不可能终止。

人类与自然作斗争经验的总结，形成了气象科学早期的几门学问，首先是物候学，继而气候学、医疗气象学、军事气象等方面的知识也有了初步的发展。比如管仲相齐，使齐桓公九合诸侯、一匡天下，成为春秋时代的第一个霸主，不仅在农业、医疗、祭祀、军事等方面应用了较系统的气象知识，而且在手工业、商业等方面也用了气象知识。这些都是有文献可证的，《管子》等书有很具体的记载。广泛应用气象知识于人类活动，有助于取得成功。

那时候宗教已浸透进人们的灵魂，气象科学也深深地陷入神学之中，但是，只要我们剥开那些神秘的外壳，仍可以看到人与大自然斗争的方方面面。宗教已开始束缚科学文化的发展，而与自然的斗争则推动着科学文化的发展。在人类已经积累了不少知识的情况下，为取得科学文化的进步，除了努力地认识自然外，还需要在人们的意识形态里开展一种斗争，否则，就不能冲破思想上的束缚而更好地认识世界。这从古代开始就有教训。有许多不拘于传统思想羁绊的人，如叔兴、荀况、王充等①；为了取得工作中的突破与进展，需要继承和发扬他们的科学精神。

二、气象科学与其他科学技术

古代与气象科学关系最密切的，是它的孪生姊妹天文学。二者结合，是中国古代气象学和天文学的特点之一。古希腊的天文学只研究星象，气象学只研究气象。大约正是因为这两门最早的科学结合得不如中国紧密，再加上那里的农业文明不如中国这样发达，所以西方气象学产生不出二十四节气，只知道用二分二至。

中国古代观测气象和观测天象的工作，是由同一官署、同一批人员在同一个场所进行。其官署，从传说中的黄帝到周朝，都有四方之官即春官、夏官、秋官、冬官，设上卿来统属。古有“云官鸟纪”之说②，指黄帝时用云来给官署命名，少昊、颛顼是用鸟来给官署命名；周朝则有冢宰、大宗伯、大司徒、大司马、大司寇、大司空六卿来统辖。其人员，有羲氏、和氏、常仪、重、黎、冯相、保章等，都是世袭的观天人的家族。有时王、侯、公、卿亲自参加观测。这些人都是有德而得以赐姓命氏的望族。连黄帝的子孙都不能全部得姓③，可见观天候气的人们的地位是很高的。观天候气的地方称为明堂、世室、重屋、灵台、观台等，都是王者进行重大政治宗教活动如祭祀、行政、告朔之处。

在古代，气象学与天文学的主要目标也是相同的：都是为了“治历明时”，对自然风雨寒暑“节以制度”。这项历史任务，具体从两个方面来达成：一是通过物候观测来把握季节变化；二是通过星象、气象观测来把握四时更替，最终阐明气候变化规律，以便应用于生产、生活、祭祀和战争。历经数千年而获得二十四节气的伟

---

①　分别见本书第六、七、八章附传。

②　《文选》晋·张景阳《七命》：“教清于云官之世，治穆乎鸟纪之时”，分别指黄帝、少昊时代。具体详见第二章。

③　《左传·隐公八年》：“天子建德，因生以赐姓，胙之土而命之氏”，可见赐姓命氏事大。又据《史记·五帝本纪》，黄帝有子二十五人，得姓者也只有十四人，为十二姓。

大成果，使气象科学大显光辉，同时也充实了天文学。

古人在作气象观察、物候观察和天文观察的长期实践中，学会了识别大气里的各种现象，积累了天气观测的经验；认识各种动物、植物，获得许多生物学知识；掌握日月东升西落的规律和朗朗众星在天空中的分布、运行，积攒下系统的天文学知识。这反映了上古时代的科学，是以气候学为头雁带动了天文学和农业科学的发生和发展，同时也促成了动物学、植物学、昆虫学这些与观天候气有关的知识的萌芽。

不仅如此，当治历明时的工作进一步发展时，还产生了对另一些基础科学的需求。

首先是计数问题，同时还有测量及其工具、手段等问题。据《世本》记载，黄帝创制历法就调集了多方面的人才：令大挠作甲子、羲和占日、常仪占月、臾区占星气、伶伦造律吕、隶首作算数、容成造历①。其他史书也有类似记载，如："容成综斯六术，考定气象……述而著焉，谓之《调历》"②。这里说的六术，就是六个方面的科学知识，除天文、气象而外，还用了算学、数制符号学、律吕学等。传说大挠是最早的数制符号学专家，他发明的甲子，就是天干地支，包含了两组计数符号和十二进位制、十进位制记数方法。上古关于历法，有"律历"、"历数"等提法，说明数学与律吕学起源都很古老。此外，气象、天文测量要用到生产中建立的规、矩、准、绳，还要"同律度、量、衡"。掌握气候变化规律的需要，带动了所有这些科学的发展。

应用气象科学成果的，首先是农学，其次有医学、军事学等。其中，医疗气象学古代就产生了系统的理论，并有心理学方面的"气质论"产生。

律吕学，是中国古代特有的一门科学。其方法是用 12 根按照一定尺寸比例制成的竹管或玉管，吹出声音，音调有高低，据此定

---

① 《世本》为战国时史官所撰，记载黄帝至春秋诸侯、大夫的姓氏、世系、居处、制作，宋代散佚，现有数种集本。

② 《晋书·律历志中》。

出十二律；或者说有阴阳之分，阳为六律，阴为六吕，均有名称。律管本是定音器，古时却把它作为候气的仪器①。这是声学问题，其规律可用于艺术，指导音乐，并不能测量节气。但古时把声律看得很神秘，认为它和大气运动（风）有关，十二律能和谐天地之气，使社会达到“至治”②。气象为阴阳之事，用阳律阴吕来和之，把十二律跟气象，天文历算混在一起，是因为“治历明时”的目的本是要弄正“天地之气”。可见，古人没有把自然科学、社会科学和艺术分开。

三、气象科学与文学艺术

人类最早的文学艺术活动，大约要算音乐、舞蹈、诗歌、绘画、雕塑和传说故事等。其渊源十分古老。

上古的文学艺术，一开始就是从与大自然作斗争的劳动中创造出来。我们现在看到的远古时代的艺术，都与劳动、原始宗教和神话传说故事有关。音乐、舞蹈、绘画、雕塑大多以神话故事传说为题材，气象对这些创作有极其深刻的影响。

原始人看到大自然里的风雨雷电，日月运行，虹霓晕霞变幻，森林野火燃烧，洪水泛滥……感到惊奇不已，不能解释，认为这一切现象都跟自己一样有生命、有意志，是有灵性的东西，而且这些东西显示了自己所不能具备的本领与品质。因此，他们会把这一切以及自己身上的奇特器官，都当作神来崇拜。原始的宗教和神话，就是在这种朦胧意识中产生的。因此，风雨雷电，日月山川，无不有神；凡此等等，都成为原始艺术摹仿、创造、歌颂的对象。

人类在与自然作斗争中取得的种种进步和发明创造，也都在神话传说中有所反映。在征服自然、改善人类生活的斗争中作出了贡献的人们，则被塑造成了伟大的英雄和神。春秋时的柳下季（展

① 《汉书·律历志上》：“至治之世，天地之气合以生风；天地之气正，十二律定矣。”

② 《礼记·月令》：“律中大簇，”注：“律，候气之管，以铜为之。”详见本书第八章第三节。

禽）在谈论关于“圣王制祀”的五条标准和有关祀典时说：“法施于民则祀之，以死勤事则祀之，以劳定国则祀之，能御大灾则祀之，能扞大患则祀之。非是族也，不在祀典。……加之以社稷山川之神，……及前哲令德之人……，及天之三辰……，地之五行……，及九州名山川泽……，非是不在祀典。”① 可见，列入“祀典”的尊神是很多的，对象包括有功之人和自然界的天地、风雨、雷电、日月、山川之类。

“解释自然现象的神话……，可以说是原始人或野蛮民族的科学。”② 在产生旱魃止雨、黄帝战蚩尤请风伯雨师助战、后羿射日、夸父追日之类神话的同时，又出现了沟通人神关系的巫。巫术最初是用于对付大自然中的风雨，后来又扩展到用来对付人。这反映了人们还处于愚昧无知、对付自然力十分软弱的状态，同时也反映了人们战胜自然的愿望。有的神话则与历史传说混在一起，比如大禹上天偷息壤来治服洪水的神话，燧人氏钻木取火的传说，都反映了历史。“任何神话都是用想象或借助想象以征服自然力，支配自然力，把自然力加以形象化；因而，随着这些自然力之实际上被支配，神话也就消失了。”③ 只是这时，人们才不再迷信和崇拜神话人物，而只是把神话作为美来欣赏。神话不再是宗教和艺术的混合体，而只是艺术品。

神话萌生于几十万年前的母系社会，到奴隶社会而发展到顶峰，以后就走下坡路了。随同原始宗教和神话开始发展起来的其他各项文学艺术则发展不衰，艺术的形式也越来越丰富多彩。然而，有关自然、气象的一些神话题材在古代文学的一些重要阶段，仍有十分明显的影响。诗歌之源的《诗经》，就不乏热烈地歌颂禹、契、稷这些与自然作斗争的英雄祖先的诗篇，如《商颂·玄鸟》，《大雅·民生之什》。而《豳风·七月》则歌颂了劳动的欢乐与辛

---

① 柳下季，名展禽。这段话见《国语·鲁语上》。

② 茅盾：《神话杂论·自然界的神话》。

③ 《政治经济学批判·导言》，《马克思恩格斯选集》，人民出版社 1966 年版，第 113 页。

酸，字里行间包含了一年的自然物候历，反映了那时气象科学和生产的水平。《小雅·大东》首次歌颂了牛郎织女，并谈到了箕、毕、斗等与气象有关的星宿。关于《诗经》中的许多气象、节令、天文知识，本书第六章将有部分介绍。

古代文学的另一瑰宝《楚辞》，也有很多气象、天文知识。特别是《天问》，屈原一口气问了气象、天文、地理等科学和历史、神话、传说中的170多个问题，为我们保留了丰富的史料。

汉赋承袭《诗经》、《楚辞》的传统，对神话典故也运用自如。张衡的《两京赋》，还描写了灵台、宫阙的天文、气象仪器。

现实主义文学，描写劳动生活，当然也必须了解人们生活于其中的大气环境。历来著作家主张"多识于鸟兽花木之名"，其实也必须对自然界的风云变幻有一些知识。自古，文学家们触景生情，对气象的描绘是十分准确的，现代一些杰出的文艺家，也十分重视气象、天文、地理等各种知识，乐于描写科学事件及人物。

原始音乐出于对自然风雨的摹仿和对良好气象条件的希望。古人认为音乐与气象、八卦（八风）、十二律吕都有关系。传说早在狩猎时代的太昊伏牺氏，画了八卦，开始制定嫁娶之礼，规定以俪皮为聘礼，发明了琴瑟①。不过，那时恐怕还弹不出什么调子，没听说有乐曲流传。后来，神农氏做的琴是七弦的，而且有《下谋》、《扶持》两部乐曲。到了黄帝时就大不同了，伶伦造出了磬，发明了律吕，他还和荣将铸了十二钟，加上夷造了鼓和从前就有的琴瑟，黄帝的乐队就相当可观了。演奏的乐曲叫《咸池》，还有《云门大卷》，看来这和黄帝用云纪，以云名官有点关系。帝尧时，命瞽叟作五弦之瑟，作曲名叫《大章》，用来祭上帝。这个瞽叟就是帝舜的父亲。舜本人也曾弹五弦之琴，并唱了一首《南风歌》。按这个传说，舜的时代已掌握了季风变化的初步知识，懂得南风及时来到对生产的价值，南风不准时则是令人发愁的事情，南风准时来到，人们就欢欣鼓舞。

音乐能动人心弦，激发喜怒哀乐之情，古人不明白它为什么会

---

① 《世本》："伏牺作琴"，"伏牺作瑟，八尺二寸，四十五弦"。

有这么动人的力量，因而看得十分神秘，并把礼、乐并列，很重视音乐在天人之际的重要作用。其实，最古老的歌曲和乐曲，大多取材于大自然，或仿效大自然，唱出的是一片天籁。追溯音乐作品的起源，大约是先民听到了大自然里风雨和谐的声音，由于觉得愉快，于是想追回它，模拟它。传说帝颛顼令飞龙作《承云》这部乐曲的情形就是这样："帝颛顼生自若水，实处空桑，唯天之合，正风乃行，其音若熙熙凄凄锵锵。帝颛顼好其音，乃令飞龙效八风之音，命之曰《承云》，以祭上帝。"① 可能以为，美妙的乐曲模拟了八方之风的声音，献给上帝，上帝一定会喜欢，让人间风调雨顺。当然，暴风惊雷的可怖声响，也可用于恐骇与警戒。

关于美术，《世本》（张澍稡集补注本）说："敤手作画。"原注：敤手"舜妹"。说她发明绘画，未免把时代定得太晚了。要说她是第一个有名字的画家还可以。她既然是大舜的妹妹，那么她的时代也不过公元前22世纪。可是，比她早3千年，即距今7千年前，我国已经有十分成熟的绘画和雕塑作品了②，原始的美术当然更早。而且那些作品也和气象、天文有关。浙江省余姚县河姆渡遗址，出土了很多件精美的美术作品，最突出的有三件：一件是陶器盖上的浮雕双鸟；一件是象牙蝶形器正面的雕刻双鸟；一件是骨匕上刻画的两组双鸟图案。三件作品，四对双鸟，它们有一个共同点：都托着或拥着一个圆。牙雕花纹中心为圆，圆外是扑扑升腾的火焰，两鸟对称地朝着火球引吭啼鸣，十分精美生动。这分明是对鸟与太阳的歌颂与崇拜。考查起来，那时恐怕还没有产生"双凤朝阳"的神话，但可以肯定，这些双鸟画中的圆就是太阳，很有气象学和天文学的意义。与太阳变化有关的鸟，就是候鸟。崇拜候鸟，是因为它能指示季节，避免灾害，得到丰收。在中国古代神话中，在古代图腾中，作为崇拜对象的鸟很多。天上以鸟命名的星星

---

① 《吕氏春秋·古乐篇》，引《百子全书》，浙江人民出版社1984年版。本书引诸子百家著作未注明者，均出此书。

② 梅福根、吴玉贤：《七千年前的奇迹——我国的河姆渡遗址》，上海科学技术出版社1982年版。

也很多，且很著名。可以举出与当地有关的几种：帝尧时秖支国的双睛鸟，“状如鸡，鸣似凤……使妖灾群恶不能为害”①。这种能避灾的鸟，人们自然要崇奉。古代越人曾经是以鸟为图腾的，司马迁曾记载“越王为人，长颈而鸟喙”②。那时候，南方人以观察火星（荧惑）和鸟衡（二十八宿中的柳宿）来掌握季节变化，司马迁也记载过：“吴楚之疆，候在荧惑，占于鸟衡。”③ 在天上，鸟儿占据了赤道星空最大的一片，这就是南方朱雀七宿：井鬼二宿为鹑首，柳星张三宿为鹑心（又叫鹑火），翼轸两宿为鹑尾。这一切，都是人们用来作为气象标志，判断四时变化的。尚无证据说明七千年前就有了这样系统的气象和天文知识，但河姆渡的美术作品无疑反映了人们对候鸟与太阳的崇拜，是前述知识发展过程的早期阶段的情况，是值得珍视的。

八九千年前的仰韶文化，美术作品也十分精湛。一件双耳彩陶瓶上，画着一个人首蛇身的怪物，两眼圆睁，形象鲜明动人。这也反映了中国大地上一些著名大氏族集团的图腾。人首蛇身的神话人物很多，如盘古、烛龙、燧人氏、伏牺氏、女娲氏、羲和、常仪、龙、夔等，都是这么一副尊容。地上的这些人群和他们的图腾，反映到天上就成了东方苍龙。龙能兴云布雨，是一位气象之神。在它出入之处、之时，总少不了风雨相随。

各种文学艺术形式，从它的起源到发展，都要反映人与大自然的斗争和人类自身发展的斗争，因而气象万千的大气变化，常常是艺术作品的主题或艺术创作主体所处的环境，这有似于人离开大气环境就不能生存。

四、气象科学与哲学和社会科学

哲学综合自然知识与社会知识，说明世界。古代气象科学为它提供了丰富的和最早的思想素材。在天人关系、意识与物质关系这

---

① 晋·王嘉《拾遗记·唐尧》。

② 《史记·越王勾践世家》。

③ 《史记·天官书》。

些重要问题上，人类最早得到的概念是“近取诸身，远取诸物”，多来自于气象学和天文方面。无论是在西方或在中国，哲学思想最初都起源于天道观，这可能是人类认识世界的必要过程①。哲学史要阐明唯物主义与唯心主义斗争的表现形式、发展过程及其规律，首先是通过天道观来进行分析。

天道观与科学发展、阶级斗争、社会生活息息相关，不是少数人或哪一个学派的问题。先秦时代，关于自然科学理论方面的中心问题是天道观，关于社会政治生活方面的中心问题是礼治与法治，所有学派都需要对这两个问题表明态度，这就形成了百家争鸣的学术讨论局面。

天道观的产生和发展过程，是与气象学、天文学的产生和发展过程相关而且并行的。

我国至迟殷周时代，就有关于阴阳五行的系统的理论。到战国时，有一种“三才观”（天地人观）把哲学与政治学、伦理学统一于一炉，其说为：“昔者圣人之作《易》也，将以顺性命之理。是以立天之道曰阴与阳，立地之道曰柔与刚，立人之道曰仁与义。兼三才而两之，故《易》六画而成卦。”② 这是儒家阐明的《周易》的思想体系。性、命、仁、义，孟轲说得很多。

《周易》虽列为儒家经典，但易卦思想绝不是一个学派的思想。它是古代哲学、自然科学、社会科学的总结，是古代思想的总渊薮。

八卦虽然不一定像传说那样产生于伏牺氏时代，但它的起源确实可以认为是很古老的。它的基本内容是八种自然物，总的思想是以天为父，地为母，产生了六个儿女。乾为天为阳是父亲，坤为地为阴是母亲，震为雷是长男，坎为水是中男，艮为山是少男，巽为风是长女，离为火是中女，兑为泽是少女。这些十分朴素的唯物主义观念，多与气象有关。观测天、地、雷、风、山、

① 任继愈主编：《中国哲学史简编》，人民出版社 1984 年版，第 94 页。

② 《周易·说卦》。一般认为这些思想带有战国时代痕迹，不像《彖》、《象》那样早出。

水、火、泽，可以确定气候，掌握季节，便于狩猎和耕作，如此而已，并无什么神秘之处。但一经形成“三才观”的体系，它就和政治、伦理联系起来了。制作八卦最初是为了记事和祭祀，目的之一大约是为了使人们的行为符合于自然规律，这也有《周易·革·象》所说“君子以治历明时”的含义。但后来社会发展了，出现了阶级，统治阶级需要用这一套理论来证明其统治是“天经地义”。到这个阶段时，《易》卦原来具有的朴素的辩证唯物思想体系变了质，成了唯心的和僵化了的东西，并蒙上了神秘的外衣，成为宗教。

哲学上对立统一的概念，事物一分为二的概念，溯其本源，也是起源于气象观测。这种概念中国古代叫阴阳。阴阳可用于一切事物，至今仍沿用于很多方面，如用阴离子、阳离子来说明电离性质。

阴阳二字的甲骨文，是没有左边“耳”字旁的“侌”（小篆霒）、“昜”。《说文》：“霒，云覆日也。”“昜，开也”。“侌”是阴天，“昜”是晴天，指有无日光而言。阴晴的第一个引申意，是物体的阴影部分叫阴面，太阳光照得着的部分叫阳面。这种阴阳现象，原始人也能感觉到。阴阳概念首先推广到了天和地，山的南坡和北坡，人的男女，身体的表里等。而最后，天地万物都包含阴阳，这就形成了《周易》那样庞大的、包括宇宙万物的思想体系。《周易》成于殷周之际，但作为其基础的阴阳概念却产生得很早。范文澜认为阴阳学说在夏代以前就有了①，这一点本书第二章还拟作进一步说明。郭沫若也认为，《周易》是由原始公社转变到奴隶制时代的产物②。《周易》里的许多知识，都得之于上古时代人们观天候气的实践。而一些重要的和基本的哲学概念，我们都可以从《周易》里看到其萌芽。

在社会政治生活方面，古代礼治与法治之争，所谓儒法斗争，

---

① 范文澜：《与颉刚论五行学说的起源》，《燕京大学史学年报》1931年第3期。

② 郭沫若：《中国古代社会研究》，科学出版社1955年版，第40页。

涉及天道观和政治学、经济学、伦理学等社会科学各领域。气象科学在这些领域里，一是被引征为论争的理论依据，二是作为实践的指导或者在实践中应用。所以，诸子百家，莫不通晓气象、天文、地理。这是古代知识界的特点。

历代帝王都自命“天子”，懂得观天事天。而历来的宰辅也把观天候气作为政治上的大事。因为中国长期处于农业社会，掌握季节变化是一件很重要的事情。《管子》认为，不掌握四时变化，会失去立国的基础①。他是把阴阳、四时、刑德视为一体的，说：“阴阳者，天地之大理也，四时之大经也。刑德者，四时之合也。”这些思想给后世影响很深，我们可以看到，自春秋至秦汉，征伐、刑赏等都要求按季节来进行。

古代政治生活中的大事，主要是祭祀和战争，即所谓“国之大事，在祀与戎”②。祭祀和战争都是在阶级出现之前就存在的。祭祀起源于祖先崇拜，战争起源则更早。最初的“原始群”跟动物一样，打仗只是为了争夺个别具体的食物源。当人们懂得了逐适宜气候而居时，就开始争夺地盘，以至规模发展到很大。长江中下游、黄河中下游、华北平原这些富饶的土地，多少万年以来都是战场。人们利用祭祀和战争的手段，来调整内部关系，征服自然或同类。在中华大地上，逐鹿中原的斗争持续了上万年，东方、南方、西方的氏族集团先后入据中原，它们的旗帜或图腾上的龙（蛇）、鸟、兽表明它们曾以这些动物的物候来掌握季节。这在第二章将具体叙述。人们的知识，包括气象知识，除了在生产斗争中发展，也在祭祀和战争中发展。气象科学、天文学和各种社会科学的起步和进步，都付出过历史代价，是在人与自然、人与人的长期斗争中取得的。为了取得哲学、自然科学、社会科学的进展，人们始终要不懈地奋斗，而不能停止，更不能向后退。所以要研究科学史。

---

① 《管子·四时篇》：“不知四时，乃失国之基。”
② 《左传·成公十三年》。

第三节 研究古代气象学史的意义

祖国古代气象科学对人类文明作出过伟大贡献，我们勤劳智慧的祖先，在治学方法和经验方面也有许多宝贵的东西，值得我们学习和借鉴。孜孜不倦探求科学真理的许多历史人物，也值得我们学习和纪念。

自从几十万年前人类开始建立精神产品的大厦，精神的养分就成为人们生活中与物质条件具有同等价值的东西。即使是遥远古代的人或愚昧无知的人，当其失去精神上的依托时，尽管物质条件十分完备，他也生活不下去。人，不仅需要物质的力量，而且需要精神的鼓舞。另外，精神的糟粕也会毒害人们的灵魂，需要引以为戒。

一、了解我国古代气象科学对人类的贡献

在自然科学发展的顺序上，气象学、天文学是最早发生的两门科学。这对孪生姊妹在人类科学史上处于什么位置，与古代西方的气象科学相比，具体情况如何？对此，妄自尊大与妄自菲薄都不是科学的态度，必须用具体的史实来说话。因此，如果我们对气象科学的历史若明若暗，说不清楚，作为一个科学工作者、一个气象员是应感到惭愧的。

各民族气象科学的发展，大约都经历了相似的道路。不仅东方和西方的古老文明是这样，美洲玛雅人和我国少数民族地区的气象学、天文学也是如此，即：最初都是观测地上的物候、观测天空的星辰来认识气候，确定季节，然后发展出历法，进一步更精确地制定节气，提出理论说明，应用到更广泛的领域。有的民族起步早，有的民族起步晚，发展的水平也不一致，这就显出了差异，贡献大小也就不同了。

过去的史料表明，古代埃及人的气象学、天文学最发达。埃及人观测天狼星凌晨出现在东方地平线来确定尼罗河泛滥的日子，其

年代有公元前 4241、前 4236、前 2781 年三说①。取最晚一说，公元前 2781 年，也比中国为早。中国古籍记载，传说五帝之一的颛顼设有“火正”的官，来观测“大火”（心宿二）以确定季节，其时代约在公元前 2400 年。

《礼纬》认为夏代的历法“建寅”，起源在伏牺时代②，看来比埃及为早，不过无法推断年代，也无确证。

现在地下出土资料确切证明，七千年前，即公元前 5000 年前，我们的祖先已通过观测太阳和候鸟来确定季节。前节已谈到河姆渡双鸟朝阳牙雕的气象意义和天文意义。河姆渡农业的水平及规模，都不在古埃及之下。这表明我们的祖先在气候、天文、历法这些人类最早的科学领域，起步不比古埃及晚，而是更早。

后来的发展更加光辉。传说黄帝时发明甲子，有历法《调历》，尚无实证。而公元前 2200—前 1700 年的夏代，可以说确实有了天干、地支（甲子）来记时间，确实有了较科学的历法，有了丰富的物候知识，这一成果不仅表现在《夏小正》这部古籍里，而且还流传于四川大、小凉山的彝族同胞中。

从此之后，祖国古代的科学仍以气象、天文两姊妹为龙头，带动各门科学不断发展而且一路领先，到二十四节气完成，达到了人类气象学史和天文学史的高峰。它首先对农业的发展取得了十分巨大的效益。中国农业养活世界上最多的人口而有盈余，从而能发展出丰富的科学文化，使古代中国成为农业最发达、生产力最高的典范，对人类作出了很多的贡献。

二、继承和发扬古代科学遗产

人类科学发展到今天的水平，是经历了漫长岁月积累起来的。为了取得新的进步和不断发展，我们应当尊重历史，绝不能

---

① 参考高建国、李致森《天文地学关系历史年表》，中国科学院北京天文台油印本，1984 年。

② 《礼纬·稽命征》：“夏建寅，宗伏牺”。即：夏历以斗柄指寅为正月，宗于伏牺的制度。

割断历史。研究现实和历史，这个问题在当代中国气象史里是有深刻教训的。比如把“谚语测天”强调到主要地位，无异于主张回到古代；弄不清楚土与洋、古与今，其结果都有碍于科学的进步。

历史是见证人，历史也是最好的老师。忽视历史的经验和教训，是会走弯路和吃苦头的；而学习古代气象科学知识和成果，继承发扬我们祖先在气象科学中留下的宝贵遗产，对实现气象科学现代化具有重要价值。

值得我们继承发扬的古代气象科学遗产都有些什么，应予扬弃的糟粕是什么，这是气象学史要研究的内容之一。

越来越丰富的文物考古发掘资料、古代典籍、遗物等，为我们保存了丰富的气象资料和气象科学知识。有的可以直接供我们作为认识历史气候的依据，如史书、方志里的气象记录，竺可桢等老一辈科学家就曾用来研究几千年的气候变迁，取得世界瞩目的成果。现在许多气象人员还在继续研究。二十四节气的知识，则至今仍用于农、林、牧、渔各业生产，作为11亿人民掌握气候变化的工具。节气是根据黄河中下游情况制定的，推广到边远地区有不少问题，各地人民在使用中进行了再创造，这方面的资料和知识并没有充分发掘出来，还有不少东西，可以通过学习、研究，加以发扬，为现代化建设服务。

我国古代科学具有善于综合的特点，通过多方面的协同奋斗，取得完美成果。而西方科学善于分析，通过各自具体实验，直入很深的境地。两者各有所长，又各有局限。在二十四节气系统达到完善之后，可以综合的新材料少了，在近两千年的时间里，虽有不少进步，但突出的贡献并不很多。西方气象科学在中世纪也无进展，中国不显得落后。西方后来新的东西层出不穷，走到了我们前面。现在，新的材料足够多了。自然科学又走上了大综合的时代，于是一些西方科学家感觉到，需要从中国古代科学思想中寻找借鉴。普利高津就认为，“中国传统的学术思想是着重于研究整体性和自发性，研究协调与协同。现代科学的发展，更符合中国的哲学思想”。① 当然，现代综合具有严格的科学基础，是古代简朴的综合方法不能比拟的，所以需借鉴的主要是古人的思路。古代中国气象科学史上善于综合的最早的例子，要算传说的容成造历。这项工程实际涉及八个方面的人员：领导造历的黄帝，总编纂容成，观测太阳的羲和，观测月亮的常仪，观测星象和气象的臾区，作甲子的大挠，造律吕的伶伦，作算数的隶首。他们每一家都不是一个人，而是一个世袭的氏族。我们今天的气象人员能不能有驾驭这么多学科的能力与气魄？成就大的学者们曾做到了，如竺可桢，西方科学知识和中国古代文化素养，他都有很深厚扎实的基础。我们今天的起点不仅比古代高得多，而且比竺可桢开创中国现代气象科学之初要高得多。要想取得无愧于前人的成绩，就必须善于借鉴历史经验。

古代气象被认为是“阴阳之事”，与气象有关的一项宝贵学术思想遗产，是《易》、《洪范》等古籍所阐述的阴阳五行八卦的思想体系。容成造历的例子给我们以方法上的启示，而学术思想的成果则更为重要。只是《易》、《洪范》等精神遗产，还是深深地埋藏在神学的尘垢之中的一粒珍宝。通过气象史研究，我们可以拨开迷雾，认识其思想精华，提高我们的认识能力。

除了资料、知识、方法、思想等方面的许多遗产之外，古代气象史上一些学者的创造精神、战斗精神等方面的品质，也是我们要继承发扬的宝贵遗产。

三、树立气象科学现代化的信心

我们要树立中华民族能够走向现代化、能够自立于世界民族之林，为人类多作贡献的坚强信念。建立在科学基础上的这种信念，是我们智慧和力量的源泉。而盲目乐观和无所作为的精神状态，则会导致失误与挫折。在这方面，研究科学史有很重要的意义。

信心来自对于历史和现状的深刻认识。了解中华民族的科学曾

---

① 引自黄渭铭：《浅谈生命科学的发展趋势》，《人民日报》1985 年 9 月 19 日。

为人类作出过光辉贡献，了解现在各国科学界也十分重视中国古代科学遗产，就会感到在未来科学文化的发展中，我们能够作出更大贡献。但是，我们对中国科学技术史研究尚重视不够，应当奋起直追。如李约瑟对中国古代科学技术史的研究，我们的东邻日本对中国气象学史的研究，都有可观的成果。我们应该有更多、更好的气象学史成果。

信心也来自对于社会发展规律和自然科学发展规律的认识和掌握。必须将气象现代化视为整个四化建设的一部分。把气象科学的发展置于社会的物质生产和精神生产的发展中去考虑，可以看到，自给自足经济的农业社会，气候学就足以保障生产的基本需要；工业化社会对气象的要求扩大到天气学等多方面；信息化社会对气象的要求肯定还要扩大和发展。这个问题要在对气象科学的历史和现状作了深入研究之后才能获得解决。但可以肯定，气象科学现代化是社会发展的必然要求，前景是十分光明的。

信心还来自于对中华民族自身精神力量和聪明才智的认识。气象学史上一些人物的经验告诉我们，在与大自然的斗争中，中华民族具有一往无前的坚韧精神和脚踏实地的奋斗精神，同时又不乏智慧和想象力。这是我们具有攀登科学高峰的能力的证明。在本书的每一章后面，都附有有关人物的小传，其中有他们为气象科学奋斗的经历。

研究古代气象学史，能使我们对现代化充满信心。

四、学习前人的治学经验和方法

古代气象学史和天文学史上有许多优秀人物。他们的事迹体现出了中华民族的精神和品质，他们在工作中创造了良好的经验和方法，值得我们借鉴、学习和效仿。

在人类社会分工发生之前，观天候气的工作具有全民性。各氏族、所有成员都根据自己的需要和条件在进行，一般以年长者积累的知识较多。经验和方法多种多样，有的善于观测太阳来定季节，有的善于观测月亮来计算一年的时间，有的善于观测候鸟定季节，等等，各自在某一项观测中取得特殊的成就，表现出不同于其他氏族的才能。到了出现社会分工之时，成为专职、世袭观天人的，首先当然是这些氏族中有专长的人们。能当其官，功当其禄，德当其位，这是有了剩余劳动产品之后自然发展出来的规律。有才能、贡献而不至于被埋没，这是科学组织工作乃至社会组织工作早期就有的经验。

社会出现了分工，众多的氏族部落在广阔的地域里经过力的较量，组成了部落联盟，人类将要跨入阶级社会的门槛，这个过渡期也必定相当的漫长。这时人类已经有组织地大规模地同自然作斗争，作为那时的主要科学活动——掌握季节、观察气象天文，也必然要协同作战。久而久之，就形成了黄帝造《调历》传说那样的情况。按分工各尽其职，然后有效地加以综合总结，就能产生认识上的飞跃，这是我们祖先在文明水平尚不很高时就取得了的一项实践经验，值得我们在今天加以研究和发扬。

善于把分散的、大量的知识提炼成高度抽象的理论系统，需要智慧，需要丰富的想象力。古人创造了阴阳、五行、八卦高度抽象、包罗万象的哲学思想。这当然不是某一个圣人突然创造出来的，而是一代一代逐步发展起来的。其间许多善于思考的人物，我们都无法知道了。值得我们学习和发扬的精神产品的精华，就是协同与协调的方法，系统论的思想，这是精神的国宝。

正确的认识不能绝对化。对自然的正确认识一旦被蒙上“天命”的迷雾，如五行变成了“五德终始”，系统论变成了“大一统”，活跃的科学思想便被扼杀了，窒息了。在这种情况下，只有坚持科学思想的人，才敢于冲破束缚。在这方面，屈原《天问》提出了许多疑问，而荀况、王充等人的科学精神，是我们学习的榜样。

第四节 研究古代气象学史的方法

我们研究古代气象学史，要用辩证唯物主义和历史唯物主义的思想和科学方法，来鉴别史料，分析史实，弄清楚我们的先人如何处理人与大气环境的关系，如何在与自然灾害作斗争中发展了自已，积累了观天经验和知识，建立和发展了古代气象科学。

我国气象学史的研究，正处在继承发扬老一辈气象学史家竺可桢的开创精神，开拓发展，创造新局面的时期。王鹏飞教授指出，应组织研究队伍，拓展研究领域，使气象史研究系统化起来，讲求研究深度，发展专业气象史研究。① 他把目前气象史研究归纳为三个方面：大气自然史、气象科技史和气象社会史。并指出以往的工作"由于缺乏对整门科学的系统观念，往往是遇到什么问题就研究与此问题有关的气象史，或者认为气象史仅是'气象通史'而已。所以不是失之零星，就是失之囫囵"。"即使写气象通史，往往也只写成就，不写曲折；只写学术，不写历史背景和思想；有点而无面，囿于静态而无过程，一堆史料而找不到脉络，跳跃而少因果，孤立而少联系。"这既指出了当前存在的主要问题，又指明了今后的努力方向。

本书作为面向各学科、各行各业的古代气象通史，尤其要注意前述问题，以便把工作做得更好些。特别要下功夫把气象知识和气象科学的发生发展，置于人类生产、生活以及科学文化活动的总过程中来考察。

科学的发生与发展，从一开始就是与生产和生活活动紧密联系的。研究气象学史，需要把眼界放宽，不仅需要考虑到与大气本身有关的各种自然科学，还要联系社会政治、经济、文化各领域的发展来研究。这就是从横的方面，把气象科学置于整个人类认识总的系统中来分析，弄清楚互相之间的联系和影响，从而展示气象科学的性质、意义、作用和价值。在研究中，要力求避免孤立、片面看问题的观点。

在纵的方面，气象科学的发生发展和任何事物一样，在时间上有其顺序性、连续性和继承性，不要割断历史，不要静止地看问题，而要用发展的观点，揭示出气象科学发生、发展的条件、过程和历史规律。

---

① 王鹏飞：《大气科学史研究方向的探讨——认真继承竺可桢的开拓性研究精神》，1987 年 6 月。

任务重而难度大，但凭借我国丰富的文化典籍和地下发掘资料，我们运用前述方法进行工作，处理有关古代气象学史的各种问题，取得了一些收获。

气象工作者们曾谈到气象预报的“诗经时代”。调查后发现，《诗经》里气象知识的确不少，一些天文知识也与气象（定季节）有关。原来周代设有采诗之官，到各国采风。收集歌谣是为了检验政治上的得失。所谓“诗可以兴，可以观，可以群，可以怨”，从字里行间也可以清楚地看出来。《诗经》并不是气象谚语集，《豳风·七月》里包含一部完整的自然物候历，说明那时民间应有更多的天气谚语，《诗经》只是偶尔记下了一小部分，而谚语测天应有更早的历程。古人说：“三代以上，人人皆知天文”（三代即夏、商、周，天文指星辰与气象的关系），这话可能有些夸大，但也反映了民间观星候气的事实。“诗经时代”不是突然出现的。同样，追溯二十四节气的起源和发展，也发现气象学史比原来预想的要古老得多。至少在万年之前，人们就努力于掌握季节变化，后来终于找到“治历明时”的方法，实现对气象变化“节以制度”的目标。二十四节气的发展过程，贯穿了整个上古气象学史。古代气象科学是以观测天气现象和自然物候发端，以气候学为带头学科，适应农牧业生产和宗教活动需要而获得发展的。它带动了医疗气象学和军事气象学等的发展。

中华民族丰富的文化典籍，包含有十分宝贵的气象史资料。许多原属于神话传说的历史事件和人物，在甲骨文里得到了证实。商周甲骨已积累了十几万件，能认识和隶定为汉字者有 1723 字，尚待认识者有 2549 字，另有合文 371 字。① 把这两项文字资料与出土的各种文物结合分析，上古时代人们处理人与自然的关系、与气象灾害斗争的画卷便显现出来了。这段历史已经可以从殷周前推到

---

① 参见北京大学历史系考古教研室商周组编《商周考古》教材，第二章。

夏代。“禹都阳城”的发掘，使夏代历史成了信史。①

没有文字记载而只有实物证明的时代，文物考古工作者也积累了十分丰富的材料。把许多神话传说人物与史前文物对照分析，可以看到，那些荒诞古怪的神话故事竟是有事实基础的。马克思和恩格斯为我们做出了这种分析的典范。马克思肯定神话传说的科学价值，认为希腊神话传说中的“人物虽然是神话人物，但这一点并不重要，因为传说确切地反映了氏族的制度”。“罗马皇帝是神话中的人物还是实有其人，完全不重要；是否存在过确实出自他们的立法或者这些法律乃是臆造的结果，同样也不重要。标志着人类进步的事件不以个别人为转移而得到了物质的体现：它们凝结在制度和习惯中而且保存在发明和发现中。”恩格斯从古代希腊神话中揭示出了原始社会母权制向父权制过渡的史实，阐明了家庭、私有制和国家起源的科学认识。②③ 我们要学习这种分析方法，来分析文物、传说等资料中的气象史实。

在史实分析中有一种十分有趣的现象：无论是古籍中记载的神话传说或近代学者的研究工作，都把有些重要史迹的年代说得偏晚了，同时对古代知识的发展速度估计又往往偏快。也就是说，上古时代人们取得进展比预想的要缓慢得多，同时考古发掘总是证明一些重要发现和发明比我们过去认为的要早得多，人类文明史也长得多。

第二节提到过绘画发明不始于敫手。国内外许多民族的事实都可以说明，绘画起于更原始的时代。同样，传说认为黄帝元妃西陵氏嫘祖“始劝蚕”，她历来被尊为“蚕神”，她的时代约在公元前2500年。可是，浙江钱山漾的发掘证明早在公元前3310±135年就有了精美的丝织品，养蚕的发明与普及当然更早。划分季节、节气

---

① 河北省文物管理处：《文物考古工作三十年》（1949—1979），文物出版社1979年版。

② 马克思：《摩尔根〈古代社会〉一书摘要》，人民出版社1965年版，第231页。

③ 恩格斯：《家庭、私有制和国家的起源》，《马克思恩格斯选集》第三卷，人民出版社1972年版，第220页。

的四象、二十八宿体系形成的年代，过去多认为在战国中晚期，甘德、石申的时代之后，全部名称最早见于马王堆汉墓帛书（约公元前 170 年）。后有《淮南子》、《史记》等书列载。1978 年湖北随县发掘出战国早期曾侯乙墓，一个箱盖上绘出很大的篆文“斗”字形状，表示帝车北斗，周围用小字书写二十八宿的全部名称，围成椭圆形，并绘有东方苍龙、西方白虎之象。因箱盖是长方形，无法绘出南方朱雀、北方玄武。时间是公元前 433 年，可见其形成比战国中晚期早得多，比甘、石也早 100 多年①。以上三个例子说明，古人在传播和记载神话传说故事和历史时，不懂得社会发展规律，没有科学知识；而我们今天分析史实十分严格、科学，但又容易把古代科学进步速度看得偏快，把有些发明、发现史定得偏晚。因为人类认识的发展也存在着加速度，古人认识一种事物肯定比我们要困难得多。考虑到这一因素，对于古代科学史在时间方面还应展开一些来研究。

在生物学研究领域里，有孑遗植物和动物使我们能看到古生物的活样本。在研究历史时，我们也可以利用现在尚落后和尚处于野蛮状态的民族提供给我们的启示。因为我们对于远古时代的情况无法试验和模拟；而现已知道，一些民族虽然由于种种主客观条件的差异而造成了发展水平上十分悬殊的差异，但已有的历史都表明了人类必然经过一些共同的发展阶段。少数民族如何观天候气，正可以表明我们的祖先也曾经历过这样的时代。

研究古代气象学史的方法，与研究中世纪和近代气象史的方法都应有所不同，其中许多问题都是需要探讨的。所以本书所用的一些方法，尚需不断发展完善。需要注意的一点是，按其工作步骤，不仅必须广泛收集史料，科学鉴别史料，分析史实，还要尽量对史料加以综合思考，提出一些认识和看法。否则只是限于考据和罗列资料，述而不作，不是全面的研究工作。述而作焉，是我们应努力来做的。

---

① 王健民等：《曾侯乙墓出土的二十八宿青龙白虎图象》，《文物》1979 年第 1 期。

第一章

史前人类对气象环境的适应和利用

追溯人类认识气象的全过程，可以看到，从猿向人进化的早期开始，就要面对而且必须应付自然气候的变化。这时，人类是被动地与气象环境斗争，是一种为生存而进行的斗争。人类的起源与发展，就是由于这种斗争的结果。人类取得的任何进步与发展，都离不开气象环境。

当人类有了自我意识，对自然气候环境有了初步映象的时候，就曾对自己如何来到这个世界上产生疑问，开始寻找答案。每个民族都有自己创世的传说，人类产生的传说，与洪水、干旱斗争的传说。古代西方传说上帝创造了亚当，又用亚当的肋骨创造了夏娃，这种神话显然是父系氏族社会的产物；古代中国传说是女娲用黄土创造了人，这反映了人类早期只知其母，不知其父，是母系氏族社会的思想。从科学角度来说，这些都是无稽之谈，但确实是反映了人类认识自身的愿望的史实。

认识自身，需要弄清环境和时代背景。中国古代有许多关于初民的传说，如“三皇”时的传说，表明人们一直对探索人类起源、发展及其条件有兴趣。有不少推测，但还不是科学。

真正把人与自然界区别开来，科学地认清人类在自然界中的位置，还只是近一二百年的事。1809年法国拉马克（Jean Baptiste Lamarck，1744—1829）提出高等动物起源于低等动物，人类起源于类人猿，这对旧的认识是一次大震动。1863年英国赫胥黎（Thomas Henry Huxley，1825—1895）在《人类在自然界的位置》中，用事实证明了人猿同祖，是对达尔文学说的有力支持。① 1871年英国达尔文（Charles Robert Darwin，1809—1882）在《人的起源与性的选择》中，提出人类是由已经灭绝的古猿进化而来。这些学说找到了人类的根柢，但是还没有把问题解答清楚，特别是对人类产生的条件还没完全找出来。1876年恩格斯在《劳动在从猿到人转变过程中的作用》中说："甚至达尔文学派的最富有唯物精神的自然科学家们还弄不清人类是怎样产生的，因为他们在唯心主义的影响下，没有认识到劳动在这中间的作用。"恩格斯提出了"劳动创造了人"的著名论断。② 按照这一论断来研究人类的产生和发展，我们便可以弄清楚气象对人类的重要影响。

本章根据人类发展的一般规律，叙述中国这片土地上从古猿走出森林到人类学会利用自然火（约30万年前）的几千万年时间里，人与气象的关系。

大约在3500万年前，地球上出现了猿类。

大约在2500万年前，出现了人科，称为"前人"，相当于腊玛古猿的阶段，从此开始了"人猿相揖别"的漫长过程，直到300万年前，"前人"只会使用天然工具，其社会组织称为"原始群"。

人类历史开始于300万年前，这时已产生早期猿人；100万年前进化到晚期猿人，直到30万年前为止，这两个阶段人类社会称为"前氏族社会"。

30万年以前的人类与自然的基本状况如下表。

---

① 赫胥黎：《人类在自然界的位置》，科学出版社1971年版。

② 本章关于人类学诸点，参考吴汝康《人类的起源和发展》，科学出版社1980年版。

<table>
<tr><th colspan="2">地质时代</th><th>距今年代（万年）</th><th>气候特点</th><th>社会形态</th><th>人与自然气象关系</th></tr>
<tr><td rowspan="4">第三纪</td><td>始新世</td><td>6000—3500</td><td>热带气候状态
气候良好稳定</td><td>原猴</td><td></td></tr>
<tr><td>渐新世</td><td>3500—2500</td><td>保持同上</td><td>古猿群</td><td></td></tr>
<tr><td>中新世</td><td>2500—1200</td><td>气候出现变坏趋势</td><td rowspan="2">腊玛古猿人从猿的体系分化出来，成为使用天然工具的“原始群”</td><td rowspan="2">气候变化促使古猿向人类发展，开始“人猿相揖别”的漫长过程</td></tr>
<tr><td>上新世</td><td>1200—300</td><td>气候变坏到极点，极冰向南扩展出现冰期先声</td></tr>
<tr><td rowspan="2">第四纪</td><td>更新世早期</td><td>300—100</td><td rowspan="2">气候不稳定，出现一系列冰期、间冰期</td><td rowspan="2">猿人前氏族公社旧石器时代</td><td>学会适应气象环境</td></tr>
<tr><td>更新世中期前段</td><td>100—30</td><td>学会用火改变气象环境</td></tr>
</table>

第一节 气候变化促进了“人猿相揖别”

人类有文字的历史不足万年，有人类的历史300万年，而人与猿告别的过程长达2200万年以上。本节讨论的这段历史，从2500万年前古猿进入“亦人亦猿”阶段开始，其时代是很遥远的。

一、人类起源地及其气候条件

首先涉及的问题是：中国广大的国土上，是否有证据可称为“人猿相揖别”的历史舞台。对于这一点，我国考古工作者和人类学家是颇有信心的，虽然人类起源于何处这个问题至今仍无定论。19世纪中叶，达尔文提出人类起源于非洲，其说盛行，直到20世纪初。19世纪末，印度尼西亚的爪哇发现了直立猿人化石；20世纪 20 年代我国又陆续发现大量北京猿人化石和石器，于是，20 世纪前半叶人们都相信人类起源于亚洲。20 世纪 60 年代以来，南非、东非又先后发现了比猿人更古老的南方古猿化石，非洲起源说又十分流行。解决这桩公案的好办法，乃在于分析人类发展的气象条件。

几百万年以前的古生物资料表明，那些遥远的时代，大洋洲没有高等哺乳动物，南极洲最高等的动物是鸟类，美洲也只有低等的猴类。所以这些地方都不可能是人类的发源地。能入选的只有亚、非、欧三大洲广大地区，这里都发现过第三纪中新世及其以后的猿类化石。不过，人科（Hominidae）化石则主要见于亚非两洲。

从理论上说，人类在掌握用火和学会用衣物御寒之前，总是要生活或居留于气候较温和的地方。早期的人类，必定是在较热的地方发展起来。欧洲纬度较高，亚洲和非洲才有广阔的热带丛林和草原地带，因而具有人类发展适宜的气象环境。所以，人们确信人类是起源于亚洲、非洲纬度较低、气候较热的地带。

现已知道，从大约 1800 万年前开始，非洲与欧亚大陆之间有宽阔的接触地带，直到 500 万—600 万年前，地中海盆地和红海才开始泛滥成海。两个大陆才隔开。人类早期的祖先腊玛古猿见于中国、印度、巴基斯坦和非洲，这正表明人类起源于很广泛的地区。

中国“人猿相揖别”的地方，现在已知的都在云南省。

1956 年和 1957 年，在云南省开远县小龙潭煤矿，从中新世的褐煤层里发现古猿牙齿多达 10 枚。其中 5 枚是两千多万年前的森林古猿的牙齿。这种古猿是人类和类人猿的共同祖先。另 5 枚则是人类直接的祖先腊玛古猿的牙齿，是从森林古猿进化来的①。如果再加上一千多万年后的云南“禄丰古猿”，还有更晚的“元谋猿人”，那么，我们已经可以看到云南地方发生的由猿进化成为人的全过程了。这是别的地方所没有的。从云南地理位置所具备的古气候条件来看，人类诞生于此是不成问题的。

---

① 参见河北省文物管理处：《文物考古工作三十年》（1949—1979），文物出版社。

开远森林古猿所处的地方，在北回归线附近，那里气候温暖宜人，雨水适中，森林草场条件良好，所以逐适宜气候而居的古猿选择那里，繁衍进化不息。

二、气候变化使古猿离开森林

开远森林古猿有极其良好的生活环境，假若气候不发生大的变化，它们大约是不会向人类转化的。由于生命的惰性，它们未必肯走出舒适的森林来，开始“营地面生活”。所以，把猿推往人类方向发展的第一个因素是气候变化。

自从第三纪渐新世（3500万年前）出现猿类，到中新世（2500万年前）往后，保存下来的猿类有四支：一支下地来向人的方向发展，开始踏上与自然风雨搏斗的艰苦历程；另三支继续在树上生活，享有足够的食物和良好的气候环境，或者后来这些条件丧失，也下地来，它们成了猩猩、大猩猩和黑猩猩。至于长臂猿，那是从渐新世一直发展下来的猿类。

古猿为什么要下地来生活？根本原因只有一个：气象变化。但是，气象如何变化，有不同的学说①。

一种流行的说法是：气候突变，森林大片毁灭，从而迫使古猿来到地上。严格分析起来，这种说法是不大可能的。一般来说，气候变化有一个渐进过程。当然，也不排除恶劣天气或异常气候突然出现并连续发生。如果真有气象条件突然造成大片森林消失，那么，古猿也会随着森林消失而消失。物种经不住太大的气候突变的例子，从地质史上可以见到。现实的自然界中也有小规模的例子：我们在“厄尔尼诺”发生时看到大量鱼类死亡，赖鱼为生的海鸟也随之死亡。这还是范围较小、程度较轻的气候异常。所以，大的气候突变会造成林猿俱毁，而气候突变不是古猿走出森林的原因。

国内还有一种学说，认为是冰川作用使古猿走出森林。这种说法更是根据不足。因为新生代的冰川是从第四纪才开始出现的，在“人猿相揖别”的第三纪，包括中新世和上新世，都没有冰川。

---

① 吴汝康：《人类的起源和发展》，科学出版社1980年版。

比较合理的解释是：由于气候的变迁，森林面积逐渐缩小了，森林也变得稀疏了，而树丛之间的空隙也随之扩大，这样，就为古猿到地下活动创造了条件。由于森林在逐渐缩小，树木减少，林中食物来源也就越来越少。于是，经常需要从这一片树林转移到那一片树林，这就需要下地活动。而地上也有各种类型的食物，常常吸引古猿下地来。这样，古猿逐步地学会了营地面生活。我们从云南开远小龙潭中新世褐煤层里，看到的就是这种情况。

根据现有的材料，中生代白垩纪末期气候曾变坏，但到第三纪初期已明显好转，造成了老第三纪特别是始新世的热带气候状态。这种良好的气候一直保持到猿类出现的渐新世。中新世才开始出现全面的气候变坏的趋势，到上新世末期，可以说坏到了极点，致使极冰向南扩展。这可以说是第四纪一系列冰期和间冰期的先声。到这时，人类早已诞生，迎接过多次气候变化的锻炼了。

随着渐新世的结束，良好的自然气候环境也结束了。气候变坏使一望无际的莽莽森林，间断成一片一片可以望到尽头的丛林，间以一片一片的草原。古猿开始走出森林，活跃于开阔的林间地带，这也就开始了向人的方向走去，进入亦猿亦人的漫长过程。

三、人猿分化前后地质气候的巨大变迁

我们再来回顾一番从猿的系统中分化出人的时代，以及那前前后后地质气候环境的巨大变迁，以便更加明确人猿揖别是在什么背景下开始进行。

地质学史的成果告诉我们，从第三纪中期开始，造山运动扩大了，出现了全球规模的造山运动。本来比较平坦的大地和海洋，开始有较高的山地隆起。在古猿走出森林的中新世，造山运动正十分活跃地进行。在那漫长的岁月里，地震和火山轰轰烈烈地为人猿分手壮行。地球上许多部分都发生断层和上升运动，形成了喜马拉雅山脉、阿尔卑斯山脉、安第斯山脉和落基山脉等，在非洲则出现了东非大裂谷。大量的火山爆发和山脉隆起，不仅改变了地球的外观，而且造成了气候的巨大变化和振动。

丰富的资料表明，在第三纪中新世古猿分布的亚洲、非洲包括中国、印度、巴基斯坦、肯尼亚等国家的广大地区，在始新世和渐新世时气候炎热，雨量充沛，森林茂密。在古猿生活的森林里，有足够的食物供它们享用。到中新世则被草原代替。中新世，在沧桑巨变的造山运动中，气候开始变坏，不像以前那样炎热了，雨量也在减少。于是，森林逐渐变得稀疏起来，大片森林之间出现成片的草原。随着气候的全面变坏，草原面积也逐步扩大。这时，成群成群的古猿走出了森林，改营地面生活。确切地说，是自然气候的变化，使它们被迫放弃森林生活的。

猿类的杂食性，使它们能适应气候环境的巨大变化，易于习惯营地面生活。猿类的群居性，则是利于它们向人类社会发展的基础。凭借这两点，古猿与自然气候和恶劣环境作斗争，可能适得其乐而不觉其苦。

古猿在树上生活时，两只手的用途是采摘果子和行动，手脚虽有分工，但脚仍能抓握树枝，这种分工还不太明确。改营地面生活后，手除了用于获取食物外，还要拿起石头、木棍和兽骨之类来作武器，来防御敌害。手的用处扩大了，由于站立行走，手和脚的分工也进一步明确了。总之，古猿要向人的方向走去了，这是气候变化促成的。

古猿向人分化，对于自然气候的反应，是完全被动的，本能的，不自觉的。

第二节 受自然气候驱使的“原始群”

1976 年在云南省禄丰石灰坝煤窑的早上新世（800 万—1200 万年前）褐煤地层中，发现一具完整的腊玛古猿类型的下颌骨。其牙齿特征，比其他腊玛古猿更接近人属（Homo）。这一发现不仅对人类起源的理论有重要意义，而且也为人类起源地点提供了证据。

在云南省境内，“原始群”的活动极为古老而悠久。开远森林古猿——禄丰古猿——元谋猿人这个长长的进化序列，展示了人猿相揖别的连续过程。云南省远古时代的发掘收获是颇多的。早在1938年就发现过生存于三叠纪晚期的爬行动物禄丰龙。综合分析有关资料，我们已经可以揭示出那里的自然气候环境和生物、人类进化的种种图景。

两千多万年前古猿走出森林之后，经历了好几个大的阶段：首先成为人类直接祖先的腊玛古猿；大约五百万年前从腊玛古猿发展成为南方古猿；约在三百万年前，南方古猿中的一种，分化为两支：一支成为人而发展至今；一支仍为南方古猿而在一百万年前灭绝了。整个这一段漫长经历，人类祖先都处在亦人亦猿状态。其前期相当长时间更接近猿，而后期则更接近人，直到脱离“原始群”而进入人类历史。

关于“原始群”居民的生活环境，出土的动物、植物和地层沉积物资料表明：它们生活的地方森林茂密，有空旷的林间草场，气候有季节变化，雨季来临时雨量充沛。

一、大旱教会古猿向大自然索取

古猿离开森林之后，自然气候给了它们更多的考验与锻炼。

在森林里，它们长期习惯于享受大自然赐予的丰富的食物：植物鲜嫩的根叶，多汁味美的块茎，甘甜的果实。当大旱来临之时，甚至某一个季节发生干旱时，本来已变得稀疏的树林里，这些植物性食物就大量减少，不敷食用。当它们面临饥饿的时候，杂食性的品质会使它们去猎取各种各样的“野味”，努力地扩大食物的来源。原先乐于品尝的荤食只不过林中的昆虫、鸟蛋，到了饥不择食的时候，它们会利用更多的动物性食物，比如，干涸的河段、湖沼里的鱼儿，很容易捉得而又十分鲜美，它们见了之后不会轻易放弃。荤食的魅力使它们逐渐学会猎取空中的飞禽，地上的走兽，水中的游鱼，洞穴中的鳞介。这样，干旱就使它们增强了劳动本领，增强了在自然界中生存繁衍的能力。

这种改变对它们来说，好处是很多的。从利用生物能的观点来看尤为重要。为使身体获得同等数量的热能，肉食要比草食消耗量小。吃了肉类更抗饿，而且体质也更健壮。吃的数量少了，进食间隔也长了，也就赢得了更多的活动时间。

可惜“原始群”状态的居民既没有时间的概念，又不懂得时间的价值。它们觉得肚子不饿了，便三三两两地到处跑跑、逛逛。时间被盲目地消耗了，然而这都扩大了它们活动的范围。有时它们会跑得很远，为“原始群”找到更理想的获取食物的场所。这种易于得到食物的场所，是由于气候条件优越而造成的。它们逐食物源流动而不自觉，但这客观上是在逐良好气候条件而迁徙。每个“原始群”都处在流动不定的过程中，它们生活的天地，比在森林中广阔得多了。

二、自然气候变化驱使“原始群”提高劳动本领

在生活天地扩大的同时，“原始群”居民的视野也扩大了，后者对于向人类进化的意义更为重大。

在草原上追赶动物与在森林中摘取果实的动作是大不相同的，不需要两手来攀援支撑，而要靠两腿来迅速奔跑。开始就像我们看到的猿类那样，古猿直立奔走时，还需用手来辅助下肢，偶尔作些支撑。后来，两手完全从支撑作用中解放出来，同时两脚大趾也失去抓握作用，与其他四个脚趾方向一致。这就像人了。这时，它们不再是低着头向下方看，人类第一次抬起头来了。在这个发展过程中，气候变化教它们提高了劳动本领，而与自然斗争的劳动则创造了人本身。

我们现在看到黑猩猩也会使用天然工具，它们把小树枝伸进蚁穴去钓取蚂蚁作为美餐时，还会用手摘除碍事的小树杈，这就像是在对天然工具作简单的加工了。但是，这仅仅是下意识的本能，只是在能获得眼前结果的场合下才这样做，不知道过去、未来，前因、后果。猩猩不会自觉地寻觅、保存和加工使用天然工具。“原始群”居民则要高明得多。它们虽然不会制造工具和武器，但却会寻觅、选择适用的工具、武器，在挑选工具时也作些真正的加工，如使木棒更合用，并会保存备用。这表明它们的自觉意识开始萌芽了。它们劳动本领的提高，有这样几个方面：首先，由于手脚分工明确，脚站得更稳固而双手更灵巧。这是在气候环境变坏的情

况下，长期营地面生活的结果。“这就完成了从猿转变到人的具有决定意义的第一步。”① 这使它们不再回到树上去了。其次，会对不同的天然工具派不同的用场。木棒用于打击，石块用于投掷、砍砸，干草和树木的干枝叶则用于铺窝做巢。当天气变冷或降雨的时候，还在身上覆以干燥的柴草以保暖。在那没有火的时代，这是最好的办法了。

中国古代人们就有关于早期人类巢居的想象或假说，如韩非说：“有圣人作，搆木为巢，以避群害，而民悦之，使王天下，号之曰有巢氏。”② 这样说，巢居好像是在氏族社会的事，是把时间估计得太晚了。其实人类祖先早就会用柴草做个简单的睡铺，这是从猿那里就学会的。“有些猿类用手在林中筑巢，或者像黑猩猩一样在树枝间搭棚以避风雨。它们用手拿着木棒抵御敌人，或者以果实和石块向敌人投掷。”③ 古猿尚在树上就有这种本能，走出森林之后当然要进步得多了。“原始群”居民虽然仍属浑浑噩噩，但毕竟开始发展了初步的意识，它们的劳动已不完全是出自本能，而是有目的地为生存而斗争。它们已不至于分不清石头与果子，它们与自然风雨作斗争是有意识的。在被自然气候驱使，与气象变化作斗争中，已经提高了劳动本领，学会了更多的东西。

随着劳动本领的提高，群体成员的社会组织结构会更严密。因为它们站立起来、抬起头来之后，它们能看到、感受到的东西更多了。

三、对付天灾敌害打开了人类意识发展之门

在跨出了“人猿相揖别”的决定性的一步之后，“原始群”成员的双眼不再是便于向下看，而是适于向四面八方看，也可以仰起头来向天上看。比起四脚动物来，看到的距离更远，范围更广阔。这样，对周围环境的感受大为增多，头脑里获得的印象也丰富起

① 恩格斯：《自然辩证法》，人民出版社 1971 年版，第 149 页。
② 《韩非子·五蠹》。
③ 恩格斯：《自然辩证法》，人民出版社 1971 年版，第 150 页。

来，人类意识之门第一次打开了。

看到天高云淡，微风吹拂着草原，阳光洒遍大地，树枝轻轻摇动，果子成熟了，它们心里会充满喜悦，露出微笑。

看到赤日炎炎，大地干渴，小河断流，池沼涸竭，草木枯萎，食物难寻，它们会忧愁，焦急地到处奔跑寻觅。

看到阴云密布，狂风怒号，雷电交加，冰雹铺天盖地打来，它们惊恐万分，坐立不安，暴风雨过去了，心里还怦怦乱跳。

洪水汹涌，山崩地裂，声震十里，泥石流滚滚而来，它们惊骇色变，奋力逃命。

刺激“原始群”居民感官的自然界的风云变幻，总是经常不断地大量地发生。和天灾一样危害它们的，还有毒蛇、猛兽、凶禽和敌对的“原始群”。从发掘的资料看，那时经常威胁它们的猛兽如剑齿虎、恐猫、鬣狗和斑狗，这些食肉动物十分凶悍，人力单薄是对付不了的。它们需要加强群体的战斗力来对付这些敌害。除了发展群体内各成员的关系而外，为了生存，还要求增强群体间的联系与合作。这样，才能更好地对付大自然里的风雨雷电，对敌害进行有效的防卫。

一方面，由于对自然气候环境、各种天灾敌害强烈刺激的感受，它们脑子里残留的印象延长了，开始发展成记忆；另一方面，由于气候变化影响生活，驱使它们提高获取食物和战胜敌害的劳动本领，加强个体之间、群体之间彼此的联系和交往，因而初级的意识产生了，与此同时，始基性的语言也产生了。

人类意识之门打开了，这就加速了向动物告别的进程。由此我们也可以明白，劳动，与自然的斗争，特别是与气象和敌害的斗争，不仅创造了人的身躯，同时也创造了人的感情、思维、语言，创造了人与人的友爱和人群与人群的互相协作。人与动物的界线明显地划出来了。大约在距今300万年前，古猿经过两千多万年的进化，走完了“前人”的历程，跨进了“真人”的阶段，开始“前氏族社会”的生活了。

在这以前的漫长岁月，人类祖先与气象的关系，简单地说是：从本能地受其驱使、作出反应，到有了初步的自我意识，结伴与大自然作被动的斗争并逐步适应。这种初步的感受，是后来发展出感性认识的基础。

第三节 懂得改造自然的前氏族社会

地球史上的“人”字是很难写出的。本节叙述前氏族社会人与气象的关系，这时才算得上有了人类，不再是“亦人亦猿”，而是“真人”。从这时起应该用“他”来称呼人类的祖先，而不再用“它”。但这时的人，还是被称为“猿人”。分为两期：早期猿人或叫“能人”，生活在距今100万—300万年，他们已经会利用天然火，但常常失去火。晚期猿人生活在距今30万—100万年，已能控制和保存天然火。掌握火对于人类的意义，要大于掌握蒸汽和电力，大约只有掌握核力有可能与之相比。这个阶段人群的社会组织，已不是像动物那样以力相争的“原始群”，而是出现了“血缘家族”，这是人类第一个社会组织形式。这时，人类与自然气候的斗争以及适应和利用气象条件的能力都增强了。

一、建立防雨避风所和驾驭自然火

“这是家庭的第一阶段。在这里，婚姻集团是按照辈数来划分的。”“即整个一群男子与整个一群女子互为所有，很少有嫉妒余地的婚姻方式。”“仅仅排斥了祖先和子孙之间、双亲和子女之间互为夫妇的权利和义务（用现代的说法）。”① 这里的“双亲”之说是现代说法，严格地说是“父辈母辈”，但当时只知其母，不知其父，也认识不到人的出生与父亲有什么关系，男子的地位比女子低很多。这个时代的人十分野蛮。但血缘家族比起原始群来，族内人与人之间有了血亲关系这种更紧密的联系，作母亲或祖母的，对儿孙本有抚爱，当然也有传授斗争经验和指挥与自然、敌害作斗争的权威与能力。这种社会结构提高了与自然作斗

---

① 恩格斯：《家庭、私有制和国家的起源》、《马克思恩格斯选集》第三卷，人民出版社1972年版。

争的能力。

当他们开始富于感情，有了初步的记忆和思维能力，能运用简单的语言时，就觉得天然工具使用起来实在太笨，要用脑子总结经验，用双手制造更好的工具了。不仅会制造简单工具，而且会作二次加工，制造工具的工具，如选用质地坚硬的石料制造砍伐树木的工具，根据不同需要制造出砍斫器、刮削器、尖状器等多种石器，还使用骨器。

那时候虽然选择了比较温暖的地方居留，但白天的凄风、苦雨、烈日，夜里的湿气、凉露，常常影响人们的健康，肢体关节会受到风湿，身体会染上各种疾病。除了毒蛇猛兽，疾病对他们是最大的威胁了。动物似的窝巢对他们来说已嫌不够，他们已开始架起简陋的防避风雨的场所了。大约在 180 万年前，就有了这种创造。从那时起，人类对自然界的风雨雷电，已具有初步的防御能力了。

有时，一场雷雨降下火球，会使森林燃烧起来。春秋干燥时节，也可能有森林、草原发生自燃。当熊熊烈火袭来时，人们最初是跟动物一样，恐惧万分，慌忙逃跑，被火烧伤或夺去生命的人也一定不少。当大火熄灭之后，偶然地从灰烬中会发现烧死的动物。人们就这样第一次尝到了烤熟的食物。对于吃惯生肉的人们来说，那熟肉的味道真是美极了。但是，这机会对于他们来说，再也很难有了。有的人一生也没有这种口福，只能从老祖母忆述的往事里知道有这样的事情，但也想象不出火是什么样子，大约只能用烈日、雷电来打比方。这时人们对火是又想念又害怕，不再像动物那样绝对地恐惧了。

火既暴烈又易熄灭，原始人长期掌握不了它的特性。偶有机会大胆地接近火，得到了火，但又保存不下来。想要尝到老人们传说的美味，真是太难了。但对火的恐惧，总算慢慢地消除了，只是对它有点小心翼翼，怕它伤人。

考古工作者从 180 万年前山西西候度文化遗址，云南“元谋人”170 万年前的居留地，陕西“蓝田人”110 万—115 万年前的居留地，都看到了用火的痕迹，断定他们已会用火，但又找不到连续用火的遗留物，没有像“北京人”那样丰富的用火事迹。这说明，无论是元谋人甚至蓝田人，他们虽然有时也能获得自然火，但却不能长久地保存火。那时的人，是不会区分自然物的猎人，他们会把从火场中得到的火，视为从猛兽那里捉到的小兽。只是这种猎物凶悍得出奇，逃逸得稀奇。100多万年前，人们还不会把捕获的动物饲养起来，留待食物不足时享用。

对美味食物的向往使他们想到火，寒风侵袭使它们想到火，人们就这样开始了征服火的历程，但进展十分缓慢，费去了几十万年甚至上百万年时间。

二、人类与自然斗争的第一个胜利

距今30万—100万年，中国大地上生息繁衍着的人类已经很多。安徽和县、山西襄汾“丁村人”和辽宁本溪“庙后山文化”的早期，都属于晚期猿人，将要进化到早期智人阶段。生活于50万年前的“北京人”则是这个时期人类的典型代表。

这个时代的人们怎样与自然气候作斗争呢？从已经比较清楚的“北京人”的生活状况来看，他们已经取得了与大自然作斗争的第一个胜利。他们完全能驾驭自然火，虽然尚不能制造火，但已会使用、控制和保存火。他们已经驯服了火老虎。这个胜利照亮了远古时代的人类文明，人类从此高举火炬前进，寒冷、黑暗、潮湿、毒虫、猛兽这些威胁人类身体和心灵，造成损害与恐惧的自然势力，都会在熊熊火光面前退却。

从此，人类有了战胜自然风雨、克服寒冷气候的武器，生存范围可以扩大了。他们可以到更遥远的地方，获取更丰富的食物。从地域上可以看出，即使寒冷的中国东北，也有庙后山这样的遗址。生活的天地对于人类来说更广阔了。

那时人类多生活在季风气候区域，而且多居住在洞穴里。冬天，寒冷而黑暗的夜间很长；夏天，闷热而又潮湿。火的使用，给寒天带来温暖，给黑夜带来光明，能驱走潮气，创造干爽舒适的环境。人们可以改善自己居住处的小气候环境，使之更适宜自己的身体。这样，自然气候造成的疾病也减少了。

多少万年来，恐怖的黑夜，野兽出没，危害人群。人类升起火堆，举起火炬之后，猛兽就逃得远远的了。有些食草动物反而不怕火，会来作朋友。如果人们找到一个良好的洞穴，可以居住，却被猛兽盘踞着，这时，就可以用火作为武器，把里面的野兽统统驱走，改造一番，自己住进去。“北京人”就用了这种办法，驱走凶残的鬣狗，取得洞穴。

火的好处，十分重要的一点是带来熟食。血缘家族的男女老少，可以围着篝火，烤食男人们猎来的野味、女人们掘来的薯块。熟食不仅味道好，而且易于消化，减少了肠胃负担，也减少了疾病，有益于身体健康和智力发展。

“北京人”有了男女的初步分工。男人们从事狩猎，女人们从事采集，老年人则保管火种，同时也照料孩子，制造石器。这种分工表明，人类智力有了发展，无论是对自然或是对人类自己的认识，都有了可喜的提高。在对自身认识方面的提高，将会导致血缘家族的改变而向氏族公社进化。对自然界认识的发展，能对气象变化积累下感性的认识。

三、前氏族社会人类经历了最大的气候变迁

原始人类经历的气候变化，其剧烈程度，可能更甚于今天我们所经历的气候异常。

人类所走过的前氏族社会这段历程，大约有二百七八十万年之久。在地质时代上，是第四纪更新世的早期及中期的前段。从第三纪上新世末期开始，全球气候恶化，到第四纪出现一系列冰期和间冰期。像我国鄱阳冰期、大姑冰期、庐山冰期以及它们之间的间冰期，气候变化幅度都是很大的。这些重大气候变迁，对于人类活动、发展及分布具有决定性影响。前氏族社会的人类虽然已经用火，但不会制造火，也还没有发明宫室和衣服，因而，他们活动的天地仍要由气象环境来决定。

根据地质资料，特别是第四纪冰川遗迹，古冰缘现象，华北孢粉资料，元谋及青藏高原第四纪古地磁和孢粉资料，风化壳及土壤

资料等，可以得出我国近一千万年的气候变化曲线。① 在资料较丰富的近350万年这一段时期，温度振幅达到15—20℃，发生过6次周期为1万—10万年的幅度巨大的气候振动。在这种背景下，气温的年际变化也一定比今天大得多。这是人类出现以来所经历过的幅度最大的气候变化。今天，平均气温偏低1—2℃，就算是低温年了。可以想见，原始人类曾经经历了何等巨大的气候变迁的考验和锻炼。

那时喜马拉雅山已经隆起，亚非大陆已经是今天这种样子，地中海、红海已经形成，地球的面貌和现在差不多。因此，中国大地上这些原始人群是处在季风气候之中。他们一直在不断地流浪。可以想见，尚不会放牧的人类，他们的流动是根据获得食物的难易程度来选定方向的。哪里食物丰盛，便在哪里居留得长久些。逐年渐进不容易感受到的气候变迁，会使他们不自觉地跟着环境条件而南北迁徙。这种变化对他们来说是容易适应的。

最难对付的是气候突然变化和纬度较高地区的季节变化。在较长一段时间里，中国大地上南北温差消失了。设想原始人追着他们作为美食的鹿群向北跑，到了一个偏北的地方居留下来。过完了美好的夏天和秋天，严冬就会来到。这时如果寒潮突然暴发，风雪交加，那赤身裸体的人们简直是无法招架的。只有那些有经验、能识别方向的人，才能领着他们的血缘家族往南去，作千里大转移。只有那些特别聪明的人，才有可能循着候鸟迁飞的方向逃避寒冷。如果弄不准方向，就难免有许多人冻伤、冻病、冻死。

原始人是在食物匮乏和气候恶劣的情况下，逐步受到锻炼，积累经验，学会把活动地盘向北扩展的。当他们进一步提高战胜气象变化的本领之后，他们的足迹便达到偏北的地方。

经过测定，“北京人”从70万年前起，到20万年前止，在周口店居住的时间长达50万年。当然，这中间有多次弃置不用，多次换了人群。这期间的气候经历了多次变化，有时比现在寒冷，有

---

① 段方侗、浦庆余、吴锡浩：《我国第四纪气候变迁的初步研究》，《全国气候变化学术讨论会文集》，科学出版社1981年版。

时又比现在炎热，大部分时间可能和现在相差不多。他们是在气候良好的时候才来这里居住的，气候不好时就走了。没有形成气候知识，但能适应和利用气候，逐适宜气候而居。根据洞底砾石所含孢粉组合情况来推断当时北京地方的年平均气温，比现在要低12℃。① 也就是说，年平均气温近于0℃，比现在哈尔滨还要冷一些。这对那时的人类来讲是不堪忍受的。这是洞底时代的情况，“北京人”是在暖和的年代才来这里生活的，当气候再度变冷时，他们又迁徙到别处去了。在漫长的年代里，走了一群，又来一群，可以看出是好几批人在这里生活。这说明原始人类是随着气候变迁而到处流浪的。他们就是这样，经历了冰期巨大的气候异常而生存下来，发展起来。他们所经受的这种考验是我们近万年文明史里所未曾有过的。由此可见人类发展历程之艰辛。

附传 初民传说与气象有关的人物

一、盘古之君·烛龙

中华各民族共同的创世传说，流传民间的口碑文字，都称开天辟地之神为“盘古”或“盘王”，但各民族所述盘古的形象各不相同：有龙头人身，有人头蛇身，鸟头人身，虎头、狗头人身等。古籍中的记载也有差异。

《山海经·大荒北经》的描写是：“西北海之外，赤水之北，有章尾山。有神人面，蛇身而赤，直目正乘，其瞑乃晦，其视乃明。不食，不寝，不息，风雨是谒。是烛九阴，是谓烛龙。”

《山海经·海外北经》的描写是：“钟山之神，名曰烛阴。视为昼，瞑为夜，吹为冬，呼为夏。不饮，不食，不息。息为风。身长千里。其为物，人面，蛇身，赤色，居钟山之下。”

《广博物志》卷九引《五运历年记》：“盘古之君，龙首蛇身，

① 徐仁：《中国猿人时代的北京气候环境》，《中国第四纪研究》第4卷第1期，1965年。

嘘为风雨，吹为雷电，开目为昼，闭目为夜。”

《三五历记》：“首生盘古，垂死化身：气成风云，声为雷霆，左眼为日，右眼为月，四肢五体为四极五岳，血液为江河，筋脉为地理，肌肉为土，发髭为星辰，皮毛为草木，齿骨为金石，精髓为珠玉，汗流为雨泽。”①

《淮南子·精神篇》：“古未有天地之时，唯象无形，窈窈冥冥，有二神混生，经天营地，于是乃别为阴阳，离为八极。”（高诱注：“二神，阴阳之神也。”）

总观上述材料，章尾之山就是钟山，烛阴就是以阳照阴，即阴阳，烛龙、烛九阴有以阳烛阴之意。烛龙、盘古之君、烛阴、盘古，都是同一个神，而《淮南子》所说“有二神混生，经天营地”的阴阳之神，也就是烛阴，它们都是一回事。只是这些说法产生的时代可能不同，最早的传说可能在阴阳概念形成之前就流传开来了。

概括地说，盘古或烛龙，它的形象是这样：在天地没有形成之时，一切都是迷迷茫茫，看得出一点模样，但也说不出是什么形状。阴阳二神混生在一起出现了，由于它的努力经营，产生了天地。这阴阳一体的神就是开天辟地的盘古，又叫烛龙。它长着一个人或龙的脑袋，蛇的身子，是赤色的，左眼像太阳，右眼像月亮。它睁开眼，就是白天；它合上眼，就是黑夜。它吸气，就是寒冷的冬天；它呼气，就是炎热的夏天。它身长千尺。它不吃，不喝，不睡觉，不休息，忙于刮风下雨的事情。它快要死去的时候，那景象才壮观呢：它的气充满了天地之间，变成了风和云，它的声音变成了雷霆，它的两眼在天空变成了月亮和太阳，头发和胡子化为星星，它的四肢五体变成了四极五岳，血液化为江河，筋脉化为大地的纹理，肌肉化为田土，皮和毛化为草木，

---

① （三国·吴）徐整《三五历记》还有一段话涉及浑天说：“天地混沌如鸡子，盘古生其中。万八千岁，天地开阚，阳清为天，阴浊为地，盘古在其中。一日九变，神于天，圣于地。天日高一丈，地日厚一丈，盘古日长一丈。”

牙齿和骨头化为金属和石头，精髓化为珍珠美玉，汗流成为雨泽。

最初是一片混沌，后来分为阴阳，整个宇宙就慢慢地廓清了。这些神话虽然经历了后人一代又一代的流传加工，但它确实保留了一些原始人类对环境的认识，是用形象思维表达的原始科学，是把大自然与自己身体相比拟的感性认识。这里涉及了对气、风、雨、雷、电、昼、夜、日、月、冬、夏等气象问题的原始认识。

二、女娲

关于人类产生的神话，中国有女娲，西方有夏娃。中国古代神话人物的顺序，有的很混乱，编排不合理。比如炼石补天和塑泥造人的女娲，却排到了画八卦、教民鱼猎的伏牺之后。人还没造出来，伏牺怎么能教他们去打猎？也有说女娲是伏牺的妹妹或妻子的。鲁迅《故事新编·补天》这篇小说，描写她无意识地造了人，而天需补则是由于颛顼与共工争为帝，用头把天柱折断。把时代推得更偏后了。这是有所讽寓，我们不必去管。对女娲，我们只按她的所作所为和生活的环境来编排她的位置。开天辟地之后，该是造人、补天了。

《淮南子·览冥篇》是这样说的："往古之时，四极废，九州裂，天不兼覆，地不周载，火烂炎而不灭，水浩洋而不息，猛兽食颛民，鸷鸟攫老弱。于是，女娲炼五色石以补苍天，断鳌足以立四极，杀黑龙以济冀州，积芦灰以止淫水。"

看，这女娲是要恢复整个宇宙的秩序，还要战胜烈火、洪水、猛兽、凶禽，这些都是威胁原始人类的大害。她代表母系氏族向大自然宣战，是取得了成功的。《淮南子》继续写着："苍天补，四极正，冀州平，狡虫死，颛民生。和春，阳夏，杀秋，约冬。当此之时，卧倨倨，兴盱盱，一自以为马，一自以为牛。"

女娲取得了战胜自然的胜利，春夏秋冬四季气候正常了。生活在那时候的人民，躺着舒舒坦坦，起来笑眼眯眯，一会儿以为自己是马，一会儿以为自己是牛，大约不知道这好时光是怎么来的。

唐代卢仝《与马异结交诗》说“女娲本是伏牺妇”，《全唐诗》注：“女娲伏牺妹”。这大约与苗族的祖先神话一致。清初陆次云《峒谿纤志》说：“苗人腊祭曰‘报草’，祭用巫，设女娲、伏牺位。”案《帝王世纪》、《三皇本纪》，伏牺、女娲均以“木德”王，所以与苗族“报草”也一致。现代人类学者实地考察苗族传说，苗族人全认为自己是女娲、伏牺的后代。他们本为兄妹，遭遇洪水，人烟断绝，仅存他们二人。男的叫 Bu-i，女的叫 Ku-eh。这就是伏牺、女娲的古音①。可见女娲故事源于上古的苗蛮族集团。这本为母系社会的传说，到父系社会又作了加工。

三、昊英氏与有巢氏

昊英的故事很少。《帝王世纪》说：“女娲氏没，大庭氏王有天下，次有柏皇氏、栗陆氏、骊连氏、赫胥氏、尊卢氏、祝融氏、混沌氏、昊英氏、有巢氏、葛天氏、阴康氏、朱襄氏、无怀氏，皆袭伏牺之号。”很难弄清这么多氏族的来龙去脉。只是，这里的昊英氏、有巢氏，其时代应是很早的。

《商君书·画策》篇说：“昔者昊英之世，以伐木杀兽，人民少而木、兽多。”

《吕氏春秋·恃君览》说：“凡人之性，爪牙不足以自守卫，肌肤不足以扞寒暑，筋骨不足以从利避害，勇敢不足以却猛禁悍。然且犹裁万物，制禽兽，服狡虫，寒暑燥湿弗能害，不唯先有其备，而以群聚耶？昔太古尝无君矣，其民聚生群处，知母而不知父，无亲戚、兄弟、夫妻、男女之别，无上下长幼之道，无进退揖让之礼，无衣服履带宫室蓄积之便，……”

这些记载都反映了血缘家族时代人们的生活情景。古人提出的假说，有一定的合理性。

---

① 徐旭生：《中国古史的传说时代》，文物出版社 1985 年版，第 238 页。

关于有巢氏，《庄子·盗跖篇》是这样说的："古者禽兽多而人民少，民皆巢居以避之。昼拾橡栗，暮栖树上，故命之曰有巢氏之民。古者民不知衣服，夏多积薪，冬则炀民。故命之曰知生之民。"

《韩非子·五蠹篇》也这么说："上古之世，人民少而禽兽众，人民不胜禽兽虫蛇，有圣人作，搆木为巢，以避群害，而民悦之，使王天下，号之曰有巢氏。"

前氏族社会的生活，大致就是这样。血缘家族内部的团结和家族之间协作，是他们战胜自然气候的一种保证。

第二章

氏族社会气象科学的萌芽

从30万年前早期智人（古人）出现，到传说中的尧舜时代，中华大地的文化逐渐放出异彩。我们的祖先已经高举着火炬前进，科学文化的发展已具有了加速度，知识的积累随着时间推移越来越快。划分人与气象关系发展阶段的时间尺度，也应越来越细密。

距今5万年，“古人”会自己取火，同时不再赤身裸体，在人与风雨寒暑的关系上已经开始获得自由，结束了完全受大自然驱使的局面。

自然科学和哲学的萌芽是在“新人”阶段，这是近5万年内的事情。这时候，由于环境气象条件不同，现代主要人种开始分化出来。直到公元前1万年，人类实际上已经开始努力掌握季节变化，并取得了一些知识。

在距今7千年到1.2万年，人们发展出了规模相当可观的农业，对气象“节以制度”的工作已经取得成效，科学文化已经发展到可以初步地抽象出理论认识的阶段，尽管十分原始。

从距今7千年到尧舜时代，华夏文化已经灿烂辉煌，“治历明时”已有可观的成果。

整个这二三十万年的历史知识，前期主要资料来自地下发掘，后期则有丰富的文化典籍，而历史传说和神话故事互相参证，可以把各项资料串联起来。神话和传说既可以在地下出土文物中找到证明，也可以在天上星宿中找到证明。文化典籍记载了出土文物中反映的社会生活，而天上星空的社会是人间社会的反映。了解这个秘密，便找到了揭开历史奥秘的钥匙。

我们看到这个时代人与气象灾害的斗争不断发展，同时部族之间的斗争也发展了。各氏族之间的战争越来越扩大，形成了一些巨大的氏族集团或联盟。他们之间爆发战争的原因，就是要争夺优良的天然环境。长江中下游平原、黄河中下游平原、华北平原，都是自然条件及气候极佳的地方。几万年时间里，参与斗争的民族众多，总观大势可分为三大族①：

西方，河洛族，即黄族，汉族。
南方，江汉族，即炎族，苗族。
东方，海岱族，即泰族，汉族、韩族、东夷。

泰族最早发达于气候良好的黄河中下游及沿海广大地区；后来炎族北上，把他们排挤开了；千百年后，西来的黄族又把炎族从这一大片富饶的土地上挤走。经过大大小小许多部族战争，到了最近四五千年里，主要是汉族居于中原，其他各族都置于周围各地。北方的民族是在一次又一次争夺中被挤到寒冷的荒漠中去的。各民族的图腾：东方为龙，南方为鸟，西方为兽（虎），北方为龟（蛇），这些到后来都反映到天上，成为四时的象征。而且都反映到了总的知识系统里。从这里可以找到中华民族各种文化成果的渊源。在这些成果中，气象学和天文学知识是最早萌发于中华大地的。

第一节　与自然斗争初获自由的“古人”

中国早期智人的遗迹，1922—1923 年首次发现于河套地区。

① 用蒙文通说，见《古史甄微》第 62 页。并参阅周谷城：《中国通史》上册，上海人民出版社 1985 年版，第 52 页。

主要有两个地方。第一个是水洞沟，在宁夏东南、甘肃省阿善乌拉山东北麓。第二个是沙拉乌苏河两岸，在靖边西北、内蒙古自治区伊克昭盟乌审昭旗境内。这里的“河套人”时代较晚，可能是晚期智人。1956 年在该地又有发现①。水洞沟的“河套人”生活在距今 10 万—20 万年的时代，正值黄土生成期②。我国黄河流域陕、甘、晋、豫、诸省黄土为第四纪中期的风成堆积。在黄土生成之前，雨量较多，气候适宜，水流冲积而成一层砾石层。那时居住于陕、甘的人类颇多。待到黄土生成之时，气候变得干冷而多风，对“古人”来说再也不是适宜生活的环境，于是渐次移居河套地区。河套地方未必更暖和，实际上气温可能还要低一点，但雨量较多，而且风沙较少，比原居留地更易于得到食物。

新中国成立后发现的“古人”遗迹就很多了。1954 年在山西省襄汾县发现的“丁村人”，1956 年在湖北省长阳县赵家堰洞穴发现的“长阳人”，1958 年在广东省韶关县马坝乡狮子山洞穴中发现的“马坝人”，1976 年在山西省高阳县发现的“许家窑人”，在贵州有“桐梓人”、“水城人”，还有在陕西大荔、辽宁喀左鸽子洞、辽宁本溪庙后山晚期的遗址等。

“马坝人”和“长阳人”生活在南方，那里气候温暖湿润，山间森林茂密，丘陵大地碧草如茵。和他们共同生存的动物有熊猫、剑齿象、犀牛，还有和现在相似的大部分野生动物。他们要对付烈日、风雨，寒冷不是太大的威胁。

北方“古人”生活的气象环境则要差些。如被干旱风沙所迫自陕甘往北迁徙的“河套人”，以及山西境内好几个地方的“古人”，他们那里的气候都不能跟南方相比，但那时的气候比现在还是好得多。生活于太行山西边的汾河两岸的“丁村人”，那里的气候跟现在比起来更要温暖、湿润一些。动物有豺、狼、狐、熊、象、犀牛，茂密的树林间还有斑鹿，广阔平坦的草原上有大角鹿、

① 吴汝康：《人类的起源和发展》，科学出版社 1980 年版。

② 裴文中：《中国史长期之研究》，引自束世澄编辑《中国通史参考资料选辑》，新知识出版社 1955 年版。

赤鹿，平原和丘陵草场间奔驰着成群的野马、野驴、羚羊。他们要对付的气象问题比南方的“古人”为多，比如风雪严寒就得认真对待。不过，冬天来了他们有皮衣蔽体。

总之，“古人”的足迹已遍于中国广大地区，包括一些很偏北、很寒冷的地区。虽然那时辽宁、内蒙古、河套等地方可能比现在暖和，但如果没有火的发明、衣服的穿着，他们是不可能如此主动地向气候较寒冷的地区进军的。他们在与大自然的斗争中初获自由，主要有以下几方面原因。

一、人类第一次征服了一种自然力

那时人类用自然火虽有几十万年的经验，但在人们用双手造出火之前，火还是不完全属于人类所有。为了不失去火，他们得付出很多劳动，并要有人专门侍候它。人还不能成为它的主人，更说不上随时随地随意地使用它。自己能造出火，情况就不同了。只要身带火石、燧木和引火材料，随时都可以取得火。这就可以随时获得战胜寒冷、潮湿、黑暗和敌害的武器，并得到美味的熟食。所以，在传说中造出了火的燧人氏是十分受崇敬的人。如《白虎通号》把他列为“三皇”之一，是上古最伟大的人物。

火从人们手中诞生，的确是一件值得大书特书的事情。“就世界性的解放作用而言，摩擦生火还是超过了蒸汽机，因为摩擦生火第一次使人支配了一种自然力，从而最终把人同动物界分开。”①从这时起，人们不再为失去火而担心发愁了。从此人们不再像以前那样受自然气候驱使。他们可以凭借造火技术，更勇敢地向北方寒冷的地区进军，只要那里有丰盛的猎物，气候恶劣也不在话下，也不怕狂风、暴雨、洪水来夺去他们的火种。征服一种自然力，在改造自然的斗争中就能开拓新的局面，人类就加速走向广阔的天地。我们会看到人类活动区域在迅速扩大。不仅亚非，欧洲也出现了“古人”的脚迹。

在物质生活领域扩大的同时，人类的智力和精神世界也发展

---

① 恩格斯：《反杜林论》，人民出版社 1970 年版，第 112 页。

了。随着人们身体穿上了皮衣，气象科学的种子已经膨润，就要进入萌芽的阶段了。

二、发明衣服以御风霜

关于衣服的发明过程，古人有不少揣摩。《春秋命历序》说："古之初民，卉服蔽体。时多阴风，乃搴（削）木茹皮，以御风霜，绹发闾首，以去灵（淋）雨命之曰衣皮之民。"《白虎通义》说："太古之时，衣皮韦，能覆前而不能覆后。"《五经异义》说："太古之时，未有布帛，人食禽兽肉，而衣其皮，知蔽前未知蔽后。"应该说这些都是很合理的想象。后来史书中有"岛夷卉服"之类记载，那是实有其事。所谓卉服，就是用植物枝叶做成的衣服，如草衣草裙之类。在美洲丛林和太平洋一些荒岛，至今还有土著民族用这种办法装饰身体。在纬度较高、气候较寒冷的地方卉服不足以抵御风寒，皮衣则具有很高的实用价值。

"古人"不再赤身裸体，但开始发明的皮衣，实际上还不能说是真正的衣服。前面披一块，后面挂一块，往往像传说那样顾到了前胸顾不上后臀。他们还不会缝纫，只能用藤条简单地束捆一下。即使这样，在刺骨的寒风面前，他们也有了从来未有过的良好武装。"古人"的脚迹无论是在亚洲或是欧洲，都达到了他们之前的人类未曾到过的北方领域，一是靠自己能制造温暖和光明（火），二是靠披上了皮衣裳，他们不仅初步地摆脱了自然气候的驱使，而且也开始向不良气候作主动的抵抗了。他们向北方进军，甚至可以说是在向自然气候挑战。虽然还不一定是有意识地这样干，但他们的确对自然气候获得了初步的自由。

有了这些变化，人已经初步认识到了自己的力量，认识到自己比动物、哪怕是最凶悍的动物也要高出一筹，开始把自己和自然界划分开来了。最高级的猿人也不懂得什么叫生，什么叫死。"古人"却明白了人是母亲所生。人还会死，他们已经懂得把死者加以掩埋。对于突然的创伤、出血、惨死，他们有恐怖感，但开始还认识不到死者从此永远也不能再行动了。对于平平常常死去的人，他们还会以为他没睡醒呢。当人们认识到死的时候，他们就担心死去的、再也不能保护自己的同伴会受到风雨寒暑、毒虫猛兽的袭击，于是便给他覆盖上衣物，用土掩埋起来。这是出于对同伴的责任和感情。这就开始产生了埋葬的习俗，而不再让尸体随便丢弃了。不过，弃尸的野蛮习惯还是流传了较长时间。

人们发明衣服，完全是出于气象原因，是为使身体不受日晒、风吹、雨淋和冰霜之害。那时的人虽然有喜悦、恐怖的感情，母子爱、性爱也已觉醒，但美、丑观念还不完备，更没有后来人类的种种美丑观。

三、氏族社会早期不知天

“古人”的时代，人类社会已进入氏族公社（母系社会）的早期。人与人的交往扩大了，一个氏族家庭要与更多的氏族发生联系。在婚姻关系上有了进步，不再像前氏族公社血缘家族那样在族内实行兄弟姊妹间的群婚，而开始了族外婚。虽然还是群婚，但这是一群男子集体出嫁到另一氏族，与那个氏族的一群女子成婚。由于家庭以母系为主体，所以出嫁了的男子死后仍要回来安葬在本氏族的领地之内。每个氏族公社有大致固定的地盘。

由于排除了血缘婚姻，人的身体和智力都有了较大的发展。但也不能把他们对自然的斗争估计过高。“古人”还只是摆脱了人类的“蒙昧期”而进入“野蛮期”。① 由于畜牧业和农业都还没有出现，人们虽然吃尽了天气和气候变化的苦头，也有了一些办法来加以对付，但他们还不会有意识地观天，所以他们对天气气候还是只有感觉，没有知识。对人的生、死刚有所觉悟，鬼神的概念也还没有形成。所以早期氏族公社的人们既不知天，也没有自然神和天地的崇拜。但这时已经临近原始科学和原始宗教萌芽的前夜。

---

① L. H. 摩尔根：《古代社会》（1877）研究了人类社会由蒙昧期经野蛮期到文明期的发展过程，参见《马克思恩格斯全集》第22卷，人民出版社1965年版，第247—259页。

第二节　人类开始有财富积累和科学知识萌芽

人类走过了非常漫长的道路，终于迎来了文明的曙光。科学文化伴随着牧业、农业的诞生而萌芽了。这个时代的人类叫“新人”。

“新人”的出现，只是近五万年以内的事情。本节讨论公元前5万—前1万年气象科学怎样萌芽。

“新人”是在与自然气候作斗争初获自由的情况下发展起来的，因此，人类的脚迹已不限于亚、非、欧三大洲了。人类已经走向全世界，在除南极洲外的各洲，包括大洋洲和美洲都发现了“新人”的遗迹。

中国大地上，从炎热的南方到寒冷的北方，从广西柳江到黑龙江北部、内蒙古的满洲里，都留下了氏族公社的石器、陶器或他们的遗骨。这个时期的人类已发现了十多处。关于“河套人”中的萨拉乌苏河两岸的人群，继1922年的发现之后，1956年又有发现。他们生活在距今3.5万年，进入了“新人”时代。这个时代的人，北京有周口店“山顶洞人”，四川有“资阳人”，辽宁有“建平人”、“丹东人”，山西有“峙峪人”，黑龙江和内蒙古有“札赉诺尔人”。没有发现人体但发现了这个时代的石器、骨针、陶片、研磨盘、燧石等遗物的地方很多，如台湾的左镇，江苏溧水县的神仙洞，内蒙古的林西，山西沁县的下川，辽宁的锦县、凌原、海城，黑龙江哈尔滨附近的顾乡屯等。① 对于这么多的研究材料，我们只能提及其中很典型的几件。

中国“新人”的典型要数“山顶洞人”。1933年在“北京人”的故乡周口店龙骨山山顶洞发现，至少有8个个体。从人类学特征看，他们是中国人的祖先，同时还可能是印第安人和爱斯基摩人的祖先。他们生活在1.8万年前到5万年前，处于旧石器时代末期。

① 林一玗的《辽西文化的起源》以林西等文化为新石器文化，这里暂放在早期范围。

对石器的制造加工技术已非常先进，特别在磨制和钻孔技术方面十分突出。他们是渔民和猎人，生活富足，但没有农耕。他们的文化、装饰、染色艺术都有一定发展。所用赭石（赤铁矿）的产地在150公里之外，海蚶产地在200公里之外，厚壳蚌产地（黄、淮以南）在300公里之外，可见他们活动的范围相当广阔。

“新人”时代有农牧业的萌芽和陶器的萌芽。用^{14}C测定的结果，沁县下川的研磨盘年代距今1万—2.3万年，神仙洞的陶片距今11200±100年①，扎赉诺尔的陶片距今11660±130年。那个时代的人已经开始想方法来记载重大事件了。2.8万年前的峙峪人是在兽骨上刻简单的符号来记事。那时人们有相当精致的细石器，如钻、簇、雕刻器、研磨盘、琢背小刀等。他们已经很善于利用弓箭和弹丸了。上古传说伏牺氏“始作八卦，以通神明之德，以类万物之情。作结绳而为网罟，以佃以渔”②以及制嫁娶、聘礼、发明兽医等③。那时文明是否发展到了这种程度，值得研究。但考古发现旧石器遗存中有石针、石砭、石镰、骨针，因而“伏牺氏制九针”的传说有一定可能性。④

总之，母系氏族社会旧石器时代末期，公元前1万年，狩猎、采集时代达到了顶峰，鹿角制造的投枪、骨制的鱼钩、植物纤维编结的网罟，使人们富裕起来。虽不一定能画出八卦，但他们确实开始用工具记事了，在绳子上打结或在骨器上刻划。牧业、农业也萌芽了。虽然只养极少的动物和简单地用棍子捅一下来播种，但从这时起，人们开始注意和研究自然气候的变化，掌握渔猎、畜牧和种植的时机。

“新人”时代人与气象关系的大事，有以下几件。

---

① 李知宴、林一玣：《华东地区最古陶片》，辽宁省丹东、本溪地区考古学术讨论会文集，1985年。

② 《易·系辞》。

③ 《帝王世纪》、《路史》。

④ 中国农业科学院、南京农业大学、中国农业遗产研究室：《中国古代农业科学技术史简编》，江苏科学技术出版社1985年版。

一、因气象环境分化出现代主要人种

在农业社会开始前几百万年里，人群经常处于迁徙之中。“新人”在近5万年里，已把生活领域扩大到了亚、非、欧、美、澳五大洲，从赤道到寒带的广大地方，并选定了各自生活的地盘。经过对世界各地长期居留的人们的调查研究，结果表明，人类的平均体重一般是随气温降低而增大的，同时，人体四肢尺寸也与气候特别是气温高低有关。① 黑色人种长期生活于炎热的非洲沙漠里，他们的肢体比较细长；而生活在北极圈寒冷的冰原里的爱斯基摩人，他们的肢体比较粗短。这是因为，从生物学角度来说，同一种形体的动物在身体增大时，体积的增加要大于其身体表面积的增加。一个机体热量产生的多少与体积成正比，热量散失的多少与表面积成正比。产生热量与散失热量的比例，身体大的动物要大于身体小的动物。这就是说，身体大的动物在保存热量方面具有优越性，比身体小的动物更适于生活在寒冷地区。

不同肤色的人种，是在近5万年内分化出来的。人的肤色按深浅说有黑、棕、黄、白等色。其中棕、黄两色是比较接近的，所以也可分为黑、黄、白三色人种。人的肤色决定于皮肤内所含黑色素的多少。现代生理学告诉我们，黑色素具有吸收太阳紫外线辐射、保护皮内组织的功能。人的皮肤在受到强烈日光照射较长时间后，颜色就会加深，这是人的肌体适应物理环境的一种反映。如果一个人终生在强烈日光下生活，他的皮肤就会始终保持较深的颜色。一个民族如果成千年、万年在某一光照环境下生活，他们的肤色就成了身体本身的特征，具有遗传的特征。由此我们可以了解，人们的肤色，决定于该人种长期生活环境的气象状况，主要决定于云量和辐射强度、日照时间。

黑色人种的进化成型，是由于他们长期生活的地方是在日光强烈的热带沙漠。黄色人种的成型，是由于他们长期生活在中纬度半干旱的季风气候区。同是黄种人，同为炎黄子孙，藏族人由于生活

---

① 吴汝康：《人类的起源和发展》，科学出版社1980年版。

在日光强烈的高原，他们的肤色比中原地区的人要深一些。黄种人的倾斜风眼和眼睛的内眦褶，可能与亚洲中部西风带的风沙气候有关。白色人种的成型，则是与他们长期生活于较湿润的地中海气候和大陆西岸中高纬度海洋性气候环境有关。

二、“山顶洞人”对自然气候的朴素认识

1.8万年前“山顶洞人”的物质文化生活有这样一些特点：(1) 手工业生产重心由石器转移到骨、角器；(2) 掌握了在石珠上磨制和在石坠上钻孔的技术；(3) 掌握了彩色染色的技术；(4) 有大量的装饰艺术品：钻孔的小砾石，钻孔的石珠，穿孔的狐、獾、鹿的犬齿，刻沟的骨管，穿孔的海蚶壳、钻孔的青鱼眼上骨等；(5) 有捕很大的鱼和水中动物的能力；(6) 有埋葬死者的仪式，在尸体周围撒上红色赭石粉末；(7) 在磨光的角器上刻划出精细的波浪形、弯形、锯齿形、平行的刻划纹；(8) 有用骨针缝纫衣物的技术；(9) 他们与异族进行“以物易物”的贸易活动或战争行动的范围达到几百公里。“山顶洞人”很爱美，他们的装饰品都相当精致。漂亮的小砾石饰物，是选用黄绿色火成岩质料的砾石，孔眼从两面对穿，样式周正，颇像现代妇女胸前佩戴的鸡心。小石珠用洁白的大理石磨制，石珠、兽牙、兽骨饰物以及穿这些饰物串儿的细绳、皮条都染成鲜艳的红色。他们缝制皮衣，对配料大约也有选择和讲究。

较高的审美要求和用较多劳动来生产装饰品，表明他们生活已较富足。这标志着人类财富和文化的积累开始了，不再是寅吃卯粮，也不再是对世界毫无所知的人群了。妇女们采集的果实、种子、块茎能有所贮存，男人们猎获的野兽中的幼仔和轻伤者也可贮备起来，这样就有了农业和畜牧业的萌芽。这时，人们开始感到需要等待大自然的变化：收获和猎取都需要等候气候的变化。古代的观天候气，就产生于这种等待和盼望。雨天风天可以不出山洞，等候天气晴好时再弄些收获。小兽尚能备足粮草过冬，生活已开始有剩余的人们当然更会秋收冬藏。人们开始感到需要对天气变化、气候变化有意识地加以认识和了解，由此对风、雨、寒、热积累了一

定的知识，这些朴素的认识就是唯物世界观的萌芽。

这个时候的知识极为肤浅，只能有风、雨、阴、晴、寒、热、人、兽、山、河、水、火、美、恶、母、子、老、幼、生、死这些简单的概念，都是些感性认识。如果说能推理，那也是简单的联想。比如：人死了，他不能抵御自然风雨和凶禽猛兽，怎么办？就用红色的东西来保护他，把他掩埋起来。

人们开始认识自然，也开始认识自身。把身体打扮起来，一方面是为美观，另一方面也有图吉利的意识。人们长期以来遭受风雨寒暑和猛兽毒虫之苦；从“山顶洞人”开始，物质世界的痛苦又进入到精神世界，又增加了精神世界的痛苦。对这两者都要加以抵御。人们已认识到，动物怕火，怕红色，他们脖子上挂红色项链，腰间围红饰物，身上也披挂起来，还有染色的马尾（后世所谓�、鞴）之类，这些饰物正有驱邪避祟之意。他们在埋葬死者时，在尸体周围撒上红色赭石粉末，也是相信这样就能保佑死者平安，不受风雨雷电、猛兽毒虫危害。死者把红色装饰品也陪葬，此外殉葬品中还有石器，这可能是人们认为人死后还要继续生前的生活。人们相信人有能脱离躯体的灵魂，大约是由于他们在睡梦中曾见到了死去的人。从他们悼念和埋葬死者的习俗可以知道，唯心的世界观也在这时萌芽了。

三、“新人”经历的寒冷气候考验

“新人”生活的时代，赶上了第四纪最末一次冰期。或者更准确地说，是最近一次冰期，因为第四纪并没结束，若干万年后难免再有冰期。那时候，各地气候比现在要寒冷得多。

贾兰坡等根据山西省朔县“峙峪人”故乡出土的王氏水牛化石，结合其他材料，用^{14}C断年，推知2.8万年前当地气温比现在低7—8℃①。也就是说，那时山西北部的气温，大约相当于今天的黑龙江中部。

---

① 贾兰坡、盖培、尤天柱：《山西峙峪旧石器时代遗址发掘报告》，《考古学报》1972年第2期。

其他材料的分析结论也大致相同。徐家声等的研究表明，1.5万—2万年前，存在一次低海面期，黄海海面比现在低130—160米①。这次大海退，就是大理冰期大量的水变为冰川的结果。段方偶等的研究也表明，1万年前的大理冰期，温度的降低值为8—12℃②。

在气温比现在低这么多的情况下，“新人”不仅生活在南方的广西，而且还生活在北方的晋北、北京以至于黑龙江。他们没有向南方迁徙，也没有灭绝，而是顽强地繁衍下来了。这在前氏族社会是难以做到的。这是由于他们已经有了初步的知识的力量。用那小小的骨针，缝制了耐寒的衣服；用他们的弓箭、投枪、鱼钩和简单的渔网，备足了越冬的食物。气候变化考验和锻炼了他们，也促进他们取得了自己身体和知识的发展。他们已举步跨入现代人的门槛了。

第三节　氏族公社对气候“节以制度”

地质年代进入全新世，人类成为现代人。这个更新世与全新世的分界线，大约在距今11500年前。在距今0.6万到1.2万年，中国大地到处闪现出了人类文明的光彩。

考古学界一般是以第一件陶器出现作为新石器时代的开始。白陶器萌芽有较长的过程。从前节提到的材料看，陶器出现是1.2万年前的事情。在本节叙述的几千年里，人类文明发展的步伐比以前加快了。黑陶、红陶、彩陶、记事符号、图形文字，一件件新东西从人们手中创造出来。从这些创造中反映出了那个时代的生产水平，特别是农牧业水平，而气象知识则是那时农业生产力的重要因素。

---

①　徐家声、高建西、谢福缘：《最末一次冰期的黄海——黄海古地理若干新资料的获得及研究》，《中国科学》1981年第5期。

②　段方偶、浦庆余、吴锡浩：《我国第四纪气候变迁的初步研究》，《全国气候变化学术讨论会文集》，科学出版社1981年版。

“当位以节，正中以通。天地节而四时成，节以制度，不伤财，不害民。”① 这是春秋时代或以后，孔子或他的学派作《易传》所说的一段话，以阐明节卦的意义。人类这种节天地——定季节的努力，应该说早就开始了。究其起步，当与农、牧业发明同步。可以说，在 1 万年前人们开始了掌握季节的过程。

原始农业起源于 1 万多年前的母系氏族社会。从 7300—9300 年前的裴李岗文化遗址看，那时农业已形成了相当可观的生产力，远不是萌芽状态的农业了。“神农氏”的传说无史实年代可考。而那时农业普遍发展，比《诗经·大雅·生民》歌颂的农业始祖姜嫄、后稷早得多。以裴李岗来说，比周人的祖先早 3 千—5 千年。如果没有气象知识的保障，农业生产就不可能发展。

这个时代的地下发掘材料，多到不胜枚举。大略地说，有代表性的几大部分是：（1）我国北方从东北各省、内蒙古、长城以北直到新疆的细石器文化；（2）中原的仰韶文化；（3）江南的河姆渡文化；此外，长江中上游及西南地区还有很多新石器时代的材料。

一、自然气候环境与各地产业

细石器文化是我国北部一种重要的新石器时代文化。不过，它的时代不限于新石器时代，从中石器时代到青铜时代，它在不同地方都在发展。遗址分布于黑龙江省的昂昂溪，内蒙古自治区的林西、赤峰红山后，辽宁省、吉林省、宁夏自治区、甘肃省、新疆自治区等地也有多处遗址。代表性的石器有石镞、石钻、小雕刻具、石磷、石斧、石犁、磨盘、磨棒、石杵；代表性的骨器有鱼镖、骨锥、刀梗；代表性的陶器有球形罐、带流的碗，红山后还有彩绘的陶钵、红色素的陶壶。人们的产业，有的是以渔猎为主兼营牧业，有的是以农业为主兼营畜牧和渔猎，有的是以畜牧为主兼营渔猎。这种情况与他们所处的地理及气候环境有关。黑龙江省和内蒙古自治区北部，有大小兴安岭茂密的森林，有黑龙江、松花江水系纵横

---

① 《周易·节·象》。象辞为易传十翼之一。

缭绕及众多的湖沼，那里纬度高，较寒冷，但受鄂霍茨克海调剂，气候也较湿润，所以那里的人们以渔猎为主，兼营畜牧。华北北部、阴山山脉以南至辽西，为较温暖的半干燥地区，所以那里的人们是半农半牧。辽东沿海及吉林一带则较湿润，已发现的后洼（丹东）、郭家店（大连）、新乐（沈阳）等文化遗址，都以农业为主。内蒙古南部、宁夏、甘肃及新疆天山南北的细石器文化，多以牧畜为主。则是因为那些地方为沙漠草原，气候较干燥，不宜农耕；森林湖沼较少，渔猎也不能作为主业。

仰韶文化的分布，大体以黄河中下游河南、山西、陕西三省为中心，西至甘肃渭河上游及青海省民和县。东边山东省内虽有不少彩陶，但还不能肯定同于仰韶。南达湖北省郧县，与屈家岭文化相交错。北端到达河北省曲阳、正定、平山等地及晋北、陕北、内蒙古南部。仰韶文化的主要特征是彩陶。黄河上游、内蒙古、新疆、长江中下游也都有彩陶文化，但性质上与仰韶有显著区别。河南省渑池县的仰韶村和陕西省西安市城东的半坡村，两处仰韶文化遗址，是氏族公社两个村落的典型代表。这些地方处于温带季风气候区，四季分明，下半年气温较高，雨量较多，黄河中游的环境也非常适于农业。所以我们的祖先在这里男耕女织，创造了光辉的农业文明。主要粮食作物为粟（小米），还种植白菜、芥菜等蔬菜，饲养狗和猪等家畜。

这个时代的前期，农业就已经在相当广泛的地方达到了可观的规模。河南省新郑县新村乡的裴李岗发掘出近万年前的村落遗址（^{14}C 测定为距今 7300—9300 年），出土的文物有石斧、石铲、石镰、石磨、磨杵、陶猪。将近 8 千年前的河北省武安县磁山遗址 ^{14}C测定距今 7355±100 年），有粮食窖穴 88 处之多，这些窖穴中堆积的粮食计有 13.82 万斤。储备粮食如此丰厚，还饲养猪、狗，羊。到了仰韶时期，生产已进一步提高。这样的农业水平，人们必定能较科学地掌握播种、收获、贮藏的时机及气象条件。

那时南方的生产可能不亚于中原，甚至还可能先进些。浙江省余姚县罗江乡 7 千年前的河姆渡遗址，位于宁绍平原，在全新世的海相沉积土上。这里气候湿润，所以人们大规模地生产水稻。那时已有粳稻、籼稻等不同品种。生产水稻比生产粟子的技术更复杂。他们的工具也较先进，有石斧、石碎、石耜、骨耜。他们的蔬菜有葫芦、莲藕，鱼米之乡当然也少不了鱼，还饲养猪、狗、牛、羊。果品有橡子、菱、酸枣。和半坡村一样，也用甑蒸饭吃。

江苏青莲岗也有相当发达的农业和葛纺织技术。生产水平不下于河姆渡、半坡。

应该提到的是，由于农业的发展，这时人们已经发明了煮酒。仰韶、半坡有杯、碗，河姆渡有鬶、盉，可能是酒器。

总的来看，各种有代表性的文化遗址，由于所处气候环境不同，人们所从事的主要产业也不同：北部边远地区为农、牧、渔、猎；中原地区为旱田作物农业；江南为水田作物农业。人们的生产完全是与当地气候及环境条件相适应的。这种从万年前就开始的农业布局，奠定了几千年来直到今天中华大地的农业格局。这说明我们的祖先已适应并善于根据当地气候条件发展生产，休养生息，繁衍不息。农业发展到那种水平，一年四季气候方面必定有相当进展，否则是不可想象的。

二、季节观念的萌发与气候规律的掌握

前述地下考古材料证明，在公元前100—前40世纪，我们的祖先就在辽阔的国土上创造出发达的农业。在农牧业及农作物主要品种布局上大体与现代相似。如果不懂得季节变化规律，播种、收获、贮藏都无法进行。那样规模的贮藏不仅需用气候知识，而且还需要天气知识才能做好晾晒、防雨、防潮。牧业生产如接羔、越冬、放牧等，也需要掌握气象知识。当时人们怎样掌握气候变化，值得深入研究。

（一）历史传说提供的线索

人类用口碑传说传递历史信息的年代要比有文字记载的年代漫长得多。传说信息有两个特点必须注意：一是中心内容大致可保持准确，但细节可能完全失真甚至流于荒诞；二是事件发生时间容易弄混淆。因此，要恢复这种信息的本来面目是颇为困难的。但它确实反映了真实历史，尽管它有时看起来令人难以置信。

有关上古气象知识的历史传说，可以举出以下几段：

1. 关于燧人氏：“天左舒而起牵牛，地右阚而起毕昴。燧人上观星辰，下察五木以为火。燧人之世，天下多水，故教民以渔。”①

2. 关于伏牺氏：“古者包牺氏之王天下也，仰则观象于天，俯则观法于地，观鸟兽之文与地之宜，近取诸身，远取诸物，于是始作八卦，以通神明之德，以类万物之情，作结绳而为网罟，以佃以渔。盖取诸离。”②

“伏牺画八卦，别八节而化天下。”③

3. 关于祝融氏：“祝融亦能昭显天地之光明，以生柔嘉材者也。”④

4. 关于共工氏：“共工以水纪，故为水师而水名。”⑤

5. 关于神农氏：“于是神农因天之时，分地之利，制耒耜，教民农耕，神而化之，使民宜之。”⑥

“神农理天下，欲雨则雨，五日为行雨，旬为谷雨，旬五日为时雨。正四时之制，万物咸利，故谓之神。”⑦

“神农始实地形，甄度四海远近山川林薮所至。”⑧

“神农祀于明堂。明堂之制，有盖而无四方。”⑨

还有传说神农“树艺五谷”，把一年分为分、至、启、闭八节的。如史书记载：“昔者圣人拟宸极以运璇玑，揆天行而序景曜，分辰野，辨躔历，敬农时，兴物利，皆以系顺两仪，纪纲万物者也。然则观象设卦，扐闰成爻，历数之源，存乎此也。逮乎炎帝，

---

① 《尸子》（集本），孙星衍校集。

② 《周易·系辞下》。

③ 《尸子》（集本），孙星衍校集。

④ 《国语·郑语》。

⑤ 《左传》昭公十七年。

⑥ 《白虎通义》。

⑦ 《尸子》（集本），孙星衍校集。

⑧ 《春秋命历序》。

⑨ 《淮南子·主术训》。

分八节以始农功；轩辕，纪三纲而阐书契。”①

如果这些传说是真实的，那么，从燧人氏，伏牺氏到神农氏，发明节气的问题已取得了相当可观的进展。事实上还不能肯定，当然也没有这么简单。

燧人氏离我们不会像前述传说所讲的那么近。发明火是早期智人时代的事情。不用说那么早，就是万年之前，恐怕也弄不明白“天左舒”、“地右辟阖”的道理，而只能看到日月星辰运行，大致为自东向西以及月亮的圆缺变化等。伏牺时代可能会仰观俯察，但对天象的认识也不大可能像传说的那么深刻。

渔猎时代的伏牺氏，古籍有种种写法，如包牺、庖牺、宓牺、伏羲等，是指同一个氏族。这种时代的民族，发明网罟，结绳记事，观察天文地理，都是能做到的。但画出八卦却有所不能。这只能由他们的后代去完善他们创造的结绳记号。但他们分出四季，画出八卦的一部分如四象（四时）：春、夏、秋、冬，这是有可能的。“始作八卦”、“盖取诸离”这两句话可能包含了真实信息。伏牺时代只是开始作八卦，但并没完成。完成这件事需要较长时间。“取诸离”就是用“离”，离是绳子，是火。保存火种用的火绳，可能用来作八卦初创时的记事符号。两根绳子，一根打结，二根不打，放在一起表示春；两根都不打结表示夏，一根不打结，二根打结表示秋；两根都打结表示冬。这是很简便的记号。结绳记事的时代，人们会打出很复杂的绳结，当然也会用这样的办法来记天地四时的大事。这种记法转移到某些物件上，就是刻画符号，如同我们在骨器上看到的线条、符号。

关于《尸子》所说神农“正四时之制，万物咸利”，在公元前40世纪之前，我们的祖先确实有可能做到。否则无法理解怎么能有那样发达的农业。只是那时“正四时”的具体方法，恐怕还不会很细致，不会精确到对一年划分出分、至、启、闭（春分、秋分、冬至、夏至、立春、立夏、立秋、立冬）八个节气的程度。我们尚无理由承认神农时已写下了节气史的一章。那时有月、季、

① 《晋书·律历志中》。

年的概念则是完全可能的。神农氏的部落联盟既然有大规模农业，那么，“实地形”，正确测定山川森林也是必要的。说不定在那用于祭祀的“明堂”里，各部落酋长们还要开会研究土地问题。半坡、仰韶、河姆渡这些遗址的房屋，无论方形、圆形，平地式或半地穴式，都有相当工艺水平，墙壁也很完善。“明堂之制，有盖而无四方”，不知是何缘故。大约那时较为民主，事事不需保密，这样便于更多的人了解酋长们的活动。但那里也是研究气象问题和其他生产问题的地方，值得我们加以重视。也不论那时是不是就叫“明堂”，而那种用途的建筑设施，的确可能是古已有之。远古圣人们仰观俯察，大约都是在这种地方。

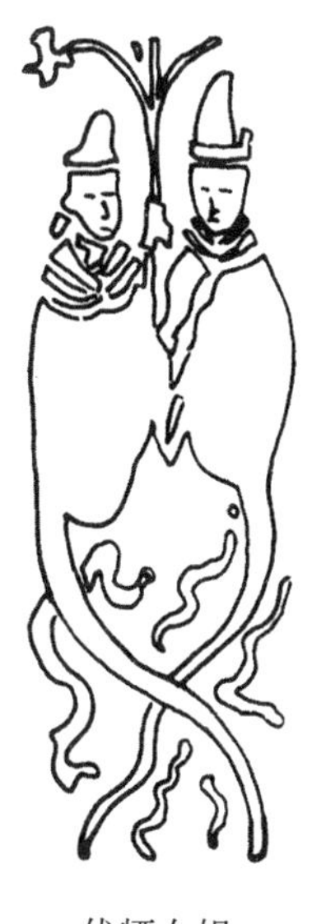

伏牺女娲

（汉画像砖摩本，现存南阳汉画馆）

天帝与伏牺女娲

（汉画像砖摩本，山东沂南北寨出土）

（二）神话故事对观天过程的描绘

神话故事是原始人的科学，反映了科学形成之前人们对自然的认识。科学的萌芽和科学早期的每一个进展，都可能在神话故事中得到某种反映。

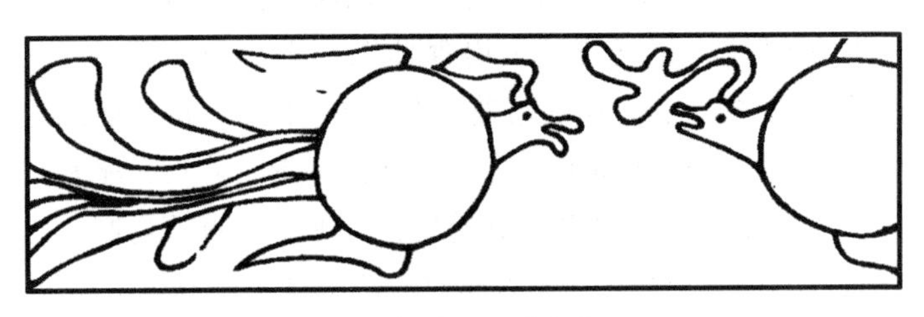

一日方至，一日方出
（汉画像砖摩本）

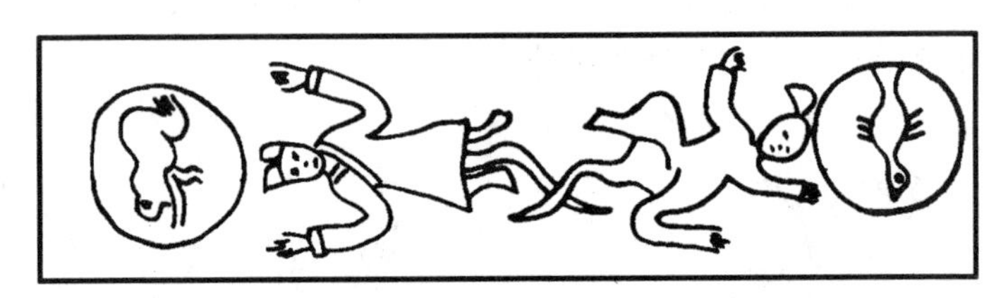

羲和主日，常羲主月
（汉画像砖摩本）

检验一个神话故事是产生于氏族社会或产生于阶级社会，可以根据神的行为和品质来判断。原始神话中只有凶悍的自然，在阶级社会才出现凶神恶煞和刑赏之神。《山海经》里的许多神话，都保留了原始社会人们的想象力。

关于气候的一些基本时间尺度，如日、月、季、年这些概念的形成，最先是从昼夜开始。不同的地方有不同的神话。屈原《天问》说："羲和之未扬，若华何光?"（羲和还没有举起鞭子，若木花为什么放出光芒?）这羲和是日御，他赶着六条龙驾驶的天车运载着太阳在天空飞跑，当他出现时，若木花就放出光芒。屈原就对这段神话故事大发疑问。六龙御天是八卦中乾卦那六条没有打结的绳子的形象。这个神话表明，八卦确实是阶级社会出现之前的原始社会就有的。

《山海经》里的昼夜故事又不相同："汤谷上有扶桑，十日所浴。在黑齿北，居水中，有大木，九日居下，一日居上。"① "上有扶木，一日方至，一日方出，皆载于乌"②，原来是十个太阳轮流值班，它们是由乌鸦驮着在天上运行的。

十个太阳是怎么来的？"羲和者，帝俊之妻，生十日。"③ 羲和由太阳车的驭者变成了太阳的母亲。

"大荒之中，有女子方浴月。帝俊妻常羲，生月十有二，此始浴之。"④ 帝俊的另一个妻子常羲则是月亮的母亲。

羲和、常羲实际上都是嫦娥。古代神话传来传去，难免有这样那样的变化，且不必去管它。要紧的是这十日、十二月，却是反映了古时人们已经会用十进位制计数，说明人们知道一年有十二个月，还用十天来做单位计日，叫旬。现在弄不清那时用什么符号代表这十个数，很可能是用甲乙丙丁。郭沫若认为，甲乙丙丁是鱼身上的东西，戊己庚辛壬癸是武器，用于战争或狩猎，这是在原始农业之前就发明了的。⑤ 这是很可能的。甲乙丙丁的象形文字就是鱼的头肠尾刺。我们从黑龙江的少数民族生活中也可看到，他们挂鱼头来记日子。

有了记数方法和昼、夜、日、月、年的概念，还不能完全解决问题。这时人们判断春夏秋冬的季节变化，主要是靠物候观测，如草木萌发，花开花落，昆虫蛰伏，候鸟迁飞等。关于用植物物候掌握季节的事，后来人们还把它理想化为蓂荚、历草，后面还会谈及。对天文，最初恐怕还不会细致地观测星星，主要靠观测月亮圆缺和太阳运行。人类也可能早就注意到了观测日影。神话故事说"夸父不量力，欲追日景，逮之于禺谷，"⑥ 这就表明了人们对日景的追踪观测。也可以根据太阳从哪座山头升起，哪座山头落下，

---

① 《山海经·海外东经》。
② 《山海经·大荒东经》。
③ 《山海经·大荒南经》。
④ 《山海经·大荒西经》。
⑤ 郭沫若：《甲骨文字研究·释支干》。
⑥ 《山海经·大荒北经》。

来判断季节和月份。那时没有节气知识，却知道这样来确定播种期。《山海经》就记载了一系列的山，从中可以看出根据日出日落的山来定季节的办法。

《大荒南经》记载日月所入之山	《大荒东经》记载日月所出之山	月份	
柜格之松	大言	六	七
丰沮玉门	合虚	五	八
日月山	明星	四	九
鏖鏊钜	鞠陵	三	十
常阳之山	猗天苏门	二	十一
大荒之山	壑明俊疾	一	十二

从上面排列可见，日出之山和日入之山各六个，两两对应。设想日出之山在东边，从东北排到东南；日入之山在西边，从西北排到西南。那么，从冬至后算起：一月太阳出入于最南的一对山，从东南出，到西南入。二、三、四、五、六月，太阳出入的山依次往北移，经第二、三、四、五到第六对山，夏至日到达最北点，七月太阳依然在第六对山出入。从八月份开始，又依次向南移动了，经过九、十、十一、十二月，太阳又回到最南的一对山，冬至日达到最南点。年复一年，有经验的人完全可以这样来推断月份、季节、节气，确定什么时候播种，什么时候天大热、大雨、寒冷等。这说明那时人们对不同季节日出日入的方位变化已有清楚认识。

这是除了物候方法之外，古代对气候“节以制度”的又一种方法，最初的天文方法。

（三）少数民族观天的启示

几千年前人们怎样掌握季节，也可以从边地少数民族的生活中大致地获得一些印象。因为中原人民的祖先也是从那种生产状况和社会状况中走过来的，人类文明的发展会经历一些大致相似的阶段。边远地区由于种种原因，在漫长岁月里科学文化的发展放慢甚至停滞了，可能把先民生活中的一些东西保存下来，这就是社会生活中类似于孑遗植物的现象。

人们很早就知道少数民族用物候观天。汉代诗人枚乘就说过

“野人无历日，鸟啼知四时”。《后汉书·乌桓鲜卑列传》也说：“见鸟兽孳乳，以别四节”。《魏书》卷一百记岩昌羌族人民生活说：“俗无文字，但候草木荣枯以记岁时。”宋代孟珙《蒙鞑备录》说：“其俗每以草一青为一岁。人问其岁，则曰：几草矣”。这些可以启发我们想到，中原人民的祖先也必然有过这样的完全靠物候测天的阶段。

从现代少数民族中也可以见到类似的情形。黑龙江省乌苏里江的赫哲族，曾以捕一次回游鲑鱼为一年，挂起一个鱼头来记年龄。以狩猎、驯鹿为生的鄂伦春人，他们把一年分为四季：

额鲁开依—雪化，鹿胎期

昭纳—草发芽，打鹿茸期

保录—草枯黄，鹿交尾期

托—下雪，打细毛兽期①

这是东北边远地区的情况。西南的哈尼族是分一年为三季：

渥都　吹风转热，相当于春季与夏初

热渥　湿热雨季，相当于夏季与初秋

造它　相当于秋末及冬季

哈尼民族有个关于布谷鸟的传说：一个勇敢的哈尼小伙子，死后变为布谷鸟，年年播种季节就飞来给人报信。这样的物候，汉族广大地区也利用的，只是布谷鸟的传说各地不同。

1976年云南民族天文历法调查组收集了很多资料，从中探索天文学的起源②。他们了解到，勐海县南糯山的哈尼族、澜沧县拉祜族、西盟县佤族等，都是根据物候来把握季节规律，确定农时，并有成套的经验。如傈僳族传统的“自然历”是把一年分为十个月：

---

① 吕振羽：《史前期中国社会研究》三联书店1962年版，第198—247页。

② 邵望平、卢央：《天文学起源初探》，《中国天文学史论文集》第二集。

过年月（相当于阳历 1 月）　　饥饿月（6 月）
盖房月（2 月）　　平集月（7、8 月）
开花月（3 月）　　收获月（9、10 月）
鸟叫月（4 月）　　酒醉月（11 月）
火烧山月（5 月）　　狩猎月（12 月）

四川省大、小凉山彝族也有自己的“十月太阳历”，不受汉族地区影响，而是远古时代一直流传下来的“彝夏自然历”。南糯山哈尼族则有自己的“十二月生产调”，比如他们唱道：

若拉月到了
竹子节节高了
竹叶出蓬了
小伙子不能再上山玩了
不能再串姑娘了
谷子抽穗了
农活大忙了
……

佤族一般是在二月播种。决定播种之前，由头人到寨外一个固定的地方，看野蜂是否飞来，鱼儿是否上水。如果这些物候现象都没有出现，头人就宣布重新过一次二月。这是在懂得记时而又尚不知道闰月的情况下，调节气候变化的一种办法。

台湾省东南方海中的兰屿，有专门观测月亮变化的人。他们也是把一年分为十二个月，如：美好月（岁首，相当于 7、8 月，割完粟子，捕了飞鱼）、播种月、制陶月、划船月、引网月、……石落月。飞鱼源源来到，捕之不尽，则加上一个泛舟月。

重新过一次二月，再加一个泛舟月，这都不是好办法。人们感到单靠物候定季节的不足，于是需要由物候观测向星象观测过渡。这就要跨入“治历明时”的门槛了。为了观测天文，首先需要知道方向。最先掌握的方向是东、西，就是日出、日落的方向。

	日出（东方）	日入（西方）
基诺语	乌都	乌格老
哈尼语	能多	能伽
拉祜语	布岛	布盖
佤语	里斯埃	里吉斯埃

知道方向，凭肉眼观测也能达到很高的精度。拉祜族有个传说：夏天太阳骑着猪在天上走过，猪走得慢，所以白天很长；冬天太阳骑着马在天上走过，马跑得快，所以白天很短。骑猪走得高，骑马走得低。骑猪出来的方向偏北，骑马出来的方向偏南。二月是换乘猪的时候，八月是换乘马的时候。① 这个传说里面，就包含了二分、二至的概念。这就是他们祖先一辈辈流传下来的经验。记住太阳从哪座山口或山峰出来，又从哪座山口或山峰落下，这样掌握季节，安排生产。这和《山海经》里记载的办法是一样的。

无论是仰韶村、半坡村或河姆渡的遗址，我们都看到那时的人很会掌握方向。以至边远地区昂昂溪的墓葬，人头都是朝北。半坡鱼纹表明，他们已经有了八方的概念，这里面包含了更多的气象知识。

三、原始宗教图腾反映的气象知识

图腾（totem）一语出自北美印第安人部落联盟之一的亚尔京干人，意思是他的亲族。在母系社会时，人们不知道生育与男女的关系，以为女人生孩子是因为自然界里的某种东西（图腾）钻进了肚子里。后来就产生出许多感孕而生的神话。如“天命玄鸟，降而生商”②，商人的祖先是以玄鸟（燕子）为图腾。对图腾的崇拜，是一种原始的祖先崇拜。同时，母系社会时人们还对大自然中的风雨雷电、日月星辰、山川草木甚至自己躯体上的器官都由神秘

---

① 参考郑文光：《中国天文学源流》，科学出版社 1979 年版。

② 《诗经·商颂·玄鸟》。

不解而产生崇拜。原始宗教就这样产生于祖先崇拜和庶物崇拜。

图腾有不同的类型：氏族的图腾是单一的自然物，如鸟、兽、蛇、风、云、草、木等。多个氏族形成部落，部落的图腾就是合并的动物、植物，是氏族的图腾的简单组合，如人头牛身，人头蛇身等。部落联盟的图腾，是综合虚拟而现实世界不存在的动物，如龙、凤等。

神话传说与原始宗教图腾有关，但是它反映在古籍或在口头流传时，容易发生变化，因而只能作定性的分析，难以作为具体史实而判定其确切年代。然而宗教与图腾的一些事实，我们可以从出土文物中看到，并确定其年代，从而引为准确史实。

在本节所述公元前100世纪—前40世纪的时代，我们从出土文物中看到单一自然物图腾、简单组合图腾和综合虚拟的图腾都存在，但以简单组合图腾为多。这可能反映了庞大的部落联盟尚在形成之中，为数较少，而由许多氏族组成的部落则很普遍。而且不同地方的部落，在观察自然物候方面是各具特点而又互相影响的。

这时候地上人间的生活还没有反映到天空，然而我们从中可以看出东方苍龙、南方朱雀、西方白虎、北方玄武四象的原型。它们本是地上各方部落联盟的图腾，后来才上天成为春夏秋冬四时的象征。人们采用这些图腾，反映了他们的观天实践。龙、蛇、龟和各种昆虫一样，一年中有出蛰、入蛰（冬眠），能指示季节变化。鸟的产卵、做巢，特别是候鸟迁飞，是季节变化的良好指标。虎和各种兽类的换毛、发情、产仔也是良好的气候指标。

（一）东方风姓氏族以龙为图腾

传说中第一个结成庞大部落联盟的氏族，是对人类文明贡献最大、最早发明火的燧人氏。《春秋命历序》说“遂人出旸谷，分九河”。旸谷是太阳出来的地方，九河是黄河入海处众多的分流。这是东方的一个氏族。《易通卦验》说：“遂皇出握机矩”，注云：“遂皇谓人皇，在伏牺前，风姓，始王天下者”。第一个王天下的氏族，是以风为姓。

得姓命氏是有缘由的。《潜夫论》说：“昔者圣王观象于乾坤，考度于神明，探命历之法就，省群后之德业，而赐姓命氏，因彰德功。”① 这里的“群后”意思是群王。太古称人君、王、帝之类为“后”。据郭沫若考证，后字甲骨文为“毓”，形象为女人生孩子之状，左为母字之形，右边为倒“子”并有滴血。② 这是母系社会女酋长的尊称。父系社会初期也称帝为后，或帝后并用，到父系社会后期才改为王。《潜夫论》这段话的意思是说，古代圣王是根据观察天文气象和制定历法的功绩，来给各氏族的头目赐姓命氏，表彰他（她）们的功德。那么，姓风的遂人氏，是由于观测风有功而第一个“王天下”的。

《帝王世纪》说：“太昊帝庖牺氏风姓也……蛇身人首有圣德。”“女娲氏亦风姓也，承庖牺制度，亦蛇身人首，一号女希，是为女皇。”

《左传》僖公二十一年：“任、宿、须句、颛臾，风姓也，实司太昊与有济之祀。”束世澂按：任在今山东省济宁县，宿在今山东省东平县，须句在今山东省东平县东南，颛臾在今山东省费县，有济就是少昊氏③。有济，实际上也就是有齐，东方之国。又按《帝王世纪》，祝融氏也是风姓。

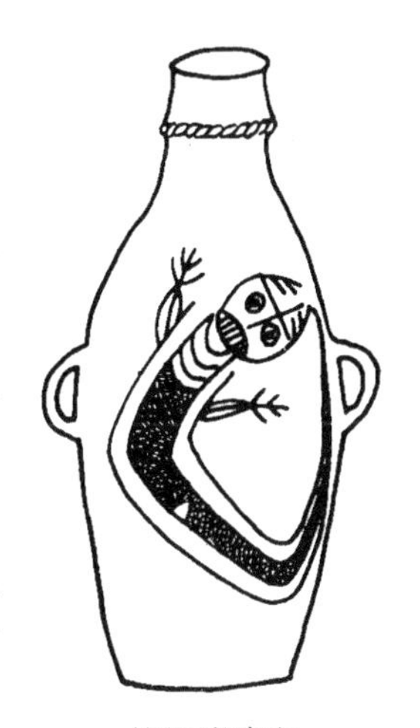

仰韶彩陶瓶

遂人、女娲、伏牺、祝融、任、宿、须句、有济（少昊）这些氏族都姓风，他们生活的地区多在山东省境内或靠近山东省，是在东方，相当于海岱族（泰族）。这些氏族可能就是后来汉族、韩族、东夷的祖先。它们的图腾是人首蛇身，可能就

① （汉）王符：《潜夫论·志氏姓第三十五》。

② 郭沫若：《中国古代社会研究》，人民出版社 1954 年版，第 203 页。

③ 束世澂：《中国通史参考资料选集》第一辑，新知识出版社 1955 年版，第 129 页。

是后来东方苍龙的原型。

他们的势力也向西、向南发展。《山海经·海内经》："祝融降处江水"，这一支后来发展成为南方之神了。《左传》昭公十七年："陈，太皞之虚也；郑，祝融之虚也。"太皞即太昊伏牺氏，虚即墟。陈在今河南省淮阳县和安徽省亳县之间；郑在今河南省新郑县。这是东方氏族向西、向南发展的文字证明。还有实物证明，那就是他们的图腾在仰韶彩陶中出现。有一个双耳瓶上所绘的人首蛇身的图形，十分生动感人。人首蛇身的龙图腾，还见于甘肃省武山县西坪出土的一个仰韶陶瓶。①

东方氏族还可能向东越海。在辽东沿海都发现了六七千年前的原始图腾。最典型的是 1981—1983 年发现的丹东市东沟县马家店乡三家子村的后洼文化遗址。那是一片离黄海北岸 15 公里的低而平的台地。在已发掘的 1800 平方米面积上，有房址 43 座，灰坑 20 个，生产工具 1600 多件，可复原的陶器 400 多件。这里的人类大约很富足，会饮酒，也擅长艺术。引人注目的是 40 多件石雕、陶塑艺术品，有龙、虎、鸟、猪、狗、鸡、鹅、蝉、昆虫、鱼等。还有一面是人、一面是虎的玉石雕刻，上有三孔，是佩饰。6 件陶塑人像，最突出的一件两面人，一面为男、一面为女；还有一个女人头像。② 这些雕塑品中，人虎合一的三孔玉雕可能是避邪镇妖之物；蝉表示蝉联，子孙繁衍昌盛；鱼表示丰收。这个时代生殖器崇拜盛期已经过去，但仍有残余，如男女两面人反映了阴阳观念。龙、虎则可能是神物，为原始的宗教图腾。

这个时代以龙为图腾的氏族颇占优势，不仅分布于黄河下游和山东省境内，而且还向其他方向扩展。在辽东见到了龙的图腾，西边达于甘肃，南方达于江水。这反映了海岱族在中国大地居主导地位的那段历史。掌握风，崇拜龙的氏族联盟主要居于东方。这时还只是地上人间的神圣系统。这是后来天上、人间、自然、气象综合

---

① 甘肃省博物馆：《甘肃彩陶》，文物出版社 1979 年版。

② 许玉林：《后洼遗址》，辽宁省丹东、本溪地区考古学术讨论会《文集》，1985 年。

系统形成的基础之一。

（二）南方氏族以鸟为图腾

但是，在南方发展着的氏族也保持着自己的特色，另有姓氏和图腾。南方各地的氏族，包括神农、祝融、蚩尤，以及后来的三苗、九黎、百汃、巴、蛮、荆、楚、庸、越、吴等。南方传说中的重要人物是神农，神话中的重要人物则是帝俊。

《淮南子·时则训》说：“南方之极，自北户孙之外，贯颛顼之国，南至委火炎风之野，赤帝、炎帝、祝融之所司者，万二千里。”“赤帝、炎帝，少典之子，号为神农，南方火德之帝也。”这神农氏又号烈山氏。不过，他又有厉山氏、历山氏等叫法。出生地点据说是在今湖北省随县，那里有他的许多古迹。他和氏族的图腾，按《帝王世纪》的说法是：“炎帝神农氏，人身牛首。”这大约是后来人们重视耕牛的一种想象。

关于帝俊，《山海经·大荒南经》说：“有人三身。帝俊妻娥皇生此三身之国。姚姓，黍食，使四鸟。”这个帝俊按说是生活在湖南的湘江流域，但在神话里他却是天上的一位非凡的人物。他的妻子曾生过十个太阳，十二个月亮，这里又生下了一个三身之国。传说他的后代生了东方殷族的始祖契，又生了西方周族的始祖后稷。不过，他的模样用现代人的眼光来看是不太好的。帝俊的“俊”字，本为没有“人”字旁的“夋”，甲骨文的形状是一种很怪的动物，一说是鸟头人身，一说像猩猩。不过，南方氏族的图腾为鸟头人身，这是很明显的。这种图腾不仅分布在长江中下游，东南沿海的越人的祖先也是“长颈而鸟喙”。①

《山海经》里，凡是记载天上的帝俊的子孙在下界立国者，都和三身国一样，有“使四鸟”或“使四鸟，豹、虎、熊、罴”字句。这颇费解。人怎么使四鸟呢？豹、虎、熊、罴是不是也算鸟呢？原来帝俊这“夋”，就是一种鸟，是一种图腾。从长江中下游一直到东海之外的少昊国，是一个鸟的天国。神话故事里，有燕子、伯劳、鹦雀、锦鸡等鸟儿，作为官员来掌管一年四季的天时，

① 《史记·越王勾践世家》。

凤凰则是它们的总管。这些神话，实际上反映了那时的现实生活。鸟成了图腾的代词。“使四鸟”就是说这个“国”能“使”四个不同图腾的氏族或它们的“国”。那时并没有国家概念，这里的“国”毋宁说是氏族集团或它们组成的部落。像三身国这个以三个身子的鸟为图腾的部落，能使役四个单一图腾的氏族，如以虎、豹、熊、罴为图腾的氏族。

南方的许多氏族以鸟为图腾，在绪论中曾提及浙江河姆渡文化的例子。那些朝着太阳的双鸟，就是图腾。

以鸟为图腾的氏族不仅向东、向西发展势力，而且也曾向北发展势力。如《山海经》说：“又西北四百二十里曰钟山，其子曰鼓，是与钦䲹杀葆江于昆仑之阳。帝乃戮之钟山之东曰瑶崖。钦䲹化为大鹗，其状如雕而黑文白首，赤喙而虎爪，其音如晨鹄，见则有大兵；鼓亦化为鵕鸟，其状如鸱，赤足而直喙，黄文而白首，其音如鹄，见则邑大旱。”① 这反映了以鸟为图腾的氏族部落之间发生了混战，这种混战曾发展到西北。

屈原《离骚》提到的风伯飞廉，也是鹿身雀头②。这也反映了南方以鸟为图腾的氏族与西方以兽为图腾的氏族的融合。

《山海经·海外东经》说：“东方句芒，鸟身人面，乘飞龙。”《大荒东经》说：“东海之渚中，有神人面鸟身，珥两黄蛇，践两黄蛇，名曰禺虢。”凡此等等，说明南方以鸟为图腾的氏族，与其他各方的氏族结合组成部落，产生新的图腾。这反映了民族融合的历史。我们从东、西、北方的出土文物中，也能看到鸟的身影。

从长江中下游到华东沿海广大地区，正是候鸟迁飞，南来北往的必经之地。生活在这些地方的各氏族，为了农业生产，用鸟儿来掌握季节，这是很自然的事情。鸟儿对他们生活有着极大的关系，所以人们看得很多，印象很深，乃至视为亲族，奉为图腾。这些图腾有的是鸟头，有的是鸟身，有的是多头鸟，多到九头，这些是根

① 《山海经·西次三经》。

② 屈原《离骚》：“后飞廉使奔属”，王逸注：“飞廉，风伯也。”洪兴祖补注：“晋灼曰，飞廉鹿身，头如雀，有角，而蛇尾豹文。”

据联合一体的氏族多少而定。氏族结成部落，部落结成部落联盟，这种联盟又扩大到很广阔的地区，这视生产和交流发展的水平而定。鸟儿多了，便产生综合虚拟的鸟王凤凰。

（三）北方雨师妾操龟珥蛇

从人类最早的踪迹分布可以知道，人类起源于低纬地带，而后由南向北扩展。北方和西方的氏族，是在不同时代、从不同路径迁徙去的。久而久之，成了本地氏族。

唐虞以上，北方的氏族有山戎、猃狁、荤粥等。北方长狄之族鄋瞒，是防风氏的后代。后来北方最强大的匈奴，也是中原夏后氏的苗裔。这些情况又表明，从远古以来，人们继续在从中原向北方迁徙。原始人类的足迹可以走得很远。走进北极圈，走过白令海峡到美洲去，都是可能的。现在东北区、库页岛、加拿大一些少数民族所祭的神都是“萨满”（Suman），可能就是“鄋瞒”的读音之转。

《山海经》有一段神话故事：“雨师妾在其北，其为人黑，两手各操一蛇，左耳有青蛇，右耳有赤蛇。一曰在十日北，为人黑（?）身人面，各操一龟。”① 这后面一句中的“为人黑身人面”不好理解，据考证在（?）处可能漏了一字，此字应为“龟”。玄龟为黑色。这雨师，晋代郭璞注认为是屏翳，汉代应劭《风俗通·雨师》则指玄冥。玄冥是水神，北方之神，冬天之神。《山海经·海外北经》又说：“北方禺强，人面鸟身，珥两青蛇，践两青蛇。”“雨师妾”快读，听起来声似“禺强”，但两者耳蛇不同，即图腾不一样，不能认为是一个氏族。“女师妾”也可能是“伊师其毛”（Eskimos），是爱斯基摩人和女直（真）人的祖先。

总之，北方氏族的图腾多离不开龟和蛇，当然个别也用鸟的；而颜色多为黑色或青色。这大约就是玄武（龟蛇缠绕）的形象产生和上天之前的情况。

---

① 《山海经·海外东经》。

北方各地出土的六七千年前的图腾，也多有龙蛇。在辽宁西部和内蒙古，分布在燕山南北和辽河流域的红山文化，研究者报道有许多龙图腾。红山文化玉龙的代表作是1975年秋在昭乌达盟翁牛特旗三星他拉出土的黑绿色大型玉龙，其形状是猪头蛇身，浑然一体。此外，红山文化还有玉雕的龟、蝉、蚕、猪①。玉龟昂头伸足，神气十足，不似蚕、蝉、猪等吉祥物，可能和龙一样是图腾，是后来北方玄武的原型。其实，像辽东半岛的后洼遗址，辽西和内蒙的红山遗址，出土的许多龙，实际上也可以说是蛇，或者说是龙的前身，它还没有长出爪来。这些地下实物证实了《山海经》等古籍中的神话，真实地记录了氏族社会人们的精神生活。这北方的龟、蛇，可能与东方的蛇有联系。但龟、蛇结合向玄武方向发展，它就不会长出爪来了。只有东方的人首蛇身图腾发展成了龙。

（四）仰韶鱼纹盆与伏牺八卦

黄河流域仰韶文化遗址已发现一千多处，分布广泛，处于中原偏西北地带，是西方河洛族（汉、黄族）形成和发源之地。黄族是以兽为图腾的。黄帝称有熊氏。他们部落联盟里的各氏族也以兽为图腾，“抚万民，度四方，教熊罴貔貅貙虎，以与炎帝战于阪泉之野”②。这是多少年之后才发生的事。本节讨论时代，炎族（江汉族）已取代泰族（海岱族）而雄踞中原，势力比黄族强大，所以在南方的天帝俊在下方的各“国”多能“使四鸟：豹、虎、熊、罴”。

仰韶氏族公社的生产、生活、文化艺术与气象的关系，从他们的遗物中可以看出，而且可与古代历史传说或神话故事相印证。

在半坡村关于音乐舞蹈方面的遗物，只发现了两个陶哨。但从

---

① 李恭笃、高美璇：《红山文化玉雕艺术初析》，《辽宁省丹东本溪地区考古学术讨论会文集》，1985年版。

② 《史记·五帝本纪》。

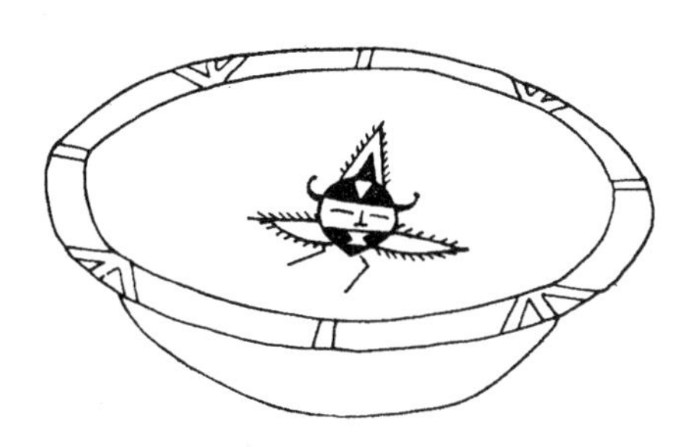

仰韶彩陶人面鱼纹盆

当时各方面的文化艺术来推断，半坡先民的音乐舞蹈是很盛行的①。一件彩陶盆内绘有人们分成若干人一组，手牵手，戴着面具舞蹈的形象。那时的舞蹈音乐可能较简单，但一定有节奏感。古代典籍有关于原始人音乐舞蹈的记载：“昔葛天氏之乐，三人操牛尾，投足以歌八阕：一曰载民，二曰玄鸟，三曰遂草木，四曰奋五谷，五曰敬天常，六曰建帝功，七曰依地德，八曰总禽兽之极。”②这葛天氏是承袭伏牺之号的一个风姓氏族。看来他们的音乐舞蹈是很简单的，没有什么乐器，只是拿着牛尾巴，踏着节拍歌舞。但他们唱的八个曲子的内容，个个与气象有关。讲载民，人民生活依靠天时地利；唱玄鸟，燕子报春可以掌握农时，关于燕子的歌是唱了几千年不绝口的；遂草木，根据草木萌发之类物候现象可以安排农事和宗教活动；奋五谷，全赖风雨适度，气候正常；敬天常，感谢老天爷赐予风调雨顺的年景；建帝功，歌颂善于掌握天时，为改善生活建立了功德的氏族首领；依地德，感谢大地母亲的抚育；总禽兽之极，歌唱渔猎、牧畜大丰收。这正可以作为仰韶时代人们生活的写照。

值得注意的是“歌八阕”，这种原始宗教歌舞，迷信味道不浓，有庶物崇拜遗风，可能反映了早期的八方设祀。伏牺八卦的根

① 刘昭豪：《半坡村遗址》，《中国历史的童年》，中华书局 1984 年版。

② 《吕氏春秋·古乐》。

人面的另一种

源是与这类宗教活动有关的。地下出土文物的证据就是仰韶彩陶人面网纹盆或“半坡鱼纹”。这很明显可以看出是古代“鱼祭”或“鱼荐”的一种用器。鱼祭，歌舞，都是祈求风调雨顺，祈求丰收。

关于鱼祭，史书有记载：“《祭典》有之曰：国居有牛享，大夫有羊馈，士有豚犬之奠，庶人有鱼炙之荐；笾豆、脯醢则上下共之。”① 这种规定是后来等级森严的阶级社会才出现的。在原始社会没有这么多讲究，而且一般设祀也用不着杀牛宰羊，弄些鱼来就可以了。但祭祀用鱼也有一定方法，这就是鱼祭场的布局，是分列八方陈设的。仰韶鱼纹盆的边缘，有表示八个方向的符号，东、西、南、北四个方向标为“丨”，东北、东南、西南、西北四个方向标为“↑”，这是八卦符号“—”“≡”的雏形。

赵国华研究表明，八卦直接起源于半坡鱼祭②。八卦的八个符号具有原始数字的含义。半坡彩陶抽象鱼纹表示1—9条鱼的数量。今传的“洛书”就是从半坡鱼祭场地布局分离出的数据图，即原始“河图”，其文为“载九履一，左三右七，二四为肩，六八为

① 《国语·楚语上》。

② 赵国华：《八卦符号与半坡鱼纹》，《社会科学报》，1987年4月16日第2版。

足，五居中央”，其图为：

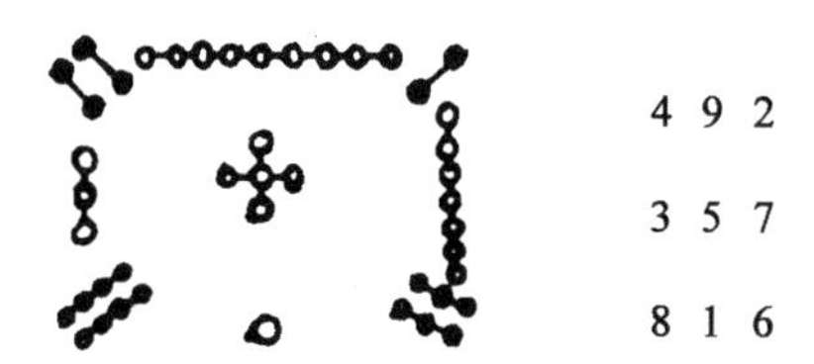

今传“河图”则是今传“洛书”交易而成，其文为：“一六居下，二七居上，三八居左，四九居右，十五居中”，其图为：

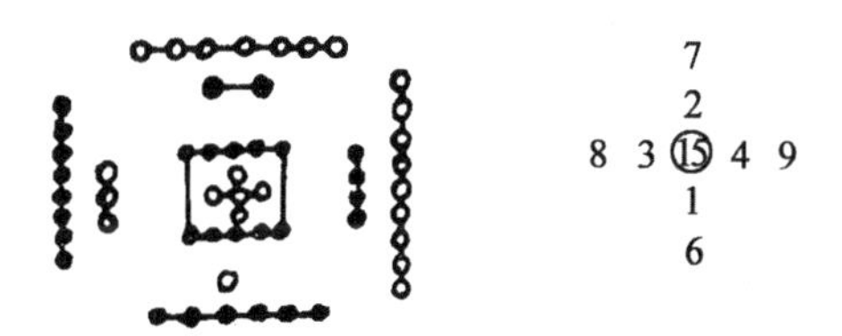

这是“文王八卦”原始数据的秘密记录。而“伏牺八卦”乃是战国时代晚出的八卦。

断定八卦符号是从半坡鱼纹直接演化而来的，其依据是：八卦符号的数字意义、方法及密码与半坡鱼纹的数字含义、方法及密码完全一致。鱼祭场布局中，两两相对鱼纹表示数的记录改造成了两两相邻符号的记录，是八卦直接起源于半坡鱼祭的关键。“伏牺八卦”的文字表述序列和“文王八卦”的方位图是直接有力的证明①。

半坡鱼纹盆人头像非常富于想象，具有高度抽象的特点，不是写实性的。头部为圆形，头顶戴着尖尖的高冠，眉毛粗浓夸张，双眼眯成一线，鼻子呈三角（⊥）形，一张夸张的大嘴为对顶的两个三角形，而两边耳部各有一条小鱼。整个人头是置于“大地母

① 赵国华：《八卦符号与半坡鱼纹》，《社会科学报》，1987年4月16日第2版。

亲”之上。这所谓大地母亲，显然是女性生殖器的形象。这反映了当时女性生殖器崇拜在人们意识形态里的中心地位，那时母系氏族制度还没有动摇。但是，男性生殖器崇拜也有表现，那尖尖的高冠可能表示奇数，上天，太极，也表示男根。这里包含了八卦的根柢所在。郭沫若早年的研究曾指出：“八卦的根柢，我们很鲜明地可以看出是古代生殖器崇拜的孑遗。画一以像男根，分而为二以像女阴，所以由此而演出男女、父母、刚柔、天地的观念。”① 半坡鱼纹盆的人头像正可以说明这一点。

阴阳的概念在人像图中表现得十分清楚。头顶高冠太极，耳边两仪（两条鱼），以及人的整个面部、大地女阴等每一部分，都绘成明、暗两色，轮廓分明。太极、两仪、四象、八卦这些数的概念都反映在图画中。从这两条具有阴阳概念的双鱼，就可能发展成为太极双鱼图的原型。

半坡鱼纹盆说明，那时人们已经掌握了八个方向，画出了八卦的记事符号，而且已应用了阴阳概念。看来河图、洛书的故事虽说是神话，却有实实在在的历史生活依据。

《易·系辞上》：“河出图，洛出书，圣人则之。”《尚书·顾命》也有“大玉、夷玉、天球、河图在东序”② 的记录。一些古籍还载有尧受河图、禹授河图之类事。这个故事中的河精，不是禹时才有，早在仰韶彩陶中就有那种形象了。那件双耳彩陶瓶上，就绘有人头鱼身或蛇身的河精，尖头圆脸，睁着一双大眼，张着大口，像在对人说话，双手长得像鱼鳍，向外伸出，身体弯曲而长。人们创造这类故事，反映了那个时代的精神生活，而这些又具有确确实实的物质表现。远古部落联盟首领及后来的帝王，他们在权力移交过程中以河图、洛书这些东西相授受，是不足为奇的。周成王的东序里藏有天球、河图，是实有其物。

总的来说，在公元前1万年到4千年这个时期，中国大地上居住着大大小小许多氏族。他们有了可观的农业，因而已掌握了初步

---

① 郭沫若：《中国古代社会研究》，人民出版社1954年版，第23页。

② 《尚书·顾命》是记载周成王将崩，命召公、毕公相康王的实录。

的季节知识。他们逐渐结成较大的部落，最后形成庞大的部落联盟。他们以鸟、兽、虫、蛇之类动物物候现象来掌握季节变化，十分重视这些变化并把它们作为图腾。东方海岱族以龙蛇为图腾，南方江汉族以鸟为图腾，西方河洛族以兽为图腾，北方一些氏族则以龟、蛇为图腾。当由物象测天转为星象测天的时代到来时，这些地上人间的事物将会搬到天上，而形成东方苍龙，南方朱雀、西方白虎、北方玄武四象。同时，这个时代在河洛族生活的地方，由祭祀活动发展出了八方、八卦、阴阳的原始概念。这对后来科学和思想的发展将有重要影响。

四、生产活动中应用的气象知识

经鉴定属于公元前100世纪到公元前40世纪的许多出土文物和遗址，展示了远古时代人们怎样利用气象条件和当时已有的气象知识。

首先在居留地和耕地的选择上，那时人们已很会利用气象知识。由于农业的发展，除了北方边地畜牧区外，人们居住的地区基本上较为稳定，不作大的迁徙，但还是要不断地迁居。他们还不会施肥技术，放一把火烧荒之后，就用简单的木制或骨制的耒耜来耕种。头一两年收获尚好，顶多种到第三年，就得换一个地方了。从仰韶、半坡等地的遗址来看，人们选择耕地都在向阳、湿润、风小的地方，绝无选择高岗、干燥、风口地方耕种的。比较好地注意了温、湿、风、光照等条件。人们在这些方面有了认识，因而才抽象出了阴阳概念并加以应用。在辽东半岛后洼等地遗址，人们还随着海进而逐渐退居高阜之处。人们在居留地选择上，也很会注意环境。村落遗址几乎都分布在环境优美、土地肥沃的河谷台地上。在那里，生活、农耕、渔猎、抗灾都较方便。

农业生产技术上对气象的利用是多方面的，抗灾是一个重要方面。那时已经懂得有计划的抗灾了。对农业威胁最大的是水旱灾害。虽然开荒时已选择了较湿润的地段，但大旱来时仍需用水救苗，大水来时更需保护安全。仰韶人很会挖渠。村落周围都有沟渠环绕，公共墓地和居住区之间也有沟渠。沟渠的宽、深达5~6米。

这种沟渠既可用于生活和抗灾，也可能与精神生活有关，即在防止洪水猛兽的同时，也可防止恶神厉鬼。不过，在阶级社会之前，危害人的凶神主要是自然神。

生产技术中最关键的问题当然是掌握农时，什么时候开耒播种，放火烧山，举行祭祀祈求丰收？河姆渡人种植水稻，技术性更强，既要泄洪排涝，又要及时灌水防旱。生产中需要掌握季节之处更多。确定季节的方法，前面已经讨论过了，主要是观察物候和太阳。

在建造房屋方面也明显地利用了气象知识。发明房屋的目的是为了防备风雨、寒暑、烈日、严霜、凉露，在房屋设计与布局中要考虑诸多气象因素。河姆渡的建房技术是较高的。为了防止水冲、水泡造成倒塌，柱洞都掏挖很深，填以碎陶片、火烧土、沙石、泥土、夯实之后再立柱子。东南沿海多台风，为了房屋抗风，他们已发明了榫卯技术。他们的廊式房屋有时修得很长，长达 23 米。这是出于生活的必需。在母系氏族社会，人们的家庭婚姻关系是以女子为中心，女儿长成人了，是要把外氏族的男子娶回家来的。所以，一个氏族家庭的房子建多少间，要根据这个家庭有多少成年姑娘来定。按惯例，姑娘大了就要有一间房子成婚。廊式房子建到 20 多米长，更容易招风，即使采用了榫卯结构，也需要根据风向安排好方向，使布局得当，利于抗风。

仰韶和半坡的房子是另一种类型。大体有两种：圆形的和方形的。共同的特点是门朝南开，一进门，两边是很低的两道隔墙，中间是一条只能容一人通过的窄道，成为斜坡或台阶进入半地穴式的室内。房坑深 0.5~1 米，坑壁抹一层草拌泥土为墙壁，周围用木椽子加固，再涂草泥。房子中间用 1~4 根柱子支撑房顶。房子面积 16~36 平方米。有一座边长 12 米（144 平方米）的大房子，中间用了四根直径达半米的大柱子。这座大屋位于居住区中心，可能是部落酋长的住宅或议事厅。这种房子的结构，充分考虑了黄河中游的气候特点。房门向南的好处，现在北方居民大约没有不清楚的，这样最有利于抵御冬半年的风雪严寒。南开的门及其隔墙，则利于遮挡夏季的风雨和湿气。对冬季风、夏季风的影响及天气都考虑到了。

人们在日常生活中注意气象变化，是为了不生疾病。神农尝百草的传说表明，农牧业社会早期人们就注意医疗问题了。人们虽然已发明了衣服、房屋，但仍免不了疾病之苦。有时伤风感冒，有时受风湿，有时生痱子、脓疮等。内蒙古自治区多伦的头道洼新石器遗址里，发现了砭石，用于刺入和切割痈疡，这说明原始时代人们就开始用针砭治病了。医疗气象的根源正可以追溯到这个时代。食、住、医，这是人类生存的必需，也涉及人与自然气象关系的重要问题。

这个时期的生产中，石器制造已逐渐失去地位，当然也有发展，但主要是在攻玉方面，日益成为主要生产项目的是骨器、制陶、纺织等工业。其中与气象关系最大的是制陶。仰韶制陶业极盛。已复原的陶器有1000多件，计有四五十种，能叫出名称的有：瓮、盆、钵、碗、壶、鼎、甑、杯、皿、盂、尖底瓶、瓶类及各种罐子。煮饭烧水的炊具用较耐烧的粗砂陶；盛物器用泥做，不夹砂，而且打磨得光滑，绘有纹彩装饰；汲水的尖底瓶特别坚硬。还有纺织用的陶纺锤，装饰用的陶环以及宗教用的陶制动物、人像等。品类繁多，而且工艺相当复杂。不说原料准备，就算陶坯成型、晾干、磨光、压刻纹样、彩绘，工序也不少。在生产水平不高的情况下，生产周期很长，这期间如果起了风沙，来了狂风暴雨洪水，都会造成损失。

半坡村居住区东边是公共窑场，有六座窑址。其中竖火膛一座，横火膛五座。每座窑都分为火膛、火室两部分，有火道、火眼相连结。烧制陶器的过程是这样：先把加工完了的陶坯放在窑室的平台上，再将窑室用草泥土封起来，留出冒烟的孔，然后把柴草从火口加进火膛，点火燃烧。火焰由火膛经过火道、火眼达到窑室，烧到一定时间，陶器就烧成了。①

仰韶彩陶坚硬美观，窑温可达1300℃—1400℃。我们知道红铜的熔点约为1083℃，生铁熔点约为1150℃，钢铁熔点为

① 刘昭豪：《半坡村遗址》，《中国历史的童年》，中华书局1984年版。

1400℃—1500℃。可见仰韶时代人们已掌握了相当的高温技术，而且他们在烧制过程中很善于掌握火候。那时尚未发明鼓风工具，高温的取得和火候的控制，全靠掌握自然通风的本领和经验，这要求掌握自然风向、风力变化，正确地安排通风口，合理地设计火膛、窑室结构和安排火道、火眼。如果火口安排得适当，利用起大风的机会就能获得相当的高温，加工出非常坚实精美的彩陶产品。如果通风不当，火候不到，则有次品，甚至不能烧成。

五、母系氏族公社时代气候知识发展小结

本节材料较多，简略归纳如下：

在距今6千到1.2万年的时代，中国大地上到处都有人类生息繁衍。从黑龙江经内蒙古到新疆的广大地区，生产是以农业为主兼营牧业与狩猎，或以牧畜为主兼营渔猎，全视当地自然气候条件而定；黄河中下游及华北广大地区，则以农业为主，主要粮食作物为粟（小米），兼营畜牧渔猎；长江流域及江南各地，大量生产水稻，同时也饲养家畜和从事渔猎。总之，在母系氏族公社走向较高发展阶段的过程中，农业已具备了较高生产力；农牧业于中国的布局，已奠定了今后几千年的基本态势；人们在与大自然奋斗中，已经适应并善于根据当地气候发展生产。

如此规模的农业生产，气候及节气知识已经是生产力的重要因素。人们已经初步做到了“正四时之制，万物咸利”。

其方法，从燧人、伏牺、祝融、共工、神农的历史传说窥见端倪；从神话故事可以看出，对季节的掌握主要是靠物候法，但已开始向物候、天文结合方法探索，开始了“治历明时”的主观努力，并积累了相当丰富的经验。具体可以用现代少数民族地区的观天方法加以检验。出土文物也可以证实。

出土的图腾实物与图腾崇拜时代的神话传说基本相符，说明神话传说确实反映了那时的社会生活。基本要点是：东方氏族以风为姓，以龙为图腾；南方氏族则以鸟为图腾；西方氏族以兽为图腾；北方氏族的图腾为龟和蛇。从这些距今6千年—9千年的实物中可

以看出那个时代人类与自然气候的斗争及其意识形态。

先民们已经广泛地在农、牧业，制陶工业及生活、祭祀中多方面地应用了气象知识。已经有了十分清楚的八方、八卦符号、阴阳，十进位计数等方面的知识与记载符号。这时关于节气的天文定位，基本上是利用太阳、月亮，对星星利用得很少，地上的人与神（祖先、图腾），龙、鸟、龟、蛇、兽也没有反映到星空去。但对于太阳、月亮的应用以及八方、八卦、八风已有了初步概念，这在仰韶鱼纹盆上表现得十分清楚。

第四节　五帝“治历明时”的传说与史实

接下来的历史时代是父系氏族公社，这个时期，尤其是后段，已是原始公社末期进而迈入奴隶制的时代。这恰好是夏代以前，传说的五帝时代，即公元前40世纪到公元前21世纪，约经历两千年之久。

关于五帝，按东方部族所传的系统是：太昊、共工、炎帝、黄帝、少昊；西方部族所传的系统则是：黄帝、颛顼、帝喾、帝尧、帝舜。就传说所描绘的生产水平来看，太昊（伏牺氏）、共工、炎帝（神农氏）的时代尚古，应相当于氏族社会的前期，前节已叙述过了。所以我们还是按后一个系统来叙述。不过可以把炎帝（蚩尤氏）和少昊加进去。

五帝以及早一些的炎帝神农氏，都有陵墓和各种史迹。但从科学的角度来看，至今尚不能作为信史而只能作为传说史人物。

这个时代生产力的发展，最重大的事件是使用自然铜进而发展出冶炼技术；由于文明的发展出现了脑力体力劳动的分工，创造出了文字；科学上由于有专职的气象天文人员，从而取得了“治历明时”的进展；意识形态方面则由于万能的人格神的形成而导致卜筮的出现和泛滥。气象知识关系到前述方方面面。这些都有出土文物提供的史实，并且与历史传说相对照，情形大体属实而不诬。实物与传说互证，可以对这段历史作出叙述。

一、炎帝蚩尤氏与《连山》

就具体贡献来看，炎帝、黄帝这两个部落联盟都是中华文化的始祖，而炎帝先于黄帝。按西方河洛族（黄帝的氏族）所传的系统，炎帝蚩尤氏没有列为五帝。这可能是因为在炎黄大战中蚩尤失败，而历史是胜利的部落联盟的子孙所传。东方部族系统的五帝列入了炎帝。

黄帝有熊氏是西方河洛族这个庞大的以各种兽类为图腾的部落联盟的最高首领，炎帝蚩尤氏则是南方江汉族这个庞大的以鸟为图腾的部落联盟的最高首领。炎帝蚩尤氏的祖先炎帝神农氏，又叫烈山氏，生于今湖北随县。司马迁曾说："神农氏衰，诸侯相侵伐，而神农氏弗能征，于是轩辕乃习用干戈，以征不享"。① 《淮南子·时则训》说："赤帝，炎帝，少典之子，号为神农，南方火德之帝也。"应劭注《汉书》说："蚩尤古天子。"郑康成注《尚书·吕刑》说："蚩尤霸天下，黄帝所伐者。"郭璞注《山海经》说："蚩尤即炎帝也。"《尸子》说："神农氏七十世有天下。"而《吕氏春秋·慎势》则说："神农氏十七世有天下"。各种说法，各有所本。但总的来说，在黄帝之前霸天下——主导中原的氏族联盟是：

神农氏 = 厉山氏 = 烈山氏 = 连山氏 = 赤帝 = 炎帝 = 蚩尤氏

这个南方大氏族部落联盟有天下七十世或十七世，弄不清楚。还有说"炎帝号曰大庭氏，传八世，合五百二十岁"② 的，这话本身就矛盾。我们无法去算这笔账。但可以明确一点，在河洛族之前据有中原的是江汉族。江汉族之前呢？可以推断是以龙为图腾的海岱族据有中原。这就是神农代伏牺，是以火纪代龙纪，以观测候鸟和太阳掌握季节的氏族代替观测虫蛇蛰伏掌握季节的氏族③。当炎黄二族逐鹿中原时，海岱族已散于四方，但主要是在东方沿海及东北

---

① 《史记·五帝本纪》。

② 《春秋命历序》。《帝王世纪》也说："神农氏崩，……葬长沙。凡八世：帝丞、帝临、帝明、帝直、帝来、帝哀、帝榆罔。"

③ 《白虎通·五行》："炎帝者，太阳也。"

地区，并继续发展。

炎黄二族在大战之前，大约有较长时间相处得不错。而且，就科学文化水平来说，南方的炎族比西方的黄族更为先进。那个时代最伟大的科学技术，都是蚩尤氏创造的。

第一件是发明冶铜术和金属武器。这是那时的尖端技术。《尸子》说：“蚩尤作冶。”《世本》说：“蚩尤以金作兵器”，“蚩尤作五兵：戈、矛、戟、酋矛、夷矛，黄帝诛之涿鹿之野”。

炎帝、黄帝时代的生产水平已发展到铜器时代，是有实物证据的。河北唐山大城子龙山文化遗址出土铜牌两件，化验结果含铜量分别为99.33%和97.9%，为纯正红铜①。这还是北方边地的情况，蚩尤的故乡南方冶炼会更发达些。

第二件是气象科学。《管子·五行》说：“通乎阳气所以事天也，经纬日月，用之于民；通乎阴气所以事地也，经纬星历，以视其离……昔者黄帝得蚩尤而明于天道，得大常而察于地利，得奢龙而辩于东方，得祝融而辩于南方，得大封而辩于西方，得后土而辩于北方。黄帝得六相而天地治，神明至。蚩尤明乎天道，故使为当时。大常察乎地利，故使为廪者。奢龙辩乎东方，故使为土师。祝融辩乎南方，故使为司徒。大封辩乎西方，故使为司马。后土辩乎北方，故使为李。”② 奢龙一作苍龙。旧注：“土司，即司空也。”李即理，即司狱官。

黄帝在与蚩尤大战之前，在气象问题上靠蚩尤明于天道；在生产问题上靠蚩尤冶铜、治兵。按《管子》的说法，黄帝时已有类似于司空、司徒、司马、司狱之类的官。这也许是按后来的官职称呼的黄帝“六相”吧。但这也说明那时私有制已有相当发展，阶级、国家正在形成，奴隶社会代替原始社会的进程已经开始了。

蚩尤明于天道，就是能经纬日月星辰，管好阴阳之事，这就是那时的气象工作。阴阳概念早在半坡遗址那个时代就形成了，并用

---

① 参见河北省文物管理处：《文物考古工作三十年》（1949—1979），文物出版社。

② 《管子》，（唐）房玄龄注，王儒舲点句，五凤楼印行，1915年版。

于四时、八方、观测天气、设置鱼祭场等。现在经纬天地是更进一步了。何谓经纬？织布的纵线为经，横线为纬。按天空大地取方向，南北为经，东西为纬。伏牺时知道八方，半坡有八卦符号，到蚩尤时开始用经纬概念来测定日月星辰的运动，这是符合发展规律的。这说明蚩尤明于天道，已不满足于鸟候、蛇候了，也不满足于简单地观测日月东升西落方向和在地上的影子了。他们开始用较严密的坐标来测星历，表明在“治历明时”方面进了一大步。蚩尤观测了什么星，没有记载。从旁的材料推断，这个氏族观测的是偏南的星，环赤道星空中较明亮的星星。因为后来南方人是遵循了这个传统的，那就是司马迁说的：“吴楚之疆，候在荧惑（火星），占于鸟衡（柳宿）。”① 炎帝不就是红色的火吗？称柳宿为鸟衡，也因为南方人习惯以鸟来掌握季节。把自己常用的鸟候搬上天，给天上星星命名，是为了掌握气候、节气时合于习惯，更方便些。探索二十八宿的源头，从这时就开始了。

从古代文献检索，中国最早的书是气象书，所记的事为气象之事或者说阴阳之事。这就是记载八卦符号气象意义的书《易》。唐代研究《周易》的学者孔颖达说：“案《周礼·大卜》，三《易》云：一曰《连山》，二曰《归藏》，三曰《周易》……。今案《世谱》等群书，神农一曰连山氏，亦曰烈山氏；黄帝一曰归藏氏。既连山，归藏并是代号，则《周易》称周，取岐阳地名。”② 他认为《连山》是神农氏的《易》，《归藏》是黄帝时的《易》。对于此说，历来多有争议，近代很多人更认为实属无据。但是，孔颖达所说实际上确实是一种证据，而近年来大量出土材料又增加了许多证据，世人该惊叹孔颖达认识的深刻了。须知仰韶、半坡时代，记事方法已由结绳演变到图画符号，开始了“易之以书契”的过程，辅以口碑传说。到神农末世时代，即炎帝、赤帝、蚩尤、黄帝的时代，龙山文化已经有了图象文字，甚至结构较复杂的文字，比图画符号进步多了。当然仍要靠口碑传说。这类口碑传说可以流传几千

---

① 《史记·天官书》。
② 《周易正义·序》，十三经注疏（一），中华书局版。

年仍能保持基本精神，只是细节会有所变化，发音会有所混淆，如连山、烈山、伏牺、包牺，蚩尤、祝融等。叫法不同正是口碑传说的证明。至于炎帝成为赤帝，则是后来人们记录口碑传说，因字形相似而弄误。

长期以来，人们认为商代才有文字，这是地下发掘资料太少而造成的误解。现在我们已知，山东大汶口 5800 年前龙山文化的陶壶、陶缺、陶尊有陶文，山东诸城、吕县等地出土的陶尊上也有陶文，其形状是一样的，说明已通行，如[illegible]字，或作[illegible]。上部的圆为太阳，中间是火（或云霞），下面是五个山峰。这个字有人释为“旦”或“霞”，郑文光认为是“炅”，即“热”或“光”，去掉五山为简写。① 反正，这个字记载了人们对自然气象的观测，并抽象出了一种概念。

龙山文化已发展出了比图画文字更先进的文字。1985 年初夏，镐京考古队在长安县斗门镇花园村公元前 30—前 25 世纪的部落遗址出土的骨笄，兽肋骨、兽獠牙上，发现了十多个单字。这批西安甲骨文字体很小，字迹清晰，结构严整，十分精美，具有与殷墟甲骨文相近的特点。经研究证明，我国使用文字至少在距今 4500 年之前。② 鉴于这种情况，特别是龙山文化卜筮盛行，而其前的仰韶已有阴阳八卦，加上前述孔颖达所提出的证据，可以认为神农氏、轩辕氏时代都有《易》，而且《连山》、《归藏》实有其事。至于神农、轩辕之《易》叫什么名字，以及后来人们认为《连山》是夏《易》，《归藏》是殷《易》，这些都尚待研究解决。今存《连山》、《归藏》可能是后人制造，但这并不排除前人有《易》这类的书作为观天占候、预卜未来的底本。占卜既已流行，必定有个本本来查对的。实际上，神农、五帝、夏、商、周各时代都可能有《易》，各代的《易》是互相继承而又不断发展的，各代可能加进一些当时的条目，换去旧有的一些条目。

---

① 郑文光：《中国天文学源流》，科学出版社 1979 年版。

② 郑洪春、穆海亭：《关于西安原始社会遗址出土的文字的研究》，其详细报道见《瞭望》1987 年第 9 期，苏民生：《我国文字的历史究竟有多久》。

二、黄帝有熊氏创制《调历》

黄帝既然杀了蚩尤，取代了炎帝，那么“马太效应”在其发明前很多年的东方也出现了。人类许多重要发明创造都加到了黄帝的身上和黄帝的时代。当然，取得胜利的黄帝，在科学文化上也有许多进展，因此黄帝才有中华民族文化始祖的形象。

黄帝得蚩尤而明于天道，懂得了经纬日月星历来掌握气候。当炎黄大战开始时，黄帝又反过来用气象知识战胜蚩尤。这次使用金属武器的战争，大约是人类史上第一次气象战。不过，人们在一代代传述这些故事时，已经变成了神话。今天我们只能透过神话的迷雾来窥视远古时代军事气象的雏形：

> 有系昆之山者，有共工之台，有人衣青衣，名曰黄帝女魃。蚩尤作兵伐黄帝，黄帝乃令应龙攻之冀州之野。应龙蓄水。蚩尤请风伯雨师，纵大风雨。黄帝乃下天女曰魃，止风雨，遂杀蚩尤。魃不得复上，所居不雨。叔均言之帝，后置之赤水之北。魃时亡之。所欲逐之者，令曰：“神北行！”先除水道，决通沟渎。①

这里的叔均相传为后稷之孙。应龙是有翼之龙。经过这场恶战之后，不仅女魃不能回到天上，应龙也不能回到天上。女魃去了北方，“应龙乃去南方处之，故南方多雨”。这就是远古时代人们对南方多雨、北方少雨的认识和对其原因的解释。而且还留下了逐旱魃祈雨的迷信活动。还有：

> 黄帝与蚩尤战于涿鹿之野。蚩尤作大雾弥三日，军人皆惑，黄帝乃令风后法斗机作指南车以别四方。遂杀蚩尤。②

---

① 《山海经·大荒北经》。
② （晋）虞喜：《志林》。

这战胜大雾的指南车，当然不会是后世有指南针的指南车，因为那时虽已冶铜，但绝无“磁石召铁”的知识。这里的“斗机”是说北斗星的斗柄应时序不停地变化方向。造出一种能定出一方的车，知道一方也就知道其他三方。这指南车原来就是定向车。这对于轩辕氏来说，大致是可以做到的。从这里可以看出，黄帝靠蚩尤氏的技术“经纬日月星历”，已经会用斗柄旋转来定时间和四时。这是那时掌握气候、历法的方法之一。

这里应该谈及风后。他可能是第一个军事家和军事气象学家。中国兵书的第一部著作叫《风后握奇经》，也叫《握机》，即掌握机斗之意。有三本，汉代公孙宏解说：“盖吕尚增字以发明之”。

> 经曰：八阵，四为正，四为奇，余为握奇，或总称之。先出游军而定两端，天有冲元，地有轴前。后有冲风于天，云附于地。冲有重列各四队，前后之冲各三队。风居四维，故以圆轴单列各三队，前后之冲各三队。风居四角故以方，天居两端，地居中间，总为八卦阵，……皆逐天文气候，向背山川利害，随时而行。①

对于这段经文，宋代高似孙说：“盖潜伏牺氏之画，所谓天地风云龙鸟蛇虎，则为八卦之象明矣。”在八卦阵中，天地风云为四正，龙鸟蛇虎为四奇。前已谈过，仰韶鱼纹盆东南西北四方用符号“ǀ”，之间的四方用符号“↑”，也可以说是正、奇之别。所以关于黄帝、风后、天文、气象，这些传说都有一定事实作基础的。黄帝时代，八卦天文气象图，八卦祭祀图，八卦军阵图已经融会贯通、互为利用了。用了八卦阵，在大风、大雨、大雾中也不迷失方向。平原作战这样布置军队大有益处，而这些原则也可用于山地战争。

八卦阵中天地风云为四正，大约是排在正东南西北的；而龙鸟

① 《风后握奇经》，（汉）公孙宏解，《百子全书》，浙江人民出版社1984年版。

蛇虎为四奇，则可能排在四方之间的方向上。前面谈过这些动物是不同地方氏族确定季节的物候依据和图腾。这样的阵图反映了中华各民族大融合的黄帝时代地上的生活，包括气象、军事和意识形态。后来人们会把这一套搬到天上去的。

风后不仅是军事家。郑玄说："风后，黄帝三公也。"说黄帝时有"三公"、"六相"，这大约是按后来的官爵套用的。太昊伏牺氏以龙纪。炎帝神农氏以火纪。黄帝轩辕氏以云纪，"官名皆以云名为云师，置左右大监，监于万国。……获宝鼎，迎日推策，举风后、力牧、常先、大鸿以治民。顺天地之纪，幽明之占，死生之说，存亡之难，时播百谷草木，淳化鸟兽虫蛾，旁罗日月星辰水波，土石金玉，劳勤心力耳目，节用水火材物，有土德之瑞，故号黄帝"。① 这么说，风后等人是参加了气象工作的。包括迎日推策，顺天地之纪，幽明之占等。至于司马迁谈到"土德"，那显然是受了邹衍学派的影响。这个学派的思想当然应有其渊源，不会是邹衍一人的奇想。风后等人也可能在云官之内。《史记·历书》应劭《正义》："黄帝受命有云瑞，故以云纪官。春官为青云，夏官为缙云，秋官为白云，冬官为黑云，中官为黄云。"以云名官，以云纪事，以颜色来表示方位和四时。

那么，迎日推策是怎么回事？《史记索隐》说这是"黄帝得蓍，以推算历数"。《史记·封禅书》也谈道："黄帝得宝鼎神策，于是迎日推策。"注："神策蓍也。黄帝得蓍，因以推算历数，逆知节气与日辰之将来也。"很清楚，这也是"治历明时"的一项工作。

《世本》等先秦古籍记载有黄帝造历，从《史记》、《汉书》到《晋书》，皆有黄帝创《调历》之说。《淮南子·览冥训》："昔者黄帝治天下，而力牧、太山稽辅之，以治日月之行律，治阴阳之气节，四时之度，正律历之数，别男女，异雌雄，明上下，等贵贱，使强不掩弱，众不暴寡，人民保命而不夭，岁时熟而不凶，百官正而无私，上下调而无忧。……"这可以说是《调历》的指导

---

① 《史记·五帝本纪》。

思想。这调历原是想协调天地万物。

《淮南子·泰族训》说：“昔者五帝三王施政蒞教，必用参伍。何谓参伍？仰取象于天，俯取度于地，中取法于人。乃立明堂之朝，行明堂之令，以调阴阳之气，以和四时之节，以辟疾病之灾。”这是泛指五帝三王，不过看来这些措施在黄帝时是可能采用的。

司马迁说：“盖黄帝考定星历，建立五行，起消息，正闰余，于是有天地神祇物类之官，各司其序，不相乱也。民是以能有信，神是以能有明德。民神异业，敬而不渎，故神降之嘉生，民以物享，灾祸不生，所求不匮。”① 这里说了造历过程，也说了历法在生产、生活和宗教中的作用。

唐代房玄龄主编《晋书》，李淳风作天文、律历志，对古代创造历法的过程的总结较完善。对于黄帝以前在历法方面的工作，他写道：

> 昔者圣人拟宸极以运璇玑，揆天行而序景曜，分辰野，辨躔历，敬农时，兴物利，皆以系顺两仪，纪刚万物者也。然则观象设卦，扐闰成爻，历数之原，存乎此也。逮乎炎帝，分八节以始农功。轩辕氏纪三纲而阐书契，乃使羲和占日，常仪占月，臾区占星气，伶伦造律吕，大挠作甲子，隶首作算数。容成综斯六术，考定气象，建五行，察发敛，起消息，正闰余，述而著焉，谓之《调历》。②

李淳风的话，比各家都说得完整、准确。那么，黄帝造历是根据日、月、星三纲之纪历，并且阐明于“书契”。羲和占日，这工作包括迎日推策，测日影，看日出日落方向等。常仪，有的书作常羲，也许就是前面提到的常先。占月的工作也很明确，就是观测记载月亮的运行和圆缺变化。臾区又称鬼臾区。他怎么占星

① 《史记·历书》。
② 《晋书·律历志中》。

气，从当时的天文知识看，恐怕主要是按风后那一套“握机”的办法，即所谓法斗机。也就是观测北极星斗柄的旋转。这是北方的观天系统，与南方炎族观测鸟、火等环赤道星空的星星东升西落不同。

造律吕的工作是这样：“黄帝使伶伦，自大夏之西，昆仑之阴，取竹之解谷生、其窍厚均者，断两节间而吹之，以为黄钟之宫。制十二筒以听风之鸣……是为律本。至治之世，天地之气合以生风；天地之气正，十二律定。”① 这段文字需要说明的是“解谷”二字，有的作为地名，而孟康认为是“取竹之脱无沟节者也”。释“解”为脱，“谷”为竹沟。从文意看，这是对的。

大挠作甲子，完成十个天干、十二个地支，用以纪日、月、年。支干符号可能早已有之，大挠是加以改进并总其成而已。隶首作算数，算是算筹，数是数字，以十干纪日，可能在十进位制方面有所贡献。容成是历法的创造者，是黄帝创造《调历》的总编纂。他的任务是综合六家对天文气象等的工作成果，把金木水火土五行与四时结合起来，把动植物物候与天象结合起来，划定并说明一年四季。谈到“正闰余”，黄帝时代恐怕还不会置闰月。不过，可能已有需要调整季节的感受，对于季节已到物候却推迟，以及季风不按时出现等情况，大约是能觉察到的。就像佤族头人宣布重过一次二月、兰屿人增加一个“泛舟月”一样。这个问题不解决，就不能定四时。

黄帝创造《调历》只是传说，但这种传说有一定道理和根据，不能否定。在没有可靠物证之前，还是只能以传说史视之。但它可以确切反映最初的历法的创造过程。

三、少昊金天氏以鸟名官

按西方部族的传说系统，少昊不在五帝之列。少昊一曰金天氏，邑穷桑，都曲阜，显然是东方氏族。《世本》却说少昊是“黄帝之子，名契，字青阳，黄帝没契立”。少昊承伏牺（太昊）之

① 《汉书·律历志上》。

道，本是东方部族，为什么成为黄帝之子？说起来也不怪。黄帝、炎帝不是也被说成是少典之子吗？东、南、西，泰族、炎族、黄族本为一家，这实际反映了中华民族处于大融合的时代的事实。

《春秋命历序》说：“黄帝一曰轩辕，传十世，二千五百二十岁。次曰宣帝，曰少昊，一曰金天氏，则穷桑氏，传八世，五百岁。次曰颛顼，则高阳氏，传二十世，三百五十岁。”这是纬书，有点乱说，传世、年代更不可靠，只是顺序大致不差。这是说少昊上承黄帝，下接颛顼。但《史记·五帝本纪》说：“黄帝崩，葬桥山，其孙昌意之子高阳立，是为颛顼也。”认为是颛顼接黄帝。这样就没有了少昊的地位。这段公案难了结。

其实，传说的五帝时代虽说黄帝“监于万国”，但中国大地各部落联盟并不是人们想象的那样统一。根本不能以秦皇汉武以后的局面去设想那时的情况。黄帝的系统在中原代代相传，伏牺的系统也在东方有济（后来齐地）等地代代相传，就是被战败的蚩尤（三苗、九黎），也仍在南方保持其势力。所以，黄族的五帝系统是不能反映全面情况的。

太昊伏牺氏本是龙纪，少昊金天氏却改为鸟纪，这大约是被黄族赶出中原的炎、夷两族这时互相融合，东方夷族吸取了南方炎族的文化并发展了自己。炎帝虽以火、鸟来掌握气候，但他是以火纪。这表明，观测鸟候的科学高峰是少昊促成的，少昊才是以鸟纪。

龙纪、水纪、火纪、云纪、鸟纪，划出一个一个时代，定季节的物象分别是虫蛇（龙）、水（雨雪与河水）、太阳（火）、云彩（云）、候鸟（鸟）。可见少昊对于“治历明时”是有重大贡献的。

少昊氏怎样以鸟纪和以鸟名官，记载最详的是《左传》昭公十七年（公元前525年）。东方小国郯（在今山东郯县）的国君郯子来朝见鲁昭公，谈了一席话。

> 秋，郯子来朝。公与之宴，昭子问焉，曰：“少昊氏鸟名官，何故也？”
>
> 郯子曰：“吾祖也，我知之。昔者黄帝氏以云纪，故为云

师而云名；炎帝氏以火纪，故为火师而火名；共工氏以水纪，故为水师而水名；太昊氏以龙纪，故为龙师而龙名。我祖少昊氏之立也，凤鸟适至，故纪于鸟，为鸟师而鸟名。”

这里，郯子是按照东方部族的历史传说系统，由后往前说到太昊，最后回过头来说少昊。这个帝系是：伏牺、共工、神农、黄帝、少昊，所纪为龙、水、火、云、鸟。接下去郯子说到了具体所命的鸟官：

凤鸟氏，历正也（主管治历明时的官，叫凤鸟氏）
玄鸟氏，司分者也（主管春分、秋分的官叫玄鸟氏，即以燕子春分来，秋分去。）
赵伯氏，司至者也（主管冬至、夏至的官叫赵伯氏，赵伯一名见鴂，即伯劳，夏至来，冬至去。）
青鸟氏，司启者也（主管立春、立夏的官叫青鸟氏，青鸟一名鸧鴳，以立春鸣，立夏止。）
丹鸟氏，司闭者也（管立秋、立冬的官叫丹鸟氏，丹鸟一名鷩雉，以立秋来，立冬去。）
祝鸠氏，司徒也（相当于四方官之首）（中央）
鴡鸠氏，司马也（相当于春官）（东方）
鸤鸠氏，司空也（相当于夏官）（南方）
�鸠氏，司寇也（相当于秋官（居齐地）（西方）
鹘鸠氏，司事也（相当于冬官）（北方）

以上为五鸟、五鸠，是管四时八节及四方之官。还有五雉为五工正（主管各项手工业），九扈为九农正（主管各种农业）。全部用于命官的鸟儿共是二十四种。当时少昊氏的部落联盟开起最高一级的议事会议来，真是鸟儿满天飞，各种鸟旗飘扬。凤鸟氏为百官之首，作为历正，他的位置相当于黄帝时的容成。

听了这么多新鲜知识，孔子觉得大开眼界，就去向郯子学习，并且告诉人们："吾闻之，天子失官，学在四夷，犹信!"① 孔子这是承认中原之外各民族科学文化水平也不低。

少昊氏以鸟纪，积累了许多关于鸟类的物候知识，用于掌握季节变化。当时没有八节的名称，但是已确切地知道了日最短、日最长（冬夏二至），白天夜间等长（春秋二分），天气暖和和炎热的开始（立春立夏二启），天气凉爽和寒冷的开始（立秋立冬二闭），把这八个节气叫作分、至、启、闭。这不是郯子（春秋）时代才有的知识，确实是他们祖先少昊时代就有的知识。因为春秋时代早已不设专门官职观测物候了，那时已有很充分的天文知识来对气候变化"节以制度"，昭公、孔子对于鸟纪的知识不知其详，要向郯子请教、学习就是证明。

这说明，少昊时代动物物候知识达到了一个高峰。

关于少昊，后来编成了神话。据《拾遗记》记载，东方海外有少昊之国，大约在归虚，就是五神山所在的地方。前面谈到龙山文化陶尊上的文字，日、火之下有五个山头，那也可能是祭祀"光辉的五个仙山"。大海深处的归虚，按《列子·汤问》："其中有五山焉，一曰岱舆，二曰员峤，三曰方壶，四曰瀛洲，五曰蓬莱。……其上台观皆金玉，其上禽兽皆纯缟，珠玕之树皆丛生，华实皆有滋味，食之皆不老不死……"《拾遗记》描写那是个鸟的天国，官员中有燕子、伯劳、鹦雀、锦鸡，分别掌管一年四季的天时，凤凰为总管。这显然是郯子所说的人间世界在神话中的反映。故事还写道："帝子与皇娥泛舟于海上，以桂枝为表，结薰茅为旗。刻玉为鸠，置于表端，言鸠知四时之候，今之相风，此之遗象也。……及皇娥生少昊，号曰穷桑氏。"② 这么说，少昊的父母已有了"表"，并有了玉制的"相风鸠"。测影的表和测风的"相风"，都是非同小可的仪器。我们没有证据把这种发明定在那个时代。但龙山文化的陶文，却反映少昊氏的祖先在赞美所居的仙境，并举行祭祀。

① 《左传·昭公十七年》。
② （晋）王嘉《拾遗记》卷一。

四、颛顼高阳氏“裁时以象天”

在神话传说里，颛顼这个人颇为神秘。“黄帝之孙，意昌之子，母曰女枢（即女须，女嫛）。金天氏之末，瑶光之星，贯日如虹，感女枢于幽房之宫，右胁有九色毛，生颛顼。始都穷桑，徙商丘。”① 瑶光星怎么“贯日如虹”，想象不出来。说他为天上星星感孕而生，大约是因为他是“裁时以象天”的圣人。

司马迁说：“少皞氏之衰也，九黎乱德，民神杂扰，不可放物，祸菑荐至，莫尽其气。颛顼受之，乃命南正重司天以属神，命火正黎司地以属民，使复旧常，无相侵渎”②。

看来少昊氏衰亡时，与南方炎族的关系也没处理好，所以说九黎乱德。这时，西方黄族的颛顼取代了东方夷族的少昊。颛顼高阳氏是黄帝的子孙，《史记》说他：“静渊以有谋，疏通而知事，养材以任地，裁时以象天，依鬼神以制义，治气以教化，絜诚以祭祀。”③《大戴礼记·五帝德》中也有类似的话。检索他的事迹，可以看出他在历法上是有重要贡献的。

“裁时以象天”的提出，是在汲取了东方氏族少昊氏单纯依靠物候测天的经验之后，把“治历明时”的重点由观测物候转移到观测天象。天象与物候结合来定季节，就更具有优越性。

《古史考》说：“颛顼以孟春正月为元，其时正朔立春，五星会于营室。”这些话如果确实的话，那么，颛顼可以说是历法之父。这时已有了历元、正朔、立春、五星（行星金木水火土）、营室（恒星二十八宿之一）等知识。有了这些知识，可以把一年的四时节令安排得相当好了。

关于颛顼所造之历，唐代李淳风也是这样说的：“颛顼以今之孟春正月为元，其时正月朔旦立春，五星会于天庙，营室也。冰冻始泮，蛰虫始发，鸡始三号，天曰作时，地曰作昌，人曰作乐，鸟

---

① 梁元帝：《金楼子·兴王篇》。
② 《史记·历书》。
③ 《史记·五帝本纪》。

兽万物莫不应和，故颛顼圣人历宗也。"①

以上这些，就是"裁时以象天"。一方面把"治历明时"的重点转到了天文，不再只靠蛇、鸟之类的物候了；另一方面，又让观测大火（心宿二）的火正管理农业生产，这就是"命火正黎司地以属民"。

关于"南正重司天"，也不是不可能。黄帝时就有专职人员观测日、月、星气。"迎日推策"用蓍草推算历数。传说少昊的父母泛舟时"以桂枝为表，结薰茅为旗，刻玉为鸠"，知道了立一根树枝为表，相风"知四时之候"。颛顼时人们更会这样做。因为人们早已知道用地上物体的日影来定时间，观测日出日落的山头来定季节。迎日推策是需要立一根标杆的，竖起八尺之杆来测日影，这就是立表。有了它，可以观测太阳到达南方中天（天文学的上中天）。从太阳中天可以：(1) 准确测定南北东西的方向；(2) 准确测定一天的中点——中午的时间；(3) 测定二分二至。从而可以准确定出一年的时间，做到"裁时以象天"。这表就是量天之尺，裁时之刀。这是"南正重司天以属神"的任务。"南正"就是测太阳到达南方中天的官职。如果不知道立表，就不可能产生出"南正"这个官职。

关于"火正黎司地"，他只是管观测大火（心宿二）来安排民间生产的事，不管天上的事。民间的大事就是农业生产，在刀耕火种的时代，黎看准了天上火出的时机，说一声烧，地下的大火就烧起来，所以后来黎成了火神。

颛顼明确南正、火正二官的职责，把天、地分开，使他们不相侵扰，是为了改变"民神杂扰，不可放物，祸菑荐至，莫尽其气"的局面。这目的是达到了的。为了"裁时以象天"，他是以职事来命官的，史称"自颛顼以来，不能纪远，乃纪于近，为民师而命以民事"。② 所命的官有：③

---

① 《晋书·律历志中》。

② 《左传·昭公十七年》。

③ 《汉书·百官公卿表》。

重（天官，测日） 后土（土官，测土星）
黎（地官，测大火） 蓐收（金官，测金星）
句芒（木官，测木星） 玄冥（水官，测水星）
祝融（火官，测火星）

这些都是“裁时以象天”某一方面的主持人。应劭注说这是“始以职事命官也”。《左传》所说的“不能纪远”，就是不以龙纪、水纪、火纪、云纪、鸟纪；“乃纪于近”就是让这些管天、地、木、火、土、金、水的星官，都具体地管地上的事情，也就是让这些观天候气的人直接主管某一方面具体的生产、生活、祭祀等活动。这就是以职事命官。

这些人间的事情，也都反映到了神话故事中。《山海经·大荒西经》说：“帝令重献上天，黎邛地下。地下生噎，处于西极，以行日月星辰之行次。”这个地下就是后土，噎就是噎鸣。《山海经·海内经》说：“共工生后土，后土生噎鸣，噎鸣生岁十有二。”生出十二岁，是发现了岁星周期为十二年，是观察日月星辰行次的一个重大收获。过去已有了一年有十二个月的概念，十二地支记数的方法，现在又发现木星（岁）十二年一周天（木星周期为11.86年）。这只能是在颛顼执行“裁时以象天”相当长时间之后，才能取得的成果。但是，既然提出了这一战略措施，任命了专人去观测，那就必定会导致一系列成果的出现。

对这些做法，加上神话传说，便使后人产生不少误解。有人认为是重、黎把天地隔开了，而这之前地上的人是可以到天上去的。楚昭王就问观射父：“《周书》所谓重、黎实使天地不通者，何也？若无然，民将能登天呼？”① 从这些误传，倒可以证明颛顼的做法是达到了排除“民神杂扰，不可放物”这一目的的。

颛顼在科学上被誉为“历宗”，而在宗教上则是原始社会末期第一位伟大的改革家。所谓“养材以任地，履时以象天，依鬼神

① 《国语·楚语》。

以制义，治气以教民，洁诚以祭祀”。① 这是以大宗教主（大巫）的身份处理一切。他的具体措施是“命重黎绝地通天”，“重实上天，黎实下地”，来解决“民神杂扰”问题。从这里可以看出气象、历法与社会、宗教的关系。科学的进步能推动社会的发展。《国语·楚语下》描述那时“民神杂糅，不可方物”，（即《史记》说“民神杂扰，不可放物），其原因是“九黎乱得”，造成了“人人作享，家家巫史”。现象说得准确，而原因找得不对。实际上是到了原始社会末期，社会财富增多，私有制出现并发展，氏族联盟扩大到极大的范围，国家正在形成。广泛存在的人人祭神，家家有巫的情况已经成为社会发展的阻力了。巫是沟通人神关系的使者，人人都能传达神的旨意，这种民神杂扰的状态已经不能适应生产力的发展，“不可放物”。经过颛顼“绝地通天”的大改革，就只有少数人能代表天神说话了。这种改革，正适合奴隶制形成和发展的需要。从黄帝战蚩尤，形成巨大的部落联盟以来，社会矛盾日益严重，经过颛顼绝地通天的大改革，才算有了解决。这样，颛顼成了第一个得道的宗教主，《庄子·大宗师》说“颛顼得之于玄宫”。《墨子》又说：“高阳氏乃（命禹）于玄宫。”② 颛顼不可能活到禹的时代，是他的后代仍以世传高阳氏大主教的身份受命于禹。有虞氏（舜的氏族）就是祖祭颛顼的。可见颛顼的宗教改革影响到很多世。这玄宫是从事宗教、祭祀、占云物吉凶、观测日月五星行度、告朔行政的地方，在不同的时代有不同的名称。

五、帝喾高辛氏“序三辰以固民”

《史记·五帝本纪》说：“帝喾高辛者，黄帝之曾孙也。高辛父曰蟜极，蟜极父曰玄嚣，玄嚣父曰黄帝。自玄嚣与蟜极皆不得在位，至高辛即帝位。”《世本》说：“（帝喾）元妃有邰氏之女，曰姜嫄，是生后稷。次妃有娀氏之女，曰简狄，是生契。次妃陈锋氏

---

① 《大戴礼记·五帝德篇》。

② 《墨子·非攻下》，“命禹”二字从王念孙《读书杂志》九《墨子》说校补。

之女，曰庆都，是生帝尧。次妃娵訾氏之女，曰常仪，是生帝挚。”这些人都对农业作出了重大贡献。

高辛氏是一位善于利用自然气候的部落联盟首脑。孔子称赞他：“取地之材而节用之，抚教万民而利诲之，历日月而迎送之，明鬼神而敬礼之。”①《潜夫论》也说：“后嗣帝喾代颛顼氏，其相戴十，其号高帝，厥质神灵，德行祗肃，迎逆日月，顺天之则，能叙三辰以周民。”②《国语》说：“帝喾能序三辰以固民”，注：“能序日月星三辰，以治历明时，教民稼穑以安也。”③

帝喾怎样“治历明时”，没有详细记载。《文曜钩》说：“高辛受命，重黎说文。唐尧即位，羲和立浑。夏后制德，昆吾列神。成周改号，苌弘分官。”这话只说了一个大纲，是否属实，尚待研究。但高辛时代重黎说文，这没有大问题。在治历明时方面，高辛氏是承袭了颛顼的一套制度的。《晋书·律历志下》就说过“颛顼、帝喾，重黎司天”。重黎司天、说文，当然是说气象、天文。

颛顼以职事命官，帝喾也是一样，以重为天官，黎为地官。其他的事大约也同样设官。整顿日、月、星辰在天上的秩序，序三辰能达到固民的程度，表明天上人间的秩序都解决得较好。可能比颛顼时更好地解决了“民神杂扰，不可放物，祸菑荐至”的问题。播种、耕作的季节掌握得更好，所以能避免灾荒。

大约由于颛顼的“裁时以象天”和帝喾的“序三辰以固民”的天文气象工作，都注意了把天、地、人、神分开，所以帝喾时仍没有把人间的事情搬到天上去。许多重要人物，如玄嚣（元枵）、娵訾、女婺等都还没有上天成为星名，而这些人在后来是成了星名或天区名的。

六、唐尧虞舜“敬授人时”

尧舜时代，文献资料已较丰富了。最重要的当然是记载尧舜禅

---

① 《五帝德》，引王聘珍《大戴礼记解诂》，中华书局 1983 年版。

② 汉·安定王符《潜夫论·五帝德第三十四》。

③ 《国语·鲁语上》，上海古籍出版社 1978 年版。

让故事的《尧典》、《舜典》。这肯定是后人的追述，而且明显地掺杂了儒家思想。但据中外许多研究者的工作，可以鉴别出里面不少记载是符合历史和有科学根据的。

《尧典》关于“敬授人时”的一段文字是：

> 乃命羲和，钦若昊天，历象日月星辰，敬授人时。
>
> 分命羲仲，宅嵎夷，曰旸谷，寅宾日出，平秩东作，日中，星鸟，以殷仲春。厥民析，鸟兽孳尾。
>
> 申命羲叔，宅南交，平秩南讹，敬致，日永，星火，以正仲夏。厥民因，鸟兽希革。
>
> 分命和仲，宅西，曰昧谷，寅饯纳日，平秩西成，宵中，星虚，以殷仲秋。厥民夷，鸟兽毛毨。
>
> 申命和叔，宅朔方，曰幽都，平在朔易，日短，星昴，以正仲冬。厥民隩，鸟兽氄毛。
>
> 帝曰：咨，汝羲暨和，期三百有六旬有六日，以闰月定四时成岁。

关于羲和、羲仲、羲叔、和仲、和叔的工作方法，元代许谦《读书丛说》提出了一种看法：“仲叔专候天以验历：以景验，一也，以中星验，二也；既仰观而又俯察于人事，三也；析、因、夷、隩，皆人性不谋而同者，又虑人为或相习而成，则又远取诸物，四也。盖鸟兽无智而囿于气，其动出于自然故也。”这些方法就是测日影、测星星中天、观察人的生产和生活活动以及动物物候，以验证和改进历法。

《尚书纬·考灵曜》说：“鸟星为春候，火星（心宿二）为夏期，虚星为秋候，昴星为冬期。主春者张星，昏中可以种谷；主夏者火星，昏中可以种黍；主秋者虚星，昏中可以种麦；主冬者昴星，昏中则入山可以斩伐，具器械。王者面南而坐，视四星之中，而知民之缓急，急则不赋力役。”这是说以鸟（张）、火、虚、昴四宿黄昏时到达中天来定四时。日中、日永、宵中、日短则是指四季昼夜的短长。厥，其也。析、因、夷、隩是指人们四时生产活动。孳尾、希革、毛毨、氄毛是指鸟兽的物候表现。

关于四仲有两说：一说是指二分二至这四天，一说是指四季的中点。

关于四星指何星？对火、虚、昴三星没有分歧：①

火 心宿二 天蝎座 α
虚 虚宿一 宝瓶座 β
昴 昴星团 金牛座 17

对于星鸟，有几种意见：

竺可桢 星宿一 长蛇座 α
伊世同 张宿一 长蛇座 γ_1
陈遵妫 张宿二 长蛇座 λ
李约瑟 张宿三 长蛇座 μ
(J. Needham)

四星的赤经，在任何时代都不是恰好相差一个象限（90°），因此，用岁差来计算其年代难免会出现矛盾。唐代李淳风指出："若以冬至昴中，则夏至、秋分星火、星虚皆在未正之西；若以夏至火中，秋分虚中，则冬至昴在巳正之东。"②

梁启超在《中国历史研究法》中认为，四仲中星确为公元前2400年天象。法国人毕奥推算出为公元前2357年的二分二至点。高鲁在《星象统笺》中也认为这是确定二分二至的准确方法。但他们的根据不够充分。竺可桢计算的结果，与李淳风是一致的。他认为"以鸟、火、虚三宿而论，至早不能认为是商代以前之现象。

---

① 郑文光：《中国天文学源流》，科学出版社1979年版。
② 《新唐书·天文志》。

唯昴确为唐尧以前天象，与鸟、火、虚俱不合”。①

用岁差来计算《尧典》中仲中星的年代，仅可作为参考。郑文光认为，在那没有精密仪器的时代，观测的精度有限，每次观测的时间也难确定。时间差半小时，年代就能差 500 年；中天位置偏 5 度，年代也能差 300 年。因此，不能过分严格地去推算远古时代人们观星候气的这些大致的标志点。②

不过，这也难为定论。“唐尧即位，羲和立浑”之说如果成立，那时有了简单的测天仪器，也可以把测量工作做得较为准确。以 366 日为一年，用闰月来定四时，这已是很不错的历法了。而且《舜典》也说：“正月上日，受终于文祖，在璇玑玉衡，以齐七政。……岁二月……协时月正日，同律度量衡。”璿玑也作璇玑。那么，尧时也可能有了天文仪器。

对于“璇玑玉衡，以齐七政”，从汉代起就有两种看法。孔安国认为是“正天之器，可运转”，肯定璇玑为仪器。郑玄说：“运动为机，持正为衡，以玉为之，视其行度。”“璇玑玉衡，浑天仪也。”这也是指仪器。马融更是说：“上天之体不可得之，测天之事见于经者，唯玑衡一事。玑衡者，即今之浑仪也。”三国时王蕃说：“浑仪羲和氏旧器，历代相传谓之玑衡。”宋代程大昌《演繁露》肯定地认为：“尧世有浑仪，璇玑玉衡是也。”宋代苏颂《新仪象法要》也说：“四游仪，《舜典》曰璇玑。”“《虞书》称：‘在璇玑玉衡，以齐七政’，盖观四正之中星，知节候之早晚……观璇玑者不独视天时而布政令。”清代吴大澂发现古玉中有外缘带齿的玉璧，命为璇玑，推测为古代浑仪机轮。比利时人米歇尔（H·Michel）进一步把这璇玑与古玉琮合在一起，构成一个观测器具，认为即是“璇玑玉衡”，可以测北天极和二至点的位置。③

另一种看法认为璇玑玉衡是指北斗七星。司马迁《史记·天

① 竺可桢：《论以岁差定尚书尧典四仲中心之年代》，《科学》11 卷 12 期，1926 年。

② 郑文光：《中国古代天文学源流》，科学出版社 1979 年版。

③ Popular Astronomy，58，222，1950。

官书》说："北斗七星，所谓'璇玑玉衡以齐七政'"。《晋书·天文志》说："魁四星为璇玑，杓三星为玉衡。"不过，在公元前1700—前4100年，北斗有九星。即现在的七星再加上招摇二星。黄河中下游的纬度约为36°，以36°为半径、北极为圆心在星空画一个大圆，叫恒显圈，其中的星星虽然绕极旋转，却不会隐没在地平线以下。那时玄戈（牧夫座λ）、招摇（牧夫座γ）二星也在恒显圈内，所以上古叫北斗九星，并把招摇作为斗柄的代名词。直到汉代，招摇二星已不在恒显区了，看不全北斗九星而只有北斗七星了，《淮南子·时则训》仍说："孟春之月，招摇指寅，昏参中，旦尾中"，这是照抄了上古资料。刘昭注《汉书·天文志》认为："璇玑者，谓北极星也；玉衡者，谓斗九星也。"

既然上古北斗为九星，以"七政"为"七星"之说是不对的。日月五星为七政，是璇玑玉衡所"齐"的对象，这是尧世有浑仪在天上的证据。

对璇玑玉衡的认识关系到"羲和立浑"之说是否成立。现在仍难作出定论。

我们揣度古人观星，已懂得立表，在表端连一根绳子（为了测表是否垂直，需要这样做），这绳子可以旋转，以表、绳、星三者在一条直线上而定恒星中天，这道理就类似于中星仪或子午仪了。北斗九星也可以旋转，这在黄帝传说里大臣风后就知道了。风后能握机，法斗机，仿效北斗旋转作指南车。到尧时用玉来作璇玑并用于观测，未必不可能。人们往往把古人发明估计过晚，以为古人最初的发明会像后来那样完美。其实，一项工具的最初发明，一项知识的最初发展，总是很粗疏质朴的，要经过长期改进才能完善。那璇玑玉衡，也很可能是十分简陋的。我们须注意"受终于文祖，在璇玑玉衡"用的是"在"字，而不是用"历象"、"仰观"之类文字，所以璇玑玉衡不会是天上的星星。这里记载的是权力交接的时间、地点和重要事物。以后每项事都有时间、地点和事物，都是实事实物。

《尧典》所述敬授人时的工作中，高度概括地谈到了动物物候，但没有谈到植物物候。但从神话故事中知道，对植物物候的利用也很重视，甚至还想象有一种“历草”来记时间：“尧为仁君，一日十瑞：宫中刍化为禾，凤凰止于庭，神龙见于宫沼历草生阶宫……”① “尧为天子，蓂荚生于庭，为帝成历。”② 所谓历草、蓂荚，是这样一种神草：从每月初一起，每天结一个豆荚；从十六开始，每天又落下一个。如果是大月，它就落尽了；如果是小月，则会有一个豆荚枯焦了，不落下来。这显然是关于朔望月的神话。大约是早期对于朔日（初一）的掌握较困难，不易弄准确，而那时用植物物候定季节的知识已很多，于是想象有一种植物能定朔望月。这当然仅是一种向往罢了。到了汉代，张衡做了木蓂荚作为日历，这大约是日历牌的根源所在。

与四仲中星相对应，舜时虽没有“四象”的名称，但已有了“四象”的概念。《尸子》说：“舜南面而治天下，天下太平：烛于玉烛，息于永风，食于膏火，饮于醴泉。”什么是玉烛、永风、膏火、醴泉？《尸子》（集本）说：

> 春为青阳，夏为朱明，秋为白藏，冬为玄英，四气和，正光照，此之谓玉烛。
>
> 祥风，瑞风也，一名景风，春为发生，夏为长赢，秋为方盛，冬为安静，四气和为通正，此之谓永风。
>
> 甘雨时降，万物以嘉，高者不多，下者不少，此之谓醴泉。

膏火为何，没有记载（集本未能辑录到），很有可能是指温度（凉热）的概念。

从上面可以看出，这里说的是光、风、温、雨四大基本气象条件：玉烛是四时日、月、晨辰正位，光照正常；永风是四时季风变化正常；膏火是四时气温变化正常；醴泉是四方高下雨量正常，雨水调匀。这是理想的太平年景。

① （梁）任昉：《述异记》。
② 《绎史》卷九引《田俅子》。

玉烛四季的星象光照：青阳、朱明、白藏、玄英，也是星空四象的起源之一。从原始社会图腾、半坡八卦、风后八阵图的龙、鸟、蛇、虎，到这时的玉烛，青龙、朱雀、白虎、玄武的形象已经呼之欲出了。

附传 有功于气象的英雄群神

本章所述的时代很漫长，从母系氏族社会发展到父系氏族社会；到尧舜时代，人类积累的财富已较多，私有制已出现，奴隶制已萌芽了。人类已创造了科学、文化，包括天文气象知识和文字。这是人类创业的早期，发明创造很多，所以英雄人物和神人也很多。这里只选出对气象贡献很大的 27 位。他们每位不是一个人，而是一个氏族集团的代表。

一、燧人氏

《世本》："造火者燧人，因为名。"这是第一个发明钻木取火的氏族。

《易通卦验》："遂皇始出握机矩。"注："遂皇谓人皇，在伏牺前，风姓，始王天下者。"这个氏族姓风。至于握机矩，那只是无根据的想象。始王天下，可能是由于发明了火，能战胜风雨、潮湿、寒冷、猛兽，因而能联络较多的氏族结成较大的部落，乃至部落联盟。

《春秋命历序》："遂人出旸谷，分九河。"这是一个起于东方海岱族的氏族。

《韩非子·五蠹》："上古之世，民食果瓜蚌蛤，腥臊恶臭，而伤肠胃，民多疾病。有圣人作，钻燧取火，以化腥臊，而民悦之，使王天下，号之曰燧人氏。"这说明了火的功用。发明火的人被推为第一个氏族部落联盟首领。

《帝王世纪》："礼理起于太一，礼事起于遂皇，礼名起于黄帝。"在发明了火的人群里，由于人人之间和人群之间的交往都扩大了，开始用"礼"来处理人际关系。这是人类文明行为第一次有了简单的规范，但还没有“礼”这个名称。

二、伏牺氏

《周易·系辞下》：“古者包牺氏之王天下也，仰则观象于天，俯则观法于地，观鸟兽之文与地之益，近取诸身，远取诸物，于是始作八卦，以通神明之德，以类万物之情。作结绳而为网罟，以佃以鱼。”由此看来，这伏牺氏是母系氏族社会观察天象、物候并创造记事符号、制成理论传授系统的第一位伟大英雄。这个伏牺氏与第一章附传谈到的跟女娲为弟妹或夫妻的伏牺氏，有着时代的本质差别。古人传说弄混了，我们今天要分清楚。女娲时代有群婚的印迹，伏牺时代则有了嫁娶，禁止同族通婚了。

《帝王世纪》：“太昊帝庖牺氏风姓也。……蛇身人首有圣德。”“伏牺都陈。”伏牺氏姓风，他们的氏族图腾为人头蛇身。他们活动在陈，即今天河南淮阳到安徽亳县一带。也是一个东方氏族。

《世本》：“伏牺氏制以俪皮嫁娶之礼。”《古史考》也说：“伏牺制嫁娶，以俪皮为礼。”那个时代，氏族家庭的女孩儿长大了，要到别的氏族去把小伙子娶回来作女婿。这时形成了制度，以两张兽皮为聘礼。

《世本》：“伏牺作琴。”“伏牺作瑟，八尺二寸，四十五弦。”会结绳记事，会织网捕鱼捕兽，会作弓箭，也做出了粗大的琴瑟。在祭祀祖先时，绕着图腾跳舞，拨弄琴弦模仿自然风雨的声音。

《白虎通·圣人》：“伏牺禄、衡连珠，唯大目、龙鼻伏，作《易》八卦以应枢。”班固此说，难以承认。伏牺氏能否观星，那时是否有禄、衡、大目、龙鼻、枢这些星名，能否认识这些星并有连珠、伏这些概念，尚无证据。渔猎时代可能作出八卦符号来记事，但不可能作出《易》。存此待查证。

三、祝融氏（含共工、宿沙）

《山海经·海内经》：“祝融降处江水。”“炎帝之妻，赤水之子听沃炎居，炎居生节并，节并生戏器，戏器生祝融。”这说明祝融是南方炎族的后代，早有一个长长的传代系统。按《白虎通·五行》，祝融是南方之神，后来成为火神。

《史记补·三皇本纪》："宓牺之后，已经数世，当其末年，诸侯有共工氏，任智刑以强……乃与祝融战，不胜。"这是共工、祝融两个部落争夺地盘。

《国语·郑语》："祝融也能昭显天地之光明，以生柔嘉材者也。"这是说能利用自然气候条件，发展生产。这样看来，人类似乎不以渔猎为主要生存手段，已有了农牧业。

《左传》昭公十七年："共工氏以水纪，故为水师而水名。"共工这个氏族善于治水土，后来当过黄帝的土官，少昊的水官。共工氏姓姜，在后来颛顼、帝喾、尧、舜、禹的时代都受过讨伐。这个姜姓氏族部落与姬姓氏族部落之间，一代一代都有战争。这些战争前者是炎黄大战的序幕，后者是炎黄大战的继续。其中最著名的是与颛顼的战争，《淮南子·天文训》说："昔者共工与颛顼争为帝，怒而触不周之山，天柱折，地维绝。天倾西北，故日月星辰移焉；地不满东南，故水潦尘埃归焉。"古人是这样来解释天体向西，江河风云向东。

《淮南子·齐俗训》："宿沙氏之民，皆自攻其君而归神农，此世之所明知也。"高诱注："伏牺神农之间，有共工、宿沙霸天下者。"这宿沙氏是"初作煮海盐"的部落。《帝王世纪》："诸侯宿沙氏叛……炎帝退而修德，宿沙氏之民自攻其君而归炎帝。"

四、神农（蚩尤氏）

《国语·鲁语》："烈山氏之有天下也，其子曰农，能殖百谷。"韦昭注："烈山氏，炎帝之号也，起于烈山。《礼记·祭法》以烈山为厉山也。"炎帝神农氏出生的地方，在今湖北省随县。在其县北百里有神农穴。

《国语·晋语》："昔少典娶于有蟜氏，生黄帝、炎帝。黄帝以姬水成，炎帝以姜水成。"《贾子新书·制不定》："炎帝者，黄帝同母异父兄弟也，各有天下之半。"炎黄两族本为同胞。黄帝姓姬，炎帝姓姜。

《白虎通义》："古之人民皆食禽兽肉，至于神农。人民众多，禽兽不足，于是神农因天之时，分地之利，制耒耜，教民农耕，神而化之，使民宜之，故谓之神农也。”神农善于掌握天时，利用地利。发明农业的人就是气象专家。

《春秋命历序》：“神农始立地形，甄度四海远近山川林薮所至。”神农氏开始有了测量。

《淮南子·主术训》：“神农祀于明堂。明堂之制，有盖而无四方。”这是最早的明堂，是祭神的地方，也是观察气象，因天之时、分地之利的地方；后来又成为行政告朔的地方。

《初学记》曾引《周书》佚文：“神农作陶、冶、斤、斧、钼、耨，以垦神莽。”这话颇值得玩味。蚩尤氏是发明了冶炼的。

有些书上，神农氏为赤帝，蚩尤氏为炎帝。蚩尤是三苗九黎君名。

《春秋元命苞》：“少典妃安登，游于华阳，有神龙首感之于常羊，生神子人面龙颜，好耕，是为神农。”人面龙颜是一种综合图腾，是部落联盟的标志。《归藏》说：“蚩尤出自羊水。”《路史》说：“蚩尤姜姓。”总的来说，蚩尤、炎帝、神农是同一个姜姓的部落联盟，其君长是同一个人，是三苗九黎君名。

《管子》说：“蚩尤明于天道”，前面已经谈过。这个南方氏族部落联盟，可能是以火、鸟来掌握气候和季节变化的。

《庄子·盗跖篇》说神农受学于老龙吉，《吕氏春秋·尊师篇》说“神农师悉诸”，《战国策·秦策》有“神农伐补遂”的记载。这老龙吉、悉诸、补遂是何氏族、何人，已很难考证。

五、黄帝

《史记·五帝本纪》：“黄帝者，少典之子，姓公孙，名曰轩辕。”

《帝王世纪》：“黄帝都有熊。”这个地方在今河南新郑。

黄帝对气象、历法的贡献颇多：“黄帝以云纪”，“官名皆以云命为云师”。应劭云：“春官为青云，夏官为缙云，秋官为白云，冬官为黑云，中官为黄云。”黄帝“获宝鼎，迎日推策。举风后、力牧、常先、大鸿以治民。顺天地之纪，幽明之占”（《五帝本纪》）。“筑作宫室，上栋下宇，以避风雨”（《新语》）。最重要的贡献则是调动多方面的人员，创造《调历》。

《黄帝内传》：“（帝）既与王母会于王屋，乃铸大镜十二面，随月用之。”关于这事，王度《古镜记》有：“隋汾阳侯生，天下奇士也。王度常以师礼事之。临终，赠度以古镜，曰：‘持此，则百邪远人’。度受而宝之。镜横径八寸，鼻作麒麟蹲伏之象。绕鼻列四方，龟龙凤虎，依方陈布。……”这是一篇传奇故事的开头。如真有此镜，则说明黄帝时有了“四象”。

黄帝与炎帝逐鹿中原，是第一次大规模使用金属武器的战争，也是第一次关于气象战的传说史。双方利用了大风、大雨、大雾等气象条件来进行战争。风后成了第一位军事学家，也是第一位军事气象学家。

《帝王世纪》：“黄帝命雷公、岐伯论经脤”，“俞跗、岐伯论经脉，雷公、桐君处方饵”。东周时代人们就用这些人的名义写出了第一部医学巨著《黄帝内经》，集古代医学的大成。

以上都是传说。尚无法证明黄帝时有那样高超的历法、铸造技术、军事气象和医疗气象学知识。但我们有理由认为这些学问在黄帝时代已经发芽生根了。

黄帝造历功绩很大，后人才会有“黄帝造历得仙”的神话载入正史。《史记·历书》说：“昔者黄帝合而不死，名察度验，定清浊，起五部，建气物分数。”《集解》应劭说这是“言黄帝造历得仙，名节会，察寒暑，致启、闭、分、至。定清浊，起五部，五部：金、木、水、火、土也。建气物分数，皆叙历之义也”。孟康说：“合，作也。黄帝作历，历终复始无穷，故曰不死。清浊，律声之清浊也；五部，五行也。天布四时，分为五行也。气，二十四气；物，万物也。分，数之分也。”孟康否定了神仙之说，但把黄帝的历法估计得太完美了。二十四气在黄帝时不会完善起来，但分、至、启、闭八节气却很可能已掌握。

黄帝的神话还有不少，如“附宝见大电光绕北斗枢星，照耀郊野，感而生黄帝轩辕氏于青邱”。(《太平御览》卷十三引《河图帝通纪》）这大约是5千年前人们已知道有极光，才生出这种传说。还有说“黄帝以雷精起”，“轩辕，主雷雨之神也”。(《太平御览》卷五引《春秋合诚图》)。黄帝成了管雷电的神。

六、有倕

有倕又称倕、巧垂。从神农、黄帝、帝喾到帝尧各时代都有倕的活动。这也是一个世代相传的能工巧匠的氏族。

《世本》(张树稡集补注本)：“垂作规、矩、准、绳。垂作铫。垂作耒耜。垂作耨。”《荀子·解蔽》篇：“倕作弓。”《吕氏春秋·古乐篇》：“帝喾命有倕作为鼙、鼓、钟、磬、笭、管、埙、篪、鞀、椎钟。”这倕是第一个伟大的发明家。其中规、矩、准、绳的发明，乃是具有划时代意义的科学测量工具。可以用于作圆、作方，测水平、垂直。

《尸子》(孙星衍集校本)。“古者倕为规矩准绳，使天下效焉。”这些工具对天文气象测量意义重大。立八尺表也好，璇玑玉衡也好，离开了这些工具都无法制作和工作。有了这些工具，才能产生出许多重要的科学概念。

《山海经·海内经》说：“帝俊生三身，三身生义均，义均是始为巧垂，是始作下民为百工。”上帝的孙子义均始为巧倕，这已是尧时的倕了。他应有人间的出身地与氏族，但都没有记载下来。

倕在人间的遭遇是很不幸的。《淮南子·本经训》：“周鼎著倕，使衔其指，以明大巧之不可为也。”周代青铜顶上的确铸有这种形象，以羞辱这位对科学作出伟大贡献的人。可见，古代中国轻视科学技术的倾向，在儒家之前、奴隶制鼎盛的时代就存在于统治者中了。

七、仓颉

《世本》：“仓颉作书。”《说文解字叙》：“黄帝之史仓颉，见鸟兽迹远之迹，知分理之可别异也，初造书契。百工以乂，万民以察……仓颉之初作书也，盖依类象形，故谓之‘文’；其后形声相益，即谓之‘字’。文者物象之本，字者言孳乳而寖多也。”这是仓颉的伟大贡献。

“故好书者众矣，仓颉独传者，一也。”（《荀子·解蔽》篇）。创造文字不是一时、一人的功绩，在他之前、之后还有许多人。《世本》又说：“祖诵、仓颉作书。”祖诵事迹已难考察。

《春秋元命苞》：“仓帝史皇氏名颉，……创文字，天为雨粟，鬼为夜哭，龙乃潜藏，治一百一十载，都于阳武，终葬衙之利亭乡。”这近于神话。

关于这位圣人的神话不少。他的相貌也奇特，长着四个眼睛。还有说他是神农时代的人。他葬的地方衙，在今陕西省白水县。

《淮南子·本经训》也说：“仓颉作书而天雨粟，鬼夜哭。”高诱注说：“仓颉视鸟兽迹远之文造书契，则诈伪萌生；诈伪萌生则弃本趋末，弃耕作之业而务锥刀之利。天知其将饿，故为雨粟。鬼恐为文书所劾，故夜哭也。”这完全是凭想象解释。实际上，这反映了人类早就见到了龙卷风造成的“怪雨”，并十分恐惧，夜里听到遭了袭击的野兽嚎叫，觉得是鬼在夜哭。

八、羲和、常仪

传说黄帝造历，命羲和占日，常仪占月。后来羲和变成了日神，常仪变成了月神。常仪也称为常羲，后来又成了嫦娥。大约他们是同一个氏族。

《世本》：“帝喾卜其四妃之子，皆有天下。……次妃娵訾氏之女，曰常仪，是生帝挚。”这常仪是娵訾氏之女，帝喾高辛氏之妃，挚的母亲。挚又作挈或契。郭沫若考证：常仪、简狄是一个人。（《中国古代社会研究》）。

《山海经·大荒西经》：“有女子方浴月。帝俊妻常羲生十有二月，此始浴之。”常羲又成了天帝（俊）的妻子。这是在知道一年的长度为十二个朔望月之后才产生的神话，这表明人们掌握了一年的气候周期，这个时代应是较早的，早在黄帝命常仪占月之前很多年。

《史记·殷本纪》：“殷契母简狄，有娀氏之女，为帝喾次妃，三人行浴，见玄鸟坠其卵，简狄取吞之，生契。”这个简狄即是常仪。这是黄帝之后很久的常仪。

羲和本也是女神，而且也是天帝俊之妻："东南海之外，甘水之间，有羲和之国。有女子名曰羲和，方浴日于甘渊。羲和者，帝俊之妻，生十日。"（《山海经·大荒南经》）。这羲和后来可能演化成了嫦娥。这是发明了十进位数来纪日的时候产生的神话。日之数十，月之数十二，记事的符号就是十干、十二支。羲和为女性，此类神话表明：早在母系社会，人们就会用十纪日，用十二月纪年。

羲和在另一些神话中则为男性。其产生时代，这个氏族大约已经由母系氏族社会转变为父系氏族社会了。这时羲和是管理日月运行的神，又是为太阳驾车的日御。所以《离骚》有："吾令羲和弭节兮，望崦嵫而勿迫。"《天问》有："羲和之未扬，若华何光?"《淮南子》有："爰止羲和，爰息六螭，是为悬车。"

从女神变男神表明，这些神话产生得很古老。羲和这个氏族从母系社会时就善于观测日月来掌握时间，确定季节。一直延续下来，到黄帝时把占日、月的官职也用这个氏族的名字来命名了。

太阳男神战胜了月亮女神。在"治历明时"过程中月的问题好处理，而日的问题却较难安排。后来只有羲和之官，而没有常仪了。到了奴隶社会，女子做官的可能性更小了，嫦娥只好冷冷清清地呆在月宫里了。

在黄帝时可能确实有羲和这个氏族，而且世袭为历官。《尸子》说："造历数者，羲和之子也。"这个氏族对天文气象的贡献是不小的。

九、大挠、隶首

大挠的功绩是发明甲子。这在后来是派了大用场的。不仅十干十二支二十二个符号有用，而且十进位制和十二进位也是很重要的。但这项发明最初是非常简陋的，古人也不能体会它的价值，大挠的事迹流传不多。

《路史·后纪·太昊》："作八卦而历数兴。造甲子以命岁时，配天为干，配地为支，支干配类以纲，维乎四象。"又说："作甲历，岁起甲寅，是以伏牺庚寅生，庚申即位。"从这些话看，好像伏牺时早有了甲子。其实，那时代仅可能有八卦符号，记事符号之类，用结绳、刻木、挂鱼头等办法来记事。这算是有记数之意，而无甲子之名。作甲子的功劳，多数传说归功于黄帝时的大挠。

甲子的符号的确简单。人们开始记事，其方法就是对一件东西赋予它一定的意义，并让大家都明白。比如记日子，过了第一天，挂一个鱼头（甲），第二天挂一串鱼肠（乙），第三天挂一个鱼尾（丙），第四天挂一根鱼刺（丁）……。这样来记日子，就是甲、乙、丙、丁。鱼身上的东西不够表达了，就挂手中的武器。

作算数的隶首，事迹也少有流传。作算，是发明算子。最初可能用指头作算，只能算十以内的数，于是发明用草棍之类来算数。用小竹片作算，叫算筹。作数，这当然和用甲子记日有关。

以前的记日没有坚持下来。现在我们的干支记日，是从鲁隐公元年（公元前722年）开始的，中间再没有间断过。这是世界上最悠久的记日了。

大挠和隶首，开创了记计数符号和计算的学问。

十、臾区

臾区又叫鬼臾区，号大鸿。是黄帝“四相”之一。

在黄帝造历的工作中，他的氏族负责观测星气。星指星辰，气指云物。包括日旁气，月旁气，星星旁边之气，变化万端，五光十色，玄远深幽。从远古时代起就以这种观测来判断风云变幻，妖祥祸福。所以，这个氏族的行为使人觉得神秘。

《史记·五帝本纪》说黄帝“举风后、力牧、常先、大鸿以治民”，参与治民，可见他除了占星气外，还有很大的政治权力。

十一、容成

容成是黄帝作《调历》的总编纂。他把各家天文气象等方面的观测资料加以综合，“综斯六术，考定气象，建五行，察发敛，起消息，正闰余，述而著焉，谓之《调历》”。

容成这个氏族有较古老的历史。《淮南子·本经训》说：“昔容成氏之时，道路雁行列处，托婴儿于巢上，置余粮于晦（亩）

首，虎豹可尾，虺蛇可践，而不知其所然。”这神话大约是形容对气候和节气掌握得好的氏族，生活中一切自然灾害都消失了，大雁（鹅）排着队走在路上，婴儿放在巢里也安全，吃不完的粮食放在地头，老虎豹子的尾巴可以扯着玩，踩着蛇也不要紧，说不出原因。

十二、师旷

师旷是黄帝的乐官。古人认为音乐与律吕、气象、历法有关，都是为农业丰收服务的。所以这个氏族对农业也很关心。后魏贾思勰的《齐民要术・杂说》谈道：“黄帝问师旷曰：‘欲知牛马贵贱。’秋葵下有小葵生，牛贵；大葵不虫，牛马贱。”“师旷占五谷贵贱法：常以十月朔旦，占春粜贵贱。风从东来，春贱；逆此则贵。以四月朔旦占秋粜，风从南来、西来者秋皆贱，逆此者贵。以正月朔旦占夏粜，风从南来、东来者夏皆贱，逆此者贵。”这种预测年景的方法，从汉代起较普遍流行于民间。贾思勰说始于黄帝、师旷，尚待证明。不过，黄帝时产生预测年景的要求，并探索其方法，也是可能的。年景预测，溯其源，当不会更早了。

《淮南子・道原训》：“师旷之聪，合八风之调。”高诱注：“师旷，晋平公乐师。八风，八卦之风声也。”这是几千年后的师旷了。晋平公的乐师和黄帝乐官操着相同的事业。这大约是后人用乐神来命名乐师。这乐师是把自然之风与社会之风混在一起的，《国语・晋语八》有他一段话：“夫乐以开山川之风也，以耀德于广远也。风德以广之，风山川以远之，风物以听之，修诗以咏之，修礼以节之。夫德广远而有时节，是以远服而迩不迁。”

黄帝有羲和，历代也有羲和之官。黄帝有师旷，历代也就有乐师。

十三、风后

风后是黄帝的大臣，“四相”之首。在炎黄大战中，他“法斗机作指南车”战胜了大雾。他是观测北极星掌握方向的专家。相传他留下了著作《风后握奇经》三百六十字或三百八十字。这是我国最早的军事文献，也是最早的军事气象文献。前面已引述过。商周之际（公元前13—前11世纪）的伟大军事家吕尚就利用过他发明的八卦阵图。这是把八卦气象图的天、地、风、云四正，龙、蛇、鸟、虎四奇用于军事。这是四象正式命名前的情况，二十八宿发展早期对天象的划分。

十四、少昊（契）

少昊金天氏是东方的氏族，他上承伏牺（太昊），下传殷商。他们的祖先本是以龙纪，到少昊时已接过南方的鸟候文化，以鸟纪。如承伏牺制度，应以龙为图腾；但少昊从此以鸟为他们的图腾。他们又称有济氏，即占有济这个地方的氏族。他们的子孙除一部分西迁秦、赵而外，大部仍散布在今山东、豫东、皖北一带。

郭沫若《中国古代社会研究》认为："少昊与契是一个人。理由是：少昊名挚，古'挚'、'契'同部，挚之母常仪，契之母简狄，实即一人。"这是对的。《世本》说过"少昊黄帝之子，名契，字青阳，黄帝没，契立"。《路史》也说"少昊名质，是为契"。

契是殷族的始祖。《诗经》"天命玄鸟，降而生商"，就是指契母简狄，"为帝喾之次妃，三人行浴，见玄鸟坠其卵，简狄取而吞之，生契"。（《史记·殷本纪》）。

《左传·昭公元年》："昔金天氏有裔子，曰昧，为玄冥师，生允格、台骀。"这玄冥是水神，台骀是晋阳太原的汾水之神。

契作为东方殷族的始祖，主要功绩是能"敬敷五教"，对农业有大贡献。这个氏族在尧舜时为司徒。

这个氏族最大的贡献是对动物物候作了总结，提出鸟纪，即以鸟来定一年四时、八节的气候。比伏牺氏龙纪（即以虫蛇入蛰，出蛰分一年为两季）要全面、系统得多了。在利用鸟候方面达到了高峰。

少昊传了八世，为颛顼所代替。

十五、颛顼

颛顼是西方黄族的后代。他取代了东方氏族少昊之后，汲取少昊末世“民神杂扰”，掌握不好自然气候，弄得“嘉生不降”的教训，采取了“绝地天通”的宗教改革和“养材以任地，裁时以象天”的重要措施。裁时象天，实质上是不满足于观测物候来掌握季节变化，要用天象来纪时。

少昊氏的教训是什么？他们集动物物候的大成，用了很多鸟儿来命官。对分、至、启、闭八个节气用鸟候来确定，那是很高明的。可是，由此而推广到五雉、五鸠、九扈，除了气象人员而外，其他的人员如农人、手工人等，全都按鸟儿命名、行事。真理过了头就是谬语。鸟纪是物候测天的高峰，但鸟儿满天飞，结果天上地下不分，谁都可以代表天，民神杂扰，反而把节气知识也搞乱了。这样，农业怎么能有好收成。

颛顼作为第一个宗教改革家，他任命“南正”重和“火正”黎分管天、地，绝地天通，改变了“人人巫史”，谁都能传达天意的局面。特别是“裁时以象天”，在二十四节气史和历法史上第一次明确地把以物候观测为重点转移到以天象观测为重点，使“治历明时”的工作进入了新的阶段。

从他们观天候气的实践来看，他们可能已掌握了立八尺之竿为表的方法。任命南正重司天，就是用表来观测太阳到达南方中天。没有表就无法知道“南正”，就没有南正这个官职。这表，就是“裁时”的尺子。有了这尺子和南正的概念，对于天的测量将会逐渐树立起尺度、标准、坐标。所以颛顼对“治历明时”有大功。“星与日辰之位，皆在北维，颛顼所建也”(《国语·周语下》)。这就开始了建立星星的位置。为了“裁时象天”，把天也要划成一块块。

黄帝造历还只是探索，颛顼造历则已有了一定的套路。“裁时象天”的结果，逐渐有了历元、正朔这些概念。所以唐代李淳风在《晋书·律历志》中称颛顼为“历宗”。

颛顼号高阳氏，是黄帝之孙。黄帝元妃嫘祖生两个儿子，长子玄嚣（元枵）为青阳，居江水；次子意昌，居若水，都在四川。这颛顼是意昌之子。颛顼死后，他的伯父玄嚣的孙子，即颛顼的堂侄高辛氏立，是为帝喾。（据《史记·五帝本纪》）。

十六、帝喾

传说帝喾姓姬，生下来就会说话，说自己名叫“夋”。这就是天帝俊。好像是说他天生该做部落联盟首脑。但是，事情没有那么顺利。

《国语·周语》记载：“昔共工氏欲壅防百川，坠高湮卑，以害天下。皇天弗福……共工用灭。”贾逵注：“共工诸侯，炎帝之后，姜姓也。颛顼氏衰，共工氏侵陵诸侯，与高辛氏争王，为高辛氏所灭。”可见，堂叔死后，天下乱了一阵子，南方氏族曾想夺取中原，高辛氏是大战了一场才夺得部落联盟首脑地位的。

炎黄大战后，共工与颛顼战，共工与帝喾战，斗争的余波一直未平静。不过，和平的时候还是不少，这主要是由于占优势的一方采取了宽容政策，如颛顼、帝喾都用南方氏族部落人物任要职。司天、司地的重、黎，司火的祝融等，都是南方氏族部落联盟的首领。“高辛受命，重黎说文”，表明在颛顼时代司天、司地的重、黎，在帝喾高辛氏时代仍司其旧职。

帝喾承袭了颛顼“裁时以象天”的制度。《国语·鲁语》说“帝喾能序三辰以固民”，韦昭解：“能次序日、月、星三辰以治历明时，教民稼穑以安也。”《大戴礼记·五帝德》也说他“历日月而迎送之”。他发展了颛顼观天候气的工作，能更好地用于农业。

这里要说明的一点是：按《史记·殷本纪》和《五帝本纪》，帝喾为青阳（玄嚣）之孙，黄帝曾孙。帝喾次妃生契。而前面提到《世本》说“少昊，黄帝之子，名契，字青阳，黄帝没，契立”。传说历史如此矛盾，怎么解释？其实，少昊、契，与黄帝、颛顼、帝喾，前者为东方氏族，后者为西方氏族，根本没有宗亲关系。

十七、重、黎

重、黎的世家难查。《国语·楚语下》说过颛顼命南正重司天、火正黎司地，看来重、黎似应与颛顼同代。但注释说重、黎是颛顼的后代：“颛顼生老童，老童生重、黎及吴回，吴回生陆终，陆终生六子，其季曰连，为芈姓，楚之祖先也。”重、黎和祝融一样为南方氏族，却被说成了颛顼的孙子；其后代则又成为楚的祖先，仍为南方氏族。

《国语·楚语下》说：“其后，三苗复九黎之德，尧复育重、黎之后，不亡旧者，使之复典，以至于夏、商。故重、黎世叙天地，而别其分主者也。”这说明，从颛顼、帝喾、尧、舜、禹到商代，重、黎氏族都是司天、司地的世袭官职。这个氏族管天、管地的时间长久，经验丰富，对气象、天文贡献颇大。他们的贡献主要在“裁时以象天”，“序三辰”等方面。“南正”这个官职是随着八尺标竿（表）的发明而出现的，重的氏族在这方面的本领很高明。这一工作技术性很强，所以历代首脑人物替换，他们的氏族都不受干扰，专司其职。这对于气象、天文资料和知识的积累，无疑是有良好效果的。重黎司天，他们有专人和专门地点观天，后世把天文气象机构叫作司天监、司天台，由他们开始。

羲和的氏族代表西方黄族中的管天人，而重黎的氏族则代表南方炎族中的管天人。最古老的东方泰族，已融合在炎黄的氏族之中了。

十八、后稷

口碑历史和神话传说绞在一起。虽然后代帝王是把他们作为祖先列入《祭典》加以祭祀，但也常常弄不清某些远古人物的关系。从一些传说事迹看，俊、喾、舜是为同一人物；而另一些传说中舜是尧的女婿，喾则是尧的父亲。帝俊即帝喾既生下了东方殷族的始祖契，又生下了西方周族的始祖后稷。前面谈过契即少昊，《世本》说少昊是黄帝之子，而在《世本》另一处又说契是帝喾之子，即黄帝曾孙，那么，少昊与契又是不同辈分的人了。传说容易把事弄混，不仅民族弄混，祖孙也常弄混。

东方殷族的农业始祖为契，南方炎族的农业始祖为神农，前已介绍。西方黄族（后来周）的农业始祖后稷，较可靠的说法还是按《世本·王侯大夫谱》：

> 帝喾元妃有邰氏之女曰姜嫄，是生后稷，次妃有娀氏之女曰简狄，是生契；次妃陈锋氏之女曰庆都，是生尧；次妃娵訾氏之女曰常仪，是生挚。

可见，后稷在众兄弟中是老大，他的兄弟有契、尧、挚。有人说挚、契可能是一人。尧登位后，契为司徒。

后稷的主要功劳是劝播百谷。尧登位后，他为农官。《史记·周本纪》说：

> 弃为儿时，屹如巨人之态，其游戏，好种树麻菽，麻菽美。及成人，遂好农耕，相地之宜，宜谷者稼穑焉，民皆法则之。帝尧闻之，举弃为农师，天下得其利，有功。帝舜封弃于邰，号曰后稷。

相地之宜，即根据土地、气候环境等条件来种植农作物。

十九、帝尧

梁元帝的撰《金楼子》把尧的出生描写得神奇极了："帝喾之子，伊祁姓也。母曰庆都，出观河渚，遇赤龙而孕……甲申岁而生尧丹陵也。……尧眉八彩，日角方目，足有元武之字，手有三河之文，斗下锐上，视之如日，望之如云。……"且不管这些神话用意如何，值得注意的是他脚上的"元武"，即"玄武"，那是星空四象之一。

尧对"治史明时"有划时代的贡献。他第一个以王者身份颁布历法："期三百有六旬有六日，以闰月定四时成岁。"这套历法比黄帝、颛顼更进了一步，可以说基本上奠定了历法的基础。他命羲仲、羲叔、和仲、和叔分工负责四方天空星象、四季气象，各自进行观测。而命羲和总摄其成，完成历法。羲和之官，为后世历代的天文气象官职。

尧的时代，气候条件极坏，出现过一连多年的大旱和大洪水。但有些书却说："尧为仁君，一日十瑞：宫中刍化为禾，凤凰止于庭，神龙见于宫沼历草生阶宫，蓮蒲生厨……”关于历草蓂荚的神话，反映了人们在寻找一种准确计算朔望月的方法。这说明尧时历法确有其事。

《拾遗记》卷一：“尧登位三十年，有巨查（槎）浮于海上，查上有光，夜明昼灭，乍大乍小，常浮绕四海，十二年一周天，周而复始，名曰贯月查。”这贯月槎的故事，分明是指一颗星星有十二年周期。这就是发现了木星周期为十二年。有了十二月，十二支，十二辰，又有了十二岁，把天空分为“十二次”将会水到渠成。“太岁”的概念也就在这个基础上形成。

《史记·历书》：

> 其后三苗服九黎之德，故二官咸废所职，而闰余乖次，孟陬殄灭，摄提无纪，历数失序。尧复遂重黎之后，不亡旧者，使复典之，而立羲和之官。明日正度，则阴阳调，风雨节，茂气至，民无夭疫。年耆禅舜，申戒文祖云：“天之历数在尔躬”。舜亦以命禹。由是观之，王者所重也。

这段话是强调设立重、黎之官的重要性。有了正确的天文气象观察，制定好历法，就能调阴阳，节风雨，禾稼生长得好，人民不生疾病。谁得了历数，谁就有了天下。那时虽然已经有了上帝，但尧并没有对舜说“天命在尔躬”，而是说“天之历数在尔躬”。舜对禹也是这么说的。

这禅让是多么伟大。但这是后人的粉饰。《竹书纪年》就说：“昔尧德衰，为舜所囚。”“舜囚尧，复偃塞丹朱，使不与父相见也。”“帝尧元年丙子”，“后稷放帝子朱于丹水”。我们应明白两点：（1）尧是西方黄族的首领，舜是南方炎族的首领，禹是东方夷族的首领。他们这个时代，作为部落联盟的首领，实际上已经是最大的奴隶主了。（2）由于人类已有相当多的财富积累，早在黄帝时代就需要用“礼”来规定人际关系了。《帝王世纪》说：“礼有三起：礼理起于太一，礼事起于遂皇，礼名起于黄帝。”这两点是我们理解五帝历史的钥匙。礼规定了人际关系，同时也规定人与自然关系，天人关系。历来气象官员多属于礼官。气象知识一开始就与宗教、政治、哲学结下了不解之缘。

二十、帝舜（附幕、夔）

《左传·昭公八年》："自幕至于瞽叟无违命，舜重之以明德。"杜注："幕，舜之先；从幕至瞽叟无违天命废绝者。"这一年楚灭陈，而陈是舜的后代，所以引出这段历史。

《国语·郑语》："虞幕能听协风，以成乐物生者也。"舜的祖上，从虞幕到瞽叟都是音乐家，能效风声，乐万物。远古的音乐，主要是效法自然风雨之声，高山流水之声。这样，人与神听了都高兴，庄稼也就长得良好。古人就从这里断定音乐与气象的关系，声律与历法的关系。

出自音乐世家的舜当然懂音乐，并且很重视音乐。他命夔典乐："……诗言志，歌永言，声依永，律和声。八音克谐，无相夺伦。神人以和。"夔曰："于，予击石拊石，率百兽舞！"（见《舜典》）。这是对中国文学、音乐和舞蹈有重大影响的一段话。

《淮南子·泰族训》："夔之初作乐也，皆合六律而调五音，以通八风。及其衰也，以沈缅康乐，不顾政治，至于灭亡。"

夔的音乐能使风调雨顺，人们说"夔一足"，在神话中竟误传为夔只有一只脚。孔子出来解释说，夔一足是说夔这样人有一个就够了。我们从马王堆出土的晚周帛画上看到的夔仍是只画了一只脚。这就是夔龙。

《孔子家语》说"舜弹五弦之琴，歌南风之诗"。这是很古的一首气象歌曲。清朝沈德潜的《古诗源》收入了这首《南风歌》的歌词：

原文	译文
南风之薰兮，	温暖的南风啊，
可以解吾民之愠兮！	使我人民笑颜开！
南风之时兮，	南风准时到来啊，
可以阜吾民之财兮！	为我人民广聚财！

这首《南风歌》的著作权是否归舜，尚难查证。以那个时代已具备的气象知识而言，舜能唱出这支歌是没有疑问的。这首歌中“南风之时”四字，表明人们期待南风按季节出现，这样就能增加财富。这时有了季风的初步知识，并对南风按季节出现加以歌颂。

《墨子·尚贤下》：“是故昔者舜耕于历山，陶于河滨……”这舜和炎帝神农氏一样，是南方氏族。《孟子·离娄》却说：“舜生于诸冯，迁于负夏，卒于鸣条，东夷之人也。”这是弄错了。《史记·五帝本纪》说得对：“崩于苍梧之野，葬于江南九疑，是为零陵。”

舜的时代，最重要的贡献是探索日月五星行度来掌握气候变化规律。所谓“璇玑玉衡，以齐七政”，很可能是那时的羲和已发明了原始的浑仪。是否有了“十二次”，也尚待查证。

第三章

夏代气象科学知识的发展

从公元前21世纪到公元前16世纪，即距今4100—3600年，中国大地处于奴隶社会发展期。人们创造了前所未有的文化，人类与自然气候斗争的规模也空前扩大，特别在治水方面，留下了令后人惊叹的业绩。

1976年在甘肃玉门火烧沟发掘一批齐家文化后期的墓葬①，出土了一批红铜器和青铜器，说明夏朝初期已属于青铜时代了。海贝放置在死者口中，随葬品有绿松石珠、玛瑙珠、蚌，看来商品交换范围也很广大，实际上比《禹贡》所记地域还要广阔。

铜的主要产地在南方，既然玉门也见到青铜器，说明《左传》所说“昔夏之方有德也，远方图物，贡金九牧，铸鼎象物，百物而为之备”并非虚言。史书记载九鼎为三代神器，是有实物为证的；周伐殷，就获得九鼎。

长期以来人们总视夏史为口碑传说史，如同黄帝史一样。有的

---

① 齐家文化距今4000年左右，其后期与夏代同时，见《文物考古工作三十年》（1949—1979），文物出版社1979年版。

人甚至怀疑历史上是否真有一个夏朝。郭沫若早年指出“春秋中叶中国确亦称夏”，“是夏民族当为中原之先住民族”。遭殷人驱逐后，这个民族向北、向南迁徙，是为匈奴人和越人。《史记·匈奴列传》：“匈奴其先祖夏后氏之苗裔也。”《史记·越王勾践世家》：“越王勾践，其先禹之苗裔，而夏后帝少康之庶子也。”郭沫若在1930年指出，将来大规模的地下发掘可能会得到实物上的证据。①

近30年来的考古成果表明，特别是河南省夏代早期“禹都阳城”发掘证明，夏代历史是一部信史。本章叙述夏代气象学史，根据地下出土文物、文化典籍和天上星辰的证明，揭示出夏代具有当时世界最灿烂的科学文化。

第一节　社会生产发展提高了对气候学的要求

第二章谈到，7千—9千年前裴李岗、河姆渡、磁山就有了很发达的农业，而且由于粮食富裕而发明了酿酒。又经历3千—5千年到夏代，农业生产力更发达了。农业的发展，主要在这样一些方面：

对农田小气候已积累了经验：周族的祖先公刘在夏代居于邰（今陕西省武功县境）。邰原是后稷外婆的家族有邰氏的地盘。由于夏朝发生战乱，公刘率其氏族迁居豳（同邠，今陕西省旬邑县、彬县一带）。在选择生产基地时，注意到了原隰、阴阳、流泉这些气象和环境条件。《诗经·大雅·公刘》：“既溥既长，既景乃岗，相其阴阳，观其流泉，其军三单。度其隰原，彻田为粮。度其夕阳，豳居允荒。”选择的这一片地方既广（溥）又长，于是树立起八尺之表来测量（既景乃岗）它的方位四至。分析这片地方的光照及寒温情况（相其阴阳），考察一下水流及灌溉条件（观其流泉）三度轮换人马（三单）来开发这片地方。衡量一下是低湿之地（隰）或是广平之地（原），以便布局粮谷作物。为了掌握气

① 郭沫若：《中国古代社会研究》附录，人民出版社1964年版。

象，还要观测日落（度其夕阳）。那时人们要开发一片处女地，已经会考虑这么多气象问题了。可见，对于农田气候条件的分析，可以追溯到公刘。这是一个世袭为农官的氏族。公刘的祖先后稷，在帝尧时为农师，帝舜时封于邰，号后稷。公刘在他祖先丰富的农业经验的基础上掌握了更多的气象知识。

农业发展另外的表现是水利。禹时大水，羿时（帝相和少康之间）又大旱。而且这些水、旱情况都十分严重。“禹平水土”，“禹力乎沟泄”，“伯益作井”，玄冥“勤职，死于水”，等等，都是夏代在水利方面的重要事绩。

《世本》：“后益作占岁之法。”这是由于农业发展，要求估计来年的气候年景。这是一项预测性实践。其目的在于采取正确的生产措施。只有在农艺水平有了一定发展之后，才能提出这种要求。同时也由于人们视农业为命脉，对农业的依托已高于畜牧、渔猎，才迫切想知道未来的气候年景。能占年景，也说明人们对具体作物、牲畜与气象条件的关系有了初步认识。

农业的发展也表现在农具的改进和发明。夏代主要仍用木、陶、骨、石制的耒耜，但《世本》说：“垂作铫、耨。”这垂当然是黄帝时代那个垂的后代，古代发明家的氏族也是世袭的。铫、耨是新的耕耘工具。裴李岗、河姆渡、半坡农具品种就已不少，到夏代就更多了。

施肥，是农业技术的一项重大发明。浙江省吴兴县钱山漾遗址发现了4200年前（尧舜时代）的木制千篰，这是罱河泥和戽水的工具。南方先发明稻田施肥，北方又发明了“粪田”。粪是肥料。

农作物品种在夏代已相当繁多。综合出土资料和《夏小正》记载，主要的粮食作物有稻、稷、黍、麦、菽、糜等几大类。蔬菜有白菜、芥菜、芸、王萯（黄瓜）、韭菜等。果品有橡子、菱、酸枣、山桃、杏、芡实、甜瓜等。油料作物有芝麻、花生。染料有蓝蓼等。此外还种桑、麻、养蚕。现有的各种家畜，夏代也都基本上有了，连较晚出现的鸡也有了。《礼记·明堂位》：“夏后氏以鸡彝。”夏代出土文物中，有绘有鸡的礼器。

在农业发展的基础上，建筑、手工业及其他产业也有发展。从

《世本》记载统计，夏代的创造有：鲧做城，做郭；禹做宫室；奚仲做车；仪狄始做酒醪，辨五味；杜康造酒；少康做秫酒，做箕帚；季杼做甲，做矛；逢蒙做射；腊做驾；相士做乘马；昆吾做陶。如果有人犯了罪，规定可以用财货来赎罪，所以有夏作《赎刑》的记载。

检查一下《世本》所说夏代的制作，不仅确有可能，而且把时间说得太偏后了。发明宫室、车、乘马、甲、矛、射，都是黄帝时代或以前的事。说仪狄、杜康造酒，其实在 7 千—8 千年前就有酒了，实际物证比传说早好几千年。尧时有乘槎传说，而河姆渡早就有了船桨，可见口碑传说落后于出土实物。技术上的发明如此，那么，科学上的发现与创造，如历法、测量方法、记事符号之类，实际上也不比传说晚，而是早得多。

《世本》所说种种发明，夏代以前就有了。这些发明家氏族，只是传到夏代后作了发展与改进，并大量地作了普及推广。特别重要的是传说蚩尤、黄帝发明冶铜。现在河北唐山大城子出土的龙山文化遗址中见到了铜牌。夏代初年“贡金九牧”，那就是说冶铜在更早时已普及九州，早在夏代之前冶铜就已普及。

夏代生产力的发展，已使农业、手工业的分工，脑力劳动与体力劳动的分工都有明显的扩大和发展。这是夏代创造出灿烂文化的重要前提。由于生产和社会的这种发展，各行各业对气象都提出了更高要求。农业要有更严密的历法。因为人们不再以渔猎和畜牧为主要产业，已经把物质生活的根基置于农业之上，而农业已经要养活一大批手工业者和脑力劳动者。粮食和果蔬生产不足，就会发生饥荒和饥馑。古代把谷物不足称为饥，果蔬不足称为馑。

夏代民间关心气象，是因为它关系到人们一年的生计。《洪范五纪论》说：“民间亦有黄帝诸历，不如史官之记明也。”而奴隶制国家关心气象，一是为了服天命，二是为了征贡赋。史载：“自虞夏时贡赋备矣。或言禹会诸侯江南计功而崩，因葬焉，命曰会稽。会稽者，会计也。”① “夏后氏五十而贡，殷人七十而助，周

① 《史记·夏本纪》。

人百亩而徹，其实皆什一也。”① 这就是征收十分之一的赋。所以《夏书》有曰：“关石和钧，王府（库）则有。”② 公元前54世纪的河北武安磁山遗址就有相当规模的粮食窖藏，两三千年后的夏代，王家储备自然更多。那样一个水平的农业、手工业，没有气象保障是不可想象的。

由于民族斗争和阶级斗争的发展，夏代开始强调“天命”。这时的天命还是与历数有关。《尚书·甘誓》记夏启征有扈氏，大战于甘。这份宣言中所列举的罪名是：“有扈氏威侮五行，怠弃三正，天用剿绝其命。今予唯恭行天之罚。”对五行、三正有不同的解释，有的认为是指人事，有的认为指自然物。这虽然是引为进行征伐的藉口，但把五行、三正并列，作为天命的因素，显然是指天上事情。五行是指五大行星。那时可能已有五位神：岁星为木神，荧惑为火神，镇星为土神，太白为金神，辰星为水神。三正是指日、月、星（恒星）。有扈氏的罪名是对天上的五行、三正不敬。具体可能是指历法混乱，历数不清，或者对五行、三正弃而不用，只用鸟候。类似罪名在后来的《胤征》中也用过：“羲和缅淫，废时乱日，胤往征之。”这羲和由于好酒贪杯，没有把仲康日食预报好，受到征伐。

从前面两件事可以看到人们对气象、历法、天文的重视，出了差错，足以引起对一个氏族征服、剿绝。这虽然是政治上的藉口，从实质上看，一个氏族（这时可能演变为一个方国）掌握不好历法，生产会出现混乱，人民会发生饥馑，国也就不堪为国了。

夏代最大的气象问题是农业发展面临的水旱灾害。水旱在农业时代比畜牧、渔猎时代的危害更为严重，因为生产规模大了。夏代的洪水为后世所少见，称那时为洪水时代，以至于人们在改进和创造新文字时（夏代已有文字和书），把意义为过去岁月的“昔”字写作洪水滔天之状。紧接夏代的商代，甲骨文的昔字就写作日上水波浩浩（[illegible]）或日下水波浩浩（[illegible]）。

---

① 《孟子·滕文公上》。

② 《国语·周语三》。

第二节　夏代与洪水和干旱的斗争

夏代开国之前就发生了洪水。《尚书·尧典》：

> 帝曰："咨！四岳，汤汤洪水方割，荡荡怀山襄陵，浩浩滔天，下民其咨，有能俾乂？"佥曰："于，鲧哉！"帝曰："吁，咈哉！方命圮族！"岳曰："异哉！试可乃已。"帝曰："往钦哉！"九载，绩弗用成。

这是鲧治水前后经过的记载。鲧治水失败，后来作为"四凶"之一服了罪。《舜典》：

> 流共工于幽州，放驩兜于崇山，窜三苗于三危，殛鲧于羽山。四罪而天下咸服。

后来禹受命治水，故事很多，各地还有遗迹，又有许多神话，也有科学技术方面的记载。

《尧典》里没有叙述旱灾情形，但传说里尧时天上有十个太阳，以及后羿射日的故事，如《淮南子·本经训》：

> 逮尧之时，十日并出，焦禾稼，杀草木，而民无所食。……尧乃使羿诛凿齿于畴华之野，杀九婴于凶水之上，缴大风于青邱之泽，上射十日而下杀猰貐，断修蛇于洞庭，禽封豨于桑林，万民皆喜。

这段故事可能是把时代弄错了。大旱不是发生在尧、舜、禹之时，而是发生在禹朝第四代帝王夏后相的时代。

《史记·夏本纪》说："中康崩，子帝相立。帝相崩，子少康立。帝少康崩，子帝予立。"其实，这中间并没有这么顺当。并不是死一个，立一个。斗争还很复杂。"帝仲康时，羲和缅淫，废时乱日，胤往征之”，大战一场。仲康即中康，帝予即帝杼。大约就在仲康日食不久，天下大旱。后羿夺权也在这个时候；后羿又被寒浞所杀；过浇灭了夏后相；后经少康、帝杼两代努力，才“复禹之绩”这场纷乱与大旱不无关系，其过程后详。

一、夏禹治水的科学

鲧治洪水九年不能成功，史书对于其经验教训说得过于简单：方法不当。他用了湮障的方法，结果失败。禹用了疏导的办法，获得成功。从技术上看，这种说法是不能成立的。大范围治理洪水、单用堵，或者单用导都是不行的。该堵就得堵，该导就得导，其实两种作用是同时发生的，导向此就得堵住彼，堵住此必然导向彼，这是水流的常识。

鲧失败的原因有两方面：一是部族之间斗争的牵扯；二是技术水平不高。

关于部族矛盾，史籍记载不详，但从两个方面可以看出。首先，鲧的受命就大有问题。按《尧典》，尧在部落联盟最高级首领会议上向四岳征求意见，四岳一致推荐鲧。而尧不同意，因为“方命圮族”（一任命他就会毁掉我们家族）。但四岳却说：“异哉！试可乃已。”（“怪了！让他试一试可以的。”）尧是在四岳坚持的情况下，勉强同意让鲧赴任的。

同时，神话故事也暴露了个中秘密。说是鲧在治水快要成功的时候，大乌龟和猫头鹰来破坏了他的水利工程。两千年后，屈原对此事就大有怀疑，他在《天问》中问道，“鸱龟曳衔，鲧何听焉？顺欲成功，帝何刑焉？”是呀，对于破坏水利工程的鸱和龟，鲧怎么会听之任之呢？快要成功了，帝尧为什么要处他以死刑呢？如果从部族之间的关系来看就清楚了。龟是北方氏族的图腾，鸟是南方氏族的图腾。这个时代图腾崇拜虽然结束了，但祖先图腾的记印还留在他们的族徽标志中，就像我们至今还说是龙的传人。而鲧是东方氏族的人，尧属西方氏族。那时部族之间的矛盾仍常常发生。尧一开始就不想任命鲧去治理洪水，而且怀疑鲧会毁掉他们的家族，只是拗不过四岳的反对，才说了“往钦哉”！所以，鲧失败的主要原因是部族斗争的牵扯。

到禹来治水的时候，情况就大不相同了。舜看中了鲧、禹这个氏族善于治水，信任他，而不去牵制他。舜本人属南方民族，与东方氏族的关系向来是较好的。这两个氏族的祖先在用鸟候方面已建立了共同语言，东方氏族在太昊时代以龙纪，从少昊时开始就与南方氏族一样用鸟纪了。禹的势力随着治水成功而加大，后来舜已退出中原，南巡苍梧，最后死于南方，葬在长沙，禹得天下是水到渠成。

鲧失败的另一个原因是技术问题，并不是因为用堵的方法有误，而是测量技术有问题。《国语·周语下》说：

> 伯禹念前之非度，厘改制量，象物天地……共之从孙四岳佐之，高高下下，疏川导滞。……

当初四岳力荐鲧，这时四岳更是来帮助禹。大禹总结他父亲的经验，主要是“非度”，即没精确的测量。也想尽了办法来改进测量技术，“厘改制量，象物天地”，是为了更正确地测量远近、高低，这也就是《禹贡》所说的“随山刊木”。这是完成水利工程所必须的。所以《国语·周语下》又说：“帅象禹之功，度之于轨仪，……皇天嘉之，祚以天下，赐姓曰姒，氏曰有夏。”禹的成功也是靠了科学技术。

《大戴礼记·五帝德》也谈道：禹平水土，“左准绳，右规矩，履四时，据四海，平九州，载九天”。① 这不是泛泛的赞颂，而是指出了治水所用的测量工具、技术和所用的气象知识。

禹度量天地还有不少神话，说有神龙授禹河图、测量工具等。《拾遗记》卷二：

> 禹凿龙关之山，亦谓之龙门，至一空岩，幽暗不可复行。禹乃负火而进。有兽状如豕，衔夜明之珠，其光如烛；又有青

① 王聘珍：《大戴礼记解诂》，中华书局 1983 年版。

犬，行吠于前，禹计可十里，迷于昼夜，既觉渐明，乃向来豕犬，变为人形，皆著玄衣。又见一神，蛇身人面，禹因与话。神乃探玉简授禹，长一尺二寸，使度量天地，禹即执此简以平水土。蛇身之神，即牺皇也。

这个故事讲的是发明一尺二寸长的“玉简”这种仪器。原来玉简是作为量天尺来使用的，可见它是土圭的前身。禹平水土，这也是一件测量仪器。

《尸子》（集本）卷下：“禹理水，观于河。见白面长人鱼身出，曰：‘吴河精也’。授禹河图，而还于渊中。”这个河图，在第二章已叙述过了。

《山海经·海外东经》：“帝命竖亥步自至东极于西极；竖亥右手把算，左手指青邱北。”这是在测量。算就是算筹，六寸左右长的竹片。“步自至东极于西极”，就是从极东测量到极西。是测量，不是步量。《淮南子·地形训》说得更具体一些：

禹乃使大章步自东极至于西极，二亿三万三千五百里七十五步；使竖亥步自北极至于南极，二亿三万三千五百里七十五步。凡洪水渊薮，自三百仞以上，二亿三万三千五百五十（里）有九（渊）。禹乃以息土填洪水，以为名山。

鲧湮洪水就失败，而禹填土却获得成功，原因在于测量准确。这里测量四极远近，反映那时人们认为大地就是这么大。计数方法是以十万为亿。二十三万多里，当然不是步量，而是用仪器测量（步推），用算筹来计算。具体算法，如《周髀算经》首章追述勾股法起源所说：

故禹之所以治天下者，此数之所由也。

数之法，出于方圆。

平矩以正绳。正矩以为臬。偃矩以测高。覆矩以测深。卧矩以测远。

汉代赵爽注："禹治洪水，决疏江河，望山川之形，定高下之势，除滔天之灾，释昏垫之厄，使往东注于海，而无浸逆，乃勾股之所由也。"前面所述用矩（直角三角形）进行各种测量，"平矩以正绳"就是找好水平；"正矩以为臬"就是竖立好标竿；这样，变化三角形直角的位置，成偃、覆、卧等形式，就可以测量高、深、远。

大禹和他手下的大章、竖亥，实际上是用了勾股法。他们可能表达不出勾股定理，但他们已经能够用直角三角形（矩）来比量出一个比例关系，并且用"随山刊木"来进行测量，用算筹来计算，从而完成了伟大的治水工程。我们不得不佩服他们的聪明。如果没有这种测量，禹治洪水是不可想象的。这是量地。

《周髀算经》还有一段话，说的量天：

> 璇玑径二万三千里，周六万九千里；此阳绝阴彰，故不生物。其术曰：立正勾定之。以日始出，立表而识其晷，日入复识其晷。晷之两端相直者，正东西也。中折之，指表者，正南北也。极下不生万物，何以知之？冬至之日，去夏至十一万九千里，万物尽死。夏至之日，去北极十一万九千里，是以知极下不生万物；北极左右，夏有不释之冰。
>
> 春分秋分日在中衡。春分以往，日益北五万九千五百里而夏至；秋分以往，日益南五万九千五百里而冬至。中衡去周七万五千五百里。中衡左右，冬有不死之草，夏长之类；此阳彰阴微，故万物不死，五谷一岁再熟。凡北极左右，物有朝生暮获。

这应是禹"度量天地"的又一结果。这中间可能串入了一些后人的成果。但基本测量工作，我们在谈世室里的观天活动时还可举出类似的例子。对于前述工作，唐代房玄龄的《晋书》和长孙无忌《隋书》都认为："其本庖牺氏立周天历度，其所传周公受于殷商，周人志之，故曰周髀。"宋代李籍《周髀算经音义》也说："周天历度，本庖牺氏立法。其传自周公，受之于大夫商高，周人志之，故曰周髀。”这髀原是很古老的方法，只是周人把它记下来了，所以叫“周髀”。这如同《易》一样是很古老的东西，周人记下来了，就叫《周易》。《周髀算经》自己提供的数据可以证明这一点。它记载夏至日中测得的影长为一尺六寸，冬至日中测得的影长为一丈三尺五寸，据此可以算出天顶距（表高为 8 尺）：

$$Z_1' = \mathrm{arctg}\frac{1.6}{8} = 11°19'$$

$$Z_2' = \mathrm{arctg}\frac{13.5}{8} = 59°21'$$

加上太阳视半径和蒙气差修正（+16′）：

$$Z_1 = 11°35'$$

$$Z_2 = 59°38'$$

由此算出当地纬度：

$$\varphi = \frac{1}{2}(Z_1 + Z_2) = 35°37'$$

这比周代都城镐京或成周纬度高得多，而近于夏、商时代的都城。

当时的黄赤交角：

$$\varepsilon = \frac{1}{2}(Z_2 - Z_1) = 24°01'33''$$

由此算出对应的年代：

$$t = \frac{24°01'33'' - 23°27'8''}{0'' \cdot 4684} = -1900 \approx 2502\mathrm{B.C.}$$

公元前 2502 年，算起来是在夏代以前了。由此可知，《周髀算经》中保存了很古老的资料。我们的祖先很早就用表来作观测了。

髀者，股也，表也。竖起一根竿子，即可算出周天历数，这方法很古老。说是伏牺时代就有，未免过早。但舜时有“璇玑玉衡”，当时就能“协时月正日，同律度量衡”，禹能度量天地，是不成问题的。而且这是由于治水的迫切需要而促成的。

人们就凭竖起的一根竿子，计算璇玑（北斗星座）的直径和北天极的周长，直径二万三千里，周长六万九千里，说明所用圆周率 $\pi=3$，所谓“周三径一”。不要以为这太粗疏，这正表明这种方法出自远古，反映了那时人们的智慧。能推断出北极下面不生万物；北极左右夏有不释之冰；那里以一昼夜为一年（朝生暮获），即半年为白天、半年为黑夜。还能推断出中衡（相当于回归线）左右冬有不死之草，五谷一岁再熟。正天地四时，测正南北东西方向的方法也简单而科学。

二、夏禹治水的功绩

夏禹治水的功绩，古人有很多颂扬。但能说得具体者，大约要数清代学者王船山。《船山遗书·书经稗疏》卷一“决九川”条下曾说：“禹之治水，其事凡二，先儒多合而为一，故聚讼而无所折衷。”又说：“舜曰：‘禹平水土’，两纪其功也。先后异时，高下异地，濬治异术。合而为一则紊矣。”

这一说法是非常正确的。即禹先有水功，后又有土功。两者在时间、地点、方法上都不相同。

夏禹治水的范围涉及河、汉、江、淮等众多河流的广大地区。这么大的地方，不可能九年如一日都大雨不止。此晴彼雨，这是天气的必然。由于季风进退，各河流涨水的时间也不相同。王船山指出：“河水莫大于礬水（按为凌汛），在春夏之交。汉水盛于夏，江水盛于秋，其他小水多盛于春。此涨彼落，不能九州而同。”

夏禹治水的第一功，当然是疏通九河，解决黄河的泛滥问题。那时“河自出太行而东，南北两崖平衍沙壤，水无定居，随所奔注，辄成巨流”。黄河入海口大约在今天津附近以南。大禹顺着黄河下游分支入海的十数条散漫水道的主流加以疏导，使泛滥的洪水得以宣泄入海。禹疏九河是指疏通入海的河道众多，而不是指黄河及其他九条大河。

禹平洪水主要是解决黄河的洪水泛滥。其他河流如江、淮、汝、汉等，两岸多为丘陵山地，不像华北平原那样平坦，即使涨水，也不至于横流泛滥。在那地旷人稀的时代，不会对人民造成太大的灾害。

大禹治河的第二功是“平土”，即兴水利。王船山说得确切：“禹治水凡二：一治洚（洪）水，专于河；一涤九州川浍以行水利，节旱涝，则江、淮、汝、汉皆治焉。”①

这一大功是在平了黄河洪水之后。行遍九州，“画其疆场，作其沟浍，涝患可蠲，旱亦获济”。所以《诗·大雅·韩奕》有“唯禹甸之”的话。王船山认为这是“开夏商周三代井田之基”的一项措施。挖沟开浍，把土地画成方块，而且还有伯益发明了打井。这是战胜旱涝，发展农业的伟大创造。

凿井是一件很重要的发明，对于生产、生活都有重大意义。《淮南子·本经训》还说，“伯益作井而龙登玄云”，这反映了人们喜欢把重大的贡献加以神秘化。

三、夏代两次干旱的影响

后羿射日的传说，表明夏代干旱严重到了极点：天上像有十个太阳在烧烤，庄稼焦了，草木枯了，老百姓没有东西可吃。同时，还有风怪大风、水火之怪九婴、大野猪封狶、大长虫修蛇这些怪物兴妖作害。羿杀了各种怪物，射下九个太阳，才救了老百姓。

羿的氏族是以善射著名的。在农业严重衰败的情况下，为了生存，他们自然要去狩猎。但史书对这件事情是这样记载的：

> 《夏训》有之曰：有穷后羿……。昔有夏之方衰也，后羿自鉏迁于穷石，因夏民以代夏政。恃其射也，不修民事，而淫于原兽。弃武罗、伯因、熊髡、庞圉而用寒浞。②

说他“不修民事，而淫于原兽”，实在冤枉。那个时代、那种情况下的打猎，绝不同于后来帝王的游猎行乐。那是生存的需要。但他疏弃了武罗、伯因、熊髡、庞圉四个贤良，而信任了奸佞小人寒浞，后来自遭祸殃。

后羿怎样“代夏政”，史有缺文。夏朝到中康、帝相，仅传三、四代，怎么就“方衰”了呢？其原因是发生了大旱，加上对

① 《船山遗书·四书稗疏》泽水条。

② 《左传·襄公四年》。

季节掌握得不好，农业出了问题并导致部族斗争激化。

在干旱情况下，偏偏又发生了“羲和缅淫，废时乱日”的事件。废时指季节混乱，乱日指中康日食没有预报出来。中康派胤侯去征诛羲和。日食没报出，人心发生混乱，只是这场征伐的触发因子。问题的实质是整个历法都出了毛病。这时“治历明时”的主攻方向已经由物候转到天象很久了，掌握季节的主要任务落在日官羲和的氏族。他们没有做好观测工作。气候不由人，农业生产贻误了农时，肯定是要出大问题的。再加上天大旱，整个农业就没有了希望。

正是在这种情况下，抗旱英雄后羿“因夏民以代夏政”。但他并没有对夏后相（仲康的儿子）用兵。伍员曾讲过，灭夏后相的人是过浇：

> 伍员曰：昔有过浇，杀斟灌以伐斟鄩，灭夏后相。后缗方娠，逃出自窦，归于有仍，生少康焉，为仍牧正。①

这里的过、斟灌、斟鄩都是地名。浇是过这个地方氏族的首领，是他杀了夏后相。按杜注，过在东莱掖县北部，那里有“过乡”。《竹书纪年》有“太康居斟鄩”，“后相居商邱，又居斟灌”的记载。按丁山说：斟鄩在今河南巩县西南寻谷水畔，斟灌在今山东观城县。过的酋长浇是从太康住的地方杀到后相住的地方，杀了夏后相的。后缗是夏后相的妻子，怀着孕逃到有仍这个地方，在有仍生下了少康。少康长大当了有仍的牧正。

这个过浇不是别人，正是寒浞的儿子。后羿错用寒浞，不仅自己遭了灭门之祸，而且也害了夏后氏。《左传·襄公四年》记载了这个故事：

> 寒浞，伯明氏之谗弟子也。伯明后寒弃之，夷羿收之，信而使之，以为己相。浞行媚于内，而施赂于外，愚弄其民，而

① 《左传·哀公元年》。

处虞羿于田，树之诈慝以取其国家。内外咸服，羿犹不悛，将自归田，家众杀而亨之，以食其子，其子不忍食诸，死于穷门。……浞因羿室，生浇及豷，恃其谗慝作伪而不得于民。……靡自有鬲氏，收二国之余烬，以灭浞而立少康。

《左传》的故事除了靡以有鬲为基地灭寒浞，立少康之外，还有一段叙述浇向有仍求少康，少康又跑到有虞，当了庖正。“虞思于是妻之以姚，而邑诸纶。有田一成，有众一旅，能布其德，而兆其谋，以收夏众，抚其官职。使女艾谍浇，使季杼诱豷，遂灭过弋（浇、豷），复禹之绩，祀夏配天，不失旧物。”

经过少康与杼（少康之子予）两代人的斗争，夏朝这一场混乱才告结束。这就是第一次大旱的影响。

从此以后，经历八世，到帝孔甲，大约都没发生过大的事变。只是从孔甲开始，又发生了一次连续多年的旱灾。这孔甲却没有他的祖先那种与自然作斗争的精神。

帝孔甲立，好方鬼神，事淫乱，夏后氏德衰，诸侯叛之。①

从此夏朝是真正开始衰败了。再过三世，到了夏桀时便被商朝取代了。这最后几代夏人对气象、天文大约很难有所贡献。而这一段时间旱灾时常发生，到商汤灭夏时代，又旱到了极点，连伊水、洛水都旱断了流。还发生了大地震，这地震与干旱有关。②

夏代的“好方鬼神”，是统治阶级为了愚弄人民和麻痹自己。“《夏书》曰：官占，唯能蔽志，昆（后）命于元龟。”③ 这是指占卜迷信。我们从出土的大量文物中已知道，夏代以前的龙山文化就有大量卜骨出现。夏代不仅用甲骨，而且用龟。所谓“命于元

① 《史记·夏本纪》。
② 《国语·周语》。
③ 《左传·哀公十八年》。

龟”，在夏代初期就已不少，到了孔甲时就用得更多、更普遍了。这就有可能形成《连山》、《归藏》、《易》一类的东西。《汉书·艺文志》载有“《夏龟》二十六卷”，这当是后人记录的古代资料。

综上，夏代的旱灾有两个大的时期：中康至少康间和孔甲以后。后一段在第四章谈“汤祷”时一并叙述。前一段干旱威胁到人民生活，加剧了氏族斗争，几乎使夏朝覆亡。后一段干旱发生时，鬼神迷信泛滥，政治腐败，夏朝被商汤所灭。

第三节 “世室”里的气象活动和民间的节气测量

从汉至清，历代都有人对“世室”作过考证。最后结论可以用戴震的一段话为代表：

> 王者而后有明堂，其制盖起于古远。夏曰世室，殷曰重屋，周曰明堂，三代相因，异名同实。（《戴东原集》卷二《明堂考》）

所谓起于古远，是说黄帝时已有此类建筑。张衡《东京赋》：“必以肆奢为贤，则是黄帝合宫，有虞总期，固不如夏癸之瑶台，殷辛之琼室也。”《文选》注引《尸子》：“欲观黄帝之行于合宫，观尧舜之行于总章。”

总之，古代最大的氏族联盟首长观天、议事、祭祀的场所，黄帝时代叫合宫，颛顼时代叫玄宫，尧舜时代叫总章，夏代叫世室。

专设官职、在专门地点进行天文气象观测，占云物氛祥，察日月五星行度，以便治历明时，掌握季节。这个地方就是“世室”。世室的作用大约从历宗颛顼时就显得重要起来。《庄子》有“颛顼得（道）之于玄宫”的话，《墨子》也说：“高阳氏乃命禹于玄宫。”由于颛顼采取了“绝地天通”的措施，所以从此之后，玄宫里的观天活动就代表官方的观测，与民间的观测工作隔开了。从那时起，气象工作、天文工作等都有了民间与官方的区别。到夏代奴隶制国家定型，这种官方、民间的区分当然就各行其道了。

这以前人们已掌握了日长变化四个基本情况：白昼最长，称为日长至，后来确定节气名称为夏至；白昼最短，称为日短至，后来节气名叫冬至；在日长变化过程中有两个昼夜等长的时间，这就是后来的春分、秋分。这二分二至，最初仅知其事，没有确定名称。到了《尧典》时代，被称为“四仲”，不仅是测日影，而且根据“中星”来确定季节了。这实际上是认识上的一次飞跃，由看太阳发展到测星星。这种变化也是从颛顼时就开始了，他任命的“南正”重，是观测太阳的；“火正”黎是观测大火（心宿二）的。夏代世室的观测工作，还是属于这种类型。

一、“世室”里的气象活动

《考工记·匠人》说：“夏后氏世室，堂脩二七，广四脩一。五室，三四步，四三尺。九阶，四旁两夹窗。白盛。门堂，三之二；室，三之一。”尚不知这些数值和单位与现代单位制如何折算。

河南偃师二里头发掘的夏代初期大型宫殿遗址，已被证明是夏代的明堂——世室。夯土台基东西长 108 米，南北宽 100 米，占地面积合 15 亩以上。南北轴线约偏西北 8°。台基上建筑殿堂、庭院、廊庑、门楼。殿堂基座位于正中偏北，高于台基面，东西长 36 米，南北宽 25 米。殿堂东西长 30.4 米，南北宽 11.4 米；东西九柱，南北四柱，柱间距离约 3.8 米。外侧还有小柱，复原出来是一座四坡出檐的大殿堂，与《考工记》的“四阿重屋”相符。四周环绕廊庑建筑。穿过庭院往南，在南廊庑的中间为大门的门楼，使宫殿显得威严。东北角廊庑建有后门，也与后来宗庙的“闱门”相符。

夏代的世室已发现，那么，世室里进行哪些气象活动，应细致地加以考察。夏代是有文字的，《春秋》、《国语》等古籍常引用《夏书》、《夏训》，可是这些书早已失传。我们只能从别的文献中检索。

《淮南子·时则训》说：“明堂之制，静而法准，动而法绳，春治以规，秋治以矩，冬治以权，夏治以衡。是故燥湿寒暑以节至，甘雨膏露以时降。”这是说，在明堂里要用准、绳、规、矩、权、衡这些测量工具来解决风雨寒暑，甘雨膏露之类的气象、节气问题。

从传说的黄帝明堂开始，工作情况是有所变化的。虽然仰观俯察，“以调阴阳之气，以和四时之节，以避疾病之灾”是五帝三王莅政施教所必用的，但历代重点不同。黄帝以云纪那些春官青云，夏官缙云，秋官白云，冬官黑云，中官黄云；少昊以鸟纪那些凤鸟氏、玄鸟氏等五鸟、五雉、九鸠，等等，这些物候测天方法在颛顼时代的宗教改革中全部都改革掉了。颛顼所命的天、地、木、火、土、金、水（重、黎、句芒、祝融、后土蓐收、玄冥）这些各管一物的星官，到尧舜时又被羲仲和叔及四岳等所代替。夏代承袭尧舜时的制度，这些氏族头目是在世室里从事仰观俯察的。

夏在世室里的仪器，有测日影的八尺之竿——表及规、矩、准、绳，有璇玑玉衡的简单浑仪（如果“羲和立浑”之说成立），还有前人传下来的种种观天候气的方法和对象，包括日、月、星象，气象和物象。

夏代已有文字，所以开始了总结、整理、记录和积累以前的经验。为此，必须为各种星星、各种现象命名。这样，就出现了“夏后制德，昆吾列神”的成果。我们看到十二次的名称，除了早已有名的大火和用来纪时的星纪及个别地名，其余都是夏后氏祖先的名字或他们祖先的图腾（见附传）。这足以说明，夏后氏在归纳已有知识时，把自己的家族奉为天神，地上的氏族名、人名、事物名开始搬到天上，给星星命名。

古代就有人认为，禹造九鼎有观测气象的用途。晋代王嘉《拾遗记》说：“禹铸九鼎，五者以应阳法，四者以应阴数……鼎中尚满，以占气象之休否。”具体作法未详。

总结历来的物候及天象经验，改进历法，制定了夏历，形成了《夏小正》，这些工作也可能在世室进行。

这里要说明，夏代由于生产活动的发展，对时间的划分也越来越细致，仅有的日、夜、月、年的概念已不够用了。把观测太阳出山、落山位置定季节的办法，推广到定一天的时刻，将全天分为十六段。这就是《淮南子·天文训》所说的："日出于旸谷，……日入于虞渊之汜，日署对蒙谷之浦，行九州七舍有五亿万七千三百九里，禹以为朝、昼、昏、夜。"实行这种将天空分为十多段来判断太阳位置的方法，必须有一个前提，即对周天星象已树立起完整的概念。这大约是对颛顼"裁时象天"以来积累的天象知识的系统化。只有这样，在白天看不见星星和在夜间看不见太阳时，才能判定太阳处于星空的什么位置。

禹怎样把天空分为朝、昼、昏、夜，现在把这段文字抄录、注明如下：

原文	注明
日出于旸谷，浴于咸池，拂于扶桑，是谓晨明。 登于扶桑，爰始将行，是谓朏明。 至于曲阿，是谓旦明。 至于曾泉，是谓蚤食。 至于桑野，是谓晏食。	这是朝。晨明是出现晨曦；朏明，天亮日出如新月；旦明，日出大明；蚤食即早餐；那时大约吃两餐，晚一点的早餐叫晏食。
至于衡阳，是谓隅中。 至于昆吾，是谓正中。 至于鸟次，是谓小还。 至于悲谷，是谓铺食。	这是昼。隅中，太阳靠近南方中天；小还，日离中天已偏西；铺时，吃一天中的第二餐。
至于女纪，是谓大还。 至于渊虞，是谓高舂。 至于连石，是谓下舂。 至于悲泉，爰止其女，爰息其马，是谓县车。	这是昏。大还，日已很偏西；高舂，太阳接近地平线；下舂，太阳落在地平线上；县车，太阳已入地下休息。

至于虞渊，是谓黄昏。 至于蒙谷，是谓定昏。 日入于虞渊之汜……	这是夜。黄昏，日落后；定昏，天已黑；夜间太阳到蒙谷，这是北方之山。

禹就是这样来划定朝、昼、昏、夜的。用了“九州七舍”十六个地址（所）对应十六个时刻的名称。因为在地上平了九州水土，所以把天上也分为九州。这九州的名字和《禹贡》九州没有相同的。这大约是“昆吾列神”刚开始时，在诸神的名字很少上天的时候作的划分。把昆吾的名字放在“正中”的位置上，可能表明这是昆吾氏族的制作。鸟次是十二次中南方鹑首、鹑火（心）、鹑尾的区域。悲谷是西南方深峻的大谷。女纪、渊虞、连石三所的位置则在西到西北。悲泉是水名。虞渊本为虞泉，是日入之所，唐代避李渊讳改。蒙谷是北方山名。

这划分天空为九州七舍十六所的方法，与四象七舍二十八宿是有渊源关系的。后来二十八舍（宿）分为东、南、西、北四象，每项都是七舍（宿）。禹这个朝、昼、昏、夜实际上也分东、南、西北，其中鸟次可能是后来二十八宿中的南方朱雀。

接下去的一段话是讲“正朝夕”和定节气：

正朝夕。先树一表东方，操一表，却去前表十步以参望，日始出北廉；日直入，又树一表于东方，因西方之表以参望，日方入北廉，则定东方。两表之中，与西方之表，则东西之正也。

日冬至，日出东南维入西南维。至春秋分，日出东中入西中。夏至，日出东北维入西北维。

正朝夕就是正卯酉线，即正东西线。正了东西，也可以正南北。所谓表，就是垂直立定的竿子。用竿子测正东西线的做法是：先立根竿子在东边，然后拿着另一根竿子退后，做好准备，看到太阳刚出来，就在影子线上离东边竿子十步的地方做好记号，把手中的竿子立在那里。太阳刚落下时，又以后立的西边的竿子为准，在离它的影子十步的地方又树一根竿子。这样，东边两根竿子连线的中点与西边竿子的连线，就是正东西线。大约夏代早期建筑物也用这种方法来校正用北极星测定的南北线。这种方法是有误差的。二里头夏代初期的大型宫殿相当宏伟，但它的南北中轴线有 8°的误差。

“正朝夕”之后，根据日出日落的方位就可以测定二分二至，如文中所述。这比起更早时代记住日出日落的山头定季节来，乃是一种“科学的抽象”，即脱离具体事物进入抽象化，因而更全面、更深刻地反映季节知识，使用时不再受具体地形限制。这样，就可以推广、普及。

二、地方和民间的节气测量

明代学者顾炎武《日知录》说：“三代以上，人人皆知天文。七月流火，农夫之辞也。三星在户，妇人之语也。月离于毕，戍卒之作也。龙尾伏辰，儿童之谣也。后世文人学士，有问之而茫然不知者矣。”这段话中举的例子，说是天文，实质都指气象、节令，出于周代民歌《诗经》。

周代民间测天知识多到足以反映到文献中来，这不是一时的产物，而是继承了夏、商两代甚至更早的成果。

在夏代国家形成之前，在专业的天文气象人员出现之前，观天候气的工作本是具有广泛群众性的。社会分工更细密以后，民间观天的人可能会少些。但由于气象变化关系到人们的生产、生活，所以民间测天的传统会始终保持下来。颛顼以前，民间、官方的气象工作还不能严格区分，以后则各自发展了。可以想见，在夏代除了专职人员在世室里从事有关气象的工作而外，各个地方、各个氏族都会有人在观天。

首先是各个方国，为了从事生产活动，必须有自己的观天人。那时的方国是很多的。《庄子·天下篇》说大禹“沐甚雨，栉疾风，置万国”。《吕氏夏秋·爱类篇》谈到禹治洪水”所活者千八百国”。可知那时小国之多，数以万千计。大约一个氏族就是一个宗教、政治、经济、军事的实体。国以下还有许多社。《尚书·禹贡》说“厥贡唯土五色”，孔安国《传》说：“王者封五色土为社，建诸侯，则割其方色土与之，使立社。”一个诸候国立多少个社，没有定数。社这种最基层的行政单位，起源很古，而且传了许多世代，一般以二十五家为社，也有以方圆六里为社的。每个社也需要有人会观天候气，以便从事祭祀和生产。

《左传》襄公九年记载：这年春天宋国发生大火，晋侯问士弱是怎么回事，士弱谈了一段以火知天的话：“古之火正，或食于心，或食于咮，以出内火；是故咮为鹑火，心为大火。陶唐氏之火正阏伯居于商丘，祀大火而火纪时焉。”这反映了殷人这个地方氏族观测星象定季节的一段变化历史：先观测大火（心宿二），后来又改为观测鹑火（咮，是柳宿）。殷人的祖先阏伯被封为火正约在公元前2200年，在夏代开国之前。那是春耕开始的时节，心宿二这颗红色巨星正好在初昏时从东方升起。可以想见，春天地上大火烧荒（那时刀耕火种），天上见到大火的情景。这是掌握季节的好指标。但是，由于岁差，大火在东方升起的时间越来越晚，到商代中叶，春耕时节到了，黄昏时却看不到大火，而这时鹑火——柳、星、张三宿正在南方中天，像翱翔的大鸟，看得分明，所以这时观天人就改为观测鹑火了。由“食于心”变成了“食于咮”。可见，在殷人祖先所居的商丘地方，这样的方法是从唐尧时代经历整个夏代而一直用到商代。但是，殷人一直以心宿为主祀星。

居于晋地的夏人的祖先实沈，则是以参宿为主祀星的。因为在公元前2100年的夏代初期，晋地开始春耕时，太阳下山不久，参宿便在西边地平线上闪闪发光，引人注目。这种方法在晋地也是从夏代一直用到商代。由此演化出了“人生不相见，动如参与商”的典故，这里不引述了。

夏代商丘、晋地人们定季节所观测的星星不同，这是有历史确证的。夏、商两族的后人，直到春秋时代还“实守其祀”（《左传》昭公元年）。他们不会忘记祖先，也不会乱说祖先所做的事情，而且他们还一直使用自己氏族的历法。正因如此，孔子才会得到“夏时”。孔子说：“我欲观夏道，是故之杞，而不足征也，吾得夏时焉。我欲观殷道，是故之宋，而不足征也，吾得坤乾焉。坤乾之义，夏时之等，吾以是观之。”历来注家认为“夏时”指《夏小正》或夏代历法，“坤乾”就是阴阳八卦。

夏代各地方人们怎样掌握季节和气象变化，一方面可以从古籍中去检索，更重要的方面是从地下、地上文物中去发现。这类工作成果目前所见极少。王鹏飞教授为我们带了个头，1985 年完成了《“分至”概念和“测分至工具”的溯源（江苏东夷测分至社石探究）》，从实物证据上把测分至和定方位的技术的历史，由商代后期推前到了夏代前期。这物证就是连云港锦屏出将军崖的社石和东磊涣湾荒山上的太阳石。

古代不同氏族祭祀活动的场所和所用的祀物略有不同，但都有大致相近的方式。据《淮南子·齐俗训》：

> 有虞氏之祀，其社用土，祀中霤（室的中央），葬成亩。……
>
> 夏后氏其社用松，祀户，葬墙置翣（似扇，长柄葬饰）……
>
> 殷人之祀，其社用石，祀门，葬树松……
>
> 周人之礼，其社用栗，祀灶，葬树柏……

社土、社树、社石都是可以从地下找到的。社石最不易毁坏，留在地面的可能性最大。用社石、太阳石测定分至和定方向的方法，肯定是夏代以前人们就掌握了的。社祀用石的除了殷人、东夷，还可能有其他氏族。《齐俗训》所说有虞、夏后、殷、周等，应是指氏族，而不是朝代名。这些氏族的祖先，在夏代以前就很有势力和名气。他们在观天候气方面，各有自己的方法，这从他们祖先的图腾不同、主祀星不同就可以看出。

《续汉书·律历志上》：“民间也有黄帝诸历，不如史官记之明也。”这种说法是对的。直到周代，各地历法也未必统一。各民族固守自己传统历法，是难以改变的。夏代天下有“万国”，观天方法不知有多少种。

各地对于云物氛祥的观测，可能是较重视的。夏代的云物观测已见诸文字。夏代文字至今仍有许多谜。二里头出土的陶器上刻的二里头的夏代陶文，下行右第二字“勿”释为“物”

符号，计有二十多种，多不认识。但其中一些文字与殷墟甲骨文对照，存在着明显的相似之处，甚至可以隶定为同一字。如陶文“勿”“丬”，似殷墟甲骨文“勿”、“𠂡”，即物、用二字。这物字，就是云物，云气，是一种灾祥祸福的征兆。自古人们就注意云物的出现，有专人观测。殷墟卜辞中也有这类记载，例如：

> 勿见，其有渝亡害（胡厚轩《战后南北所见甲骨集》七六二）
>
> 丙申卜，争贞，勿见，子不雨，受年。（罗振玉《殷墟书契前编》六、七、四）

于省吾《甲骨文字释林》解释前一句是：“观察云气之色，虽有渝变，而无灾害也。”后一句的意义相似，是说丙申这一天占卜的结果，云物出现，虽然无雨，但有收获。

夏代重视云物观测，陶文“勿”字是实物证明。殷代也重视云物，说明“殷因于夏礼”，两代的气象观测有承袭关系。

第四节　物候知识系统化的成果《夏小正》

夏代有文字，自然要把历来口碑传说资料中最重要的部分记载下来。人类适应气象、利用气象和自然灾害作斗争几千年、上万年，积累的知识和经验已很多。诸如大自然中的风、雨、晴、霁、寒、暑、动物、植物的物候现象，人类的生理变化、感受和生产、生活活动，天上的日月星辰运行等，这些知识系统化起来，就能把握自然气候规律，对气候“节以制度”。夏代人们就依靠这些知识来从事生产活动和精神活动（主要是祭祀）。

《夏小正》很可能就是这样的记录。相传这是夏代遗书，作为《大戴礼记》的一篇保存了下来。《史记·夏本纪》说“孔子正夏时，学者多传《夏小正》”就是指此。孔子到杞国得到“夏时”，也是指此。由此可知，这是我国现存最古老的一部“月令”。这古朴的月令，可没有后来的月令那么多的迷信和宗教条文。这篇文字，按照十二月的顺序，详细地记载了星象、物候、气象变化，形象地反映了夏代及其以前人们取得的物候、气候、节令知识。

从《夏小正》的文句中，可以看出学者多传《夏小正》的“传”的部分。如：“正月：启蛰。言始发蛰也。”这后一句就是“传”。去掉“传”的部分，全文如下：

正月：启蛰。雁北乡。雉震呴。鱼陟负冰。农纬厥耒。囿有见韭。时有俊风。寒日涤冻涂。田鼠出。农率均田。獭祭鱼。鹰则为鸠。农及雪泽。初服于公田。采芸。鞠则见。初昏参中。斗柄县在下。柳稊。梅杏杝桃则华。缇缟。鸡桴粥。

二月：往耰黍，禅。初俊羔，助厥母粥。绥多士女。丁亥，万用入学。祭鲔。荣董采蘩。昆小虫，抵蚳。来降燕，乃睇。剥鲜。有鸣仓庚。荣芸，时有见稊，始收。

三月：参则伏。摄桑。委杨。羚羊。縠则鸣。颁冰。采识。妾子始蚕。执养宫事。祈麦实。越有小旱。田鼠化为鴽。拂桐芭。鸣鸠。

四月：昴则见。初昏，南门正。鸣札。囿有见杏，鸣蜮。王萯秀。取荼。秀幽。越有大旱。执陟攻驹。

五月：参则见。浮游有殷。鴂则鸣。时有养日。乃瓜。良蜩鸣。匽之兴五日翕，望乃伏。启灌蓝蓼。鸠为鹰。唐蜩鸣。初昏大火中。（种黍。菽糜。）煮梅。蓄兰。颁马。

六月：初昏，斗柄正在上。煮桃。鹰始挚。

七月：秀雚苇。狸子肇肆。湟潦生苹。爽死。荓秀。汉案户。寒蝉鸣。初昏，织女正东乡。时有霖雨。灌荼。斗柄县在下，则旦。

八月：剥瓜。玄校。剥枣。栗零。丹鸟羞白鸟。辰则伏。鹿人从。驾如鼠。参中则旦。

九月：内火。遰鸿雁。主夫出火。陟玄鸟蛰。熊罴貊貉鷈鼬则穴，若蛰而。荣鞠。树麦。王始裘。辰系于日。雀入于海为蛤。

十月：豺祭兽。初昏，南门见。黑鸟浴。时有养夜。（著冰）。玄雉入于淮为蜃。织女正北乡，则旦。

十一月：王狩。陈筋革。啬人不从。于时月也，万物不通。陨麋角。日冬至。

十二月：鸣弋。无驹贲。纳卵蒜。虞人入梁。陨麋角。（鸡始乳）。

以上引文据王聘珍《大戴礼记解诂》摘出①。括号“（　）”中文字据黄模《夏小正分笺》和《夏小正异笺》、《续经解本》增补。我们可以看出，这篇文字很古朴。早在“孔子正夏时”的春秋时代（公元前770—前476年）就需要作“传”了。有“传”，又有历来学者注释，对每条记载是可以基本读懂的，这里不作解释。

全文共记有天象、物候、农事、生活等事共124项。其中，记录星象共21项，经王聘珍用岁差逐一推论这些星象位置，发现：

1. 八月：参中则旦。按：夏时八月中，日在氐七度，参去日一百四十九度，非中，偏西五十九度。不合于夏时。

2. 十月：初昏，南门见。按：有误夺。夏时十月初昏当为南门伏。

3. 十月：织女正北乡，则旦。按：应为东北向，不是北向。

① 王聘珍，字贞吾，号实斋，江西南城人，清代乾隆年间学者。精心研究《大戴礼记》三十一年，阮元称此书为诸家所不及。

全部二十一项天文记载中，只有一项不符，一项误夺，一项方向偏差45°，其余全部符合夏代星象。这说明从远古时代传播下来的资料，虽然难免走样，但仍可保持其基本准确。由此可知，《夏小正》中的一些物候记载，大致反映了夏代的气候知识，而且按照时序作了系统整理。

《逸周书·月令》早佚，从《礼记·月令》、《吕氏春秋·十二纪》、《淮南子·时则训》这些书可以看出，它们是在互相转录。当以《月令》为最古，可能在周朝初期即有。按沈祖绵的看法，《月令》、《十二纪》都因袭《夏小正》。至于《管子·幼官》以十二月为令，则是“太公之法”，为齐国独存。① 郑玄注《月令》，说《月令》有九处引用了《夏小正》。这大约是指文字完全相同者。其实，两者文字不同，不全同而内容一样的条目很多，比如：

《夏小正》	《月令》
雁北乡	鸿雁来
鱼陟负冰	鱼上冰
时有俊风	东风解冻
来降燕	玄鸟至
拂桐芭	桐始华
鸣蜮	蝼蝈鸣
王萯秀	王瓜生
时有养日	日长至
良蜩鸣	螳螂生
唐蜩鸣	蝉始鸣
……	……

《夏小正》与《月令》可对比者在56条以上。列表对比的结果，有十多条两者相差一个月。比如：《夏小正》正月桃则华；《月令》仲春（二月）桃始华。这说明春天桃树开花的物候期，后者晚了

① 陈奇猷：《吕氏春秋校释》，注二○，学林出版社1984年版。

一个月。

《夏小正》九月荣鞠，树麦；《月令》八月鞠有黄华，乃劝种麦。都是说秋天菊花开放为冬小麦的播种期。但《夏小正》又比《月令》晚了一个月。这说明《夏小正》的时代，春天回暖早，秋天降温晚。我们知道，夏、商时代河南可以猎获大象，那时气候比周代暖和。这也证明，《夏小正》确实记载了夏代的物候，而《月令》在转录《夏小正》的物候方法时，根据周代的物候作了一些关键性的更正。

物候知识十分丰富并已做到了系统化的时代，天象知识和气候知识也积累较多，否则不可能把三者统一起来。关于天象知识，下节还有叙述。这里把《夏小正》里的气候知识作些介绍。

"正月：时有俊风。寒日涤冻涂。"这俊风指东南大风。也就是后来《月令》中的东风解冻。冻涂是上化下冻，是气温明显回升的时候。

"三月：越有小旱。"越，于时之意。夏历三月相当于阳历4月。今天我们知道，在降水年变化曲线上，从春到夏不是直线上升的，中间有两次起伏，4月有一个小旱期。

"四月：越有大旱。"在阳历5月份的时候，有一个比4月份更严重的高温少雨期。

"七月：时有霖雨。"阳历7月下旬到8月上旬，正是中原的雨季。

还有一些气候指标，如著冰、万物不通之类，不一一引述。从前述几条已可看出，夏代人对于春天的回暖，春旱的两个阶段以及汛期雨季等，都有了较准确的认识，并加以总结，载入文献。

第五节　夏历的天文证据和科学性

现在我国使用的阴历也称为夏历，因为其制式始于夏代。夏正建寅，以正月为岁首，是夏历的特征。人们普遍认为夏代已经有了较好的历法。但是，从气象史的角度来看，这还是一个应加以证实和说明的问题。关于夏代历法与节气知识的情况，尚需讨论。

一、夏历与今天阴历的比较

关于夏代的历法，《左传》昭公十七年载有梓慎的一段话："火出，于夏为三月，于商为四月，于周为五月。"昭公十八年又有记载："五月，火始昏见。丙子风，梓慎曰：是谓融风。"这说明，周代确实是五月初昏见到大火。梓慎的话是有事实根据的。

《左传》隐公元年何休注："夏以斗建寅之月为正，殷以斗建丑之月为正，周以斗建子之月为正。"这就是《大戴礼记》所谓"三正"历法，同样是有事实根据的。所谓斗建，就是以北斗星斗柄运转来计算月份，斗柄所指的辰为斗建。《汉书·律历志上》说："斗建下为十二辰，视其建而知其次。"夏、商、周三代十二辰、十二月及斗建方位如下表：

十二辰		子	丑	寅	卯	辰	巳	午	未	申	酉	戌	亥
斗建方位		北	北偏东	东偏北	东	东偏南	南偏东	东	南偏西	西偏南	西	西偏北	北偏西
月份	夏	11	12	1	2	3	4	5	6	7	8	9	10
	商	12	1	2	3	4	5	6	7	8	9	10	11
	周	1	2	3	4	5	6	7	8	9	10	11	12

《史记·历书》说："夏正以正月，殷正以十二月，周正以十一月，盖三王之正若循环，穷则反本。"这段话的意思是：夏代历法以自己的正月为正月，殷代历法以夏历的 12 月为正月，周代历法以夏历的 11 月为正月，三王的历法是循环的。

夏历与殷历、周历的关系如前所述，由此可以推断各代历法与今天阴历的关系。这中间经过历代的许多次历法改革，总的来说是越来越先进。细说起来较为复杂，但有一个简单的办法，就是用节气来进行比较。《尚书大传》说："夏以日至六十日为正。"即冬至后六十天到正月。冬至后六十天，就是今天的雨水节气。今天的阴历，多数年份都正好把立春、雨水两个节气排在正月，只有个别年份出现“一年打两春”，立春排到了岁末。但雨水在正月无问题。由此可知，今天的阴历和夏代历法是很近似的。

二、《夏小正》里的天象观测

从传说史上的黄帝命羲和、常仪、臾区观测日月星辰造《调历》，颛顼“裁时以象天”，帝喾“序三辰”，尧舜“敬授人时”，到夏代，用星象定气候已经经历了许多世代。夏代对天象的观测可以说已相当成熟，方法多种多样。从《夏小正》中就可以举出六种观测方法：

1. “则见”：这是指恒星刚刚从东方地平线上出现。如正月的“鞠则见”。鞠是禄星，这是说禄星刚刚从东方升起。四月的“昴则见”，是指昴宿刚从东方升起，等等。

2. “则伏”：这是指恒星很快要落到西方地平线以下去了。如三月的“参则伏”，八月的“辰则伏”，是指参宿、辰星很快要落到西方地平线下去，见不到了。

3. “昏中”：这是指初昏时恒星到达中天。东升西落明显的主要是赤纬较低的恒星，所以是指南方中天。只有用仪器观测，才能准确测恒星中天。如正月“初昏参中”，是指初昏时参宿在南方中天。

4. “旦中”：这是指平旦（日刚出）时恒星在南方中天。如八月“参中则旦”，即指参宿到南方中天时，太阳就出来了。

5. 对织女星，有专门的观测方法。织女一是一颗光耀夺目的零等星，处于三角形的一个顶点；织女二和织女三是两颗四等以下的小星，为三角形的另两角。这一组星离赤道较远，又不在恒显圈内，用它定四时是《夏小正》特有的创造。观测方法是看这个喇叭口（三角形，织女一的对边）的朝向。如七月“初昏，织女正东乡”，这个乡可解为向。这是说初昏时，织女星正把她的喇叭口对着东方。这个星在民间也观测得很多，而且延续到今天。到周朝时形成了民歌和织女故事，现在民间还有“七巧”。

6. 对于北斗，则观测它的斗柄指向，这是很关键的，用它定月份就是“斗建”。如六月“初昏，斗柄正在上”；七月“斗柄县在下，则旦”。正在上，是指向南方；县在下，即悬在下，是指向北方。按夏历的“斗建”，六、七月在未辰和申辰，是偏南方。这是指的“昏”的方向，“旦”的方向就应是北方了。所以这两条都符合夏代的天象。

此外，还有一些观测工作，如七月“汉案户”，汉是银河，户是门，门是朝南开的。“汉案户”就是银河直冲着门户，即银河为南北向。九月的“辰系于日”，是指辰星拴在太阳旁边。

《夏小正》有21项天象记载，但不是均匀地分布于各月。只有十个月记有天象，二月和十二月没有天象记载。这说明它不是关于夏历的完整的书，它不是历书。同时，它也没有完整地记载祭祀活动，这与后来的《月令》也不相同。它的主题是物候和农事。所以有人认为它是古农书。实质上，它是一部物候书，但可以用它推断夏代历法和农事。

三、“要之以太岁”和十二辰

第三节谈到，夏代初期禹把天空分为十六所，用来确定朝、昼、昏、夜。从气象全息的观点来看，对于一年来说，春即是朝，夏即是昼，秋即是昏，冬即是夜。就是说，也可以用那样的方法来定季节。既然一年是十二个月，那么定季节时也可以把天空分为十二段，而不是分为十六段。这就发展出了十二辰，十二次。因为早就有了十二月，十二支，这种发展是容易出现的。十二，这是“天之大数”，夏代历法自然是利用了这个天文常数的。《列子·汤问第五》有这样一段记载：

> 大禹曰：六合之间，四海之内，照之以日月，经之以星辰，纪之以四时，要之以太岁。

大禹是否说过这番话，难以查证了。但夏代历法掌握了这些知识，是完全可能的。关键是“要之以太岁”，这表明已经知道了木星的周期为12年（实际为11.86年）。

木星被称为岁星。正如《左传》襄公九年晋侯（夏为晋的祖先）所说：“十二年矣，是谓一终，一星终也。”这是指木星。春秋、西周所用的岁星纪年法，可能在夏代就开始形成，只是没有普遍实行。

十二次轮回一周，就是“一星终”。十二次的名称是：

星纪	降娄	鹑首	寿星
玄枵	大梁	鹑火	大火
娵訾	实沈	鹑尾	析木

这可能是“昆吾列神”时命名的，说明见附传。用岁星纪年十二支叫“岁阴”，名称是：

寅	摄提格	午	敦牂	戌	阉茂
卯	单阏	未	协洽	亥	大渊献
辰	徐执	申	涒滩	子	困敦
巳	大荒落	酉	作噩	丑	赤奋若

还有十干叫“岁阳”，名称是：

甲	阏逢	己	屠维
乙	旃蒙	庚	上章
丙	柔兆	辛	重光
丁	强圉	壬	玄黓
戊	著雍	癸	昭阳

十二辰、岁阴、十二次的关系如下图：

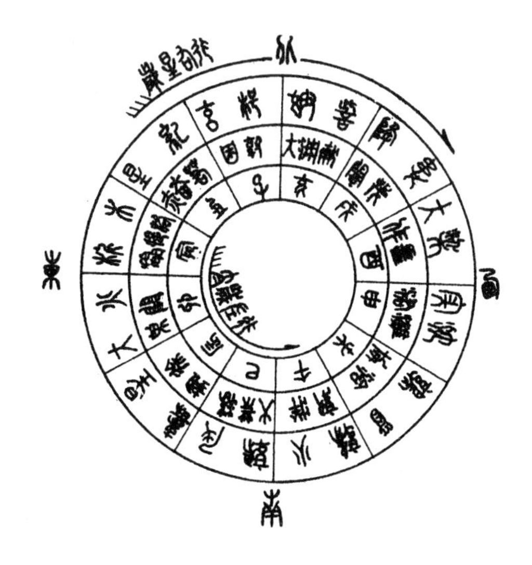

人在地上观察天象，天空星星视运动跟太阳、月亮一样东升西落，这是左旋的。但是，木星在恒星天空中的运动是自西向东的，是右旋的。所以《春秋元命苞》说“天左旋，地右旋”。

木星（岁星）、十二次纪年的系统是右行系统；而十二辰纪年和十二支纪月的系统都是左行系统。纪年用两套系统，很不方便，于是假设有一颗星星叫“太岁”，它的运行周期跟岁星（木）一样，也是十二年一周天，只是方向相反。用它来纪年，这就统一起来了。这就产生了“岁阴”，它与十二辰、十二支方向一致，而与十二次相反。

由岁星到太岁，表明天空区划和纪时脱离了具体星辰而进入抽象化阶段，这是认识上的一个飞跃。这种科学的抽象，能更深刻、更正确、更完整地反映星象与节气、气候的自然规律。天上的星星亮度不一，分布疏密不一，使用起来很不方便。假想出太岁，把赤道天空分为十二等份，让太岁每年进入一个位置，这样来划分气候阶段、节气、年份，就方便得多了，也更精确了。

夏历建寅，用十二支纪月，从斗柄建寅为一月，左旋一周，到斗柄建丑为十二月。纪年也用同一方向，从太岁建寅起，叫摄提格年，岁在析木；左旋一周，称为一终，到太岁建丑，叫赤奋若年，岁在星纪。这样，就不用木星的右旋，而用太岁的左旋了。这就是：“要之以太岁。”

十二次，日月相会的十二段天区的名称，多为夏人的祖先或他们的图腾。殷人和周人是不会这样来给自己的发明命名的。如果是殷人所为，他们会用阏伯来代替实沈；如果是周人所为，他们会用后稷来代替实沈。这是十二次的名称说明，它产生于夏代。

有些史实在地上很难找到证据，但从天上却可以获得确证。十二辰可以证明为夏代的创作。十二支中的子、丑、寅、卯、辰、巳、午、未、申、酉、亥等，都是天空中二十八宿的一些星星组成的形象。例如丑为井宿，寅为轩辕，卯为轸、翼，辰为角、亢，巳为心、房、尾，午为箕、斗，未为牛，申为虚、危。特别要指出的是，申的甲骨文为雷电之形，该天区的小星也叫雷电、霹雳。申与神同义，神的概念就是从闪电这种天气现象演化出来的。而戌字与古文岁字相通。①

参宿为夏人的“大辰”，是他们氏族的主祀星。此宿的形象如下。图的右下方是甲骨文的子字。参宿一的赤经现在为5时40分，公元前2100年为2时20分，即春分点东约35°。在春分附近的朏日（阴历初三），新月刚出现时，正好位于参宿五的北边不远处。参宿头戴新月，十分端丽。这时黄河流域正开始春耕生产。夏人举行仪式，把新月所在的参宿作为十二支之首，是十分合理的。把子排在十二辰之首，也就是把本氏族的主祀星排在第一位，可知这是夏人的创作。

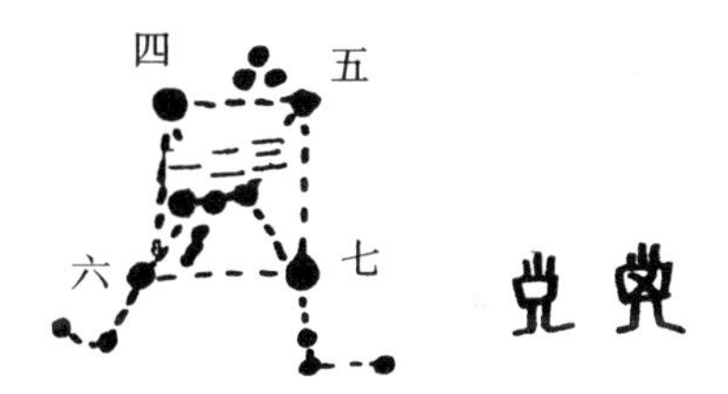

不仅如此，夏人在排十二支时，还把殷人的祖先骂为猪（即豕，亥），排在最末。从月在参宿（子）算起，到第十二个月的初三日，新月到了昴宿和毕宿，这就是亥。毕宿是带柄的网，昴宿即昴星团，民间称为七姊妹，那就是殷人的祖先王亥。王亥即《世本》所说的“胲作服牛”的胲，他在少昊时代发明了驾牛（《太平御览》八九九卷引宋衷注）。《左传》襄公三十年：“史赵曰：亥有二首六身”。但昴宿七星只构成一首六身。这是夏人有意把它安排为亥。昴毕两宿组织在一起，意思就是说：用捕兽的网捉住这二头六身的猪，砍掉了它一颗头。不仅把亥排在十二，骂它是猪，还要砍掉它一颗头，这反映了两个氏族的斗争。这说明十二支的排列，十二辰，是夏人所为，而且是在商人灭夏之前所作。这样的纪年方法，在商代自然不大可能应用，但到了西周、春秋时却大行其道。

① 郑文光：《中国天文学源流》，科学出版社1979年版。

春秋时代人们确切地知道夏、商、周三代历法的因袭关系。分析表明，我国使用至今的“阴历”（实为阴阳历）在月份与节气的安排上与夏代历法相同。《夏小正》里的21项天象记载基本证实了夏代历法，虽然它主要是物候记录。《列子》关于夏代历法“要之以太岁”的说法是有根据的，这表明那时对赤道天空的区划有了认识上的飞跃。夏代已有了十二支、十二辰、十二次，有了以木星周期为基础的岁星纪年法。由此可知，夏代历法不仅在物候上有充分证据，便于生产和宗教活动，而且在天文授时上采用了斗建纪月、岁星纪年两套授时系统，既用了赤道星空，又用了极地星空。在认识黄河流域中纬度气象、物候特点和天文观察中都取得了较大的科学进展，所以夏历的基本建制能够使用到今天。

第六节　天气谚语的起源

天气谚语的根源，要从原始的音乐舞蹈谈起。

音乐起源于母系氏族社会，从那时起就有了歌谚。音乐一开始就是与气象相联系的。原始时代，“葛天氏之乐，三人操牛尾，投足以歌八阕”，就有载民、玄鸟、遂草木、奋五谷、敬天常、建帝功、依地德、总禽兽之极等内容，（《吕氏春秋·古乐》）。这里面一定会有气象知识和经验。只是我们不可能知道那些歌谚了。

在传说的五帝时代，我们主要看到了帝舜唱的《南风歌》。其他一些歌谚也大多难以找寻。

夏代农业已很发达，《夏小正》记载了那么多物候知识；而且，大约从颛顼“绝地通天”时开始，官方、民间的观天工作已分道发展了。在这种情况下，产生相当数量的天气谚语是可能的。

史学家可以从春秋时代、甚至先秦、两汉的文字中去检索远古生活的信息，我们自然也可以这样来探寻气象歌谚的起源。我们首先可以从殷末周初的《易》卦中去探寻某些气象知识和谚语的早期情况。

《易》始于何时、何人，千百年来众说纷纭。从流传到今天的《周易》的卦辞、爻辞来看，提及的事件最晚为殷末周初（公元前11世纪）。如《升·六四》："王用享于岐山"，武王克殷之后才追号其父为文王，在此之前不能有"王用享于岐山"之说。又如《明夷·六五》："箕子之明夷"，也是武王观兵之后才囚箕子，前此不会有这件事。那么，《易》所记最早的事件始于何时？是否真是从狩猎的伏牺时代开始？这也有种种说法。我们今天可以用历史科学的方法来分析。

历来学者都认为《易》与天文气象有关。唐代学者孔颖达《周易正义·序》提出了总结性的看法：

> 夫易者象也，爻者效也。圣人有以仰观俯察，象天地而言群品；云行雨施，效四时以生万物。若用之以顺，则两仪序而百物和；若行之以逆，则六位倾而五行乱。故王者动必则天地之道，不使一物失其性；行必协阴阳之宜，不使一物受其害。

这实际是认为，对天象、气象的仰观俯察的成果形成了《易》的内涵，是人们处理人与自然关系的全部准则。

这仰观俯察的成果不是一下子就可以得到的，而是经历了极其漫长的年代，所以最简单的《易》应是产生得很早的。

夏代以前的龙山文化表明，那时占卜之风已开始盛行。那么，解释占卜结果的一套方法与用语，一定也随之流行，否则就不能风传各处。这就产生了《易》。所以《连山》、《归藏》、《周易》的"三易"之说，不会是没有根据的。《连山》相传是《夏易》，也有人认为它是神农之《易》。这些争议难以评判，但可以认为夏代以前不管是否有《易》，解释占卜结果的一套用语一定会有，为便于流传可能采用歌谚形式，有些内容可能在后来的《易》中承袭下来。《周易》里就保持了这种较原始的内容，这是它的卦辞、爻辞本身可以作证的。

《易》作为古代卜筮底本，作者不必是一个时代、一个人。总计六十四卦、三百八十四爻，共有四百五十条文句。除了极简单、抽象的概念文句之外，大多是当时实际生活的写照。因此，不难把其中较原始的内容揭示出来。《易》中关于渔猎的文句最多，牧畜次之，商旅又次之，讲农耕只有一句。这是卦辞、爻辞作于渔猎时代的有力证明。可证伏牺作八卦之说不诬。

郭沫若根据《晋·六二》："受兹介福，于其王母"，认为那时女酋长仍存在，母系制度仍有残存。① 其实，《易》的卦辞、爻辞中有很多首反映母系制残存的"抢婚"习俗的歌谚，这里举出用天气衬托"抢婚"情景的两段。一段是《屯·六二》，屯卦有云雷之象，雷在坎下。里面的歌谚：

卦文：	译文：
屯如，邅如，	左回右转且停顿，
乘马班如，	马儿打旋骑不稳，
匪寇，	不是来抢劫，
婚媾。	而是来迎亲。

卦文的后面两句是"女子贞不字，十年乃字"。是说卜问的结果，大姑娘嫁不出去，要等十年；心情烦闷，心里像揣着闷雷。另一段是《睽·上九》，抢亲途中"往遇雨"，很是狼狈，但很欢乐：

卦文：	译文：
见豕负涂，	看见猪在泥里滚，
载鬼一车！	一车傀儡全被淋！
先张之弧，	搭箭拉弓却不放，
后说之弧，	摇着弓箭笑盈盈，

① 《中国古代社会研究》。

匪寇，　　　　　　不是来抢劫，
婚媾。　　　　　　而是来迎亲。

这里“载鬼一车”的“鬼”，训为“傀儡”，是戴着假面具化了妆参加迎亲舞蹈的人。这应是夏代以前的社会生活。如果说夏代还存在这种婚礼方式，那也只能是在边远地方。因为夏商周都已经有严格的礼法，孔子研究过这三代的《礼》的因袭过程，并说“所损益可知也”。可见，《易》的卦辞、爻辞，是记录了很古老时代传下来的东西。

由此我们可以知道，《易》中有些天气谚语（泛指与气象有关的谚语）也可能是很古老的。它们的文字，与周朝民歌《诗经》也不同，更古朴些。比如，关于雷的谚语，我们可以举出几则：

1.《震卦》
震来虩虩，
笑言哑哑，
震惊百里，
不丧匕鬯。
2.《震·六三》
震苏苏，震先行无眚。
3.《豫·六二》
介于石，不终日。

这三则文字，第1则四句是描写雷声的。雷声虽然动人心弦，震惊百里，但它不会使我们没有了祭祀用的匕鬯。匕是羹匙，鬯是香酒。不会失去一匙酒香，那么，这雷声送来了丰收的希望。打雷不可怕，所以笑哈哈。

第二则是说先打雷后下雨，不会成眚（灾害）。这条谚语一直流传在民间。《田家五行》有“未雨先雷，船去步来”。《群芳谱·天谱》有：“打头雷，主无雨。”今天民间谚语则是：“雷公先唱歌，有雨也不多。”

第三则，豫卦是“雷出地上”之象。与雷有关的卦还不少，如《归妹》是“泽上有雷”，雷入于地。《解》卦是“雷雨作”：“天地解而雷雨作，雷雨作而百果草木皆甲坼”（《解·象》）。雷出、雷入、雷作，具有与《夏小正》里的“启蛰”、“则穴”、“若蛰而”相通的物候意义。“介于石，不终日”则是天气谚语。是说巨雷如滚石，这样的雷雨是不会长久的。这条谚语也是流传下来了的。到了《老子》里，就成了“飘风不终朝，迅雷不终日”。《群芳谱》、《田家五行》也都谈到了“雷声猛烈者，雨虽大易过”。今天人们都有这种常识，大雷雨是下不久的。

《易》卦谈及风、云、雷、雨者颇多。《小畜》下乾上巽，是“风行天上”之象。这说明古代人们就根据云的运动注意到了高空风向。它的卦辞就是一条天气谚语：

密云不雨，自我西郊。

对于这两句话，《象》辞说：“密云不雨，尚往也；自我西郊，未施行也。”这解释是对的。历来注家也无非议。杨慎《升庵经说·易类》：“天地之气，东北阳也，西南阴也，……云起西南，阴倡阳不合，故无雨。俗谚云：‘云往东，一场空；云往西，马溅泥；云往南，水潭潭；云往北，好晒麦’是其验也。又验之风电也然。或问，东为阳方，西为阴方，是也。”

“阴倡阳不合”，用现代的说法就是：西来的冷空气较明显，但没有偏东暖湿空气配合。现在民间各地也流行类似谚语，如：“云往东，一场空；云往西，披蓑衣；云往南，下了完；云往北，发大水。”除了云往北的意思与杨慎所引古谚相反外，其余基本一致。

以上谈及的天气谚语出于《易》卦，探其时代，比《诗经》为早。从《易》卦整个内容来看，以渔猎时代的生活写实为主调。那样的时代即有音乐和诗歌，天气谚语也出现了。夏代进入农业社会，如果确有夏《易》，则会对卦辞、爻辞有所补充。“不丧匕鬯”，这就是农业社会的谚语。不过，对所有这些谚语的时代，还难具体确定其年代，只能肯定它们十分古老，是比《诗经》早得多的谚语。

附传　与气象有关的人与神

夏代（公元前21—前16世纪），奴隶制社会创造了光辉的文化。人们与洪水和干旱进行了大规模的、有成效的斗争，为农业和祭祀制定了良好的历法。这个时代由于对自然气候的认识已渐渐深入，造神的高峰期已经过去了，所以神话人物较以前时代为少，而且大多有真实业绩。

一、阏伯、实沈

阏伯、实沈兄弟，按照传说史是帝喾高辛氏的儿子。移于夏代来叙述，是因为所反映的事迹关系到夏、商两个氏族的斗争。夏、商、周三个朝代，是夷、炎、黄三大氏族集团势力此消彼长的结果。而作为氏族的夏人、殷人、周人是同时存在于各个时代的。在传说里，各族都有共同的祖先。

唐代大诗人杜甫《赠崔八处士》诗："人生不相见，动如参与商"，说的就是阏伯、实沈兄弟俩。其故事见于《左传》昭公元年：

> 晋侯有疾，郑伯使公孙侨如晋，聘且问疾，叔向问焉，曰："寡君之疾病，卜人曰：实沈、台骀为祟，史莫知之，敢问此何神也？"
>
> 子产曰：高辛氏有二子，伯曰阏伯，季曰实沈，居于旷林，不相能也。日寻干戈，以相征讨。帝后不臧，迁阏伯于商丘，主辰，商人是因，故辰为商星。迁实沈于大夏，主参，唐人是因，以服事夏星。其季世曰唐叔虞。当武王邑姜，方震大叔，梦帝谓已："余命而子曰虞，将与之唐，属诸参，而蕃育其子孙。"及生，有文在其手，曰虞，遂以命之。及成王灭唐而封大叔焉。故参为晋星。由是观之，则实沈参神也。
>
> 昔金天氏有裔子曰昧，为玄冥师，生允格、台骀。台骀能

业其官，宣汾洮，降大泽，处以大原，帝用嘉之，封诸汾川、沈姒、蓐黄实守其祀。今晋主汾而灭之矣。由是观之，则台骀汾神也。

抑此二者不及君身。山川之神，则水旱疫疠之灾于是乎禜之；日月星辰之神，则雪霜风雨之不时于是乎禜之。……

子产这一番话，实际上是谈了从高辛氏时代到夏、商、周三代的历史。夏、商两族祭星不同，反映了东方部族与南方部族的斗争。商星就是大火（心宿），与参宿一样，它们各有三颗灿烂的星星，在星空中是很壮丽的星座。但是，在天球上它们是遥遥相对，大火从东方升起，参星则正好向西方落下，这对冤家总也不能相聚，这是他们的父亲帝喾的高招儿。

公元前2100年前后，夏代开国之时，大夏地方春分前后开始耕作，太阳刚下山时，参宿正在西方地平线上闪耀，夏人用它作为播种季节的标志，真是妙极了。

二、鲧、禹

这是为治服洪水不遗余力的父子俩。《尧典》说鲧治洪水“九载，绩用弗成”。失败的原因，神话故事说是在他快要成功的时候，工程受到了乌龟和猫头鹰的破坏。实际是由于氏族矛盾的牵扯，同时也有一些技术问题。

鲧至死也没有屈服。据《山海经·海内经》，鲧偷息壤治水，被天帝压杀于羽山，死后三年尸体不腐烂，从肚子里生出了禹，继续治水大业。

《尸子》：“禹长颈鸟啄，面貌亦恶矣。”这反映禹的祖先以鸟为图腾。这已不是单纯的鸟，是几个氏族结合为部落的图腾。这个部落与以龟和鸱为图腾的部落之间有矛盾。

《国语·周语》：“伯禹念前之非度，釐改制量，象物天地，……共之从孙四岳佐之，高高下下，疏川导滞。”原来鲧治水失败的真正原因是测量不准确（非度）。禹采取措施，总结了经验教训，改进了测量方法，正确地测量远近高低，如《禹贡》所说，他“随山刊木”，完成了水利工程。

禹“象物天地”，是神话，也是真实记录。神话说：“又见一神，蛇身人面，禹因与话。神乃探玉简授禹，长一尺二寸，使度量天地，禹即执简以平水土。蛇身之神，即牺皇也。”（晋·王嘉《拾遗记》卷二）。真实记录是：“禹乃使大章步自东极至于西极，二亿三万三千五百里七十五步；使竖亥步自北极至于南极，二亿三万三千五百里七十五步。凡洪水渊薮，自三百仞以上，二亿三万三千五百五十（里）有九（渊）。禹乃以息土填洪水，以为名山。”《山海经·海外东经》说：“竖亥右手把算，左手指青邱北。”这里的算就是算筹，6寸长的竹片，是用来计算高低远近的。

《尚书·益稷》：（禹）“娶于涂山，辛、壬、癸、甲，启呱呱而泣。予弗子，唯荒度土功。”《史记·夏本纪》也说：“禹曰：予辛、壬娶涂山，癸、甲生启，以故成水功。”这两段文字是一个意思。说禹与涂山氏女在辛日结婚，第二天壬日就离了家；妻子后来在癸日生下了儿子启，呱呱地哭，但第二天甲日又离开了家。所以能有治水的功劳。大禹治水，三过家门而不入，几千年来是亿万人民口碑佳话。

禹对古代历法也有研究。《尚书·益稷》中载有他对帝舜说的话：“予欲观古人之象，日、月、星、辰，山、龙、华、虫，……若不在时，候以明之，挞以记之，书用识哉。”《列子·汤问第五》也说：“大禹曰：六合之间，四海之内，照之以日月，经之以星辰，纪之以四时，要之以太岁。”关键是“要之以太岁”，此话属实，就表明已经把木星周期用于制定历法，用岁星纪年了。

《左传》宣公三年：“昔夏之方有德也，远方图物，贡金九牧，铸鼎象物，百物而为之备，使民知神奸。”《拾遗记》也说：“禹铸九鼎，五者以应阳法，四者以应阴数，……鼎中尚满，以占气象之休否。”禹的时代已是铜器时代。作为后来历代传国之宝的九鼎，不仅实有其物，而且当时还用于气象预测。

三、伯益（后益）

《史记·夏本纪》：“帝禹立而举皋陶荐之，且授政焉，而皋陶卒。封皋陶之后于英、六，或在许。而后举益，任之政。十年，帝禹东巡狩至于会稽而崩，以天下授益。三年之丧毕，益让帝禹之子启，而辟居箕山之阳。禹子启贤，天下属意焉。及禹崩，虽授益，益佐之禹日浅，天下未洽，故诸侯皆去益而朝启，曰：吾君之子也。于是启遂即天子之位，是为夏后帝启。”

《竹书纪年》有“益干启位，启杀之”。《楚辞·天问》对此事有疑问：“启代益作后，卒然离蠥。”“何后益卒革，而禹播降？”为什么要革掉后益，而实行禹的家天下？从这层意思看，屈原有些不理解。那时奴隶制已有相当发展，家天下已是历史的必然。

舜时帮助伯禹治水的主要人物有四岳、皋陶及伯益。伯益又代禹作后。伯即霸主，后即帝王。帝禹也称伯禹、后禹。益、伯益、后益均指一人。说明夏传子并非直接传子，中间还有斗争，后益至少掌天下三年。

《世本》说：“后益作占岁之法”，“化益作井”，这化益仍是后益。《吕氏春秋·勿躬篇》说黄帝使“后益作占岁”，大约是指这个氏族的老祖宗。占岁之法的详细过程不很清楚。需要占岁，说明那时人们迫切需要了解未来一年的气候年景。那时已创造了一套方法来加以揆卜。

发明井，是开发利用地下水资源的一大创造。《淮南子·本经训》说：“伯益作井而龙登玄云，神棲昆仑、能愈多而德愈薄矣。”作井是大功，但是能多而德（古代德与得通）薄。神棲昆仑，大约是被启所杀而灵魂上了西天。龙登玄云，这是最早的一次记载。这可能表明创造这个神话的时代（公元前21世纪），人们已观测到龙卷风的漏斗云；否则，在瑰丽多姿的云彩中，不会专门指出龙登上的是玄（黑色）云。

四、后羿、夸父

在夏代的帝相和帝少康之间，有穷氏的后羿曾有一段时间“因夏民以代夏政”。这位后羿是一位抗旱英雄。有一种传说认为是在帝尧时代，可能是弄串了时间。那时候，天上一齐出了十个太阳，烧烤着大地。这可能是看到了众多的假日、日珥、晕圈而产生的幻觉或幻想。但那时真的干旱严重，焦禾稼，杀草木，老百姓都没有吃的了。后羿本来属于一个善射的氏族。他举起了上帝赐予他的彤弓素矢，嗖嗖地一连射落了九个太阳。日中的三脚乌们的羽毛纷纷飞扬，天气一下子就凉爽多了。大地万物得救了。幸亏他的助手及时提醒，否则他会把十个太阳都射了下来，世界又难免要黑暗了。后羿还除掉了好几种大害，如斩杀了大风（一种害人的大鸟）、修蛇（大蛇）、封豕（害人的大野猪），煮了肉羹去献上帝，上帝反而不高兴。大约是因为他射杀了上帝的九个儿子（太阳）的缘故吧。

至于后羿与嫦娥的爱情故事（见鲁迅《故事新编·奔月》），以及他从西王母那里弄来不死之药，被她偷吃了后奔往月宫等，与气象的关系就远了。不过，说明那时占月之官常仪可能已很清闲，因为月的问题已经解决了，一个月的天数已确定为二十九天或三十天了，不需再作更多的观察。

后羿射日的故事，反映了历史上有过特大的旱灾，也反映了人们战胜旱灾的愿望。夸父追日的故事也反映了同样的史实和愿望。《山海经·大荒东经》说："夸父不量力，欲追日影，逮之于禺谷。"但他还是追上了。《山海经·海外北经》说："渴欲得饮，饮于河渭，河渭不足，北饮大泽。未至，道渴而死。弃其杖，化为邓林。"黄河、渭水都干了，饮水就得往北方去找大泽。夸父抗旱不顾路途遥远，但还是渴死在路上。但他还是没有失望，他的手杖变成了一片树林。古人都懂得，绿色的树林，是战胜干旱的象征。

五、羲和

黄帝时代的羲和是日官。尧舜时，这个世袭的观天氏族已有了几个庞大的支系：钦若昊天的羲和，分命、申命执掌四方、四时的羲仲、羲叔、和仲、和叔，他们当然都是这个氏族中有所作为的子孙，平庸无能的自然不在其数了。这个氏族的功劳很大，所以他们的权力和势力也越来越大。

到了夏代，羲和氏族俨然一个诸侯大国了。观天候气的大权握在他们手中，但他们却不能很好地尽到职责。《史记·夏本纪》

说："帝仲康时，羲和湎淫，废时乱日，胤往征之，作《胤征》。"要处分这个失职的世袭官员，竟然需要派出军队去征讨，还要发表一篇宣言，可见羲和势力之大。

《尚书·胤征》中宣布征伐的有关证据是："……每当孟春，遒人以木铎循于路，……唯时羲和颠覆厥德，沉乱于酒，畔官离次，俶扰天纪，遐弃厥司。乃季秋月朔，辰弗集于房，瞽奏鼓，啬夫驰，庶人走，羲和尸厥官，罔闻知。昏迷于天象以干先王之诛，《政典》曰：先时者，杀无赦；不及时者，杀无赦！今予以尔有众奉将天罚。"

这里列举羲和的罪状就是没有尽到职责，而且好酒贪杯，对公元前2165年（也有推断为公元前1948年）八月初一日的日食没有预报出来，引起了很大的混乱。

这是世界上最早的日食记录，也是世界最早谈到预报日食及因日食预报失败受到征诛的记录。

这表明羲和这个氏族对太阳的观测研究工作已经做了很多，已知道日食必然发生在朔日，而月食必然发生在望日，能预报日食。只有这样，才能有规定弄错了时间就要"杀无赦"的《政典》。否则，就不会有胤征的事件。

六、昆吾"列神"

《文曜钩》说："夏后制德，昆吾列神。"① 文中是把昆吾与重、黎、羲、和、苌弘并论的，看来他也应是对气象、天文有所贡献的人。

"昆吾列神"指何事？自颛顼时代开始，进行宗教改革，解决"民神杂糅"，已命重、黎各司天、地，已经把上天的路隔绝了。但从那时就开始了"裁时以象天"，到帝喾时能"序三辰"，到尧舜是"钦若昊天"，这中间积累了许多天象知识。对星星命名已是势所必然。大约到这时，需要把地上的英雄列为天上的星辰了。他

---

① 《文曜钩》是关于《春秋》的纬书。"纬"是对于"经"而言，汉人伪托孔子作。多有怪诞之谈。隋炀帝焚其书。今传者为后人辑佚。

怎样“列神”，把什么神送上了星空，均无记载可查。这以前，已知的天空列神只有上帝的十个儿子太阳，上帝的十二个女儿月亮，星星有鸟、火（心）、虚、昴及参、商等。这些星星命名的理由，或为星星的颜色，或为祖先的图腾，或为本族的祀星。“昆吾列神”大约也是参照了这种方式。据此，我们可以知道许多星星起名的时代。

我们从天上星名去找，就发现十二次的名称与夏代有关，所涉及的人名及事物，夏代就有了。所谓十二次，就是把赤道星空（或说黄道星空）分为十二段，每个月，日月相会在一次；每年，岁星（或太岁）行经一次。夏人就把他们的祖先来作为这十二次的名称。十二次中：

星纪，排在第一，表明用星星纪时，以别于龙纪、云纪、鸟纪等。

玄枵　又作玄嚣，是黄帝的儿子，帝喾的祖父，帝尧的曾祖父。夏禹的氏族以黄帝为祖宗。

娵訾　帝喾的妻子，帝尧的母亲，夏后氏的祖先。

实沈　帝喾的儿子，夏后氏直接始祖，如十二次为殷、周两族所为，则不会用此名。

寿星　传说中的神名，当为彭寿，“皇天哀禹，赐以彭寿，思正夏略。”（《逸周书·尝麦解》）这是上帝哀怜太康失国，启的五子忘禹之命。如十二次为殷人、周人所为，也不会有这种怜惜之心，不会用寿星。

鹑首、鹑火（心）、鹑尾　南方朱雀之形。整个大鸟占据了南方大半星空。禹的氏族的祖先是以鸟为图腾的。

大火　星名为次名。《尧典》中就有星火。这是殷人的主祀星，如十二次为殷人所为，他们会用始祖阏伯来给此次命名，而不用星名为次名。

析木、大梁　地名

降娄　星宿名

十二次的名字，有些可能是后来才命名或更换了名称的。但涉及人名与图腾的，都与夏后氏的祖先有关。因而可以看出，是从夏代开始把人、神的名字搬上天空。是否都是昆吾一人所为，则无证据。

《世本》说："舜始陶，夏臣昆吾更增加也。"说舜始陶，把制造陶器的时代说晚了几千年。因为中国大地出现陶器是一万年前的事。但昆吾的确可能对陶器作过改进。然而，禹的时代已是铜器时代了，昆吾家族大约是善于高温铸造技术的。

《墨子·耕柱》："昔者夏后开（启）使蜚廉折金于山川，而陶铸之于昆吾，是使翁难、雉乙卜于白若之龟曰：鼎成三足而方，不炊而自烹，不举而自臧，不迁而自行……"这是神话了。风伯蜚廉（飞簾）和列神的昆吾都来采矿、铸金，说明那时对冶铜术的重视。昆吾也是地名，为昆吾之国。

七、玄冥、帝予

根据《国语·鲁语上》，玄冥是契的第六世孙，根圉之子，夏朝的水官。"勤于职，死于水"，他成了水神。他的名字也上了天，命名为星星。不知夏人所为还是商人所为。因为玄冥的第九世孙就是商汤，商人可能会更敬重他。

帝予又作帝杼，是禹的九世孙，少康之子。他的功劳是"能兴禹道"。具体事迹也难考察。大约他在治水、观天方面发展了祖宗的方法。

八、公刘

《毛诗》："公刘居于邰而遭夏人乱……迁其民于豳焉。"这公刘是后稷的子孙。夏代发生混乱，他只好离开有邰氏（后稷的外婆家）居住了千百年的故乡。周召公用祖先的业绩教诲周成王，就选用了公刘的故事，写了一首诗《公刘》（《诗经·大雅》）。诗中说："既景乃岗，相其阴阳，观其流泉……度其隰原，彻田为粮。"郑玄注"既景乃岗"，是"以日影定其经界于山之脊"。这表明，公元前1600年之前，夏代的周族人在迁移中，用测日影的方法来测定选择的开发区，确定经界四至。创业是艰苦的，测量新的领土也只能简单从事。但那时已确切地有了测日景定方位的方法。定了方位就可定四时气候。到了新开垦的地方，还要分析这里的光照、冷暖条件（阴阳），水源情况（流泉），以及地势的平坦（原）、低洼湿润（隰）和山岗等情况。

公刘选择居住地，是着眼于开发农业，已开始用一些基本的气候知识和农业气象知识。

九、终古

《吕氏春秋·先识览》："夏太史令终古出其图法，执而泣之。"他抱着"图法"伤心落泪，是因为夏桀"不务德，而武伤百姓，百姓弗堪"，而且自帝孔甲以来，诸侯多叛乱。终古是一位忧国忧民之臣。

他拿出的"图法"，无非是天文、气象之图，治历明时之法，如在世室里颁讲的《夏书》、《月令》、《夏小正》之类东西，也许还有夏《易》、九宫、八卦图之类。太史令是掌管这些东西的。

《淮南子·齐俗训》说："夏之将亡，太史令终古先奔于商，三年而桀乃亡。"看来这终古是明于天道、人心的，看出了一个奴隶制王朝政权的衰亡和另一个奴隶制王朝政权的兴起。

十、廪君、盐神

这个故事出自《世本·氏姓篇》（秦嘉谟集本）。时代很古，因无具体年代可考，置于此。其文字为：

> （廪君）乃乘土船从夷水至盐阳。盐水有神女谓廪君曰："此地广大，鱼盐所出，愿留共居"。廪君不许。盐神暮辄来取宿，旦即化为虫，与诸虫群飞，掩蔽日光，天地晦暝。积十余日。廪君不知东西所向七天七夜。使人操青缕以遗盐神，曰："缨此即相宜，云与女俱生，宜将去。"盐神授而缨之。廪君即立阳石上，应青缕而射之，中盐神。盐神死，天乃开。

母系氏族社会是把男子娶回女家去，父系氏族社会则是男子"抢"

女子为婚。奴隶社会不用“抢”了，用“礼”来成婚。这个故事反映了母系氏族社会向父系氏族社会过渡时期，以暴力相征服的史实。也反映了远古时代人们曾见过飞虫蔽天（如蝗虫）的现象，有了阴阳的概念，男神是站在阳石上射杀了女神。还有阴石。

《太平御览》卷五二引《荆州图》：“宜都有穴，穴有二大石，相去一丈。俗名其一为阳石，其一为阴石。水旱为灾，鞭阴石则雨，鞭阳石则晴，即廪君石是也”。

盐神、廪君闹了恋爱悲剧，代表他们的阴阳石则能为人们驱灾。这是神话所反映的社会理想。

第四章

商代前期对气象的观测与揆卜

商代前期，从公元前 16 世纪到公元前 13 世纪，中国大地上出现了第一个商品生产的发展期。青铜文化空前发达，并开始用陨铁和青铜来制造复合武器。农业、手工业的分工进一步扩大，手工业内部也有了较细的分工。商品发展，贝币大量涌现。贸易是商人的擅长。奴隶制国家加强，军队扩充，城市出现，礼制发展，文字渐趋完善。

商代气象科学史的资料比夏代成倍增多。“唯殷先人有册有典。”（《尚书·多士》）文化典籍是在夏代后期、商人的祖先那里开始积累。古籍中关于殷商史迹的记载很多，而地下发掘的物证也十分丰富。商代前期的遗址，以郑州二里冈上、下层最为典型；偃师二里头一、二期为夏代，三、四期则为早商。殷虚虽说是盘庚以后的遗迹，但反映前期创造的东西也很多。大量资料见诸于甲骨文，也有少量与甲骨文属于同一系统的金文和陶文。甲骨文资料证实了《竹书纪年》、《世本》、《史记·殷本纪》以及《尚书》、《春秋》、《国语》等书记载的商代史实是可靠的。

商代早期有许多东西是直接承袭夏代，或从夏代开始商人的祖先就实行了的。比如用十干纪日，并以出生日的干名作为人名和为帝王命名。据陈梦家《殷虚卜辞综述》指出，夏代的太康、中康、少康即为大庚、中庚、少庚，还有孔甲、胤甲、履癸等，都为日名。商的先世处于夏代也以生日命名；商朝从汤到纣三十一王，全以生日之干命名。纪日如此，纪月、纪季、纪年也都有承袭关系。对木星，夏代历法是“要之以太岁”，所以称年为“岁”；商代虽称年为“祀”，但甲骨文中也记载了对木星（太岁）的观测（见郭沫若《甲骨文字研究》）。所谓“唯殷先人有册有典”，这些典册的记载也始于夏代，可惜早已无存，我们只能从甲骨文中窥见一斑一文。甲骨也可编成册，安阳小屯 YH127 坑出土的一个贵族所用腹甲上刻有“三册，册凡三”，即用九块龟版编为三册。

第一节 甲骨卜辞中的气象记载

一、甲骨卜辞及其所形成的档案

占卜术从龙山文化（相当于传说的五帝时代）经夏代到商代，由于人格化的上帝已经发展到万能的程度，他既管天地自然，呼风唤雨；又管人间一切，决定吉凶祸福，所以事事都必须通过卜筮来向他请示。我们从卜辞中见到占卜面十分广泛，包括祭祀、年成、天时、灾害、祸福、征伐、田猎、疾病、婚姻、生育等，无所不卜。所以，我们可以从中了解到那时人们的生产、生活（物质的和精神的）以及当时的科学知识。有记录的卜骨大多是王室或贵族的；如果民间也有占卜，那么大多数难有完善的记录。弄好一块卜辞，是很费功夫的。

商王所用甲骨都由各方国进贡。武丁时一次就纳贡 580 只龟版。每次甲骨是何处纳贡，由谁送来，都有记载。早商多用牛、羊、鹿、猪的肩胛骨，晚商龟甲兽骨并用。加工步骤有：剔，除尽血肉；工，处理工整，龟腹甲削平甲冉，兽肩胛削平背面突起的冈；凿，在甲的内面或胛的冈面，用刃具挖出长约一厘米的枣核形凹穴，再在旁边钻出小圆窝与凹穴相通，排列整齐有序。加工完后交负责占卜的人保管。加工人、保管人的名字也要记下来。以上三项记载刻在边缘，称为“署辞”。但在时间匆忙时，就顾不上这些了。

占卜的时候，用火柱烧灼甲骨上事先钻好的圆窝，于是正面就呈现出“卜”字形的裂痕，这就是“兆”。卜问的问题称为“贞辞”，先问正面，如：“帝令雨足年?”（上帝让雨水足够保障丰收?）再问反面，如：“帝令雨勿其足年?”（上帝让雨水不足保障丰收?）占卜的日期和卜者的名字称为“前辞”。前辞和贞辞都要记在甲骨上。每个问题要反复灼若干个兆。兆的次序要记在兆的旁边，称为“兆辞”。占卜多次，决定采用与否（“用”、“兹用”、“兹勿用”）的权力属于商王，商王判断占卜的结果，称为“果辞”，记在“贞辞”之后。并将结果告诉部落议事会（多君）。事后发生的事实是否符合占卜的预测，称为“验辞”，记在“果辞”之后。

一份完整的卜辞，应包括署辞、前辞、贞辞、兆辞、果辞、验辞六部分。多用刀刻，也有用笔蘸朱、墨书写的。这就形成了一套档案，并由专人保管。小屯一个储藏甲骨的窖穴里，就保存了1.7万多件甲骨，可能是王室的占卜档案库。

自1899年发现甲骨文以来，出土带字的甲骨已超过16万片。这些文字，能认识和隶定为汉字者1723字，不认识者2549字，另有合文371字。这种文字已相当进步，初步具备了“六书”（象形、指事、会意、形声、转注、假借）的规律。因此，它能较完备地记载各种知识。气象上有用的一些文字举例见下页图。

二、对天气现象的记录和认识

《史记·龟策列传》说：“王者决定诸疑，参以卜筮，断以蓍龟，不易之道也。”对于卜问的内容，罗振玉《殷虚书契考释》分为九类，王襄《殷契征文》分为十二类，《安阳发掘报告》参考罗、王之说定为十二类：

甲骨文						
汉字	气	象	云	物	风	雨
甲骨文						
汉字	雪	虹	雹	蒙	雷	雾
甲骨文						
汉字	春	火	耳(珥)	日	月	水

气象上常用的甲骨文举例

1. 卜祭
2. 卜告
3. 卜䡞
4. 卜行止
5. 卜田渔
6. 卜征伐
7. 卜年
8. 卜雨（含风、雪、雾、蒙、雹……）
9. 卜霁
10. 卜瘳
11. 卜旬
12. 杂卜

其中，属于气象的有7、8、9、11四项。对天气现象的记录就在这几项中。还有一些云物、异常现象，在杂卜之内。

甲骨文中对天气现象的记载已十分完整、细致，包括降水、天空状况、风、云雾、大气光电现象等方面的许多项目。

降水现象有雨、雪、雹、霜等分类。对雨还有具体分析。“缉雨”是毛毛雨，如“甲寅卜，不缉雨”，即不下毛毛雨。“雷其雨”则是下雷雨。“洌雨”、“疾雨”是能带来灾害的雨，在甲骨文中屡有所见，如：

今夕其雨疾，疾雨亡害（罗振玉《殷虚书契前编》四、九、七）贞，其亦洌雨。贞，不亦洌雨（胡厚宣《战后京津

所获甲骨集》四一九）

这疾雨就是急雨，洌雨就是暴雨。“疾雨亡害”是说下了一场急雨，幸好没有造成灾害。雨太多就会涨水，造成洪水灾害。

洹弘（洪）弗商邑（金祖同《殷契遗珠》三九三）

丙寅卜，洹其次（涎）？（胡厚宣《甲骨续存》前六、三二、五）

“洹弘弗商邑”是说洹河发洪水危及了商朝的都城。“洹其次”是问洹河会不会涨水。

当然也有好雨：

贞，今夕其亦盄雨。（唐兰《天壤阁甲骨文存》一九甲）

盄音调。调雨就是调和无灾之雨。这句卜辞是说，今夜也会有一场好雨。但也常有干旱不雨，乞雨的记载。

对天空状况和云雾的记载也十分细致，这些现象又和大气光象和日傍气等“云物”结合起来，被认为是表示“天意”，是上帝降下吉凶祸福的征兆。如关于晦明：

戊申卜，争贞，帝其降我黑。戊申卜，争贞，帝不降我黑。（张秉权《小屯殷虚文字丙编》六七）

丙申卜，岁贞，商其黑，贞，商黑（董作宾《小屯殷虚文字乙编》三三三一）

黑即昼盲，是白日黑暗。晦是重阴天。还有轻阴天，称为“蒙”。甲骨文的蒙字、雾字、阴字都从“隹”（鸟），是认为有某种鸟鸣即能产生阴晦天气，这种鸟能预知天气。

象，庚申亦有设，有鸣鸟。（董作宾《小屯殷虚文字甲编》二四一五）

允有设，明有格云自东。晨亦有设，有出虹，自北饮于河（曾毅公《甲骨叕存》三五）

这里的“设”，就是上帝所设的一种征兆，它泛指观测到各种云物现象，预示着将出现某种灾害，几乎和希（祟）是同意语。

王固曰：有希，八日庚戌，有各云自东囿母，昃亦有虹出，自北饮于河。（罗振玉《殷虚书契菁华》卷四）

王固曰：酘，隹有希，其有设。乙子酘，明雨，伐，即雨，咸伐，亦雨。饯、卯、鸟星。（董作宾《小屯殷虚文字乙编》六六六四）

“隹有希”即“唯有祟”。酘即槱，是一种“燎祀”（后详）。从上述四段卜辞来看，“设”这种征兆包括：某种鸟鸣，“格（各）云自东”，虹，一些星星如饯、卯、鸟等。《易》卦辞里有“飞鸟之遗音，不宜上”（《小过》）、“密云不雨，自我西郊”（《小畜》），也正符合这些征兆。由此可知，夏商周三代对于云物的观测都是很重视的。

总之，晴（启）、崔（雨止云散）、星（夜无云雾）、霁（雨雪止）暑（易日）、阴、晦、蒙、霾（雨土）、雾、毛毛雨（缉雨、幺雨）、雨、疾（急）雨、洌（暴）雨、雪、征雪（延绵性的雪）、雷、雹、電、霜回（晕）、虹（蝃、蝀）、阩（虹）、霞等，都在记载内容之列。甲骨文中还有“洒日”二字连见百余次，据于省吾解释，这就是“味日”，“妹日”。

东虹本是阴雨转晴的征兆，被认为是“晨亦有设”，那么，这“设”与“祟”应是有所区别的。“祟”是天灾之兆，“设”则既包括坏天气，也包括好天气两种征兆。即“祟”是“设”的不良部分。

殷人常卜四方风和大风。卜辞中常见“大叜雚”三字，据于省吾《甲骨文字释林》，释为“大骤风”。另外，四方风为：

> 西方曰彝，风曰介
> 北方曰宛，风曰役
> 东方曰析，风曰协
> 南方曰（㷍），风曰（㑺）

（ ）为缺文，据文献增补。这四方风《尧典》里就有，甲骨文则是实物证明。

四方风四季不同，反映了对季风的初步认识。来自不同方向的雨，与风和天气系统的运动有关，当时虽无这种概念，但都注意到了雨的来向。不同方向来的雨，降水特征和引起的后果是不同的。如：北来的雨很快就会下完，转为晴天；东来的雨连绵时间长；南来的雨雨量较多，西来的雨常常是疾风猛雨，等等。所以，在卜问降雨时，有时需要预知其来向：

> 癸卯卜，今日其雨。其自西来雨？其自东来雨？其自北来雨？其自南来雨？

对于不同方向的雨，有不同的措施。雨下得好要报神，下出了灾害要祈神，还要弄清是何方神圣。

第二节　最早的气象预报及验证

一、“腊月占岁”与卜年的物证

“腊月占岁”与腊祀有关。按蔡邕《独断》：“四代称腊之别名：夏曰嘉评，殷曰清祀，周曰大蜡，汉曰腊。”关于腊祀的起源，《礼祀·郊特牲》有“伊耆氏始为蜡”之说。伊耆氏一说为神农，一说为帝尧，因为尧姓伊祁，伊耆即伊祁。从甲骨文分析，商代有卜年，和腊祀、占岁有关。武丁时有一片甲骨卜辞说：

> □□卜，谷贞：王大令众人曰：协，田受其年。十一月。（《殷虚书契》卷七）

殷正建丑，十一月斗建亥，这正是孟冬腊祀所在月份。这是秋收耕种完毕之后的时节，王不会令人在这时下地种田。这句话应理解为商王武丁在十一月大令众人说：吹东风了，来年农田将会获得丰收。“协”是东风。李学勤考证这是腊月占风决年成风俗的表现。此说有道理。这正是“腊月占岁”的实物证明。

《礼记·月令》：“孟冬之月……大割祠于公社及门闾，腊先祖五祀。”腊祀本在孟冬建亥之月，收获完毕之后大事祭祖，并祈来年丰收。夏为十月，商为十一月，周为十二月。周朝孟冬成了岁末。从汉朝以后历法用《夏正》，但没把腊祀（祭祖）时间放在建亥之月（夏历之十月，商历的十一月），而是放在岁末，这样，与收获季节就隔得远了，只是占岁的风习依然保存。

占岁是对来年年景的揆卜。夏代有伯益作“占岁”之说，大致可靠，但具体情况无记载。商代流行“占岁”，这已有了证明。至于《吕氏春秋》说黄帝使“后益作占岁”，那是难以证明的。

前述卜辞中的“王大令”含有鼓励农耕的意味，好像是利用占岁获得的好兆头，鼓励人们多种田。我们从甲骨文中可以看到，帝王武丁是大量地派人长年累月在各地从事垦田事业的。

> 贞，王令多羌圣（垦）田（郭沫若《殷契粹编》一二二二）
>
> 行圣（垦）五百四旬七日，至丁卯从。才（在）六月（董作宾《小屯殷虚文字乙编》一五）

派去垦田的多羌，即被征服的多个羌族部落的奴隶们。商代初期曾把俘获的羌族奴隶用作人牲，有时又令多羌狩猎，到武丁时是大量地用他们垦田。从甲骨文中看出，开垦的地方先后有：先候、夷、下尸、绊方等地。一去就是一两年。前面第二条就说，已经垦荒547天。这样长期到远处去开发农田，掌握气象条件当然是十分重要的事情。不仅要了解被开垦地方的环境气象条件，还要预测未来的天气。对于短期的天气变化，是根据生产、祭祀、生活、战争的需要而随时卜问。中期天气变化是在每个癸日卜问，即十天作一次卜旬。长期的预报，就是“腊月占岁”了。

甲骨文“岁”作“戉”，和“载”字一样含“戈”，含有巡狩、征伐告一大段落的意思；“祀”则是祭祀的一大段落；“年”是农业丰收的一大段落。这个大段落就是365天的气候周期循环。夏代农业发展了，才产生“占岁”。商代因袭了夏代“占岁”之礼。但一祀（年）占卜一次、验证一次是不够的，所以除了腊月占岁之外，在别的时间也有卜年、乞年的记录，而且为数不少，如：

贞，于王亥求年。
贞，求年于羔。
癸丑卜，宾贞，求年于太甲十牢，祖乙十牢。
辛酉卜，宾贞，求年于妣乙。
甲辰卜，商受年。
庚申卜，我受黍年。三月。
贞，不其受黍年。
乙巳卜，以贞，雪，不其受年。
（以上见（罗振玉《殷虚书契考释》增订本下）
己巳王卜贞，□岁商受年，王占曰：吉。东土受年，南土受年，西土受年，北土受年。
癸丑卜贞，今岁受年，弘吉，在八月，唯王八祀。

（以上见郭沫若《殷契粹编》）

这类卜辞很多，不胜枚举。总之，除了腊祀占岁之外，其他时间卜年、乞年也很多，而且分卜各地方、不同农作物品种、不同牲畜的年景。

二、“贞旬”的十天预报及其验证

纪日用十个天干，十日划为一组。这种方法起源很古。尧时“十日并出”，夏代《胤征》“废时乱日”，可能是指各地用干不一致，纪日发生了混乱。从夏、商两代帝王名字知道，夏代（包括殷先人）就是用十干记日的。商代全部记有时间的甲骨文，都能作为十干纪日的证据。

十干的最后一字“癸”，最初不一定含有预测未来之意。但在商代，每到一旬的最后一天，卜问未来十天天气逐渐成了常例；到周代因袭商代的“礼”，而把卜旬列为礼官的职司，癸字含“揆度”的意义就约定俗成了。

商代大规模地驱使奴隶长年累月地开垦农田，不仅需要知道短期天气变化和一年的长期变化（卜晴、卜雨、卜雹、卜风、卜雷、卜霜和占岁、卜年的甲骨文，在总数中占很大比重），而且需要知道中期的、未来十天的天气变化。卜旬具有很大的生产意义，而不仅是具有宗教祭祀的用途。

董作宾曾对1936年出土的一片殷虚卜辞进行研究①，证明那是殷王文丁六年三月二十日（公元前1217年3月20日，癸亥）一次“贞旬”的“验辞”。表明那时不仅作十天预报，而且事后要逐日验证，因而有连续十天的气象记录。这种十天的预报和实况记载，都是世界最早的记录。1973年7月号《世界气象组织会报》的《国际气象协作一百年》纪念文章，曾引用了董作宾研究过的这段甲骨文资料如图：

---

① 董作宾：《殷文丁时卜辞中一旬间之气象记录》，《气象学报》第17卷1—4合期，1943年12月。

刻有贞旬“验辞”的一片甲骨，右为对照译文

全文是：

> 癸亥卜，贞旬。乙丑，夕雨，三夕。丁卯，明雨。戊辰，小采风雨。己巳，明启。壬申，大风自北。

文中夕、明、小采等为一天中的时刻，谈殷历时再述及。这段文字记载的意思是这样：

> 癸亥这天占卜，问未来一旬的天气。（十天中的第一天甲子，转阴天。）第二天乙丑，从昨夜间开始下雨，下了三夜。到第四天丁卯，早晨还下雨。第五天戊辰，傍晚有风雨。第六天己巳，早晨云开天晴，（第七天庚午、第八天辛未为晴天。）第九天壬申，有北大风。（第十天癸酉，晴天。）

括号中是推断。人们记天气总是记变不记常。甲子、庚午、辛未、癸酉等日没有发生风、雨、晴、霁的变化，所以就没有记载。丙寅虽有雨，因为包括在“三夕”连阴雨中，所以也未单记。第一天推断为转阴天，是因为它到夜里就开始下雨了。第七、八天是久雨后转晴。第十天在北风下来之后，当然也是晴天。这种详细的十天风雨晴霁起止时间的记载，表明作“验辞”的人工作细致，是有专人进行的，也说明人们对制作十天预报和验证十天预报都很重视和认真。

类似的例子如：

> 癸巳卜，王，旬。二月。四日历申，昃雨自东，小采既。丁酉，雨至东。(日本京都大学藏背甲)

这也是由商王亲自过问的一次卜旬的“验辞”，时间在二月初。这一旬只下了一场雨，在第四天的午后，从东边来的雨，下到傍晚就停了。第五天雨就到东边去了。

第三节 殷礼与殷历

殷代的礼法比夏代更严密，对奴隶的统治也更残酷，这从殷王及贵族墓葬的大量杀殉，丰富的随葬品，庶人墓没有人殉，随葬品极少等情况，得出深刻印象。殷代中期以后，奴隶和俘虏大量用于垦殖，不再大批杀戮奴隶，但刑法十分严酷。气象、历法属于“礼”中的事情，礼与刑并用以维持奴隶制度。

《续汉书·律历志下》说：“取象金火，革命创制，治历明时，应天顺民，汤武其盛也。”这是说，商代和周代开国之初，为了“革命”，对天文气象都是十分重视的。

一、礼教宗法与天地四时

孔子说过：“殷因于夏礼，所损益可知也；周因于殷礼，所损益可知也。”但是，对殷礼的详细情况却没有说出什么来。按《周礼》来分析殷礼，大致也应规定天与人的关系、人与人关系的各种准则。它当然是维护奴隶主利益和奴隶制度的。殷代把年称为祀，说明他们是把祭祀上帝、祖先和诸神作为最重要的事情，最大的政治，最主要的统治手段。殷王自称是天的儿子，是政教合一的最高统治者。他手下一些掌握大权的人物，则是具有沟通天人、人神关系本领的大巫，如伊尹、巫贤、傅说之流，他们在掌握礼治过程中，对气象问题是十分重视的。这些人被奉为早期道家（伊尹学派）的始祖或开创人。

《吕氏春秋·先己》里有伊尹说的话："无为之道曰胜天，义曰利身，君曰勿身。勿身督听，利身平静，胜天顺性。顺性则聪明寿长，平静则业进乐乡，督听则姦塞不皇。"这些话当出自《伊尹》五十一篇之中①，是重要的研究资料。"无为"是老子的著名思想，也许是源于伊尹，在多事之秋发展而成。

伊尹既讲"胜天顺性"，自然是重视天地四时的。1973年长沙马王堆三号汉墓出土帛书有《伊尹》六十四行，称为帛书《伊尹九主》，内中有这样的话：

> 法君者，法天地之则者。
>
> 主法天，佐法地，辅臣法四时，民法万物，此谓法则。天覆地载，生长收藏，分四时，故曰事分在职臣。
>
> 名分既定，法君之佐主无声。

这是伊尹理想中对天、地、四时、万物及人君、佐、臣、民的名分、执事关系的规定。这是属于礼法范围的东西。商代开国之初，就实行了这一套礼制。汉代刘向曾在他的著作中写道：

> 汤问伊尹："三公九卿，大夫列士，其相去何如？"
>
> 伊尹对曰："三公者，知通于大道，应变而不穷，辨于万物之情，通于天地之道者也。其言足以调阴阳，正四时，节风雨，如是者举以为三公……。九卿者，不失四时，通于沟渠，修堤防，树五谷，通于地理者也……如是者举以为九卿。"②

这是商代开国之初，为了保证礼法制度的执行，在用人方面的条件。按照这些条件，能够充任"三公"这种位居最高辅臣地位的

---

① 《汉书·艺文志》有道家《伊尹》五十一篇，小说家《伊尹》二十七篇，久佚。

② 刘向：《说苑·臣术》，《百子全书》，浙江人民出版社1984年版。

人，必须是天文气象学家。没有谈到“三公”之上的王佐的条件，但可以推论。因为王与佐（如汤与伊尹）应是“法天地之则者”，所以应该由通晓天文、地理、气象的人才来担任。当然，王者受有天命，佐者是能够沟通天人关系的大巫总头目。余下九卿，也要“不失四时”，即能掌握气候规律，并能主持完成农业、水利等方面的各项工作任务。

《尚书·洪范》说：

> 王省唯岁，卿士唯月，师尹唯日。岁月日时无易，百谷用成。……岁月日时既易，百谷不用成。……庶民唯星，星有好风，星有好雨。日月之行则有冬夏，月之从星则以风雨。

这说明在观测天文气象方面也有等级制度。王、卿士、师尹、庶民各有自己的观测任务和对象。

无论官方或民间，这些观测工作都取得了良好结果，得出了掌握气候、制定节气、预报天气的良好经验。如所谓“好风”是指箕宿，“好雨”是指毕宿，“箕风毕雨”这条经验就是由庶民创造的。

甲骨文表明，殷代对天气的观测记载颇为细致。而对日食、月食、日戠（可能指太阳黑子或黑气）及星星等天象的观测，有的是为掌握天气，有的是为掌握气候，制定历法。

由此可以看出，殷代初期对气象问题就十分重视。这一方面是出于那时对天人关系的认识，认为风雨四时是上帝的安排，天意的表现，事天乃人之大事；另一方面也是为了农业生产和政治生活（祭祀）的需要。

二、殷人纪时与纪日

从甲骨文中看出殷人对时辰的划分，不像夏人那样分为朝、昼、昏、夜十六个时刻，纪时的名称也不同，但也分得很细致。所用名称有：

日：白天
夕：夜间
中日：中午
明＝日明：在大食前，具体又分为晨明、朏明、旦明等。
旦：日出
朝：日出草莽
大采：早晨（一说大采＝夕）
大食：明后早餐
盖日：昃之前，晌或晌时
昃＝日侧：正午后，郭兮前
郭兮：省作郭或兮，昃昏之间
小采：傍晚
昏：郭兮后，日入
各日：各＝落，同昏
莫：莫＝暮，日入草莽
妹：昧，日入后
小食：昏后晚餐

这种划分时辰的方法有其原始性。可能在殷代开国之前，殷先人在夏代即已使用，习惯难改。

殷代纪日已不是仅用十干，而是把十干与十二支配合起来使用。在甲骨文的日常用语中，对日子的记述常用这样一些辞：

今日：今天白天
今夕：今天夜间
翌：明日
翌日：一旬之内的未来日
来：一旬之外的未来日
昔：过去的日

为了便于检查日期，甲骨中刻有干支表。三旬的干支表从甲子排到癸巳：

1	2	3	4	5	6	7	8
甲子	乙丑	丙寅	丁卯	戊辰	己巳	庚午	辛未
9	10	11	12	13	14	15	16
壬申	癸酉	甲戌	乙亥	丙子	丁丑	戊寅	己卯
17	18	19	20	21	22	23	24
庚辰	辛巳	壬午	癸未	甲申	乙酉	丙戌	丁亥
25	26	27	28	29	30		
戊子	己丑	庚寅	辛卯	壬辰	癸巳		

郭沫若考证认为，殷代初期每月规整地为三十日，无大小月之分，用十日与十二辰相乘到三旬已足。后来改变了，有了完整系统的干支纪日法，于是在甲骨上刻下了六旬干支表，从甲子排到癸亥，从前面的表接着往下排：

31	32	33	34	35	36	37	38
甲午	乙未	丙申	丁酉	戊戌	己亥	庚子	辛丑
39	40	41	42	43	44	45	46
壬寅	癸卯	甲辰	乙巳	丙午	丁未	戊申	己酉
47	48	49	50	51	52	53	54
庚戌	辛亥	壬子	癸丑	甲寅	乙卯	丙辰	丁巳
55	56	57	58	59	60		
戊午	己未	庚申	辛酉	壬戌	癸亥		

这可以说是殷人使用的日历牌。

殷人的“日历牌”，甲骨文干支表

三、殷人纪月与纪祀

殷代的历法好像不固定，而且也未必比夏代先进。孔子主张“行夏之时”，即用夏历而不用殷历，恐怕是有原因的。因为他对夏历、夏礼与殷历、殷礼作过比较研究。但我们现在已得不到他所用的那些资料了。

汉武帝改革历法以前各地所流行的“古六历”，即所谓《黄帝历》、《颛顼历》、《夏历》、《殷历》、《周历》、《鲁历》，大多是战国时期的创造，均为四分历，以 $365\frac{1}{4}$ 日为一年。它们之所以有这样的名称，是由于通行的地方不同，或者采用的岁首不同。《殷历》采用的岁首和殷代历法一样，即以太岁建丑之月为正月。

殷代早期历法以三十日为一月。后期有大小月之分，大月三十日，小月二十九日，这样与实际月相更接近一些。

在夏代以前，人们确实已懂得置闰。但对闰月的处置，却摸不清规律。到了殷代还是如比。从甲骨文中可以看到，从武丁到祖甲以前，是在年末置闰，有“十三月”的记载。以后改为年中置闰，卜辞中可以看到“冬八月”、“冬六月”、“冬五月”、“冬十三月”等，这些“冬”字不是冬天的冬，而是“终”字，即“完了以后”的意思。“冬八月”就是“后八月”，即闰月。闰月可以在八月、六月、五月、十三月等，这比一律在年末置闰更符合气候特征。

殷代也把一年分为春、夏、秋、冬四时，合四时为一祀，有四时、四方的祭祀。据《安阳发掘报告》，殷代以一、二、三月为春，四、五、六月为夏，七、八、九月为秋，十、十一、十二月为冬。不过，据于省吾《岁时起源考》，甲骨文中无夏字，虽有冬字但多作“终”字用。春字最为多见。不过，不能因为卜辞中无“夏”字，就认为殷人没有划分夏季；正如不能因为卜辞中没有“金”字而否认殷代为青铜时代一样。我们对甲骨文，还只认识了少部分。

然而，殷代历法不固定并较乱，这是事实。这可能与殷代的祭祀活动有关。殷代虽然因袭夏礼、夏历，但作了一些改变。从主导思想说，夏代以一载为一年，是从一年收获（包括农、牧、猎）的角度来安排历法，因此如前一章所述，夏历十分便于生产。

殷人则不同，他们把祭祀看得高于一切。这种社会思潮，大约从夏代帝孔甲的时代就开始了。所谓“帝孔甲立，好方鬼神”，这实际是出于加强奴隶统治的需要。商代这种需要更为强烈。所以，商代以祀为年，不是按农业的需要，而是按祭祀的需要来安排历法，这怎么能不把历法搞乱。

第四节 殷人的天道观·汤祷

唐代刘禹锡《天论下》说：“在舜之廷，元凯举焉，曰‘舜用之’，不曰天授。在殷（之）宗，袭乱而兴，心知说贤，乃曰‘帝赉’尧民之余，难以神诬；商俗已讹，引天而敺。”① 这种看法，大致是符合实际的。尧舜时代帝王禅位，只说“稽古”，不说“稽天”。即认为是尊从祖先传统，而不说君权天授。“唯有夏服稽命”，夏代家天下以后才标榜君权天授，所以殷代夏政就必须“革命”，即革掉夏人的天命。

到了商代，需要时时刻刻高唱天命。殷人的天，已成了万能的上帝。同时，在天上、人间还创造了许多的神。在精神世界里造出了一个与物质世界相似的统治系统，在天上也创造了一个相似于人间的世界。

一、殷人崇奉的上帝

殷人的上帝是完全人格化了的、万能的、至高无上的神，它能主宰宇宙间一切。自然界的风雨变化，四时更替，年成好坏；人间的吉凶祸福；战争胜负、国家存亡，等等，都要由上帝的意志来安排。甲骨文中有记载：

---

① 引《中国历代哲学文选》，中华书局 1962 年版。

翌癸卯，帝其令风？翌癸卯，帝不令风？（《小屯殷虚文字乙编》二四五二，三〇九四）

帝令雨足年？帝令雨弗其足年？（《殷虚书契前编》一、五〇）

……贞，帝其降我蓂？贞，帝不降我蓂？（《小屯殷虚文字乙编》七七九三）（蓂，干旱之意）

戊申卜，争贞，帝其降我黑？戊申卜，争贞，帝不降我黑？（《小屯殷虚文字丙编》六七）

王封建邑（城），帝若（诺）。①

贞，帝弗其福王。（《殷契书契后编》上，二四、一二）

刮不刮风，下不下雨，年景好坏，会不会出现干旱，会不会出现天昏地暗的自然灾害，允不允许建城（封侯），能不能得福……一切全要问上帝，求上帝，全凭上帝安排。这上帝是谁？

《礼记·祭法》："殷人褅喾而郊冥，祖契而宗汤。"《国语·鲁语》则说："商人褅舜而祖契。"褅与郊是祭天帝和祖宗的最高祭祀。郭沫若考证结果认为："其在殷人，则只知有上帝=帝俊=帝舜=帝喾=高祖夔而已。更约言之，则知有高祖夔一人而已。由高祖夔一人乃化而为帝俊、帝舜、帝喾三人。"② 这种看法古已有之。晋代郭璞注《山海经》认为帝俊即帝舜。王国维在《殷先公先王考》及其《续考》中则认为帝俊即帝喾，即卜辞中的高祖夔。我们不妨以喾、契、舜、夔为殷先人的氏族，而帝俊本为天帝，正应是殷人的上帝。

在第二章"南方氏族以鸟为图腾"中曾谈到了帝俊的一些事迹。《山海经》写得最多的就是帝俊，共有16处提到他：

帝俊生中容。中容人食兽、木实，使四鸟：豹虎熊罴。

帝俊生晏龙，晏龙生司幽。司幽生思士，不妻；生思女，

① 引任继愈：《中国哲学史简编》，人民出版社1984年版，第7页。

② 郭沫若：《中国古代社会研究》，人民出版社1977年版，第199页。

不夫。使四鸟。

帝俊生帝鸿；帝鸿生白民。白民销姓，……使四鸟：虎豹熊罴。

帝俊生黑齿，姜姓。……使四鸟。

有神……名曰奢比尸……，唯帝俊下友。（以上见《大荒东经》）

帝俊妻娥皇，生此三身之国，姚姓。……使四鸟。

帝俊生季釐，故曰季釐之国。有缗渊。少昊生倍伐，倍伐降处缗渊。

有水四方，名曰俊壇。

羲和者，帝俊之妻，生十日。（以上见《大荒南经》）

帝俊生后稷，稷降以百谷。稷之弟曰台玺，生均叔。

帝俊妻常羲，生月十有二。（以上见《大荒西经》）

帝俊竹林在焉，大可为舟。（《大荒北经》）

帝俊生禺号，禺号生淫梁，淫梁生番禺，是始为舟。

番禺生奚仲，奚仲生吉光。

帝俊赐羿彤弓素矰，以扶下国。

帝俊生晏龙，晏龙是为琴瑟。

帝俊有子八人，是始为歌舞。

帝俊生三身，三身生义均，义均是始为巧倕，是始为天下百巧。（以上见《海内经》）

这些故事中，涉及许多氏族、地方以及有关他们的图腾、人物和事物。这些地方比《禹贡》所提及的夏代地方还要广大，包括从日出地方到日落的地方，从最南到最北。涉及的氏族，包括东方以龙为图腾的氏族，南方以鸟为图腾的氏族，西方以兽为图腾的氏族。这些氏族所做的事情，几乎包括了古代文明中所有重大发明创造：农业（稷）、历法（羲和、常羲）、手工业（倕）、交通（番禺、奚仲）、文艺（子八人）、弓矢（授给羿）等。人类各种各样的人和神，大多属于这个帝俊家族，或他的子孙。看来，没有这个帝俊，也就没有了人类及其文明。不仅如此，天上的十个太阳和十二个月亮，也都是帝俊的儿女。只有一位叫“噎鸣”的天神，他生下了“岁十有二”，即生了十二个岁星（木星），在天上是唯一的可以与帝俊比一比的神了。这是帝俊在天上的“上友”。帝俊还有“下友”：

> 有神人面、犬耳、兽身，珥两青蛇，名曰奢比尸。有五采之鸟，相乡弃沙。唯帝俊下友。帝下，两壇采鸟是司。（《大荒东经》）

这个奢比尸神的事迹不太清楚，从他的外貌来看，应是以犬、兽、蛇为图腾的几个氏族联合组成的部落的图腾。《山海经》中珥蛇的神，还有北方的神雨师妾和禺强，他们大约与奢比尸有点关系。这样大致可以断定他是北方之神。他和五采之鸟是什么关系，两者谁是“帝俊下友”，文中叫人难以理解。这里可能有错简。若把“唯帝俊下友”五字置于奢比尸名字后面，就可以理解为帝俊到下友奢比尸的地方，人们筑两壇来祭祀他们，两壇都有五采之鸟来侍候。

总之，夏人服天命，殷人服上帝，周以后各代也服天命。万能的上帝是殷人创造的。

二、殷人崇奉的诸神列祖

殷人不仅信奉上帝俊，而且信奉他们的列祖列宗与诸神，因为他们也都是帝俊的子孙或下属。甲骨文中记载了他们卜问、祈求的对象。

> 贞，于王亥求年。（《殷虚书契后编》）上，一，一）
>
> 壬申贞，求年于夒。（同上，二二，四）
>
> 贞，求年于岳。（《殷虚书契前编》，一，五〇，一）
>
> 癸丑卜，✕贞，求年于大甲十牢，祖乙十牢。（《殷虚书契后编》上，二七、六）
>
> 有于东母、西母，若。（同上，二八，五）

王又岁帝五臣正，隹亡雨。(《殷契粹编》，一三)

秘于帝五工臣，在祖乙宗，卜。(同上，一二)

弜又（侑）于大岁。(《库方二氏所藏甲卜辞》，一〇二二)

×卯卜，×贞，求年娥于河。(《龟甲兽骨文字》，一，二一，一四)

桒雨，身上甲，大乙、大丁、大甲、大庚、大戊、中丁、祖乙、祖辛、祖丁、十示，率牡。(《殷虚文字甲编》，二二八二)

……

这类甲骨文字不胜枚举，不再引述了。前面的王亥、夒，是殷人的远祖，地位很崇高，但可能不如直接祖先上甲、大乙到祖辛、祖丁“十世”那么亲近。这些都是要定期举行祭祀的。有时也向他们卜晴、祈雨、问吉凶。另外，岳、河、东母、西母、五臣正、五工臣、大岁（太岁）、娥……，此类神也是殷人崇奉的对象。这岳不知是尧舜时的四岳，还是泛指山岳之神。河是黄河之神，河伯。《山海经·大荒东经》说：“王亥讬于有易，河伯仆牛。有易杀王亥，取仆牛。”注引《竹书纪年》：“殷王子亥宾于有易而淫焉，有易之君绵臣杀而放之。是故殷王甲微假师于河伯，以伐有易，灭之，遂杀其君绵臣。”这河伯是帮助殷先人向有易之君报了杀亲之仇的。东母、西母是何神，又不清楚。五臣正、五工臣是上帝的十位臣子，他们也管人间的事。太岁是一位很凶的神，需要讨好于他，免得降灾人间。娥，郭沫若等认为是娥皇，羲和，嫦娥，是对天文气象有贡献的人。

总之，甲部卜辞中提到的很多神，可从《山海经》中找出来，了解他们的事迹。其中不少对人类文明、天文气象有过贡献，或者与殷人的祖先合作过，被尊为神。《礼记·表记》说：“殷人尊神，率民以事神，先鬼而后礼。”这从甲骨文中是可以获得充分证明的。

三、殷代的天人关系·汤祷

天人关系的历史，在殷代可能是倒退了的。清代学者龚自珍曾说：①

> 人之初，天下通，人上通；旦上天，夕上天。天与人，旦有语，夕有语。

这是帝颛顼宗教改革之前的情形。那时人人都可以与天打交道。颛顼“绝地通天”，让重看着天，让黎看着地，阻绝了人与天的交往，只有他自己能代表天。他身边的大官们成了司徒（土）、司空（工），各管自己的具体事情，不再有上天下地、沟通人神关系（巫）的职责。这种情况大约保持到了夏代。《礼记·表记》说：“夏道尊命，事鬼敬神而远之。”这和殷人“率民以事神，先鬼而后礼”是很不同的。

处理人与天、神、鬼关系的“礼”，夏、商、周相袭而又有损益，孔子是多次谈到的。殷代在天人关系上不仅不如夏代，而且向颛顼改革之前的时代倒退回去。随着上帝权威的扩大，神的增多和鬼神干预人事的思想膨胀，达到了全民弄鬼弄神的程度。虽然没有回到“家家巫史”的状况，但能与天神打交道的人却很多了。殷王身边的大官，如伊尹、巫咸、巫贤、傅说这些殷代名相，全是大巫，而且殷王自己则是大主教。这些权力最大的人间的统治者，都是上帝、鬼神的奴隶。他们处处得向天神祈求，事事得看上帝的脸色行事。殷初贤相伊尹说过：“唯天降灾祥在德。”② 对天帝的暗示是要小心对待的。这种观念贯彻了殷代始终。在殷人看来，上帝用这样一些方式来警告人们：

1. “有设”：这是上帝设置的征兆，如：

---

① 《定盦续集》卷二《壬癸之际胎观一》。

② 《尚书·咸有一德》。

允有设，明有格云自东。晨亦有设，有出虹，自北饮于河。(《甲骨叕存》三五)

唯有祟，其有设。乙子酚，明雨，伐，既雨，咸伐，亦雨。饺、卯、鸟星。(《小屯殷虚文学乙编》六六六四)

乙子夕，有设于西。(同上，六六六五，也指鸟星)

象，庚申亦有设，有鸣鸟。(《小屯殷虚文字甲编》二四一五)

所谓的“设”，是指某些云、虹这些大气、云层的现象和光象、天空星星、某些鸟鸣。这些都是把天气将要变化的征兆视为凶兆。

2. “有希”：即有祟。所指的现象大约与“设”相类似，如：

王固曰：有祟，八日庚戌，有各（格）云自东圊母，昃亦有虹出，自北饮于河。(《殷虚书契菁华》，卷四)

祟和设的意义相近。但设包含凶兆与吉兆，祟则全是凶兆。

3. “勿见”：即物现，云物出现，如：

勿见，其有渝，亡害。(《战后南北所见甲骨集》七六二)

丙申卜，争贞，勿见，子不雨，受年。(《殷虚书契前编》六、七、四)

这是指观察云气的颜色、形状等。云是变幻无穷的，对云的观测当然要有专人来进行，而且也有一定的标准。这是形成了一套制度载入《礼》中的。

以上种种，虽说带有迷信色彩，但在积累了较多经验以后，却可以找出天气预报的经验指标。实际上，只有在积累了较多观天经验之后，才可能确定什么现象可以称为设、祟、勿见。所以说巫师们的实践在一定程度上增进了气象知识。对那样的时代，也不能作别的苛求。

知道了天气要出变化，发生某种灾害，或者已经发生了灾害，这就需要乞求消灾。有关的祭祀很多，如：

1. "坐"：此为禳字，举行禳祭以求免灾，如：

"贞，坐于河，有雨。"（《甲骨续存》下，一七六）这是向河伯禳祭，求雨，答应下雨。

2. "正"：此为禜字。《说文》："禜，设绵蕝为营，以禳风雨雪霜水旱疠疫于日月星辰山川也。"禜与禳的区别在于：前者在壇位周围以束草作屏蔽，禳则不用草围。

3. "酚"：即槱。《周礼·大宗伯》："以槱燎祀司中，司命、风师、雨师。"这是对风雨、四时（四方、春夏秋冬）的祭祀，如：

> 辛酉，酚四方。（《甲骨续存》一，一八二九）

甲骨文中乞雨的卜辞，多次见有"烄财"、"烄婞"字样。财、婞都是女奴的名字。① 这可能是用人祭。祭祀用牲，有时数量很大，直到用人牲也不解决问题，于是商王装模作样要以自己为牺牲了。这当然只是做给人们看看的。首先这样做的就是商代开国之君汤，演出了有名的《汤祷》故事。

《吕氏春秋·顺民篇》说："昔者汤克夏而正天下，天大旱，五年不收，汤乃以身祷于桑林……于是翦其发，磨其手，以身为牺牲，用祈福于上帝。民乃大悦，雨乃大至。"《墨子》很赞赏这种行为："即此言汤，贵为天子，富有天下，然且不惮以身为牺牲，以祠说于上帝鬼神。"并记下了汤的一番话：

> 唯予小子履（汤名），敢用玄牡，告于上天后，曰：今天大旱，即当朕身，履未知得罪于上下，有善不敢蔽，有罪不敢赦，简（明察）在帝心。万方有罪，即当朕身，朕身有罪，无及万方。（《墨子·兼爱下》）

① 于省吾：《甲骨文字释林》，商务印书馆，第381页。

这是否汤的原话，无法证实。口气倒是有点像《尚书·汤诰》。据一些书籍记载，汤祷祭祀是在桑林，他剪去了头发和指甲，趴在干柴堆上，扬言要把自己烧死。上帝哀怜他，就下了大雨。他只是失去了头发和指甲，不久又会长出来的，这比起那些被活活烧死的奴隶来，又算得了什么。

求雨之祭称为“雩”，是从夏代就开始了的。东汉许慎《说文解字》：“夏祭乐于赤帝，以祈甘雨。”那时可能只是歌舞祭祀。商代求雨仪式虽然不很复杂，但十分残酷。商人在科学昌明之前天人关系三部曲中，已走到了最严重的、最后的一步。回顾商代以前的天人关系史，第一部曲是惊惧：在母系氏族社会，人们的精神世界里刚出现神，知道有个老天爷或者天母娘娘之类，常给人们带来灾祸，很厉害，只有回避，不敢接近。第二部曲是卜问：大约始于母系社会解体时或稍后，龙山文化已有记录，认为可以去问一问，大着胆子、诚心诚意卜问的结果是老天爷赏脸，给了一半的答复，卜问有雨，果真下了雨。问雨得雨的几率是50%。这是随机概率，但对于述信者来说，感到老天爷也是有感情的，可以通融通融，于是开始了第三部曲：祈求。用活人祭祀，大约是在商代前期开了头，而直到周代还有残余。但商代是最严重的、最残酷的。

第五节　人间社会上天与二十八宿形成

从夏代开始，人间帝王就把自己视为天的儿子。天的儿子死后，自然是要回到天上去的。仅仅是他自己上去当然不行，首先，他的列祖列宗应在天上等他，而伺候他的人也必须上去。这样，就势必要把人间的生活搬上天去。也正因为这样，天上星星的命名也就反映了人间的历史。在这个过程开始之前，在物候测天的时代，地上的一些物事已被用于星名，如鸟、火、虚、昴等，这些星星与地上人间鸟候出现、刀耕火种等有关。

从传说故事看，把人格化的神搬上天去的过程，大约始于高辛氏的两个儿子，即把夏人和殷人的祖先命名为参星与商星。夏代“昆吾列神”又把夏人的一些祖先、功臣送上了天，在排十二辰时还把仇人（殷人）贬低了一番。殷灭夏之后，殷人继续干这种事情，免不了又在天空把夏人臭骂一番，以报前仇。从殷人开始，命名的星星越来越多，其中有的一直沿用到今天。人间的斗争反映到天上，为我们留下了解开科学史难题的证据。

一、殷人“清祀”诸神之星

汉代蔡邕在《独断》中谈道：“四代称腊之别名：夏曰嘉平，殷曰清祀，周曰大蜡，汉曰腊。”腊祀是对天地百神的祭祀。殷人崇奉的天神、祖宗，前面已谈过一些。其中属于殷代及以前的人，上天列为星辰的神也不少。《独断》所说的有六种：

> 箕星，风伯神，“其象在天，能兴风”。二十八宿之一。
>
> 毕星，雨师神，“其象在天，能兴雨’。二十八宿之一。
>
> 明星，包括三神：一曰灵星，旧说为火星（心）。心为二十八宿之一。一曰龙星，龙为天田，厉山氏之子柱，即后稷。天田在二十八宿之一的角宿中。张宴注《汉书·郊礼志》：“龙星左角曰天田，则农祥也，晨见而祭之。”
>
> 社神，共工氏之子勾龙，能平水土，有天社。
>
> 稷神，厉山氏之子柱，能殖百谷，有天稷和柱星。天社，天稷分别在二十八宿的鬼、星二宿之中，柱在二十八宿的毕宿中。
>
> 疫神，帝颛顼有三子，生而亡去为鬼，鬼宿为二十八宿之一。

以上六类天神，涉及箕、毕、心、角、鬼、星等六宿。甲骨文中还有火、鸟（张或心）、𬷕（指何星待定）、卯鸟（即昴）、女星（婺女）等宿，也是殷人经常祭祀或关心的。特别是心宿（火），是殷人的主祀星，从阏伯时代开始，就是他们赖以掌握播种季节之神。而昴宿，乃是殷人祖先氏族图腾的象征。这里包含了张、星、心、昴、女五宿。

以上提到的九宿，其中属于东方苍龙的有角、心（房）、箕三宿，属于南方朱雀的有鬼、心、张三宿，属于西方白虎的有昴、毕二宿，属于北方玄武的只有女宿。这说明，从文献记载和甲骨卜辞实物资料看，殷人经常祭祀并列为星宿的神，主要是东方和南方的神，北方的神少。这表明，殷文化是东方和南方广大地区氏族部落融合的产物。它在宗教传统上，与先期入据中原的东方夏族和在它之后入据中原的西方周族，既有联系，又有差别；虽然三者都是在炎黄大战、民族大融合之后，这些差别仍未消失。

殷人经常祭祀这些星宿，并不是说殷人只知道前述九宿。尧舜时的鸟、火、虚、昴四宿，夏人特别是从《夏小正》知道的参、斗、牛、鞠、昴、南门、大火、织女以及角、亢、女婺、星纪、娵訾、奎、娄、实沈、鹑首、鹑火、鹑尾、寿等星名，殷先人在夏代处于方国地位时就会应用，而且可能沿用下来。殷代开国之后，并没有对天空来个重新命名。那时人类尚没有篡改历史的恶习，所以也不会改到天上去。十二次用了夏人祖先的名字，十二辰侮辱性地把亥排在最末，殷人也没去更改。

好在夏代命名的星星并不很多，在满天星斗中只占很少的数量，所以殷代可以按照自己的需要，把人间的事情大量地搬上天去。

二、"傅说据辰"与殷人命星

翻开中国星名表，高踞北极的有天皇大帝、三公、四辅、九卿、御女、女史、相、文昌、大理、天牢等，还有帝座、太子、郎将、虎贲、侯、宦者……地上许多事物都搬上了天。其中有不少是殷人命名的。

由于已经给许多星星作了命名，殷人可能第一次提出了星表，这就是《巫咸星经》。巫咸的氏族是很古老的，黄帝、尧舜时代都有巫咸作筮、作医，那是传说史。甲骨文中有巫咸的记载，《尚书·君奭》中谈到巫咸佐帝太戊，巫咸的儿子巫贤佐帝祖乙，可证巫咸是公元前16世纪的人。《巫咸星经》含有33个星座144颗星。没有用度数，但是描写了星星的位置，可用于辨识星空，所以可以认为是星表。这说明它确实是最古老的星表。今本《巫咸星经》已经不是原书，不能认为都记载了那时的知识。但我们由此可以知道，殷人命名的星星已经很多，而且巫咸是起过很大作用的。

殷人在给星宿命名中是搞了小动作的，这就是把夏、殷两族的斗争也搬上了恒星空间。

夏人在排列十二辰时，把自己的主祀星参构成的“子”辰置于十二辰之首，而把象征殷人祖先图腾的“亥”辰列于最末。亥就是发明服牛的殷先王亥，其图腾为六身二首的猪，按夏人的咒骂为已砍去了一头而成了昴宿（七姊妹星），并用小网（毕宿）去捕捉它。当初殷人作为夏人的臣属，只好承认。殷代夏政之后，殷人给星星命名时就来了个报复。翻开星图我们就能看到，在参宿的下方，在军井、屏这两个星座旁边，有两个星座，一个叫厕，一个叫屎。这是殷人给命名的，意思是骂夏人为茅厕、臭狗屎，遗臭万年。还把离参宿不远的、天空最亮的星命名为天狼，让夏人面对天狼的追咬。同时，又把紧靠参宿头部天区的星宿命名为觜觿。这觜觿有两种解释，一说是猫头鹰的角，一说是大龟、玳瑁之类动物。前者可能性大，因为殷人是鸟的后代。这凶鸟张开方形大口，正向参宿啄去。更有甚者，在参宿这个“子”字的屁股部位有三颗星，被命名为“伐”。夏、商这“日寻干戈”的两兄弟，在天上还在互相征伐。有一条甲骨文前已引用过两次：“唯有祟，其有设。乙子酘，明雨，伐，既雨，咸伐，亦雨。㞢、卯、鸟星。”这里再引一次。可以看出，“子”日对于殷人来说是凶日。这里附带要说明一句，殷代历法建丑，也正是为了把这个代表夏人的“子”排到最后去。在子日遇有征兆旱灾的“设”，更使殷人烦恼，于是就一再地“酘”，祭伐星。“咸伐，亦雨”，祭一次伐就得一次雨，可见殷人对伐星是多么重视。

在象征殷先人的昴星团附近的两个星座，则被命名为天廪和囷，就是两个谷仓之意。虽然这两个星座一点也不像谷仓，却有了这样的名字。

一方面让夏人与厕所、臭狗屎为伴，受猛兽凶禽的围攻，近处受伐；另一方面又让自己靠着粮仓，除了殷人这么干，别的朝代、别的氏族的人是不会费尽苦心来这样安排的。这在甲骨文中也得到了证明。

按王国维《先公先王考》所附殷代世数，巫咸所在的帝大戊为汤的第五世（第九位商王）。到第十一世高宗（武丁）时代，殷人给星星命名达到了高峰。那时重要的人物刚死，他的灵魂就会上天变为星辰，所以很快要给星星命名。最有名的是“傅说据辰”的故事，给后人留下了典故。唐宋八大家之一曾巩的《韩魏公挽歌词》有：“忽骑箕尾精灵远，长誓山河宠数新。”后来重臣之死就叫作“骑箕尾”。

关于傅说的事，《尚书》有《说命》上、中、下三篇为据。关于傅说据辰的事，《庄子·大宗师》写道：“夫道，傅说得之，以相武丁，奄有天下，乘东维，骑箕尾，而比于列星。”在箕、尾两宿之间有一颗星，就是傅说星。按《神仙传》的说法，傅说是“据辰尾为宿”，“傅说死后有此宿”。①

“据辰尾”就是“据龙尾”。殷人对东方苍龙的气候意义看得很重要，所以傅说死后他要跨上东方苍龙，而不上别的宿。骑龙为什么要骑在尾巴上，这颇令人不解，《楚辞·远游》曾叹道：“奇傅说之托星辰兮！”其实，这也并不奇怪。二十八宿中东方苍龙七宿和西方白虎七宿所占天区，比南方朱雀七宿和北方玄武七宿要狭小些，这是因为春秋短而冬夏长。而且东方七宿天区的主要星星，在当时可能都已经有了名称了，傅说是中兴殷代的最大功臣，把太小的星星给傅说又不太合适，要骑就只好骑在尾巴上。这表明，殷代对黄道星空的许多星星，特别是二十八宿，都已经给定了名称；至于后人对这些名称是否承认或有所变更，那又是另一个问题。而殷人命名二十八宿，是把握了星空全貌和具有整体性的，如东方苍龙，有龙角龙头（角、亢），有龙胸（氐），龙腑（房）、龙心龙尾（心、尾）。南方朱雀，井、鬼为鹑首，柳、心、张为鹑火（即鸟心），翼、轸为鹑尾。其余类此。这也表明，殷人特别重视东方

---

①（晋）张华：《博物志》卷九，引范宁《博物志校正》，中华书局1980年版。

苍龙。苍龙的气候意义如《石氏星经》所说："角为苍龙之首，实主春生之权"。《说文》："龙，鳞虫之长也，春分而登天，秋分而潜渊。"这是观星星，察气候的根据。龙在宗教图腾方面的意义是：身上集中了鸟、兽、蛇的特征，是最高的图腾。

三、从四象到二十八宿的发展

殷末周初的一些古籍已提到二十八宿，不过称为二十八星。这说明二十八宿的天空区划已在殷代完成。

> 冯相氏：掌十有二岁，十有二月，十有二辰，十日，二十有八星之位，辨其叙事，以会天位。(《周礼·春官宗伯》)
>
> 硩蔟氏：掌覆夭鸟之巢，以方书十日之号，十有二辰之号，十有二月之号，十有二岁之号，二十有八星之号，县其巢上，则去之。(《周礼·秋官司寇》)

冯相氏的任务是详细观测日、月、行星运行的相对位置，这依靠二十八星的天区划分来定位。"二十八星之位"是"天位"的南方部分，已确定得很清楚，能"辨其叙事"，掌握四时气候。

硩蔟氏的任务较简单。他们负责捣毁不祥之鸟的鸟窝，然后在一块方木板上写上日期、十二辰、十二月、十二岁、二十八星的名号，悬在鸟窝上，这样夭鸟就不敢来为害了。这些名号怎么会有消灾的功能呢？本来掌握这些天体的运行，可以更好地知道季节气候变化，避免农业灾害。但在殷代，这些星星全都是人格化的天神，所以叫"星官"。这些天神能耐非凡，天地四时万物都是他们安排的，他们轮流值班。写上十二岁的名字，就等于说："太岁在此，谁敢胡为！"写上所有值班星辰的木方，当然更有驱妖的能力了。这种事殷人是常干的，我们在卜辞中多次看到"亦有设"，"有鸟鸣"，"唯有祟……饯、卯、鸟星"等记录。周袭殷礼。现在看来这是迷信，但在殷周时代，这是实际精神生活的需要。

冯相氏官制：中士二人，下士四人，府二人，胥四人，徒八人。硩蔟氏官制：下士二人，徒二人。共有二十多人从事与二十八宿有关的社会实践。殷周相袭的礼书中，明确记载要用二十八星“之位”、“之号”，这表明对二十八宿的位置、名称早已有了系统的规定。“周公受于殷商，周人志之”的《周髀算经》里还载有测算四季日道伸缩，二十八宿度数的方法。这些记载，足以说明殷代已经有了二十八宿，见下图。

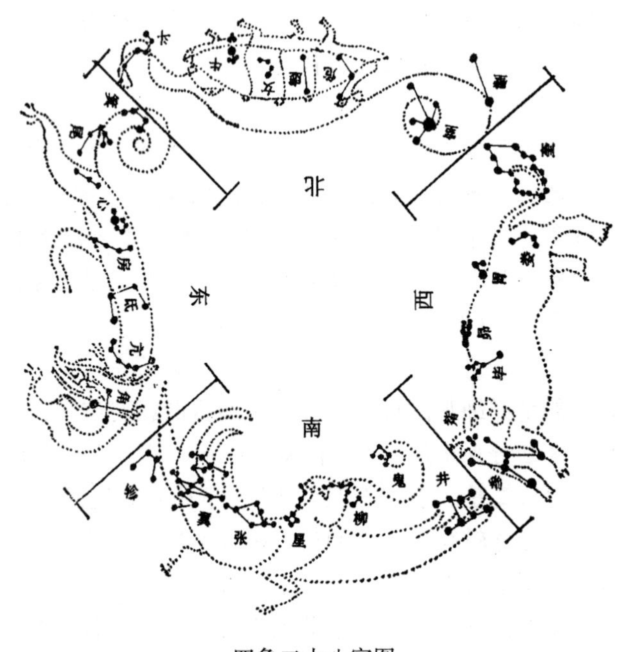

四象二十八宿图

回顾从四象到二十八宿的发展过程，可以看出殷人完成这种天空区划有其历史必然性。

万年前的中国大地上，生活在母系氏族公社制度下的人们，由于渔猎、牧业的发展和农业的萌芽，已经把掌握季节作为一项重要事情了。最先发达起来的东方海岱族，他们很重视一种叫“它”的动物，这就是古代的“蛇”。蛇出蛰，结束冬眠从洞中出来，春天就来到了；蛇入蛰进入冬眠状态，寒冬就来临。真是灵验极了。这成了第一个物候指标。这个氏族就用这种办法定季节，用了上千年甚至数千年。于是蛇成了这个氏族的图腾，产生了“伏牺氏人首蛇身有盛德”(“德”通“得”,这盛德就是靠了蛇的物候指标),“伏牺氏以龙纪”的神话传说。继而是六千年前到一万年前的农业社会早期，第二个发达起来的是南方的江汉族，他们是以“飞鸟知四时”，以鸟为图腾。这时人们不仅知道日出、日落的东西两个方向，而且还知道南方热、北方冷。从河姆渡的双鸟朝阳牙雕看，他们掌握季节除了用鸟候，还观测太阳；从半坡鱼纹盆看，他们已知道八方，可能有了八卦的记事符号。第三个发达起来的是西方的河洛族，他们的战旗上绘着“虎豹罴貅貙虎”，他们是以兽为图腾的，这时历史进入了“五帝”的传说时代，人们要开始“治历明时”了。北方以龟、蛇为图腾的氏族联盟，大约是前述次序发展的泰、炎、黄三大氏族集团在逐鹿中原过程中败北的人们的联合体。

炎黄两族逐鹿中原之后，中华各民族的大融合基本完成。这时，四象的概念在中原地区完成并定型。四象只能是在这时，而不是更早或更晚完成。因为，龙乃一种综合虚拟的图腾。从图腾史来说，第一阶段氏族的图腾是单一的动物；第二阶段部落（氏族联合体）的图腾是简单组合的动物；第三阶段部落联盟的图腾才是综合虚拟的动物或动物之王。苍龙、朱雀、白虎、玄武就是这最高阶段的图腾，而且龙具有更高的象征性：兽头、蛇身、鸟爪，其他三象的特征都集中于龙的身上。四象只能在中原地区完成，是因为中原是泰、炎、黄三大氏族集团长期逐鹿之地，只能在这样的地方完成众多的民族的大融合。在其他地方，只能完成四象中的一部分；时间更晚一些，只是对四象的描绘作些精巧加工，而不是四象的产生，下图是以龙凤为例的几千年的演变过程。

以上就是1万年前到5千年前物候史的概况。大约从5千年前开始，人们逐渐把“治历明时”的工作从物象观测转到天象观测。这中间经历了黄帝时羲和的工作，颛顼时的绝地天通，尧舜时四仲对鸟火虚昴的观测；人们逐渐把地上的东西搬到天上去，用来命名星星；夏代有了十二辰，十二次，殷代命名的星星更多，二十八星也就自然形成了。“十二”是“天之大数”，一年有十二个月，岁

龙凤几千年的演变

1. 甘肃秦安黑陶　2. 河南庙底沟彩陶　3. 浙江河姆渡牙雕　4. 河姆渡骨匕　5. 6. 甲骨文风与凤　7. 河南仰韶彩陶　8. 辽宁红山玉龙　9. 夏代玉龙　10. 甲骨文虹　11. 湖北曾侯乙墓青龙

星有十二年周期。同样，“二十八”也是天之大数，古人以为土星二十八年一周天（实为 29.46 年），每年镇一宿，称“镇星”①；月亮在恒星天空背景上移行一周为 27.32 日，古人认为是 28 日。《吕氏春秋·道圆》说：“月躔二十八宿。”《论衡》说“二十八宿为日月舍，犹地有邮亭为长吏廨矣”。日本人新城新藏在《中国上古天文学》中认为划分二十八宿是为了定朔日，李约瑟则认为是为了定望月。这都有一定道理。实际上，从四象、十二次到二十八宿，对天空区划一步步细致，都是为了更好地确定日、月、五星的运行，具有综合运用价值，从而可以更好地把握季节变化。

四、二十八宿本身提供的证据

在古代，二十八宿是沿赤道分布的，北宋沈括在《梦溪笔谈》

① 郑文光：《中国天文学源流》，科学出版社 1979 年版。

中指出："凡二十八宿度数，皆以赤道为法。"这是二十八宿初创时的情形。现在二十八宿与天球赤道并不吻合。计算表明，二十八宿与天球赤道吻合的年代，约在距今5千年前。这可以认为是二十八宿创造年代的上限。

二十八宿创造年代的下限，如果以文献记载为准，就是在殷代。如果以实物记载为准，则在战国早期，公元前5世纪。1978年在湖北省随县擂鼓墩发掘出战国早期的曾侯乙墓，随葬品中有一个漆箱，盖上绘有二十八宿。盖长82.8cm，宽47cm，高19.8cm。盖中央是一个很大的篆文"斗"字，表示"帝车北斗"，周围是二十八宿的名称，按顺时针排列为圆形（图），其图为：①

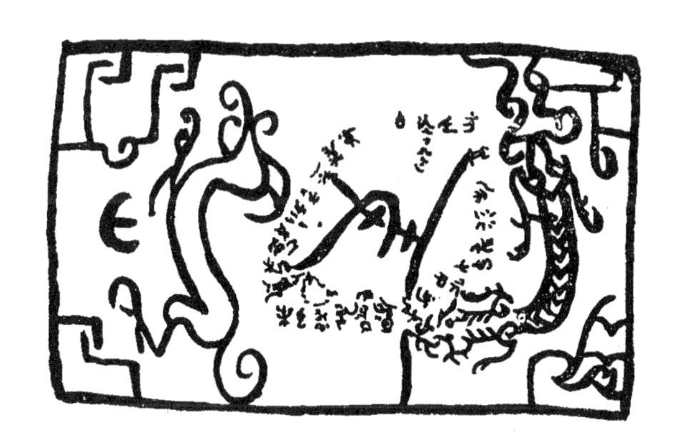

曾侯乙墓出土的二十八宿青龙白虎图（摹本）

角陸氏方心尾箕，斗牛婺虛危西东，
　　　　　　　　　　　　女　　萦萦
圭娄胃矛竗䪼参，东与西七张翼车。
　女　　　　　　　井鬼　星

二十八宿名称环绕"斗"字，与《史记·天官书》所说"斗为帝

① 王健民等：《曾侯乙墓出土的二十八宿青龙白虎图》，《文物》，1979年第7期。

车，运于中央，临制四方。分阴阳，建四时，均五行，移节度，定诸纪，皆系于斗”的精神相符。两边绘有首尾方向正好相反的青龙和白虎。只是这二十八宿的名称与后来的名称稍有出入，但无实质不同：

亢，写成了阬，是异体字。

房，写成方，是简化体。

女，写成婺女，后来用的是简称。

室、壁两宿，写成了西萦、东萦，后来称为营室，东壁。

奎，写成圭。对奎的意义过去说不清楚，原来它是测天仪器圭的形象。

娄，写成娄女，后来用的是简称。

昴，写成矛，是假借字。

毕，写成绊，后来用的是简体字。

觜，写成雈，这是异体字，有古义。

井，写成东井，这是本名。

柳，写成酉，《说文解字》说古文酉从卯，而卯与柳相通，此为首见。

星，写成七星，后来用的是简称。

轸，写成车，是简化。

这使我们看到，战国以前对二十八宿还有这么多写法，很可能还有不同的名称。虽然有这些不同，但意义是一致的，排列次序也是一致的。

这下限年代的二十八宿本身，也证明它的完成比公元前5世纪还早得多。牛、女二宿的排列，牛在女先。牛是牵牛星（河鼓二，天鹰座a），女是织女星（织女一，天琴座a）。现在织女的赤经比牵牛早一小时；只是在5千年前，牵牛的赤经才早于织女。人们创造二十八宿是有实用价值的，在实际生活中，观测到哪颗星先出现，才把它排到前面，否则就无法使用。这个事实说明，二十八宿的创造是5千年前的事情。那时没全部造成，但已开始了。对牛、女二宿是早就认识了。

附带说明一句：印度二十八宿是先织女后牵牛的，说明产生的年代比中国二十八宿晚。

二十八宿有一个特点：它们的距星基本上是相配成对的，每对距星赤经相差180°（12时），它们的对子是：

	1	2	3	4	5	6	7
东方苍龙	角	亢	氐	房	心	尾	箕
西方白虎	奎	娄	胃	昴	毕	觜	参
北方玄武	斗	牛	女	虚	危	室	壁
南方朱雀	井	鬼	柳	星	张	翼	轸

古人早知二十八宿的距星距度相差很大，按《淮南子·天文训》所载，最宽的东井为33度，而最小的觜宿只有2度。这2度之差，是在觜、参两宿之间。除此之外，最窄的是鬼、柳之间，也达到4度。

若从实际需要出发，有了参就不必再用觜，而在过宽的星宿之间另设一宿。但是，安排星宿的人没有这样做，硬要在参的旁边加进觜宿。这原因前面已提到过，殷人设觜宿是为了攻击参宿，是要设凶鸟、天狼来围攻参宿。曾侯乙墓二十八宿的觜写成雈，从鸟（隹），含有古义，正可以证明此点。

前面所列二十八宿中苍龙、白虎的对子是打乱了的。从这里也看出了殷人做的手脚。参宿是夏人的主祀星，十二辰的“子”辰。夏人排十二辰时把子排在第一而骂了殷人，并把亥排在最后。殷人在排二十八宿时很可能想以觜宿取代参宿，干脆把参宿排在二十八宿之外。但最后却还是保留下来了。这大约是由于历史上既成的事实，想抹也抹不掉。结果如前面所列表中那样，把苍龙、白虎距星的对子打乱了。这本身也证明，二十八宿为殷人所完成。

根据传说史，参宿与心宿应能配成一对。在实沈、阏伯时代，夏、商两族原是两兄弟。心就是商星，参与伐是夏辰。“人生不相见，动如参与商”，正说明它们的赤经相差180度。可能是由于岁差，到商代，遥遥相对的位置稍微错开了几度。

附带还可说明一点：中国二十八宿距星按每对相差180度的原理来确定，除了第一宿角宿较明亮外，其他距星大多比较暗，这是按固定度数选星的结果，像是有意避开亮星。而印度二十八宿的联络星（或主星yogatara）亮星较多，可能是为了易于辨认，但对应用原理尚不甚明了。

二十八宿确定之后，对日月五星行度的观测描绘就更精密了。这是“治历明时”由依靠物象（自然物候）转到依靠天象以后的第三次显著的进展。第一次是四象和以四仲中星定四季，第二次是制定十二辰和十二次而“要之以太岁”。

第六节 殷代官方和民间的观天活动

从殷代起，“礼”就规定了观测天象与气象的等级制度，王、卿士、师尹、庶民各有自己的观测任务和对象。从事观天候气工作的人，上自王、佐、三公、九卿，下至士大夫和庶人。那时的自然科学是从属于神学的。官方从事气象工作的人实际上是大巫、小巫们，他们的官名是太史令、史、卜、巫等。庶民、众人比起奴隶来，地位要高一点。他们能观测的只有星星。

一、重屋与四单里观天的收获

殷代官方测天的地方，除了重屋，还筑有四单。在外服的侯、甸、男、卫、邦伯等方国数以千计，观天的地方大约也在都邑里，或设有单，或设有社。

《周礼·冬官考工记》：“殷人重屋，堂修七寻，堂崇三尺，四阿重屋。”古代八尺为寻。殷代一尺约相当于31.10厘米。因此，重屋长约17.4米。这样，殷人的重屋比夏人的世室小得多。夏人的世室东西长达30.4米。但殷人的重屋与周人的明堂相差不太多。按《考工记》，“周人明堂，度九尺之筵，东西九筵，南北七筵，堂崇一筵”。周代一尺约相当于19.91厘米，折算起来，周代明堂东西长约16.12米。

世室、重屋、明堂分别长30.4米，17.4米，16.12米。社会生产越来越发展，王室财富越来越多，明堂反而越建越小，岂不奇怪？其实，明白了这种建筑功用的变化，也就不足为怪了。夏代及以前的玄官、世室，不仅是帝王行政告朔、观天、祭神的地方，而且是议事大厅，并兼作王宫的。那时尚未发明瓦，都是用草来盖房顶，但却修造得宽大适用。从商代开始，帝王的宫殿与重屋分开了。郑州发掘的商城遗址和安阳殷虚遗址表明，商代大型宫殿长40米以上，中等的也有30多米长，规模比夏代更大。重屋只是用作祭祀、宗庙和观天。而且观天工作也不全在这里进行，所以也用不着修那么大了。宫殿都用瓦，但重屋仍为草屋，为的是保存古制。

重屋就是屋上有屋，而且是"四阿重屋"，虽然是草屋，看起来还是相当庄严肃穆的。屋上重屋就是"楼台"的意思。重叠的层数很多就成了塔。台榭发明于夏代。夏桀曾囚商汤于夏台，又称均台，那时把台作了监狱。台因其高，所以它的实际用途（不算帝王们玩乐）就是观天候气。《国语·楚语》说："夫台榭，将以教利民也"，韦注："台所以望氛祥而备灾害。"

夏代有了台的建筑，但叫什么名字弄不清楚。台字在周代才出现。甲骨文中把台称为"单"。于省吾指出："商之四单即四台，是以邑为中心的四外远郊。"① 谈到四单的甲骨文字有七条之多，除了一条是记载在东单迎接凯旋的军队和俘虏，没有涉及自然灾害，其余都与云、雷、祭祀祈雨和农田年景有关。与前引韦注一致。有一片武丁时代的甲骨文卜问："庌西单田，受有年？"是在西单向上帝卜问："在西观象台的田里施肥，能得到丰收吗？"

在邑的四方设观象台，大约是承袭了《尧典》"宅"四方的传统。商代重视观察云物妖祥，所以设有四单。商代这种台的设置，可以说是周代灵台和周公测景台直接的先声。

官方的气象观测工作，主要就是在重屋、四单进行。其主要成

---

① 于省吾：《甲骨文字释林》，商务印书馆。

果如前几节所述，最突出的一项是把人间社会搬上天去，给许多星星命了名，完成了对赤道天空二十八宿的区划，因而能更好地确定季节变化。同时，进行了占岁、卜旬和卜各种天气变化的长、中、短期的预测工作。对各种天气现象进行了相当周密细致的区分；找到了一些凶灾的征兆，包括天象、气象（云物）、物象对未来灾害性天气和晴雨天气的预报意义。

二、民间测天经验的积累

在神权极重的商代，民间测天经验也神秘化了。

臼出水是大雨的征兆，商代开国之初就掌握了。《吕氏春秋·本味篇》有这样一段故事：

> 有侁（莘）氏女子采桑，得婴儿于空桑之中，献之其君，其君令烰人养之。察其所以然，曰，其母居伊水之上，孕，梦有神告之曰：‘臼出水而东走，勿顾”。明日视臼出水，告其邻，东走十里而顾其邑，尽为水，身化为空桑，故命之曰伊尹。

这就是商代开国贤相伊尹出世的情形。据《墨子》等书记载，伊尹本出身于女仆庖人。大约编了这个神话，他就成了与神有关系的空桑之子，摆脱了奴隶身份。我们从甲骨文中看到，殷人确确实实是把伊尹和自己的祖先汤并列来祭祀的，他有奴隶身份当然不行。但从这个故事可以知道，公元前16世纪之前，人们就知道用臼出水来预报大雨，及时躲避伊水的洪灾，而这种方法是管庖厨的奴隶们创造的。后来的“月晕而风，础润而雨”，就是这种方法的推广。

第三章曾谈到夏代民间的节气观测和天气谚语起源，那些知识殷先人也是具有的，殷人取得天下之后，承袭夏“礼”，自然要继承和发展那些知识。《周易》的卦辞和爻辞，多数都是反映殷代及以前的社会生活的。易卦中的天气谚语除第三章介绍过的那些外，这里进一步举一些例子。

翰音登于天。贞凶。(《中孚》上九)

这“中孚”卦是“泽上有风”之象，翰音是鸡的别名。“翰音登于天”就是鸡登高，是凶兆。后来民间测天经验说鸡登高天气要变坏，可能是源于此。

殷人在观天中特别注意云物、星星和鸟鸣，有的可能是起自民间。这些征兆我们从甲骨文中常常可以看到，而在《易》里可以得到印证。

飞鸟遗之音，不宜上。(《小过》)
飞鸟以凶。(《小过》初六)
密云不雨，自我西郊。(《小过》六五)
飞鸟离之，凶，是谓灾眚。(《小过》上六)
象，庚申亦有设，有鸣鸟。(《小屯殷虚文字甲编》二四一五)

“密云不雨”条在第三章已讨论过。某种飞鸟出现、离去，或者只听到了这类鸟鸣（遗音），都是天气变化或有灾害的征兆。不仅见诸卦辞、爻辞，而且有甲骨文的物证。这类经验是容易流传的，不仅见之于官方文献，也必然流传于群众的口碑中。有些知识，如官员专门去捣毁鸟窝，挂上木牌，这一般老百姓也是可以知道的。

冥豫成，有渝，无咎。(《豫》上六)
鸣豫，志穷也。(《豫》初六)
介于石，不终日。(《豫》六二)

冥是天黑时，豫是雷出地上之象，渝是变化。这是说，傍晚天边出现雷雨，会有变化，不能长久，不会有什么灾害。“鸣豫，志穷也”，“介于石，不终日”，都有“迅雷不终日”的意思。总之，对于雷暴的预报，殷代实际上已有成套的经验。再如：

丰其蔀，日中见斗，往得疑疾，有孚发若，吉。(《丰》六二））

丰其蔀，日中见斗，遇其夷主，吉。(《丰》九四)

丰其屋，蔀其家，阙其户，阒其无人，三岁不觌，凶。(《丰》上六)

这丰是上雷下火，雷电皆至之象，蔀是覆障光明之物。“日中见斗”倒不是说中午见到了星星，而是“幽不明也”（象辞），说白天成了黑夜。前两条的意思是，雷电虽凶，但不会长久，无碍于事，人们行动时往往疑虑，但若志气坚定，或者遇到明智的主事人，就会很吉利。第三条是说，如果雷雨云笼罩了房屋，那就要出灾祸了。这意味着漏斗云或火球探门入室。

允有设，明有格云自东。晨亦有设，有出虹，自北饮于河。(《甲骨叕存》三五)

这类关于虹的记载很多。虹被认为是上帝所设的征兆。这类经验后来就演化成了“东虹日头，西虹雨”一类的群众测天经验。

□日其雨，至于丙辰雺，不雨。(《殷契粹编》八一九)

辛丑卜，穷，翌壬寅启，壬寅雺。(《殷契遗珠》一六六)

前一条说，连雨多日，到丙辰这天起了雾，就不下雨了。后一条说，在久雨的辛丑日卜晴，卜得第二天壬寅放晴，结果壬寅这天起了雾，当然不久就开晴了。“久雨大雾晴，久晴大雾雨”，这条测天经验殷代也已经应用了。

“庶民唯星。”殷代官方重视观星，大量地给天上的星星命名。民间对星星的观测，也积累了不少经验。最有名的就是“星有好风，星有好雨。日月之行则有冬夏，月之从星则以风雨”。① 这里

① 《尚书·洪范》。

的好风即箕星，好雨即毕星，“箕风毕雨”，这是殷代已广泛流传的经验。《诗经·小雅·渐渐之石》：

月离于毕，俾滂沱矣。

这条谚语可以认为直接源于好风、好雨。“月离于毕”，有的著作解释为月亮离开毕宿，雨季就到来，这是弄错了。离，是上古时代的火绳，后来引申出明丽、附丽之意。

离，丽也。日月丽乎天，百谷草木丽乎土，重明以丽乎正，乃化成天下。(《周易·离·象》)

离卦由两火组成，有重明之象。“月离于毕”实际是月亮到达毕宿，月与星重明于毕宿。月入于箕则风，月入于毕则雨。

殷人对天气和气候积累了很多经验，对雨、暘、燠、寒、风的正常（休征）与异常（咎征）有系统的概念，这从箕子对周武王的谈话(《洪范》)可知：

原文	今意
曰休征	正常
曰肃，时雨若	雨水正常
曰乂，时暘若	晴阴正常
曰哲，时燠若	正常温暖
曰谋，时寒若	正常寒冷
曰圣，时风若	风正常
曰咎征	异常
曰狂，恒雨若	久雨
曰僭，恒暘若	久晴
曰豫，恒燠若	长期高温
曰急，恒寒若	长期低温
曰蒙，恒风若	连续多风

殷人是把天气变化与人事扯在一起的。认为人的态度会感动上帝，人要看上帝脸色（气象征兆）行事，端正自己的行为：貌（肃、狂），言（乂、僭），视（晢、豫），听（谋、急），思（圣、蒙），这会影响到气候的正常或异常。这当然是无稽之谈。但这表明已经对气候的正常和异常有系统的描述。

总之，从夏到商，民间测天已经积累了很多经验。到周代文献丰富起来时，我们看到很多天气谚语就不会觉得奇怪了，那是经历了几千年才积累下来的。

第七节 殷代的气候变化与抗灾活动

殷人过于敬奉上帝鬼神，在与天灾斗争方面似乎没有夏人那种英雄气概。但殷人与气象灾害的斗争仍然值得叙述。

一、殷代的气候与旱涝灾害

甲骨文记载和出土文物都表明，商代气候比现在温暖湿润。

□今夕其雨，获象。(《殷虚书契前编》三、三一、三)

这是说狩猎时捕获了一只大象。这至少表明，那时中原野生象尚未绝迹。甲骨文中获象的记载少见。但象字并不罕见，说明那时人们还是常与象打交道的。据文字学家考证，大有作为的“为”字，河南省简称“豫”字，都与大象有关系。殷虚发现的象化石，可以认为是当地所出。象是热带丛林中的动物，现在我国仅在云南的西双版纳能见到。

殷代猎获的野兽中，竹鼠、麞、水牛这些热带和亚热带的动物较常见，而现在西安、郑州、安阳这些地方，已经没有这些野生动物品种了。

殷代甲骨文中可以看出，安阳地方种稻（秜）（《小屯殷虚文字乙编》三二一二）比现在当地种稻大约早一个月。

从殷代到西周，竹类在黄河流域广泛分布，一直绵延到东部沿海。商代发明的各种用具很多为竹篾所制，所以在文字中冠以“竹”头。现在竹类分布的北界已向南移动了1—3个纬距。

竺可桢在分析了前述种种情况之后指出：“……殷虚时代是中国的温和气候时代，比现在平均温度高2℃左右，正月份的平均温度高3—5℃。”①

殷代气候变化的幅度是很大的。冷暖变化情况的记载较少，但从史书和甲骨文记载来看，旱涝都较严重。先秦文献中对旱灾的记载很多，对洪灾记载较少。甲骨文中也是卜雨、祈雨的记录多于卜晴、祈晴的记录。但这并不表明洪涝不严重。

洹弘（洪）弗商邑。（《殷契遗珠》三九三）

丙寅卜，洹其次（涎）？（《甲骨续存》前六·三二·五）

贞，其亦洌雨？贞，不亦洌雨？（《战后京津新获甲骨集》四一九）

看，洹水泛滥曾淹没了商朝的都城（商邑），所以要卜问洹水会不会发大水（涎），天会不会降暴雨（洌）。商邑与洹水联系在一起，这洪水是盘庚迁殷后发生的。

商代发生洪水的事情并不是中期以后才有。商代开国初期就有过。例如伊尹出世的时代，伊水就常常泛滥，以致当地人们总结出了用臼出水预报洪水的经验。

商代的农业比夏代发达，而且开垦土地很多，洪水为害一定是不会少的。后面我们还会谈到，商人经常迁居，与遭受洪水的洗劫也不无关系。

不过，商代几百年间，旱灾可能更多，也更经常。最严重的干旱发生于商代初期。

---

① 竺可桢：《中国近五千年来气候变迁的初步研究》，《人民日报》，1973年6月19日。

汤自伐桀后，大旱七年，殷卜史曰：“当以人祷。”

汤曰：“吾所请雨者，民也；若必以人祷，吾请自当。”（《帝王世纪集校》第四）

于是，演出了“汤祷”故事。

汤之救旱也，乘素车白马，著布衣，身婴白茅，以身为牲，祷于桑林之野。（《尸子》揖本上）

昔者，汤克夏而正天下，天大旱，五年不收。……（《吕氏春秋·顺民篇》）

王充对此有不同的看法：

汤遭旱七年，以五过自则，谓何时也？……旱至七年，乃自责也？……忧念百姓，何其迟也！（《论衡·感类篇》）

他并不是批评汤忧民太晚，而是对求雨迷信进行批判。对于这场旱灾的严重程度，有文献记载：

昔伊洛竭而夏亡，……（《国语·鲁语》）

汤之时，大旱七年，雒坼川竭，煎沙烂石，于是使人持三足鼎，祝山川救之。（《说苑·君道》）

夏亡时的大旱，就是汤时的大旱。雒即洛。坼是天旱地裂之意。这是描述七年大旱，旱到洛水、伊水都断了流，河底龟裂。

殷代旱灾不仅是开国之初出现，后来也多次发生，直到殷商灭亡之时又发生大旱，“河竭而商亡”，是说纣时黄河也干断了流。甲骨文中记载的旱灾，多数是盘庚迁殷之后发生的。

庚戌卜贞，帝其降莫。（《殷虚书契前编》三、二四、四）

□辰卜，宂贞，帝其降我莫？贞，帝不降我莫？（《殷虚

文字乙编》7793）

这是直接卜旱的，还有祈雨的，那也是因为旱。

总的说，殷代旱涝灾害频繁，可能迫使人们经常迁移。与其他朝代相比，殷人迁都次数是最多的，这有各方面的原因，但主要还是与气象有关。

二、“不常厥邑”与抗灾的井田

殷人太迷信上帝，所以在抗灾中有被动的一面，那就是经常迁徙。但也有较良好的组织形式，那就是开发井田。

殷人迁都的确是太频繁了。商汤以前有八次迁都，从汤到盘庚迁殷又迁移了五次。这种情况难免遭到人民的反对，但也属于没有办法。《尚书》说：“盘庚五迁，将治亳殷，民咨胥怨，作《盘庚》三篇。”这次是从奄（今山东曲阜）迁都到殷（今河南安阳），阻力不小。盘庚在这三篇文告中，对迁都的原因作了解释，有如下几点：

先王有服恪谨天命，兹犹不常宁，不常厥邑，于今五邦。今不承于古，罔知天之断命。（《盘庚上》）

鲜以不浮于天时，殷降大虐，先王不怀，厥攸作，视民利用迁。（《盘庚中》）

将多功于前。（《盘庚下》）

今我民用荡析离居，罔有定极。（《盘庚下》）

用降我凶德。（《盘庚下》）

这后两条，就是“国为水所毁”，或如甲骨文所说“洹弘弗商邑”。

对于殷人十三次迁都的原因，农学史家认为除了天灾（如水毁），其余都和撂荒、择地而居有关。在刀耕火种时代，用撂荒形式经营农业，第一年土性浮松，三年后即力薄少收，于是人们多抛弃旧业，另种新地。到盘庚时人们懂得了休耕制和使用肥料，就不再迁移了。但撂荒直到周代也没绝迹，《诗经》里有菑、新、畬，分别是开垦后头年、第二年、第三年的土地。①

其实，“不常宁”、“不浮于天时”、“殷降大虐”，“荡析离居，罔有定极”，“国为水所毁”、“降我凶德”，等等，全都是指气候异常和出现了灾害性天气。迁都的原因，于国是为避灾，于民是为逃荒。“荡析离居”就是倾家荡产，背井离乡。所以，“将多功于前”是迁移的理由，“视民利用迁”为迁移的宗旨。

甲骨文中有“屎田”记载，说明商代会施肥，但不是说施肥始于商代。4200年前（相当于尧舜时代）钱山漾遗址就出土了木制千篰这种罱河泥和戽水的工具，那时南方、北方已有了施肥和水利技术。“禹力乎沟洫”，“伯益作井”，这些技术在殷代不会不用的。所以，殷人择地而居不完全是出于撂荒。实际上有两种原因：一是避灾，二是向自然打主动仗，大量开发新土地。前面已谈过殷人大量派出奴隶垦荒的事实。

关于避灾，包括水、旱两方面。都城（国）或邑被洪水所毁，要建新的城邑，自然要选择较适宜的地方。这趋向于迁往较高阜之地。亢旱多年，土地荒芜，就必须到较湿润的地方去垦殖，安家立业。

新开垦处女地，选择生产基地，在总结了抗御旱、涝灾害经验的基础上，要注意观察原、隰、阴阳、流泉。被开发的土地，最好具有向阳、湿润、避风、宜于灌溉这些特点。周人的祖先公刘率领他的氏族从戎狄迁到豳地时就懂得这么干，殷人当然更会利用这些知识。

从盘庚以后基本上就不迁都了，当然，小的侯国、邦邑变动也还是有的，但大的农业布局较稳定了。其原因不仅在于推广了农田施肥、休耕这些农业技术，而且还在于对抗御旱涝灾害有了较成功的经验和方法。在抗旱方面用井，在防涝方面用沟洫，这些技术虽然在夏代就已发明，但由于人类的惰性，恐怕直到殷代中期才较好地实现了普及推广。其中，井田制的实施是有重要作用的。

---

① 中国农业科学院、南京农业大学，中国农业遗产研究室：《中国古代农业科学技术史简编》，江苏科学技术出版社1985年版。

井田就是用四尺宽、四尺深的沟，把田划成方块，九个一百亩的方块构成一个生产单位，中间一百亩为公田，周围八块为私田。方十里划为一“成”，方百里划为一“同”；成间的洫宽八尺，深八尺；同间的浍宽二寻，深二寻，一直通到河里。① 这样的沟、洫、浍系统，对于抗旱防涝都是很得力的。

《周礼·地官·小司徒》说：“九夫为井，四井为邑，四邑为丘，四丘为甸，四甸为县，四县为都。”看来，这不仅是一套生产制度，而且也成了一套政治、军事制度。殷代就是用这种方法，把奴隶固定在土地上的。

《易·井》卦：“改邑不改井，无丧无得，往来井井。”邑可以变，井田不能变，因为它是以井为中心建设起来的。这样不会损失什么，而且秩序井井有条。这就是井田制度方便之处。

绕着井把田划成方块，这种制度很古老。甲骨文中有不少字都是由纵线和横线划成的方块。田字、用字都是。男字写成男力。古人造字的时候，把农字写成上面为“曲”，下面为“辰”，就像是在方格田（井田）中看星辰、掌握季节所从事的生产活动，这就是“農”。

井田制度一直盛行到周朝。《诗经·小雅·大田》还唱：“雨我公田，遂及我私。”到了春秋时代，由于封建生产关系出现，它才崩溃了。从科学和历史的角度评价，它在盛行时，对殷代抗御自然灾害和发展奴隶制文明起过重大作用。

附传　与气象有关的人物

一、汤

汤，子姓，也称天乙、成汤或成唐。帮助禹治水的契和发明服牛的亥的后代。商代的开国之君。《史记·殷本纪》记载，汤见到

① 《周礼·冬官考工记·匠人》。

张网四面，就命令去掉三面，诸侯闻之，曰："汤德至矣，及禽兽。"后来又演出了"汤祷"的故事。所以自古认为他是最贤明的仁君。

汤又是进取精神的象征。《礼记·大学》说："汤之《盘铭》曰：苟日新，日日新，又日新。"这是他铸在浴盆上的座右铭。

《周易·革·象》盛赞汤的革命精神："天地革而四时成。汤武革命，顺乎天而应乎人。革之时（义）大矣哉。"对于汤革夏命，《孟子》作了极高的赞美："《书》曰：'汤一征，自葛始'。天下信之。东面而征，西夷怨；南面而征，北狄怨；曰：'奚为后我？'民望之，若大旱之望云霓也。归，市者不止，耕者不变，诛其君而吊其民，若时雨降。民大悦。《书》曰：'奚我后，后来其苏！'"（《孟子·梁惠王下》）。这两段话是《尚书》逸文，窜入《仲虺之诰》里去了。汤第一个征葛，是因为葛人不祭祀上帝。最后一句："奚我后？后来其苏！"用现在的话来说就是："怎么后到我们这儿来？汤王啊，总算把你盼来了！"看来夏代对方国、奴隶的压迫太残酷，商汤采取了较宽松的政策，以安抚在大旱灾中挣扎的人们。

汤有任人唯贤之美德。他任用起于庖厨奴隶的伊尹，看来是采纳了"主法天，佐法地，辅臣法四时，民法万物"的"法则"的。由此可见，他对观天候气的工作很重视。他是以政治、军事、宗教三位一体的大教皇的身份君临一切的。由于迷信很深，使他对气象科学的贡献不能很大。

二、伊尹

伊尹，名挚。辅佐汤伐夏有功，尊为阿衡（宰相）。对殷代有开国之功和吐哺之功。

关于伊尹的出身，自古有两说。因此，后来的伊尹学派也分为两派。《孟子·万章上》有这样一段话：

> 万章问曰："有人言，伊尹以割烹要汤，有诸？"
>
> 孟子曰："否，不然。伊尹耕于有莘之野，而乐尧舜之道

焉。……汤使人以币聘之，嚣嚣然曰：'我何以汤之聘币为哉？'……汤三使往聘之，既而幡然改曰：'与我处畎亩之中，由是以乐尧舜之道，吾岂若使是君为尧舜之君哉？吾岂若使是民为尧舜之民哉？'……吾闻以尧舜之道要汤，未闻以割烹也。"

三顾茅庐求贤臣，从此好像成为定式。这就是"伊尹处士，从汤言素王九主之事"。孟轲倾向于道家伊尹学派，让这位先贤没有奴隶身份。另一派的伊尹故事是这样：

伊尹为有莘氏女之私臣，亲为庖人。汤得之，举以为相，与接天下之政，治天下之民。(《墨子·尚贤中》)

这一派是说，伊尹是汤妻有莘氏陪嫁的奴隶，能烧出一手好菜肴，有"伊尹负鼎俎，以滋味说汤，致于王道"的说法。这是小说家伊尹学派。

《汉书·艺文志》有道家《伊尹》五十一篇，小说家《伊尹》二十七篇。这当然是托名之作，且久已佚传。《玉函山房辑佚书》有《伊尹书》一卷。1973 年长沙马王堆汉墓山土帛书《伊尹九主》六十四行。《吕氏春秋》的《先己》、《论人》、《本味》等篇，保存了这两派学说的一些内容。

伊尹出身于奴隶，这实际上是没有问题的。无论是耕田的奴隶或庖厨的奴隶，他的母亲及身边的人们长期生活于伊水边，在与天气变化和洪水斗争中积累了丰富的经验。他出身空桑和用臼出水预报洪灾的故事，前面已讲过。正因为他有经验和懂得观天方法，所以他要求三公能做到"其言足以调阴阳，正四时，节风雨……"他把掌握气象知识和具有与自然灾害作斗争的本领，列为举荐国家最高层官员的必要条件。

《史记·殷本纪》说："汤崩，太子太丁未立而卒；于是乃立太丁之弟外丙，是为帝外丙。帝外丙即位二年而崩，立外丙之弟中壬，是为帝中壬。"这中壬即仲壬，他不久又死去，他的侄子太甲即位。这位太甲破坏汤的法制，不明不义，辜负了汤的遗训，不惠于阿衡。伊尹就把他放逐到桐。三年之后，太甲悔过，伊尹就把他从桐迎回首都，交还政权，自己就告退了。他死于太甲的儿子沃丁继位之后的时代。

但是另有一种说法：汤去世后，伊尹把太甲流放于桐，自立为王。七年后，太甲自桐逃出，杀了伊尹，复了王位。(见《古本竹书纪年校补》)这种说法恐不可靠。因为甲骨文中可以见到岁祀伊尹，或把伊尹与汤并祀的记载。（见《殷虚书契后编》上二二、二，上二二、三）这表明殷人对伊尹非常敬重，甚至与汤并列。

三、伊陟

伊陟，商汤第五世太戊（殷中宗）的宰相。《尚书》记载："伊陟相太戊，亳有祥，桑谷共生于朝。"又载："伊陟赞于巫咸，作《咸乂》四篇"。这些文献书中无存，这些事迹也难考察。

大约这个时代气象条件较好，没有大的旱涝灾害，生产常获丰收，因此有桑、谷之瑞。大臣（大巫）们互相作文吹捧。

伊陟的权力和名声很大，很得太戊信任。据记载："太戊赞于伊陟，作伊陟原命。"

四、巫咸、巫贤

巫咸作为一个氏族，出现得较早。自黄帝至尧舜的时代，都可见到他们的踪迹。筮、鼓、医、鸿术、占卜都是他们发明的。

现在有物证的巫咸，或作巫戊，甲骨文有记载。是殷中宗的大臣。是商代最有成就的占星家，也是商代名臣。《尚书·君奭》说："巫咸乂王家。在祖乙时则有若巫贤。"这说的是"巫咸佐帝太戊，子巫贤佐帝祖乙"的事。巫咸的儿子巫贤也是握有重权的大巫。

巫咸占星的成就，大约都汇集在《巫咸星经》中。这部著作中记有 33 个星座 144 颗星。没有用度数，但是描绘了星星的位置，所以仍然可以称为星表。这是世界上最早的星表。① 今本《巫咸星

① 陈遵妫：《中国天文学史》，上海人民出版社 1980 年版。

经》不是原书，是这个学派的人托名巫咸的著作。

巫咸的工作使人们对天空星星的认识更周密，因而更有利于人们通过星星来掌握地上气候的变化。

《庄子·天运篇》说："巫咸祒曰：'来，吾语女：天有六极五常，帝王顺之则治，逆之则凶。九洛之事，治成德备，监照下土，天下戴之，此谓上皇。'"

这里说的六极、五常，全是《洪范》里所讲的事，由此可以看出殷代的"礼"。九洛之事也是《洛书》故事，也见于《洪范》九畴。看来，这一套以天文气象为主导的宗教理论，一直贯彻到殷末，并由箕子作了完善，传给周武王。具体内容在下一章介绍。

五、甘盘

甘盘，殷高宗武丁时的贤相。他和傅说一道辅佐武丁实现了中兴的大业。《尚书·尹奭》："在武丁时则有甘盘。率唯兹有陈保乂有殷，故《殷礼》陟配天。"殷人祀天时配祀甘盘，可见他功劳之大。

《尚书·说命下》："王曰：来，汝说。台小子旧学于甘盘，既乃遯于荒野，入宅于河。"说是指傅说。高宗告诉傅说，甘盘是他的老师。

甘盘的事迹已很难考证。作为王佐，他的职责当同于伊尹、巫咸、傅说。作为巫的总头目，他是沟通天地、神人关系的。高宗中兴，在生产上的主要措施是大量开垦土地。农业上观天候气的工作，是他第一位的职责。高宗在位59年，先期大约依靠甘盘，而后依靠傅说。

六、傅说

傅说是殷代功劳大得登上了天的名臣。"说"读为"悦"。他的故事富于传奇性。《尚书·说命上》说：

> 王宅忧。亮阴三祀。既免丧，其唯弗言。群臣咸谏于王曰："……王言，唯作命，不言，臣下罔有禀令"。王作书以

诰曰："以台正于四方，台恐德弗类，兹故弗言。恭默思道，梦帝赉予良弼，其代予言"。乃审厥象，俾以旁求于天下。说筑傅岩之野，唯肖。爰立作相，王置诸其左右，命之曰："朝夕纳诲，以辅台德。若金，用汝作砺。若济巨川，用汝作舟楫。若岁大旱，用汝作霖雨。……"

这段话的"亮阴"一词，一些书也作"谅闇"、"梁闇"，历来无定解。孔子、东汉马融都认为是高宗保持沉默，三年不说话。郑玄认为亮阴是孝子居丧时的凶庐。郭沫若认为是一种瘖哑症，即现代医学上的不言症，并以甲骨卜辞作物证。"傅岩"有的书作"傅险"。

《史记·殷本纪》对这段故事是这样写的："帝武丁即位，思复兴殷，而未得其佐。三年不言，政事决定于冢宰，以观国风。武丁夜梦得圣人，名曰傅说。以梦所见，视群臣百吏，皆非也。于是迺使百工营求之野，得说于傅险中。是时说为胥靡，筑于傅险，见于武丁。武丁曰：'是也'。得而与之语，果圣人。举以为相，殷国大治。故遂以傅险姓之，号曰傅说。"

这里所说"胥靡"是刑人，或者奴隶。《墨子·尚贤》描写他的模样："傅说被褐带索，庸筑于傅岩，武丁得之，举以为三公。"傅说是一个穿着粗糙的衣服，用绳子绑着，参加建筑苦役的囚犯。

看来司马迁的说法是对的。高宗三年不语是为了"观国风"，日夜思考着得到一个贤臣来改变国家面貌。立志做一个中兴之君，就必须有彻底改革的胆识和策略。他必须摆脱现有的群臣百官，起用新人。装病三年不说话，托梦说上帝赐予了他"良弼"，当着群臣宣布朝夕纳听一个囚犯的教诲，把他比作砺石、舟楫、霖雨……这一切，显然都是要彻底改革朝纲，施行新政。

傅说也没有辜负高宗的希望。高宗享国 59 年，"不敢荒宁，嘉靖殷邦，至于大小，无时或怨"。(《尚书·无逸》)出现了长期安定，上下都无怨尤的局面。"王曰：呜呼，说，四海之内，咸仰朕德，时乃风！股肱唯人，良臣唯圣。"(《尚书·说命下》)高宗对傅说这样讲，字里行间透出了他的喜悦之情。

在这样的升平气象中，正好发展科学文化。地上人间的事治理得井井有条，天上的神灵世界也就随着变得井井有条。傅说是沟通神人关系的大巫，是长于此道的。他是得道之后才相高宗的。《庄子》说：“夫道，傅说得之以相武丁，奄有天下，乘东维，骑箕尾，而比于列星。”从这段话看，傅说从事“托星辰”的工作时，二十八宿已经排得井然有序了。他想“乘龙”，但已没有恰当的星，只好骑在龙尾巴上了。也就是说，天上那么多的好星星，早已被先去的神（人的化身）占据了，他没有赶上二十八宿的定名。他对天文气象的具体贡献不清楚，但他一定是整理过天上、人间的神灵系统的。“骑箕尾”一辞，后来成了重臣去世的典故。

第五章

商周之际的气象科学思想体系

从商代后期到西周早期，约公元前13世纪到公元前10世纪中叶，是中国奴隶制社会鼎盛的时期。在井田制基础上出现了大规模的农业；经济空前发展；青铜器制作发展到高峰。一些科学、技术，在这个时代随着生产发展具备了雏形，形成了理论体系。

这个时代人们的思想，依然同殷代前期一样，紧紧地被神学观念束缚着。宗法等级制度比过去更严密，礼制更繁琐，清规戒律更多。各种气象变化和天气现象，依然被视为上帝的安排。但朴素的科学思想和朴素的辩证方法仍未泯灭，一些富于创造性思考的人仍对科学的发展作出了贡献。正是在这样的条件下，人们把以往取得的观天知识系统化起来。这些知识我们可以从最早的一些文献如《周易》、《洪范》、《禹贡》、《周髀》中去探寻。

问题的难点在于，这些典籍中，有许多知识产生的年代比商周之际更古老；另有一些知识则又是后来产生的，人们在整理经典时串入其中了。对于前者，我们已部分地析出并在前几章中叙述过了，对于后者，须注意指出。

第一节 《周易》中的气象科学体系

长期以来，研究者们认为伏牺作八卦、文王重为六十四卦之说，是后人把他们自己的创造加在先贤身上。《易·系辞》含混地暗示是文王重卦，后来的人就指为事实了。最新材料表明，重卦并非后人，文王以前就已重为六十四卦。看来系辞作者可能知道一些事实，而又想把功劳加于文王，所以把问题说得含混。文王时代已普遍把六十四卦用于占卜，已有物证。安阳殷墟的一片甲骨上有这样几组文字：①

右下一组为："六七一六七九"，即䷹，兑卦

右上一组为："六七八九六八"，即䷦，蹇卦

左上一组为："七七六七六八"，即䷴，渐卦

渐卦下还有"贞吉"二字，是为"果辞"，即结论。

因此，可以认为《周易》用很原始的材料作卦辞，这些卦辞个别地反映氏族社会早期的事物，而总体上反映了殷代后期特别是殷周之际的科学思想体系。

我国自然科学、哲学、社会科学的许多学科，都可以把它的根源追溯到《周易》里面。如前清学者纪晓岚所说："《易》广大，无所不包，旁及天文、地理、乐律、兵法、韵学、算术……"（纪昀《四库全书总目提要》）。《周易》是中国科学思想和神学的渊薮。然而，我们认为气象知识是《易》的主体，或者说是脊骨、中心。原因很简单：气象科学是古代的带头科学。人类生活于大气之中，首先触及到的是气象问题，适宜的环境依赖于气象，受到的天灾大多源于气象。人类本身是在与自然斗争中产生和发展的，在自然界中遇到的问题首先是气象问题；当自然现象和人类生活反映到人的头脑中，构筑起精神世界时，首先产生的是与气象有关的精神现象。唐代《易》学大师孔颖达是这样来看待《易》的：

---

① 肖楠：《安阳殷墟发现"易卦"卜甲》，《考古》1989年第1期，第66页。

> 夫易者象也，爻者效也。圣人有以仰观俯察，象天地而育群品；云行雨施，效四时以生万物。若用之以顺，则两仪序而百物和；若行之以逆，则六位倾而五行乱。故王者动必则天地之道，不使一物失其性；行必协阴阳之宜，不使一物受其害。(《周易正义·序》)

仰观俯察的科学内容，是对天文、气象、地理三者的综合考察，云行雨施，效四时，是掌握天气和气候。这些规律是不可违抗的。这里强调《易》的重要性，实际上也可以说是强调了掌握气象规律的重要性。观察天文、地理的实际用途是掌握气候，总起来叫“天地四时”，这是唐代人们对于《易》的认识。

早在汉代人们就是这样认识的：“孔子曰：《易》始于太极，太极分而为二，故生天地。天地有春夏秋冬之节，故生四时。四时各有阴阳刚柔之分，故生八卦。”(《易纬·乾凿度》)。说这是孔子的话，未必准确。纬书是汉人的作品，他们是这样来看待气候问题和《易》的。

研究《易》如果不确定它与气象的关系，最终不会获得科学的理解。可能看到了它的卜，它的筮，它的象，它的数，却不能明白它之所以为卜，为筮，为象，为数，弄不明白它们内在的联系。看到它们由卦辞、爻辞这些砖块构成的神秘的殿堂，而找不到打开这座秘宫的钥匙。

《易》最初只是由气象知识的砖块建立起来的。它初建时，人格神还没有出现。可是，自从人间有了帝王，精神世界也就产生出上帝。一代一代，人们用各种各样的知识和思想去装饰和涂抹它。《周易·系辞下》说：“《易》之为书也不可远，为道也屡迁，变动不居。”又说：“《易》之为书也，原始要终以为质也，六爻相杂，唯其时物也。”在《易传》十翼出现的春秋战国时代，人们还说它“屡迁”、“变动不居”、“唯其时物”。这时人们早已把自然变化与人事混在一起了，说“《易》之为书也，广大悉备，有天道焉，有人道焉，有地道焉，兼三材而两之，故六”，并认为：“《易》之兴也，其当殷之末世、周之盛德耶。”现存《易》的卦辞、爻辞，是殷末周初整理成的系统。殷人用神学思想炮制过了，我们只能透过神秘思想的彩饰去看清它的科学内涵。

一、构成《易》卦的基本要素是气象

要知道从人类的原始时代到殷末周初积累了多少气象知识，从《易》卦中可以获得系统的印象。从而可以明白，《易》的大厦的框架和构成它的基砖，都是气象知识。

1. 阴阳二象始于天气

人类形成之初，就受到日晒风吹，阴晴、寒暑是每日每时都能感受到的，所以阴阳本身的意义就是阴天、晴天。由此又延伸出晦、明、昼、夜等概念。

太阴照耀就温暖，天气阴下来就寒凉，于是延伸到寒暑、凉热等概念。

晴天，太阳能使物体干燥；阴天，云中能降下雨来，使物体湿润。于是延伸到了雨旸、湿燥、水火等概念。

“仰观俯察”，没有云可以看到天，有云就只能看到地。所以阳为天，阴为地，这样就把阴阳的概念由气象现象推广到了天地。

“近取诸身，远取诸物”，这样把阴阳从天地扩广到宇宙万物，把一切都分为两类。如人有男女，所有动物有雌雄，所有物体有静动，等等。

同一个物体也可以分为两个侧面，如天有日月，地有山泽，人有腹背，任何生物有生死，任何物体有表里，等等。

阴阳概念已被无限地推广。任何事物的特性、状态、运动、变化也都可以用阴阳来描述，如刚柔、正反、上下、右左、升降、去至、沉浮、成形化气、甘苦、辛酸、聚散……

万物阴阳属性的划分，都以天气或气象特征为依据。所有这些把事物分为两类和把同一事物分为两个方面的概念，其划分方法，是将其与天气的阴晴、晦明、寒热、燥湿等基本概念相类比来确定。

阴阳符号也取象于天气晴阴。晴天，天地一体记为“—”；阴天，天地被云层分隔开记为“- -”。这种简单记事符号的发明，可能在万年前的渔猎时代。阴阳概念脱胎于那时，而系统化并用于描述宇宙万物，则完成于殷周之际，这就是《周易》中的阴阳体系。这个体系在《说卦》中作了阐述，其中有关于气象的：

> 参天两地而倚数，观变于阴阳而立卦。
>
> 天地定位，山泽通气，雷风相薄，水火不相射。
>
> 雷以动之，风以散之，雨以润之，日以烜之。
>
> 动万物者莫疾乎雷，桡万物者莫疾乎风，燥万物者莫熯乎火，说万物者莫说乎泽，润万物者莫润乎水，终万物者莫盛乎艮。故水火相逮，雷风不相悖，山泽通气，然后能变化既成万物也。

《说卦》中还谈到具体各卦的气象含义，这里不列举了。传统的看法认为《易传》中《说卦》较《彖》、《象》晚出，因为它的前三节中有“三才”、性命等思想，具有战国时代孟轲思想的痕迹。矛盾的是：从内容看，《彖》、《象》应是以《说卦》为本而作的阐释。马王堆帛书《易》与今本不同，它的《说卦》没有今本的前三节，这三节在《系辞》中①。原来今本《说卦》前三节是后人弄串了位置，这个矛盾解决了。这篇仅晚于卦辞、爻辞的著作，已较清楚地说明了阴阳概念基于气象而推广到万物的过程。

2. 春秋四时纪为气候

人类对季节的认识开始于渔猎时代，最初只知有两季，而后逐渐有细致的划分。《周易·系辞下》说：

> 寒往则暑来，暑往则寒来，寒暑相推而岁成焉。往者屈也，来者信也。屈信相感而利生焉，尺蠖之屈，以求信也。龙蛇之蛰，以存身也。

---

① 刘大钧：《帛〈易〉初探》，《文史哲》1985年第4期。

在只知道两季的岁月里，见虫蛇出来活动可以知道暖季的到来，见虫蛇入蛰存身可以知道冷季的到来。这个时候要记录季节，用阴（- -）为冬，阳（—）为夏，只需两个符号。

万年前牧业、农业相继发明，这时对气候的观察加强了，于是发现冬夏之间有两个气候变化的过渡季节：春与秋，与恒阴、恒阳的冬、夏具有不同的特点。春季是温暖赶走寒冷，是阴屈阳信，于是万物生长；秋季是寒冷赶走温暖，是阳屈阴信，万物萧杀。一年分出了四季，于是要把阴阳两个符号组合起来加以记载。

⚎春　⚌夏　⚍秋　⚏冬

夏季是二阳相合，冬季是二阴相合。把往者置于表（上）面，把来者存于里（下）面。这样，用两爻组成的符号记四时就用完了。如要记更多的事情，就需要加爻来构成新的符号了。

《周易·系辞上》说：“是故易有太极，是生两仪，两仪生四象，四象生八卦……法象莫大乎天地，变通莫大乎四时，县象莫大乎日月……”这里所说数的规律是：

$2^0=1$　易有太极

$2^1=2$　是生两仪

$2^2=4$　两仪生四象

$2^3=8$　四象生八卦

……

可以直排到 2^n，n 为记事符号的爻数。

一年的气候可以分解为：四时、八节、十二月、二十四气、三十六旬、七十二候等。八卦用三爻，是八个基本符号。八卦重卦之后用六爻，共有六十四个符号。六十四卦分配给十二月的十二卦是：

符号	䷊	䷡	䷪	䷀	䷫	䷠	䷋	䷓	䷖	䷁	䷗	䷒
卦名	泰	大壮	夬	乾	姤	遯	否	观	剥	坤	复	临
月份	正	二	三	四	五	六	七	八	九	十	冬	腊
季节	春（含春分）			夏（含夏至）			秋（含秋分）			冬（含冬至）		

比较一下前面用二爻和这里用六爻表示的春、夏、秋、冬的符号，可以看出它们的基本意义是一致的，后者只是把前者的同一爻三倍

之，春由⚏变为䷊，余类推。

这十二个符号，系统地表达了一年十二个月冷暖变化的过程。泰，三阳开泰，经过一冬的斗争，达到阴阳势均，接下去暖季就要慢慢降临。大壮，阳气开始大于阴气，占了上风。乾为盛阳，夏天最暖。接着是姤，邂逅之意，阳气初次遇到阴气，气候开始变凉。否，阴气增强到了阴阳势均，寒季即将来临。坤达到盛阴，天气寒极。复，一阳复始，暖气开始出现。

3. 四象八卦以气象为框架

八卦记事取三爻时，共得出八个符号，这是重为六十四卦的基础。八卦是六十四卦的脊骨，或者说是最基本的框架。它确定了八卦的基本性质。重为六十四卦只是为了增大它的容量，描绘更多的事物，基本意义由八卦衍生出来。所以《周易·系辞上》说："是故四营而成《易》，十有八变而成卦。八卦而小成。引而伸之，触类而长之，天下之能事毕矣。"

八卦符号的排列顺序现有两种，一是称为后天八卦的文王系统，二是称为先天八卦的伏牺系统。现在通常用的是文王八卦，反映的是殷周之际人们的认识。是不是文王重卦，尚有不同意见。唐代孔颖达就认为，伏牺作八卦时就已经重为六十四卦。此说难以证明其成立。确认它为殷周之际的产物，根据更充分些。

伏牺八卦则是北宋哲学家邵雍（1011—1077 年）根据《易》卦所作的一种排列。他作了《先天图》，并认为这种图是先于天地而存在的。邵氏由此而构成的宇宙论并不可取，而且也不能反映殷周之际的思想。不过他们作的八卦排列顺序，却能揭示《易》卦的二进位制数学性质。如果令乾为 0，坤为 1（反号也有类似结果），按先天八卦排列，自乾开始作反时针旋转，各卦的符号是：

卦	二进制	十进制	卦	二进制	十进制	卦	二进制	十进制
乾	000 000	0	履	001 000	8	同人	010 000	16
夬	000 001	1	兑	001 001	9	革	010 001	17
大有	000 010	2	暌	001 010	10	离	010 010	18

大壮	000 011	3	归妹	001 011	11	丰	010 011	19
小畜	000 100	4	中孚	001 100	12	家人	010 100	20
需	000 101	5	节	001 101	13	既济	010 101	21
大畜	000 110	6	损	001 110	14	贲	010 110	22
泰	000 111	7	临	001 111	15	明夷	010 111	23
无妄	011 000	24	震	011 011	27	颐	011 110	30
随	011 001	25	益	011 100	28	复	011 111	31
噬嗑	011 010	26	屯	011 101	29			

自乾右侧姤开始作顺时针旋转，各卦的符号是：

姤	100 000	32	解	101 011	43	艮	110 110	54
大过	100 001	33	涣	101 100	44	谦	110 111	55
鼎	100 010	34	坎	101 101	45	否	111 000	56
恒	100 011	35	蒙	101 110	46	萃	111 001	57
巽	100 100	36	师	101 111	47	晋	111 010	58
井	100 101	37	遯	110 000	48	豫	111 011	59
蛊	100 110	38	咸	110 001	49	观	111 100	60
升	100 111	39	旅	110 010	50	比	111 101	61
讼	101 000	40	小过	110 011	51	剥	111 110	62
困	101 001	41	渐	110 100	52	坤	111 111	63
未济	101 010	42	蹇	110 101	53			

先天八卦如上所述，数学意义是清楚的。而文王八卦则不注意这些符号的数学联系，而是按阴阳相对应的关系排列的。上篇从乾、坤（000 000，111 111）开始，到坎、离（101 101，010 010）为止，

共三十卦；下篇从咸、恒（110 001，100 011）开始，到既济、未济（010 101，101 010）为最终，共三十四卦。

总的来说，伏牺八卦注重数的连续变化，文王八卦则突出阴阳对比。按照六十四卦阴阳爻的含义，我们作出“八卦真值表”如下：

<table>
<tr><td colspan="3">4</td><td colspan="4">—</td><td colspan="4">- -</td></tr>
<tr><td colspan="3">5</td><td colspan="2">—</td><td colspan="2">- -</td><td colspan="2">—</td><td colspan="2">- -</td></tr>
<tr><td colspan="3">6</td><td>—</td><td>- -</td><td>—</td><td>- -</td><td>—</td><td>- -</td><td>—</td><td>- -</td></tr>
<tr><td>1</td><td>2</td><td>3</td><td colspan="8"></td></tr>
<tr><td rowspan="4">—</td><td rowspan="2">—</td><td>—</td><td>乾</td><td>夬</td><td>大有</td><td>大壮</td><td>小畜</td><td>需</td><td>大畜</td><td>泰</td></tr>
<tr><td>- -</td><td>履</td><td>兑</td><td>睽</td><td>归妹</td><td>中孚</td><td>节</td><td>损</td><td>临</td></tr>
<tr><td rowspan="2">- -</td><td>—</td><td>同人</td><td>革</td><td>离</td><td>丰</td><td>家人</td><td>既济</td><td>贲</td><td>明夷</td></tr>
<tr><td>- -</td><td>无妄</td><td>随</td><td>噬嗑</td><td>震</td><td>益</td><td>屯</td><td>颐</td><td>复</td></tr>
<tr><td rowspan="4">- -</td><td rowspan="2">—</td><td>—</td><td>姤</td><td>大过</td><td>鼎</td><td>恒</td><td>巽</td><td>井</td><td>蛊</td><td>升</td></tr>
<tr><td>- -</td><td>讼</td><td>困</td><td>未济</td><td>解</td><td>涣</td><td>坎</td><td>蒙</td><td>师</td></tr>
<tr><td rowspan="2">- -</td><td>—</td><td>遯</td><td>咸</td><td>旅</td><td>小过</td><td>渐</td><td>蹇</td><td>艮</td><td>谦</td></tr>
<tr><td>- -</td><td>否</td><td>萃</td><td>晋</td><td>豫</td><td>观</td><td>比</td><td>剥</td><td>坤</td></tr>
</table>

表中项目 1、2、3、4、5、6 表示八卦符号从下到上六个爻位。从这真值图中，可以寻出许多对称的概念，如：乾坤，否泰，既济未济，咸恒，损益……而图中从左上到右下正中对角线上，分布的就是重卦之前的八卦。这是整个框架的主轴。这八卦有多重的气象含义，如八方、八风（季风）、八节气等。六十四卦表示万物变化，就是从这些基本意义推广出去的。在这个框架中，四角之卦泰、否、乾、坤分别表示春、夏、秋、冬，十二月则有规律地分布在框架外沿的二十八卦中间，这里也有二十八宿为日月舍之意。各月分布情况如下图。

图中阿拉伯数字为月份。1 月的位置为泰卦，表示春天；4 月的位置为乾卦，表示夏天；7 月的位置为否卦，表示秋天；10 月的位置为坤卦，表示冬天。所以说，八卦是以气象知识为框架。下面叙述气象含义和气象与各种事物的关系怎样推广到天地万物。

4	3		2				1
	兑						12
		离					
			震				11
5				巽			
					坎		
6						艮	
7				8		9	10

二、八卦的气象含义及其推广

古人占卜是问天，古人祈祷是乞天，古人祭祀除了祭祖之外也是祭天地自然之神。所以八卦中的事物以天气、气象为主，并推广到人与自然的各个方面。这里，先把八卦的基本内涵列表如下：

卦形	☳	☴	☲	☷	☱	☰	☵	☶
卦名	震	巽	离	坤	兑	乾	坎	艮
记忆口诀	震仰盂	巽下断	离中虚	坤六段	兑上缺	乾三连	坎中满	艮覆碗
基本义	雷	风	火	地	泽	天	水	山
方位								
文王八卦	东	东南	南	西南	西	西北	北	东北
伏牺八卦	东北	西南	东	北	东南	南	西	西北
节气	春分	立夏	夏至	立秋	秋分	立冬	冬至	立春
时刻	卯中 早晨	巳初 午前	午中 中午	申初 午后	酉中 夕晚	亥初 初夜	子中 半夜	寅初 平旦

续表

风								
甲骨文	协风		（俊风）		介（大）风		役（烈）风	
考异邮	明庶风	清明风	景风	凉风	阊阖风	不周风	广漠风	条风
吕氏春秋	滔风	熏风	巨风	凄风	飂风	厉风	寒风	炎风
尔雅·释天	谷风		凯风		泰风		凉风	
淮南子·天文训（同考异邮）								
淮南子·地形训	条风	景风	巨风	凉风	飂风	丽风	寒风	炎风
淮南子·地形训	（通视	赤奋若	共工	诸比	皋稽	隅强	穷奇	诸稽 摄提）
风	明庶风	清明风	景风	凉风	阊阖风	不周风	广漠风	条风
史记·律书	明庶风	清明风	景风	凉风	阊阖风	不周风	广漠风	融风
易纬·通卦验	明庶风	清明风	景风	凉风	阊阖风	不周风	广漠风	调风
九天 （中央钧天）	昊天	阳天	赤天	朱天	成天	幽天	玄天	变天
九野 （中央钧天）	苍天	阳天	炎天	朱天	颢天	幽天	玄天	变天
二十八宿 （角亢氐）	心房尾	张翼轸	鬼柳星	觜参井	胃昴毕	壁奎娄	墟危室	
人体	箕斗牛 足 手、指	股	目	腹	口、舌	头	耳	

八卦的基本气象含义有三方面：

（1）天气现象。直接的天气现象有雷、风。由天气晴阴推延而来的有乾（阳）、坤（阴）。天降雨、雪入山入泽为水；燥热生火。地和山都为天气所覆，受气象影响。可见八卦的内涵无不与气象有关。实质上八卦是对人类生活环境的描绘，这环境处于天地之间，充满了风云变幻。天气变化是最基本的气象变化。

（2）气候变化。最突出的是四时八节。每个季节的风也不同。最初是四方风，春夏秋冬四季的季风。推而广之为八节的风，八方的风。风随季节的变化，分析到八个方位已足够细致了。八个节气的风，名称用得很乱，比如震卦春分节气的东风，就有协风、明庶风、滔风、谷风、条风等不同名称。这与时代和地方有关，这大多是后来从战国到秦汉的发展。

后来二十四节气与八卦的对应关系，发展到了过于烦琐的程度，如汉代扬雄所说：

> 《易》卦气起中孚。除震、离、兑、坎四正卦二十四爻主二十四气外，其余六十卦每卦六日七分，凡得三百六十五日四分之一。中孚初九，冬至之初也；颐上九，大雪之末也，周而复始。①

这是说，位于东、南、西、北的震、离、兑、坎四卦，每一爻都代表一个节气。比如震卦，它的六爻自下而上分别代表立春、雨水、惊蛰、春分、清明、谷雨六个节气。余类推。而其余六十卦每卦分配到六日七分，即每爻代表一天多一点。一年四季经历了“气”的升降变化。阳气复苏开始于中孚初九（最下一爻）所管的冬至第一天；阴气最盛、阳气最弱则在颐上九（最上一爻）所管的大雪的最末一天。

（3）用二十八宿天空区划定节气。《周易·节·象》说：“当位以节，正中以通。天地节而四时成，节以制度，不伤财，不害民。”对于这项至为重要的任务，《易》卦的做法是：把四象、八卦、九天（九野）、二十八宿都统一到一起。所谓九天、九野，就是八卦的八方加上中央。《吕氏春秋》是这样记载的：

> 何谓九野？
> 中央曰钧天，其星角亢氐。(太极)
> 东方曰苍天，其星房心尾。(震)
> 东北曰变天，其星箕斗牵牛。(艮)
> 北方曰玄天，其星婺女虚危营室。(坎)

① 扬雄：《太玄经》，《百子全书》，浙江人民出版社 1984 年版。

西北曰幽天，其星东壁奎娄。(乾)
西方曰颢天，其星胃昴毕。(兑)
西南曰朱天，其星觜嶲参东井。(坤)
南方曰炎天，其星与鬼柳七星。(离)
东南曰阳天，其星张翼轸。(巽)

东方苍龙七宿的头置于中央钧天，它的地位相当于《易》的“太极”，最后一宿箕伸到艮卦。北方玄武七宿起于艮而止于乾。西方白虎七宿起于乾而止于坤。南方朱雀七宿起于坤而止于巽。九野九个天区，每区三宿，共是二十七宿，多出一宿排在北方，坎卦有女虚危室四宿。

以上与气象有关的三个方面，是八卦的基本含义。由这些基本含义推广到空间八方，时间朝夕，并进而抽象出上下四方、古往今来“六合”的时空观念。

阴阳八卦未重卦之时，当是没有发明冶金的旧石器石代，卦辞、爻辞都没有金。天、地、风、雷、水、火、山、泽对物质世界只是宏观的分类描述。到商周之际，早已出现精良的青铜文化，五行思想（雏形可能产生于传统的黄帝时代）已有系统发展，金木水火土实际上是基于物质内部结构分析的一种分类。重卦之后的八卦，已经把五行思想吸收进去了。爻辞中有金，而且以东南西北四方的震离兑坎四正卦配木火金水，中央太极配土。

八卦概念推广到时空、物质，已足以表达天地万物了。然而天地万物中人是应该特别重视的，因而又推广到人体四肢、器官，以及人的精神活动和社会生活。重卦之后共得六爻，从下往上，第一爻称为“初”，第二、三、四、五爻数字前冠以“六”（阳爻）或“九”（阳爻）的名称，最上第六爻称为“上”。下两爻为“地之道”，中两爻为“人之道”，上两爻为“天之道”，从而构成一个“三才”宇宙观。

由此可以知道，在自然科学、哲学、社会科学和文化艺术初具科学系统的商周时代，人类在处理人与自然、人与天地神灵的关系中，中心问题是大气和星空的自然变化，气象现象和气候规律给予各方面以十分深刻的影响。风雨雷电，天地四时，四象二十八宿，在物质生产和精神生活中都起着重要作用，产生重要影响。

第二节 《洪范》五行与气象实践

《尚书》中《洪范》一篇，司马迁《史记·周本纪》认为是周初武王访问箕子的谈话记录。历来学者对此也无疑议。《洪范》九畴思想的著作权属于箕子是没有问题的。然而，箕子这些思想的系统性表明了它的成熟，已不属于初创，而应有其历史渊源。文章开头记武王与箕子的谈话：

> 王乃言曰：‘呜呼，箕子，唯天阴陟下民，相协厥居，我不知其彝伦攸叙。”
>
> 箕子乃言曰：“我闻在昔，鲧陻洪水，汩陈其五行，帝乃震怒，不畀《洪范》九畴，彝伦攸叙，鲧则殛死。禹乃嗣兴，天乃锡禹《洪范》九畴，彝伦攸叙。……”

“彝伦攸叙”是天地人伦的常道、秩序，也可以说是规律、法则和秩序。箕子认为这是上帝给予人们的。这番问答，用现在的话来说大致是这样：武王问：上天保佑下民，监视他们的行为，我不知道它的规律秩序如何。箕子回答：我听说从前鲧用土来阻塞洪水，违反了五行中水的特性，上帝大怒，不给他《洪范》九畴，世界失去了常道和秩序，鲧就被杀死了。禹继承鲧的事业，上帝给了他《洪范》九畴，世界才恢复了正常秩序。

周武王虚心求教，箕子侃侃而谈。接下去是谈《洪范》九畴的具体内容。那时行文质朴，也未出现百家争鸣，不用标榜本学派的思想怎样古老、怎样出自古代圣贤。所以，箕子对《洪范》九畴起源的追述，可能是自有道理的。而且，夏商两族历史上是对立的，如果不是尊重事实，箕子也不会把获得《洪范》九畴的事迹加在夏人的祖先身上。前几章已谈及“河图”、“洛书”和八卦可能起源很早，谈“伊尹九主”和巫咸所说“天有六极五常”，都关系到“九洛之事”。把这些材料联系起来，看出了《洪范》九畴的渊源和发展过程，也看出了夏、商、周三代的“礼”相承袭的关系。

武王很注意吸取商代的经验，《吕氏春秋·慎大览》记下了这样一个故事：

> 武王胜殷，得二虏而问焉，曰：“若国有妖呼？”
>
> 一虏对曰：“吾国有妖，昼见星而天雨血，此吾国之妖也。”
>
> 一虏对曰：“此则妖也。虽然，非其大者也。吾国之妖，甚大者，子不听父，弟不听兄，君令不行，此妖之大者也。”
>
> 武王避席再拜之。此非贵虏也，贵其言也。故《易》曰：“愬愬履虎尾，终吉。”

昼见星，天雨血，这些奇异天气现象自古认为是不祥之兆。但第二个俘虏认为更大的妖氛在于人心“失礼”。听了这番话，位居至尊的武王竟离席再拜。对一般俘虏尚且如此，对殷代贤臣箕子的话当然更加重视。殷代的《洪范》九畴，周代是采用了的。为的是不使天地人伦失去常道，造成灾害。

一、气象在“九畴”中的地位和作用

《洪范》有一套严密的神学体系，立论的前提是：存在一个人格化了的、主宰宇宙的神，称为“天”，又叫“上帝”。“九畴”是天给人们指出的九条大道，九条大法，人们若背离它行事，就会造成混乱，导致灾祸。天是通过天象和气象来警告人们的，人们则又是通过观察天象和气象来揣摩天意的。

在这个时代，科学是神学的“婢女”。但是，神学体系离不开科学体系这个奴隶，就像那时社会生活中，奴隶主所有的一切都是奴隶创造出来的一样。《洪范》九畴也是这样。九畴的内容是：

> 一、五行：水、火、木、金、土。

二、五事：貌、言、视、听、思。
三、八政：食、货、祀、司空、司徒、司寇、宾、师。
四、五纪：岁、日、月、星辰、历数。
五、皇极。
六、三德：正直、刚克、柔克。
七、稽疑：雨、霁、蒙、驿、克、贞、悔。（五卜、二占）
八、庶征：雨、旸、燠、寒、风、时。（五征、一叙）
九、五福：寿、富、康宁、攸好德、考终命。
六极：凶短折、疾、忧、贫、恶、弱。

五行是对自然界物质所作的五种分类，是那时所认识的构成世界万物的五个基本元素。“水曰润下，火曰炎上，木曰曲直，金曰从革，土爰稼穑。润下作咸，炎上作苦，曲直作酸，从革作辛，稼穑作甘。”五种物质产生五种作用和五味。这时尚未发展出五行相生相克的思想，因为按五行相生道理排列次序应为木、火、土、金、水；彝伦攸叙是讲次序的，却没有谈到这种次序。

天地人伦的大道，五行一畴是总纲，总规律，其他八畴是具体应用。五行统摄天象和气象，与五事、五卜、五征都有关系：

五行	五卜	五征	五事
水	雨	雨	貌
火	霁	旸	言
木	蒙	燠	视
金	驿	寒	听
土	克	风	思

在天为五行，在人为五事，人请于天为五卜，天示于人为五征。这是说五行的大道理管辖着自然变化和人事的具体道理。例如水行，

它管的是雨，人们向天卜雨，如果仪表举止（貌）恭顺、严肃，就会得到及时好雨，如果态度狂乱，则会带来连阴雨。同样，其他几行与人们说话、看东西、听东西、想事情（言、视、听、思）有关。所以，嘴不能乱说，眼不能乱看，耳朵不能乱听，心（脑子）不能乱想，否则就会带来凶征。

八政之中，食、货两政为生产活动，是经济基础。其余六政都是上层建筑，视为精神生活；司空（工）、司徒（土）、司寇（刑）为国家内政；宾为外交，师为外政，主要为对外用兵，而对内镇压属于司寇的工作。所有这些活动都要用到气象。除了活动中需用气象，还要特别注意气象异常，因为那是上帝的警告。

正因如此，"协用五纪"成了十分重要的问题。五纪就是"岁、月、日、星辰、历数"，不能乱用。

> 曰，王省唯岁，卿土唯月，师尹唯日。
>
> 岁、月、日、时无易，百谷用成，乂用明，俊民用章，家用平康。岁、月、日、时既易，百谷不用成，乂用昏不明，俊民用微，家用不宁。
>
> 庶民唯星。星有好风，星有好雨。日月之行则有冬夏，月之从星则以风雨。(《尚书·洪范》)

《尚书》中这段话是放在《庶征》后面，按内容应该在《五纪》后面。这可能是整理的人乱了简。"岁"是木星，"星辰"则指其他星星。观察岁星、日、月和其他星星，是为了正历数，即四时节令。这是掌握气候的问题。王"省"什么，卿土、师尹、庶民"省"什么，都有规定。把观察天空日月星辰的工作也划了阶级。这里特别突出了岁星，是因为那时历法用岁星纪年，十二辰、十二次是最关键的天空区划方法。木星成为五纪之首。最重要的星辰，总要由王来占据。

第五畴"皇极"，是《洪范》九畴的中心。文中有一大段理论，中心是强调"皇建其有极"，"天子作民父母，以为天下王"。一切都"全其有极，归其有极"。皇帝的地位"譬如北辰，居其所而众星拱之”。

“三德”是统治手段。“嚮用五福，威用六极”则是天子所握有的生杀予夺之权。

总之，《洪范》九畴包含的是一套严格、完整的神权统治体系。在这个体系中，规定了天、地、人、神的相互关系、他们的等级关系和行为准则。气象贯穿于这些关系之中。《洪范》思想核心五行的具体应用如五纪、五卜、五征均为气象问题，五事则是观察和处理气象问题的观点和态度。气象是上帝手中的工具，实际上是天子手中的工具。

二、“五行”思想的实践

五行思想的实践，也和阴阳概念一样，推广到了很多方面。其中最基本的应用在于气象方面。这是由于，在古人看来天文气象是上天“垂象”，最能表达“天意”，又是与生产生活密切相关的问题。然而，与气象有关的事物很多，五行是对所有物质的分类，所以五行思想必然推广到各种事物。

1. 命名行星和区划天空

五行用于行星命名，称为“五神”：

岁星—木神

荧惑—火神

镇星—土神

太白—金神

辰星—水神

五行用于区划恒星天空，称为“五兽”，这是从四方的四象、四灵演变而来的：

苍龙—木—东方

朱雀—火—南方

黄龙—土—中央

白虎—金—西方

玄武—水—北方

四象是上古四方氏族部落联盟的图腾，龙、玄武是综合虚拟的动物，朱雀、白虎是鸟兽之王。四象本是配二十八宿的，每象七宿。现在多出一条黄龙盘踞中央，所以要把二十八宿打开来相配了。前面讲到“九野”与二十八宿配位时，曾打乱过。“九野”有中央钧天，大约相当于黄龙的位置，这样，余下四方天区来配四兽，是毫无困难了。

殷末周初对星空已经积累了丰富的天文知识，给大多数星星命了名，对天空区划也已十分明白，所以人们可以按需要来作解释，作区分，为神学服务。可见，没有科学观测的基础，神学的殿堂就不能建立。

2. 描述天气和气候

五行命名行星和区划天空，是为了“观星候气”，通过天象掌握季节和气候。五行还用于直接描述气象。

用于天气描述的是五征：

燠—木　这是暖和天气。

旸—火　这是有太阳的天气，晴天骄阳。

风—土　我国中原位于黄土高原下风方，有风常有霾，雨土。

寒—金　在常温下，金属物件温度总是冷的，潮湿时有水凝结于金属上。

雨—水　天降雨雪即为水。

气候描述通常称为“四时”，这里又增加为“五时”：

春—木　春天草木萌发。

夏—火　夏天天气暑热。

甹—土　“甹”是为了配五行而造出来的一个“时”。

秋—金　金色秋天，万物长成。

冬—水　冬寒，生水，水生骨（冰）。

“甹”这一时是为配土行而设置的。至晚从夏商时起，就以立春、立夏、立秋、立冬“四立”为春、夏、秋、冬四季的开始，每季九十天多一点。把每季最后的五分之一抽出来作为“甹”，这样共有十八天属于甹，不属于各季。这样，甹这一时是分成四段，不像其他四时那样集中在一起。这种划分是比较笨拙的。后来的《内经》也分五季，方法是增加一个“长夏”，那更有意思一些。（见第七章）

3. 预测天气和观察天意

预测天气用五卜、五征，观察天意用五事、五征。

“天垂象，圣人则之。”上帝降下来的“象”就是气象、天象，具体化为五征：“雨、旸、燠、寒、风。”为了“稽疑”，预见未来吉凶，人们通过卜筮进行五卜：“雨、霁、蒙、驿、克。”这里属于预测天气的有晴雨、晦明、风等。霁是转晴。蒙是轻阴，晦暗天气。驿指气的络绎不绝，就是风。克是指能不能成其功。稽疑中除了五卜之外，还有贞、悔二占。这是在用《易》的时候，贞为六十四卦的内卦，悔为六十四卦的外卦，即：卦的下三爻为贞，上三爻为悔。

卜筮“稽疑”，其过程烦琐不堪，不必赘述。这实际上是统治阶级用于自欺欺人的一套办法。但这也说明，生活中迫切需要预测未来天气变化。所以在占卜之后又细致地回验天气变化，并将观测结果记在甲骨上。这客观上促使人们对天气变化进行观测记录，从而也有利于提高对天气变化的认识。

真正有价值的天气气候预测工作是在老百姓那里，在民间。“五纪”里谈到“庶民唯星”，举了“星有好风，星有好雨”和根据日月之行确定季节的例子。这类例子民间必定还有不少。

观察上帝的意向是事天之道，在“五事”一节里只讲了一个大纲，但把其中的各种关系已经说明白了。天垂象、人视天、天与人事和气象的关系是这样：

休征｛
时雨↔肃←（貌）→狂↔恒雨
时旸↔乂←（言）→僭↔恒旸
时燠↔哲←（视）→豫↔恒燠
时寒↔谋←（听）→急↔恒寒
时风↔圣←（思）→蒙↔恒风
｝咎征

其中

合礼	肃≈恭 乂≈从 哲≈明 谋≈聪 圣≈睿	非礼	狂≈不恭 僭≈不从 豫≈不明 急≈不聪 蒙≈不睿

前列关系中，人对上帝（也就是对王）恭顺合礼与休征相关，对上帝不恭非礼与咎征相关。在这种关系中，人可以感动天、影响天，天也可以警告人、惩戒人。所以，人恭顺了就会天官赐福；人不恭顺天就会降灾殃。那时人们就是这样来看待天气变化和气候变化的。

4. 五行推广到人类全部实践

在商周之际，五行思想已推广到了很多方面。后来不断发展，到汉代为止的各种著作中，与五行相配的事物不下数十种。甚至人的一言一行，接触到的各种事物，都可以指出它属于某一行。下面列一个简表：

五行	木	火	土	金	水
五方	东	南	中	西	北
五时	春	夏	愣	秋	冬
五日	甲乙	丙丁	戊己	庚辛	壬癸
五征	燠	旸	风	寒	雨
五卜	蒙	霁	驿	克	雨
五帝	太昊	炎帝	黄帝	少昊	颛顼
五佐	句芒	祝融	后土	蓐收	玄冥
五神	岁星	荧惑	镇星	太白	辰星
五兽	苍龙	朱雀	黄龙	白虎	玄武
五虫	鳞	羽	羸	毛	介
五纪	岁	日	历数	月	星辰

五严	泰	衡	嵩	华	恒
五社	户	灶	中霤	门	行
五器	规	衡	绳	矩	权
五官	司土	司马	司徒	司寇	司空
五音	角	徵	宫	商	羽
五色	青	赤	黄	白	黑
五臭	羶	焦（董）	香	腥	朽（腐）
五味	酸	苦	甘	辛	咸
五菜	韭	薤	葵	葱	藿
五福	康宁	寿	富	攸好德	考终命
五事	视	言	思	听	貌
五德	明	从	睿	聪	恭
五材	仁	勇	信	忠	智
五常	仁	礼	信	义	智
五性	静	躁	力	坚	智
五性	喜	怒	欲	惧	忧
五神	魂	魄	神	精	志
五度	气	血	神	形	志
五脏	肝	心	脾	肺	肾
五官	目	耳	口	鼻	形
五身	眼	耳	舌	鼻	身
五数	八	七	五	九	六

……

还有许多，不一一列举。概括地说，五行这种自然物质分类，首先用于四季、四时、四方，天文气象，由此又推广到天地神祇，山河，动物，植物，色、臭、味，进而推广到人的肌体，人的感情、精神、思维和德行，人的官职、工具、祭祀等。这些推广，大多和四时气候及其自然物候相联系。比如木、苍龙、东方是春天气象。春天树木生长，颜色为青色；天气清明，所以视为明；春风和煦，所以为仁、为喜；春天最早生出来的菜是韭菜，等等。火、南方、朱雀为夏天气象，夏天炎热，所以为旸，为赤色，为灶，为怒，为堇、焦、苦味，为躁，等等。其余季节也都可以这样分析。

五行概念由天文气象推广到各事物，在实践中有这样几方面的意义：（1）根据季节变化从事生产；（2）按季节祭祀；（3）根据执事命官；（4）制定礼制和规范人的德行；（5）描述人体生理便于医疗。这样做是为达到人与自然的和谐，也即使天人一致，按照上帝垂下的征象——天文气象行事，就能避免灾祸。在主观上是让天文气象服务于神学，以利于奴隶制度；客观上则顺应了气象规律，不自觉地积累了天文气象知识。

第三节　《禹贡》的地理与气候特征

《尚书·禹贡》排在《夏书》第一篇，其年代似乎比《洪范》早得多。然而学者根据书中包含的“大一统”思想，认定它是周秦之际，公元前3世纪左右的作品。《禹贡》的确是把禹的活动夸张了，特别是甸、侯、绥、要、荒五服，按照离王城远近，以五百里、三百里、二百里、百里为尺度来划方块，确定疆界和征收贡赋，任何民族历史上都不曾有这样的事实。这仅是儒家“大一统”的政治理想。但殷代建立数以千计的大小方国，分为侯、甸、卫、邦，称为“外服”；百僚百工称为“内服”，明确载于《尚书·酒诰》，甲骨文也有证明。这是殷代的史实。

对《禹贡》所用的材料要具体分析。不少资料可能产生得相当早。特别是“九州”的划分，不能认为是很晚出的事。《国语·鲁语上》：“共工氏伯九有也，其子曰后土，能平九土，故祀以为社。”这共工氏是很古老的民族。这里的九有、九土，在《礼记·

祭法》同样的文句中均写作“九州”。只是当时“伯九州”的概念，禹“远方图物，贡金九牧”的概念，都不能按“大一统”的思想来理解，甚至也不能按春秋时代霸主的概念来理解。那是一种较松散的物资贡纳关系。像《禹贡》这样“任土作贡”，具体规定贡物、贡道，那的确是过于理想化了。

《禹贡》所记的黄河是很古老的：

> ……东过洛汭，至于大伾，北过降水，至于大陆，又北播为九河，同为逆河，入于海。(《导河》)
>
> 大陆既作，岛夷皮服，夹右碣石入于河。(《冀州》)

大伾山古代又称岯、邳，在今河南浚县西南。黄河从这里就一直向北去了，经过华北大平原直到天津附近，分为众多河道（九河）入海。入海处九河都是“逆河”，即随着海潮涨落的河。这当是周初或以前的黄河，比现在的黄河偏西、偏北得多。

《禹贡》九州贡物中，只有梁州贡铁。这被认为是此书晚出的证明。近年的地下发掘表明，我国在商代中期已使用天然铁。河北藁城台西村、北京平谷刘家河都发现了商代铁刃铜钺，用的是陨铁。陨铁是上帝赐与的，所以才珍贵，用作贡品。到周初可能用人工铁，《礼记》中有段（锻）氏。到春秋时铁器用得普遍了。“今铁官之数曰：一女必有一针一刀……耕者必有一耒一耜一铫……行服连轺辇者必有一斤一锯一锥一凿。”(《管子·海王篇》)。梁州贡铁很可能在周初以前就有。

总之，《禹贡》里保留了很古老的资料。其中有关经济地理、山岳地理、河流水文地理、财政地理和政治地理等方面的知识，可以说是这些科学的萌芽。这是我国第一部地学著作，它不涉及天文，我们只能从有关地学知识中了解其气象内涵，了解当时一些地方的气候特征。特别是通过植物、土壤来了解气候。

一、从九州贡物看气候特点

《禹贡》对北方冀州的贡物“语焉不详”，谈及那里少数民族的生活有“岛夷皮服”四字，可能由于气候的关系，那里农业开发尚不如南方。

河、济一带的兖州就不同了，这里可能是禹治洪水的主要地区。“九河既道，雷夏既泽，灉沮会同，桑土既蚕，是降丘宅。……厥贡漆、丝，厥篚织文。”气候湿润，土地肥沃，盛产丝、漆，竹篚（圆为篚，方为筐）上也编着花纹，一派文明富足景象。

海、岱一带的青州，“厥贡盐、絺，海物唯错。岱畎丝、枲、铅、松、怪石。莱夷作牧。厥篚檿丝”。这是东夷的地方，既有山珍也有海错。

海岱到淮河一带的徐州。“草木渐包，……厥贡唯土五色、羽畎、夏翟、峄阳孤桐、泗滨浮磬，淮夷玭珠暨鱼。厥篚玄纤缟。”这里是淮夷的地方，盛产手工业原料和宝物、美味。峄山又名邹山，在今山东省邹县东南，那里的桐油和漆一样，是重要的手工业原料。现在我国油桐分布于秦岭和长江以南，可见那时山东南部气候大约相当于现在江南。

东南的扬州，“厥草唯夭，厥木唯乔”，草深木茂。“厥贡唯金三品、瑶、琨筱簜、齿革、羽毛，唯木，岛夷卉服。厥篚织贝，厥包橘柚。”由于气候已经变化，橘柚现产于四川、江南及岭南，扬州的江北、淮泗一带已不产此物了。

荆州“厥贡羽毛、齿革、唯金三品、杶干、栝柏、砺砥、砮丹，唯箘、簵、楛三邦底贡，厥名、包匦菁茅，厥篚玄纁玑组，九江纳锡大龟”。荆州是个资源丰富的地方，贡品种类特别繁多。

中原的豫州，“厥贡漆、枲、絺、纻、厥篚纤纩，锡贡磬错”。西南的梁州，“厥贡璆、铁、银、镂、砮、磬、熊、罴、狐狸、织皮”。在没有地下发掘证明之前，这铁颇引人怀疑。现在我们可以认为，铁与玉和银并举，那是很宝贵的，也许不是人间凡铁。这是商周用陨铁的事实。

西北的雍州，“厥贡唯球、琳、琅玕”。

以上称为禹时之贡，实则与商周之贡相似。司马迁《史记·货殖列传》说：“夫神农以前，吾不知已。至若《诗》、《书》所述虞夏以来，……夫山西饶材、竹、谷、纑、旄、玉石；山东多鱼、盐、漆、丝、声色；江南出㭎、梓、姜、桂、金、锡、连、丹砂、犀、玳瑁、珠玑、齿革；龙门、碣石北多马、牛、羊、旃、裘、筋、角；铜铁则千里往往山出棋置。此其大较也。”这里所述《诗》、《书》中的贡品与前述九州之贡，基本一致。

总的来看，贡丝的有兖、青二州，贡枲（麻）的有青豫二州。这两种经济作物江南并非不产，而江南曾出土过商周之前数千年的丝、麻织物。这反映商周时代兖、青、豫一带气候最适宜，生产水平较高，产品较好。这个时代对于丝、麻生产来说，江南气候可能过于暖湿了。

亚热带作物漆的生产，也以兖、豫二州为佳，成为贡品。说明那时河、济一带的气候相当于今天的亚热带。漆的使用在商代颇为重视，到周代工艺水平已很高。战国时庄周在蒙为漆园吏，这个地方一说在河南商丘，一说在山东菏泽，仍在古代兖、豫二州范围。

亚热带植物竹，那时遍于兖、青、豫、徐、扬、荆等州。《禹贡》特别详细地记载了这些州竹篚的编造工艺，有的织文，有的檿丝，有的玄纤缟，有的织贝，有的玄纁玑组，有的纤纩；素雅、华贵兼而有之，各呈其美。可能是贡品的真实记录，贡品是用这些圆形竹器盛着送来的。今日的兖、青、豫，在河、济、海岱一带已不盛产竹类了。

二、从九州土地看燥湿情况

《禹贡》对九州土壤、植物情况都有记载，从中可以看出土地的湿润程度，知道气候的湿润程度。

北方冀州，“厥土唯白壤，厥赋上上错，厥田为中中”。所以称得上“上上错”，是因为“岛夷皮服”，有珍贵的皮毛。这是干旱草原气候的产品。

兖州“厥土黑坟，……厥田唯中下，厥赋贞”。这是洪水泛滥过的地方，黑色土壤十分肥沃，物产也特别富饶。其田为什么为“中下”，大约因为过于湿润，易涝。

青州“厥土白坟，海滨广斥，厥田唯上下，厥赋上中”。土壤为肥沃的白土，但海滨有广阔的盐碱地。有渔盐之利。发展盐业适宜地点，视晴天日数与风的情况而定。

徐州“东原底平。厥土赤埴坟，草木渐包。厥田唯上中，厥赋中中”。土壤是赤色的，细密而肥沃。土壤干湿适宜，草木生长较好。

扬州“三江既入，震泽底定，篠簜既敷，厥草唯夭，厥木唯乔，厥土唯涂泥，厥田唯下下，厥赋下上错”。这些地方植物生长十分茂密，树木高大。土壤是过于湿润的泥土，泥泞地，除了种稻，种别的粮食作物是太湿润了。

荆州也是“厥土唯涂泥，厥田唯下中，厥赋上下”。跟扬州一样，也有些过湿。

豫州“厥土唯壤，下土坟垆，厥田唯中上，厥赋错上中”。这里土壤疏松，也有差一点的硬土但较肥沃，总的来说干湿适度。

梁州“厥土青黎，厥田唯下上，厥赋下中三错”。青黑色而肥沃的土壤，大约也是干湿适宜的。

雍州“厥土唯黄壤，厥田唯上上，厥赋中下”。雍州地方广阔，全为黄壤土。这里没有茂盛的草木，是干旱的黄土高原地带。

纵观各州，雍、冀两州没有茂盛草木、桑麻之类描写，气候较为干燥。荆、扬两州土地泥涂，为过于湿润的气候。其余各州干湿适中，很宜于农业。我们知道，今天的山东、河北、河南、安徽的淮北等地，是常感干旱的。同时今天两湖、淮南、江南地方，也不显得过于湿润，以至土壤泥涂。由此可知，夏商周时不仅气温比现在高，而且雨量也比现在多，气候显然比现在湿润。

第四节 《周髀》的早期测天原理

《周髀算经》(简称《周髀》)是中国最古老的数学著作。宋本题“汉赵君卿撰”。赵君卿名爽，一名婴，是三国时的数学家，他只是《周髀》的注释者，而不是作者。一般认为成书在西汉前甚至更早。唐代房玄龄《晋书》和长孙无忌《隋书》都称：“其本庖牺氏立周天历度，其所传周公受于殷商，周人志之，故曰《周髀》。”宋代李籍《周髀算经音义》也说：“周天历度本庖牺氏立法，其传自周公，受之于大夫商高，周人志之，故曰《周髀》。”这些说法都应有所本，我们很难断言房、长孙、李氏的说法为不确。

任何科学知识都有一个发展过程。传说的庖牺时代能产生测天要求，从而出现“立法”，如观测天体，但方法未必成型。经过夏、商、周而初具规模，未始不可能。后人在整理这些知识时，又不断加进了当时的新内容。

《周髀》中有些东西可能很古老，在讨论禹治洪水时曾检索出一些。有些内容则较晚出，如计算八节，二十四节气、月不故舍的度数等，大部分与汉代四分历接近，可能是其后的知识。

《周髀》载有测定天有多高、计算春夏秋冬四季日道怎样伸缩、测定二十八宿度数、计算二十四节气日影长度、计算月球运行等的方法，是我国最早的关于天文气象测量的著作。

一、《周髀》的观测方法

《周髀》中观测天地四时的方法，概括地说有这样一些方面：

1. 测太阳晷影：平地上垂直地竖起一根标竿，这就是表，也叫髀。髀的日中影子叫晷。以髀和晷为两个邻边，组成一个直角三角形。这样，髀长就是股，晷长就是勾。髀长为预先制定，晷长可以测量，这样就可以用勾股法进行计算。这就是日晷测量，也称勾股测量。有各种用途，最主要的是用来定一年的长度（有多少日、时），用来定四季、节气等。

2. 测太阳大小：在表端置一个直径一寸的孔，借以捕日影，这样来测定太阳的半径。

3. 测天极四游：从表端引绳及地，以绳、表、星三者在一直线上进行观测，其作用就类似于中星仪或子午仪了。《周髀》卷下之一：

> 欲知北极枢璇周四极，当以夏至夜半时，北极南游所极；冬至夜半时，北游所极；冬至日加酉之时，西游所极；日加卯

之时，东游所极。此北极璇玑四游。

冬至日加酉之时，立八尺表，以绳系表颠，希望北极中大星，引绳至地而识之。又至旦明加卯之时，复引绳希望之。首及绳致地，而识其端，相去二尺三寸。其绳致地所识，去表丈三寸。

这里已经说明了极星春夏秋冬移动的意义及观测方法。这时人们已经认识到北极星是移动的，并设定了一个不移的天极。如《吕氏春秋·有始览》所说："极星与天俱游，而天极不移。"《周髀》所载这璇玑四游，是在公元前1123年前后百年间进行的颇为准确的观测。

极星是变化的，在天极附近的很多星都担任过极星：

极星	最近北极年代	朝代
右枢	公元前2824	三皇
天乙	公元前2608	五帝
太乙	公元前2263	帝尧
少尉	公元前1357	殷商
帝	公元前1097	周公
勾陈一	公元2105	现任北极星①

公元前1100年前后的殷周之际，以帝星为北极星，这就是《周髀》所说的"北极中大星"。《周礼·冬官·匠人》"昼参诸日中景，夜考之极星"，也是用太阳和帝星来定时间。汉代此星离北极已远了，比周初远1.8度，但人们还说"其一明者，太一常居也"。后人用古代的事物，大约为了保持古风。

4. 测列星距度，二十八宿距度、太阳在二十八宿中的行度等等。表端拉一根绳子，可以测出星星距天顶的度数。人可以拿着绳子转圆圈，测出各星星相互距度，等等。这种方法的原理与浑仪相同，和"璇玑玉衡"的方法是一回事，只是没有浑仪那么多圆圈。宋代苏颂《新仪象法要》说："四游仪，《舜典》曰璇玑。"《虞

① 陈遵妫：《中国天文学史》，上海人民出版社1980年版。

书》称：‘在璇玑玉衡，以齐七政。盖观四正之中星，以知节候早晚……，观璇玑者，不独视天时而布政令。”

《周髀》说：“故月与日合为一月，日复一日为一日，日复一星为一岁。”这是对月、日、年下的定义。太阳与月亮相对位置为180度时，是望日（十五日前后）；太阳与月亮相会时是朔日（初一），日月相会一次就是一个月。太阳自转一周是一日。太阳在天空十二次（每次若干宿）中一个月过一次，十二个月回到原处，所以“日复一星”是一岁。

二、《周髀》测天地四时

《周髀》说：“周髀长八尺，夏至之日晷长一尺六寸，髀者股也，正晷者勾也。”这样就建立起了圭表测天的原理，可以测极游，步推日月行度，确定一年日数，季节早晚，乃至推测太阳远近大小、宇宙构造。

追溯观测太阳的历史，最初是根据太阳升起和落下的山头，来掌握季节变化。观测自然物体如石头、树木、房屋的影子，可以知道时间。进一步就会堆起石头或立起竿子来观测太阳的影子，这就发展成了表，即髀，进而又发展为圭。

在第三章曾谈及，根据《周髀》给出的实测数据：夏至影长一尺六寸，冬至影长一丈三尺五寸，可以算出那是公元前2502年的观测记录。而《周礼·地官·司徒》所说：“日至之景，尺有五寸”，这显然是周初当时的记录了。

周初（公元前1122年前后）人们用髀来测天是没有疑问的。那时人们立八尺之表，定东、南、西、北四方，测天地四时，在《周髀》里保存了这前后约100年的一些天象记录。①

《周礼》中也多次谈到使用这些方法。如《冬官·考工记》：“匠人建国，水地以县，县椝，眡以景”，郑玄注：“于所平之地，中央树八尺之臬，以县正之，眡之以其景，将以正四方也。”这就是用髀。立髀首先要平地，并用绳子悬（县）重锤来求垂直。“匠

---

① 陈遵妫：《中国天文学史》，上海人民出版社1980年版。

人为规，识日出之景，日入之景，昼参诸日中之景，夜考之极星。”这也是《周髀》的方法。《地官·司徒》：

> 以土圭之法测土深，正日景以求地中。日南则景短，多暑；日北则景长，多寒；日东则景夕，多风；日西，则景朝，多阴。
>
> 日至之景，尺有五寸，谓之地中。天地之所合也，四时之所交也，风雨之所会也，阴阳之所合也。

这段话的“地中”，是指“天中”之下正对的一点，也称“极下”，也就是现在人们所说的北极。“求地中”，就是求离北极多远，即测纬度。“测地深”当然不是测土地有多深，而是认为地是一个球面，所以要测东、南、西、北四方在当地平面之下有多“深”，这样来测定春、夏、秋、冬四季的气候。四季气候的特点是：夏多暑、冬多寒、春多风、秋阴雨连绵。这里的“日至之景”是指夏至太阳日中之影。这时影长一尺五寸，整个地中极下都为日光所照。所以有“天地之所合也”等一番话。

这种测天方法是根据“盖天说”，又称“周髀说”。“其言天似盖笠，地法覆槃，天地各中高外下。北极之下为天地之中，其地最高。”① 按这种宇宙图式，天和地是一个同心的穹形。照这个模式设计了一个“七衡六间图”，载于赵爽注《周髀》。图中画了七个同心圆，这就是“七衡”，即太阳运行的七条轨道。冬至，太阳沿最外面的一个圆（外衡）运行，因此太阳是从东南方出来，从西南方落下去，日中时地平高度最低，影最长。夏至，太阳沿最里面一个圆（内衡）运行，因此太阳是从东北出来，从西北方落下去，日中时地平高度最高，影最短。春分、秋分时太阳沿中衡运行，日出于正东，落于正西，日中时地平高度适中。不同的时节，太阳沿着不同的“衡”运行，这样就可以定出四时气候。

这种方法在殷末周初形成，但完整地表述出来并造成一个严格

---

① 《晋书·天文志》。

定量的体系，则是在西汉。严密的文字记述见于汉代。

三、节气影长的粗疏计算

《周髀》里载有一个二十四节气晷影长度表。这是我国史乘所载晷影表中最粗疏的一个，可见它是一种较原始的计算。卷下之二是这样记载的：

> 凡八节二十四气，气损益九寸九分六分分之一。冬至晷长一丈三尺五寸，夏至晷长一尺六寸，问次节损益寸数长短各几何？
>
> 冬至晷长丈三尺五寸　　夏至一尺六寸
>
> 小寒丈二五寸，小五分　　小暑二尺五寸九分，小一分
>
> 大寒丈一尺五寸分，小四分　　大暑三尺五寸八分，小二分
>
> 立春丈五寸二分，小三分　　立秋四尺五寸七分，小三分
>
> 雨水九尺五寸三分，小二分　　处暑五尺五寸六分，小四分
>
> 启蛰八尺五寸四分，小一分　　白露六尺五寸五分，小五分
>
> 春分七尺五寸五分　　秋分七尺五寸五分
>
> 清明六尺五寸五分，小五分　　寒露八尺五寸四分，小一分
>
> 谷雨五尺五寸六分，小四分　　霜降九尺五寸三分，小二分
>
> 立夏四尺五寸七分，小三分　　立冬丈五寸二分，小三分
>
> 小满三尺五寸八分，小二分　　小雪丈一尺五寸一分，小四分
>
> 芒种二尺五寸九分，小一分　　大雪丈二尺五寸，小五分
>
> 凡八节二十四气，气损益九寸九分六分分之一，冬至、夏至为损益之始。术曰：置冬至晷，以夏至晷减之，余为实，以十二为法。实如法得一寸。不满法者，十之；以法除之，得一分。不满法者，以法命之。

说得很明白，这张表里的影长，除冬、夏二至是实测值外，其余节气都为计算值。计算方法是用过去实测的冬、夏二至影长之差以十

二除，得到气的损益值为9寸9$\frac{1}{6}$分，从冬至后顺减，从夏至后顺加。这种计算值当然是不精确的。

《周髀》所用冬、夏至的实测影长，也是最粗的一个。实际上它可能是很古老的测量结果，大约是公元前2502年的观测记录。《周髀》用的是古制。但二十四节气则是汉代的排法。汉以前是先启蛰而后雨水。

节气之间影长的损益不会是等值的。唐代李淳风指出这种方法“有所未通”。他比较了何承天的元嘉历影、司马彪的四分历影、祖冲之历、宋大明历影，指出这些二十四节气的影长“皆是量天之数。雠校三历，足验君卿所立率虚诞”。各历影大致相近，不详列，只举出元嘉历影的八节如下：

冬至一丈三尺	夏至一尺五寸
立春九尺九寸一分	立秋二尺五寸
春分五尺三寸九分	秋分五尺三寸九分
立夏二尺五寸	立冬九尺九寸一分

比较一下，就可以看出《周髀》的历影值是多么粗疏。这不能怨赵爽“注”得粗疏，而是由于《周髀》古老方法所具有的原始性，加上年代差异的原因。

附传 与气象有关的人物

一、箕子

箕子，商代的贵族，殷纣王的叔父，官居太师。封于箕（今山西太谷东北)，故称箕子。箕子、纣的庶兄微子、王子比干，对纣王的暴虐深为忧虑，竭力劝谏。纣王不听，剖比干，观其心。箕子惧，于是佯狂为奴，隐而鼓瑟以自悲，被纣王囚禁。周武王灭商，释箕子囚，并迎回镐京。今《尚书·洪范》相传是箕子为武王而作。

箕子在我国思想史上有很重要的地位。《洪范》五行的思想，总结了前人的精神成果，是殷代先进的科学文化在意识形态领域的反映。这和古代印度、希腊的“四大”（水、火、风、土）学说相似，而五行比四大更全面、系统、深刻。

《洪范》里面包含了一整套完整的思想体系，同时又是一套实践体系。《洪范》九畴构成一套政教合一的皇权统治系统，是奴隶制高度发展的表现。这一系统的核心和理论基础是五行。五行的大道理管辖着自然和人事的具体道理。在天为水、火、木、金、土五行，在人为貌、言、视、听、思五事，天暗示人或惩戒人用雨、旸、燠、寒、风五征，人请示或祈求于天用雨、霁、蒙、克、驿五卜。人间一切以天子为主宰，宇宙一切以上帝为主宰。这天就是上帝。气象是上帝手中的工具，实则为天子手中的工具。

《洪范》五行和《易》的阴阳八卦相结合，对中国自然科学、社会科学、哲学和文化艺术产生深刻影响，成为各方面、各种思想的渊源。

二、文王、武王

周的世系很长，源于后稷，是帝喾元妃、有邰氏女姜嫄之后。“后稷之兴，在陶唐、虞、夏之际皆有令德。”这个氏族中，最能复修主业（后稷农业）的先有公刘，后有古公亶父。古公的妻子生有长子太伯、次子虞仲，另一个妻子太姜生了季历。太姜和季历的妻子太任婆媳都是贤妇人。太任的儿子即古公的小孙子昌，更是受到爷爷疼爱，认为他“有圣瑞”，并说“我世当有兴者，其在昌乎”？这样一来，太伯、虞仲哥儿俩就明白了，父亲是想立小儿子季历并传位给昌。二人便逃亡到荆蛮之地，断发纹身，当了蛮子，把位子让给小弟弟。

周人姬姓，这姬昌被商朝封为西伯，他就是周文王。在他为西伯的时候，笃仁，敬老、慈少，礼贤下者，很多贤士都来归附他。孤竹国的贵族伯夷、叔齐，当时的大智士贤人太颠、闳夭、散宜生、鬻子、辛甲大夫之徒都来了。对此，崇侯虎（崇国之侯，名虎）跑到纣王那里说坏话："将不利于帝。"纣王就把西伯囚在羑里。经过闳夭等人用美女、良马献给纣王，才救出了西伯。

西伯行善的美名传遍天下，诸侯国间有什么纠纷都来找他评判是非，说"西伯盖受命之君"。在他攻下了犬戎、密须，败耆国之后，殷朝的祖伊听了消息很害怕，告诉纣王。纣王说："我不是有天命吗？这能把我怎么样？"（"不有天命呼，是何能为？"）西伯又攻下了邘，灭了崇（今西安市丰水西）而建立丰邑，把国都从岐下迁到丰邑。西伯死后，太子发立，他就是周武王。

"武王即位……修文王绪业。九年（公元前1126年?）武王上祭于毕，观兵于盟津……时诸侯不期而会盟津者，八百诸侯。诸侯皆曰：'纣可伐矣。'武王曰：'女未知天命，未可也'。乃还师归。居二年，纣昏乱，暴虐滋甚。……于是武王遍告诸侯曰：'殷有重罪，不可以不毕伐。"（《史记·周本纪》）

"是岁也，闰数余十八，正大寒中在周二月己丑晦，明日闰月庚寅朔。三月二日庚申惊蛰。四月己丑朔死霸。（死霸，朔也；生霸，望也）。"（《汉书·律历志下》）

武王做了一个梦，梦见上帝给他"九龄"，以为西方有九国将为所托。"文王曰：'非也，古者谓年龄。齿亦龄也。我百，尔九十。吾与尔三焉。'文王九十七乃终，武王九十三而终。"（《礼记·文王世子》）

文王十五岁生武王，受命九年而崩。文王崩后四年而武王伐殷。武王克殷时已经八十六岁了，后七年而崩，在位十一年。

《洪范》说："唯十有三祀，王访于箕子。"称祀不称年，看来还在沿用殷代的叫法，或者说是箕子用惯了的口气。武王在位十一年，怎么会有十三年访箕子？原来这是西伯（文王）受命的第十三年，他虽在受命九年就死了，但武王一直用他的年号。九年武王观兵于盟津（孟津），是西伯第九年，过了两年到十一年才伐殷。那么，是伐殷后又过了两年才访箕子。到十三年一月回师渡孟津，作为《泰誓》三篇，安排好了政务，才有功夫坐下来与箕子谈经论道。

文王、武王为开国之君，是富于革新精神的。同时，为"吊民伐罪”，政治上也是较开明的。所以，对天文气象、历法、算术这些自然科学也较重视。《续汉书·律历志下》说：“取象金火，革命创制，治历明时，应天顺民，汤武其盛也。”这是有其时代需要的。对于科学的重视，相当大的成分还在于通过气象、天文以了解天意、天命。

历来有伏牺作八卦，文王重为六十四卦之说。这无法证实，但也不是毫无道理。《周易·系辞下》说：

> 《易》之兴也，其于中古乎？作《易》者，其有忧患乎？
>
> 《易》之为书也，不可远；为道也，屡迁。
>
> 《易》之兴也，当其殷之末世、周之盛德耶？当文王与纣之事邪？是故其辞危。

《系辞》作者对《易》的起源一再提出问题，同时字里行间也回答了这些问题。说为书“不可远”，又说“是故其辞危”。所以后来有“文王拘而作《周易》”的说法，认为《周易》是文王被殷纣王囚禁于羑里时所作。羑里又作牖里。《周易·坎》六四：“纳约自牖，终无咎”，这也被认为是文王在囚禁中作《周易》的证明。

后来马融、陆绩等人认为卦辞为文王所作，爻辞为周公所作。所谓：“卦辞文王，爻辞周公”，现在也不能作出定论。

三、周公

周公姓姬名旦，又称叔旦，周武王之弟。曾助武王灭商，是周初著名政治家。封于鲁。

武王克殷之后，曾立殷王子禄父（武庚）“俾守商祀”，并封众兄弟管叔、蔡叔、霍叔三个诸侯国（三监）“俾监殷臣”。武王有疾之时，“管叔及群弟乃流言于国，曰：公将不利于孺子”。孺子指尚处幼冲的成王。武王死后，周公摄政，“三监”不服，并和他们监督的武庚相勾结，联合东夷的徐、奄、熊、盈等国，举兵反叛。周公出师东征，三年，灭数十国，平息了叛乱。然后营建洛邑（今洛阳）作为东都。周朝开国后的礼、乐、典章制度，都由他主持制定。成王长大后，周公还政成王。商代的王位是可以传弟、传子的，周公改为舍弟传子。“自是以后，子继之法，遂为百王不易之制矣。”（《观堂集林》卷十《殷周制度论》）

这中间还有一段故事。当武王病重之时，周公曾设三坛向大王、王季、文王三位祖先祈祷，要求以自己的身体代武王受病，代武王死。占卜结果，三位先王是允许了的。史祝们把这事记载了下来。“公归，乃纳册于金縢之匮中。”（《尚书·金縢》）但武王还是死了。“三监”却放出了流言，使周公很为难，只好避居洛东。他作了一首诗《鸱鸮》送给成王。这首诗见于《诗经·豳风》：

原　文	试　译
鸱鸮鸱鸮，	猫头鹰啊猫头鹰，
既取我子，	你抢走了我的孩子，
无毁我室。	不要再来毁坏我的家室。
恩斯勤斯，	我劳劳碌碌，辛辛苦苦，
鬻子之闵斯。	为孩子累垮了身体，
迨天之未阴雨，	趁天没变阴雨未起，
彻彼桑土，	到桑树根上捡些老皮，
绸缪牖户。	把门儿窗儿巧编织。
今此下民，	树下面有些人，
或敢侮予。	或许会来把我欺。
予手拮据，	我的双手僵又麻，
予所捋荼，	我还得再捋些苇草花，
予所蓄租，	我积攒了一啄又一啄，
予口卒瘏，	我的嘴累得快破裂，
曰予未有家室。	我还没能弄好我的家。
予羽谯谯，	我的羽毛疏疏朗朗，
予尾翛翛，	我的尾巴干干沙沙，

予室翘翘，　　　　我的窠室摇摇晃晃，
风雨所漂摇，　　　风也吹来雨也打，
予维音哓哓。　　　惊得我扯开嗓门叫喳喳。

这是以被夺去了孩子的母鸟的口气写的一首诗，开了拟人化的禽言诗的先河。是否周公所写倒也难说，但这确实反映了他避居东适的心情。特别是他心里明白，东方一些诸侯正发生叛乱。据《尚书·金滕》，年幼的成王读了这首诗，本想责备他但又未敢。看来这位叔旦还是有权威的。

这年秋天庄稼长得好极了。可是尚未收获，天空响起了迅雷，闪起了电光，大风把禾稼全都吹倒了，把大树也拔了起来。人们大起恐慌。成王和大夫们打开《金滕》之书来看，才知道周公愿以身代武王的事情。成王问诸史和百执事人等："这是真的吗？你们怎么不把这事告诉我？"史祝们说："这是真的，周公下了命令不让我们说。"成王捧着书哭了，他说："周公那样忠于王家，只怪我年幼无知。今天，上帝动了天威来表彰周公的德行，只是我小子犯了新的过失，我用国家大礼迎周公也应该。"于是，成王出郊祭天，天就下起雨来，风也反过来，被吹倒的庄稼全都站立起来了。

人们编这个故事，是要说明周公是知天命、明天道、懂得天时的人。同时他很重视农业，他写了《无逸》，让成王知道"稼穑之艰难"。

周公主持制定的礼制，继承了商初伊尹的一些做法。比如，要求"三公"必须掌握气象（天时、阴阳之事）。《尚书·周官》记载："太师、太傅、太保，兹唯三公，论道经邦，燮理阴阳。"阴阳就是指天地之间气象变化。

周公是位多才多艺的人，毕生建树多，是孔子最推崇的圣人。他的封国鲁，享有天子的礼乐。《左传》昭公二年说："周礼尽在鲁矣，吾乃今知周公之德与王之所以王也。"这是晋侯派韩宣子访鲁，观书于太史氏，见《易·象》与《鲁春秋》之后说的一番话。鲁国的君主当然也是乐于把他的开国祖先周公的事迹给客人看的。

晋代张华《博物志·文籍考》:“蔡邕曰:《礼记·月令》周公作。”“《谥法》、《司马法》,周公所作”。古人这么说,大致有他们的根据。

四、太公望

太公望,姜姓,吕氏,名尚。俗称姜太公,在民间是最煊赫的神话人物。关于他的传说故事很多。

吕尚是殷末人。相传在渭水边钓鱼,周文王出猎与他相见,谈得十分投机,并把他迎回宫去。他说:“吾太公望子久矣!”于是就号称“太公望”。被立为师。武王即位后,尊为“师尚父”。他辅佐武王伐殷,建立周朝,是开国重臣。受封于齐,是齐国的始祖。

吕尚是卓越的政治家和著名的军事家。相传中国最早的军事著作是《风后握奇经》。风后是黄帝的大臣,《握奇》也作《握机》,有三本,一本360字,一本380字。汉代公孙宏说这是“吕尚增字以发明之”。吕尚不仅发展了《握机》关于天、地、风、云“四正”,龙、虎、鸟、蛇“四奇”的“八卦阵法”,而且还撰写了军事著作《六韬》。这也是传说,可能是汉代的人采掇古代资料,托名吕尚而辑录起来的兵书。书中记载周文王、周武王与太公望谈军事问题,太公谈的六种韬略是:文韬、武韬、龙韬、虎韬、豹韬、犬韬。

《文韬》中说:“文王曰:‘敢问三宝?’太公曰:‘大农、大工、大商谓之三宝’。”这里见出他的政治眼光。这是儒家(重农抑商)之前的思想。经商是殷人之长。吕尚说要“大商”,是有见地的。

《武韬·五音》说:“角声应管,当以白虎;徵声应管,当以玄武;商声应管,当以朱雀;羽声应管,当以勾陈;五管声尽不应者,宫也,当以青龙。此五行之符,佐胜之征,成败之机。”由此看来,吕尚是精通天文气象与律吕的,有阴阳家的气味,也是能沟通神人的巫。

传说在伐殷的时候,有一个叫丁侯的诸侯不肯归顺周武王,太公就画了丁侯的相，用箭来射丁侯的相，丁侯就一病不起。这是用咒语、巫术制胜敌人，制造了一种新的迷信。

不过，太公未必真相信卜筮和巫术。王充在《论衡·卜筮》篇曾提到过他的故事："周武王伐纣，卜筮逆之，占曰：'大凶'。太公推筮蹈龟而曰：'枯骨死草，何知而凶！'"从这番话看，吕尚并不是个迷信的人。

五、鬻熊、散宜生等

鬻熊，芈姓，楚国的先祖季连之苗裔，周文王的老师。文王见到他时，他已九十岁了。文王曰："老矣！"鬻熊曰："使臣捕兽逐麋，已老矣；使臣坐策国事，尚少也。"武王很尊重他。他的后代被成王封于楚。

《汉书·艺文志》著录道德家《鬻子》二十二篇，现有唐代逢行珪注本。还有小说家《鬻子》十九篇。均是后人托名鬻熊而著。

散宜生，散姓。周初贤臣。相传曾受学于太公望，跟太公望、南宫括、闳夭、鬻熊等一起辅助文王。当文王被殷纣王囚禁于羑里时，曾与闳夭等求有莘氏美女以救文王。

《博物志·人名考》说南宫括、散宜生、闳夭、太颠四人被称为文王四友，而《墨子·尚贤下》则说这四人是武王臣。《尚书·君奭》另加虢叔为五人。唐代孔颖达《尚书大传》把太颠写作太公望。总的来说，在周初这四人是最孚众望的老臣。他们大多很有学问，是属于"论道经邦，燮理阴阳"的人物，是参透了天地化育之人，或者说是当时具有科学知识和政治权威的大臣。

六、史佚

史佚，亦作史逸，尹佚，史为官名，也称"作册逸"，周初史官。《大戴礼记·保傅》："博闻强记，接给而善对者谓之承。承者，承天子之遗亡者也，常立于后，是史佚也。"

史佚的言论对后世有一定影响。春秋时代秦晋战于韩，秦伯俘获了晋侯，在是杀还是放的讨论过程中，子桑还引用他的话："且史佚有言曰：‘无始祸，无怙乱，无重怒’。”

史佚注重天地四时，对人主张不要以恶行得罪上帝。《汉书·艺文志》把他归为墨家，他有《尹佚》二篇，其文今佚，有清代马国翰集本。

第六章

西周到春秋气象知识系统形成

中国历史把公元前 11 世纪到公元前 770 年称为西周，周平王自镐京（今陕西西安）迁都洛邑（今河南洛阳）后为东周，东周的前一段从公元前 770 年到公元前 475 年称为春秋。这段时期，前后差别很大。在这期间，生产力有了前所未有的发展。特别是铁器农具的使用和耕牛的推广，冲击着古老的井田制度，从奴隶中产生了最初的农民和地主，动摇着奴隶主贵族的统治。生产力的发展，促进了气象、天文、农业等科学技术的进步，推动着反对宗教天命观的唯物论思想的兴起和发展。

这个时期，出现了一批对宗教迷信进行批判的先进人物。这些人是从巫师、阴阳家中背叛出来的，他们都是对气象、天文研究有素的人。他们力图摆脱神学对科学的统治。他们否定天命观，努力探索天地四时、风雨寒暑变化的原因，用朴素的自然观解释世界。他们认为天气变化、自然变迁是“阴阳之事”，不相信有什么上帝用水旱、风雹、雷电来惩戒人。努力用科学的观点来说明事物变化，认为阴阳是物质的基本属性，否认天命、神意是天气变化的原因。

思想冲破了桎梏，科学思维得以发展。这个时期无论是节气的制定、谚语测天的总结或医疗气象、军事气象等方面，都形成了系统知识。

国家机关对天气气候的变化，也更为重视。从中央的周天子到诸侯国的国君，都设有观台，并任命一大批官员观测气象、天文，以便改善历法，掌握季节，进行祭祀、征伐和生产。在周代的礼制中，主导思想仍和殷代一样是天命论。但周代巫的权力比起殷代大为削弱，统治阶级中有的人也并不怎样相信神巫，但他们仍以神道设教，愚弄人民。统治阶级仍然用严格的礼法规定人与自然的关系、人与人的关系、人与神的关系。沟通人神关系的巫仍有一定影响。

第一节 周代的司天职官与天人关系

周代从事与观天候气有关工作的官员，几百年间有所变化。中央王朝有兴衰更替，诸侯国大小不同且经常发生兼并与分裂，所以观天场所和观天人员也各不相同。一般的情况可以从《周礼》中看出。虽然那只是一种理想化的标准规范，各代天子、诸侯未必完全照样实行，但也能反映基本情况。

周代“礼”的含义是十分广泛的。《礼记·礼器篇》说：“礼也者，合于天时，设于地材，顺于鬼神，合于人心，理万物者也。”礼是处理人与人之间和人与天地之间各种关系的制度、法则、仪式、规范等。

研究周代司天职官和天人关系，可以从几部礼书中去检索。

《周礼》原为《周官》，又称《周官经》，专记各种职官执事。因《尚书》里也有一篇据称为成王所著的《周官》而改名为《周礼》。全书分为《天官冢宰》、《地官司徒》、《春官宗伯》、《夏官司马》、《秋官司寇》、《冬官考工记》六篇。与《尚书·周官》所记的太师、太傅、太保三公，少师、少傅、少保三孤，冢宰、司徒、宗伯、司马、司寇、司空六卿的制度大同小异。只是三公、三孤的职司《周礼》没作记载。另外，《周礼》缺少《冬官司空》

一篇，司空及其属官的职司、编制无记载，而以《考工记》补上。郭沫若认为《考工记》是齐国官书，是为写《冬官司空》准备的素材，尚未正式成篇。与其他五篇比较，可证此说不枉。

《仪礼》是春秋战国时代各种礼节和仪式的汇编，共十七篇，有冠礼、婚礼、相见礼、聘礼、丧礼等，礼节仪式十分繁琐，是维护等级制度束缚人的东西。

《礼记》是西汉戴圣采集先秦关于礼的旧籍编成，计四十九篇。其中《月令》记载了完整的物候和气象知识，《大学》、《中庸》列为儒家经典“四书”。

一、《周礼》中与观天候气有关的职官

《周礼》所载职官中，从事与天文、气象有关的工作的官员很多。主要的司天官员归礼官春官宗伯所统辖，但见于其他五大官属的观天人员也不少。六卿都要管有关天文、气象的事情。

1. 天官冢宰

“唯王建国，辨方正位，体国经野，设官分职，以为民极，乃立天官冢宰。”这是“治官之属”。冢宰就是首相，位极人臣。“太宰之职，掌建邦之典，以佐王治邦国。”他的权力很大，职司甚多，其中有一条是：

> 祀五帝，则掌百官之誓戒，与其俱脩。前期十日，师执事而卜日。……祀大神，亦如之。享先王，亦如之。

这是制作十天的天气预报，是从殷代礼法中继承下来的。在殷代即有甲骨文作物证。祀五帝、诸大神、诸先王，加起来是不少的。这就是说，当宰相的经常都要率领一帮人作十天的天气预测。

属于太宰统辖的下属有食医：中士二人；有疾医：中士八人。这十名高级医官，他们擅长的专业是医疗气象。食医必须根据春、夏、秋、冬的气候，来调节王的六食、六饮、六膳、百馐、百酱、八珍。其中学问颇多，要领是“春多酸，夏多苦，秋多辛，冬多鹹，调以滑甘”。

“四时皆有疠疾。春时有痟首疾，夏时有痒疥疾，秋时有疟寒疾，冬时有嗽上气疾。以五味、五谷、五药养其病……”这是疾医的职司。

太宰统辖下，有一大帮卜、巫、史、祝，他们参与卜旬和日常天气卜问，没有规定具体人数。

2. 地官司徒

地官司徒是“佐王扰帮国”的“教官之属”。大司徒负责天下的土地、贡赋、人民等一切事务。他必须了解国土情况，“辨其山林、川泽、丘陵、坟衍、原隰之名物”，其中重要的是土地的旱涝、植物生长的环境条件等，都有具体的标准。大司徒还有一项具体任务：

> 以土圭之法测土深，正日景以求地中。日南，则景短，多暑；日北，则景长，多寒；日东，则景夕，多风；日西，则景朝多风。日至之景尺有五寸，谓之地中。天地之所合也，四时之所交也，风雨之所会也，阴阳之所合也，然则百物阜安，乃建国焉。
>
> 凡建国，以土圭土其地而制其域。

这里的“土”应该着“度”。这里的气象、天文测量，第五章已讨论过。在大司徒之下，还有保氏、草人、稻人等官属，其职司与气象有关。

保氏的编制：下大夫一人，中士二人，府二人，史二人，胥六人，徒六十人，共计七十三人。其职司是养国子以道，教之以六艺，六仪，包括气象、天文、历算等。观天候气的知识，最早是由他们传授的。气象科学教育的萌芽，可以追溯到他们。

草人的编制：下士四人，史二人，徒十二人，共十八人。其职司“掌化土之法以物地，相其宜而为之种”。根据土壤性质、温度湿度状况和肥沃程度，因地制宜进行种植。涉及土壤墒情、肥力测量和部分农业气象工作的萌芽，可以追溯到他们。

稻人的编制：上士二人，中士四人，下士八人，府二人，史四人，胥十人，徒百人，共计一百三十人。是个不小的机关。其职司“掌稼下地，以潴畜水，以防止水，以沟荡水，以遂均水，以列舍水，以浍写水……旱叹，共其雩敛……”这是管理农田水利的人员，他们还管除田间杂草等事情。涉及抗旱、防汛及稻田农业气象方面一些工作的萌芽，可以追溯到他们。

3. 春官宗伯

春官宗伯是礼官，处理天人关系、人人关系的“礼”是由他来负责的，所以司天职官中归大宗伯统辖的人较多。大宗伯“掌建邦之天神、人鬼、地示（祇）之礼”，常和日、月、星辰、风师、雨师打交道。“凡祀大神，享大鬼，祭大示，帅执事而卜日”。这也是预测天气。

小宗伯由两位中大夫担任，协助大宗伯工作。观天、候气、卜日的工作，可能多由他们做。大宗伯之下与观天候气有关的官属有肆师、典瑞、占梦、眡祲、大史、小史、冯相氏、保章氏等。

肆师的编制：下大夫四人，上士八人，中士十有六人，下士三十有二，府六人，史十有二人，胥十有二人，徒百有二十人。这个官属高级官员和人员总数都很多，共达二百一十人。其职司“掌立国祀之礼，以佐大宗伯”。他们的事情很多，与气象有关的事情是预测来年的年景。“尝之日，莅卜来岁之芟。狝之日，莅卜来岁之戒。社之日，莅卜来岁之稼……”这是说，秋天祭宗庙那天，要预测来年会不会发生草荒。秋猎的时候，要预测来年好捕什么野兽。举行社祭的时候，要预测来年庄稼长得好不好。这种做法是从夏，商之“礼”承袭下来的。

典瑞的编制：中士二人，府二人，史二人，胥一人，徒十人，共十七人。他们是负责保管玉器的，包括圭、璧等。其中“圭璧以祀日月星辰，……土圭以至四时日月”，是管天文、气象仪器的官属。

太宗伯门下有很多管音乐、舞蹈的官属，队伍十分庞大。那时认为，这是些做调节四时气候变化工作的人，把人工控制气候的希望寄托在他们身上。古人是把律吕、历法、气候、天气混在一起的。这当然是不科学的。这里不介绍他们了。

占梦的编制：中士二人，史二人，徒四人，共计八人。职司为“掌其岁时，观天地之会，辨阴阳之气，以日月星辰占六梦之吉凶”。做梦也要从天地、四时、气候的角度来解释，这也是那时气象在实际生活中的应用。古人看来，上帝除了用天气变化来警告人外，还直接托梦来警告人，所以要用天文气象家来圆梦。

眡祲的编制：中士二人，史二人，徒四人，共计八人。职司为“掌十辉之法，以观妖祥，辨吉凶”，十辉是：

祲	阴阳相侵产生的不祥云气。
象	云物形成的物象，(云状)。
鑴	日傍云气，四面反乡如辉状也。(可能是华)
监	日监。(可能是晕)
闇	日食，月食。
瞢	云雾迷漫。
弥	重阴弥满，相当于《吕览》的昼盲。
叙	可能借为儒，日旁上反之气，珥、假日之类。
隮	虹，霓。
想	海市蜃楼，蜃景。①

以上对十辉的解释是否准确，尚待进一步考证。总之，十辉是以观测与日月有关的大气光象、云雾现象，来判定未来的吉凶。之所以要作这样的判定，是因为已经认识到这些现象与恶劣天气、特殊天气有关，认为十辉可作预报指标。

大宗伯门下还有好几个官属，管祝年、祈年、顺丰年、逆时雨、宁风旱、国若大旱则舞雩等事项，人数很多，是与天打交道的迷信官属，当时认为是气象人员，这里不作介绍。

大史的编制：下大夫二人，上士四人。这六人官位较高。职司为“掌建邦之六典”。权力较大，管事也多，其中有“正岁年以序

---

① 王鹏飞：《中国古代气象史上的主要成就》，《南京气象学院学报》1978年创刊号。

事，颁之于官府及都鄙。颁告朔于邦国。闰月，诏王居门终月。大祭祀，与执事卜日，戒及宿之日”。这是负责在明堂行政告朔，做具体工作的天文气象学者。

小史的编制：中士八人，下士十六人，府四人，史八人，胥四人，徒四十人，共计八十人。职司是“掌邦国之志”。就是管各处的地方志，其中有天时、气象的记录。

冯相氏的编制：中士二人，下士四人，府二人，史四人，徒八人，共计二十人。职司是“掌十有二岁，十有二月，十有二辰，十日，二十有八星之位。辨其叙事，以会天位。冬夏至日，春秋至月，以辨四时之叙”，这是负责正常气候变化的、主管历法的官属。

保章氏的编制与冯相氏同。职司是“掌天星，以志星辰日月之变动，以观天下之迁。以星土（度）辨九州之地，所封封域，皆有分星，以观妖祥。以十有二岁之相以观妖祥。以五云之物辨吉凶、水旱，降丰荒之祲象。以十有二风察天地之和，命乖别之妖祥。凡此五物者，以诏救政，访叙事”。这是负责异常气候变化的官属，那时已把异常气候发生的原因归结为日月星辰异常、恒星行度异常、木星异常、云物异常和季风变化异常五个方面。俞樾认为，星土应该为星度，此官主相四方。他管天下的气候异常，其方法是“所封封域，皆有分星”。这是用“分野”来定那个州、那个诸侯国的水旱、灾祥，这是没有科学道理的。

4. 夏官司马

夏官司马是政官。大司马门下有司爟、职方氏、土方氏等官属的工作与气象有关。

司爟的编制：下士二人，徒六人，共八人。官位很低。其职司为“掌行火之政令，四时变国火以救时疾。季春出火，民咸从之。季秋内火，民亦如之。时则施火令。……凡国失火，野焚莱，则有刑罚焉”。这是管火，包括森林、原野火灾的官属。他们要根据四季气象、气候变化来管好火。有关森林火灾的气象工作可溯源于此。

职方氏的编制：中大夫四人，下大夫八人，中士十六人，府四人，史十六人，胥十六人，徒一百六十人，共计二百二十四人。这是一个官位很高、人数很多的官属。职司为“掌天下之图，以掌天下之地。辨其邦国、都鄙、四夷、八蛮、七闽、九貉、五戎、六狄之民与其财用、九谷、六畜之数要，周知其利害”。所叙具体内容包括各地山泽、川浸、矿物、土宜、植物、农作物、人民等，与《尚书·禹贡》相类似而更详。这些官员的工作，描述了自然物候和农作物之候的部分内容。农业气候区划和作物区划可溯源于此。

土方氏的编制：上士五人，下士七十人，府二人，史五人，胥五人，徒五十人，共计七十七人。职司为“掌土圭之法以至日景，以土地相宅而建邦国都鄙，以辨土宜、土化之法而授任地者”。这是掌管国土测量的官属，其任务包括土宜、气候测量。土宜、土化包括了土壤性质、干湿、冷热、肥力等多方面的知识。

5. 秋官司寇

秋官司寇是刑官。他的职务看来与气象关系很小。但用刑也得看季节和天时，一年只有秋天能用死刑。而王侯的各种重大祭祀，要“奉其明水火”，这明水明火是要掌握好气象条件才能得到的，有司矩氏等官属为他作好准备。大司寇门下与天象、气象有关的官属只有两个。

司寤氏的编制：下士二人，徒八人。职司是“掌夜时，以星分夜”。在夜间掌握时间，用天象来解决。大约看星星的任务太少了，还要他们负责夜间的秩序。

司矩氏的编制：下士六人，徒十六人，共计二十二人。职司为“掌以夫遂取明火于日，以鉴取明水于月，以共祭祀之明齍明烛”。遂是阳遂，铜制的凹面镜，对着太阳可以聚焦取火。铜鉴则可以在月夜里取得露水。这两件事若要成功，关键是要掌握晴天。这是在生活中应用日光和露水。可惜那时不会记录露量。用明水是从夏代就立下的传统。《礼记·明堂位》说：“夏后氏尚明水，殷尚醴，周尚酒。”看来上帝鬼神的口味越来越高。

6. 冬官司空

“国有六职，百工居一焉。”冬官司空是六卿之一。他管的手工业，与气象关系很大。由于《周礼》是以《考工记》代替冬官，所以各官属的人员编制无从知道，只能介绍其职司。

大司空为工官，是必须掌握天时、地气的。《礼记·王制》说：“司空执度之地，居民山川沮泽四时，量地远近。……凡居民材，必因天地寒暖、燥湿，广谷、大川异制。”《考工记》说：“天有时，地有气，材有美，工有巧，合此四者，然后可以为良。材美、工巧然而不良，则不时、不得地气也。”这结论是正确的。但所举例子中，有的却有问题，如“橘踰淮而为枳，鸜鹆不踰济，貉踰汶则死，地气然也”，这种错误表明那时人们对生物的认识水平不高。“草木有时以生，有时以死；时有时以泐；水有时以凝，有时以测，此天时也。”这话是对的。这里的“时”是指“时候”即气候。这些都是大司空必须掌握的。大司空门下的技术人才，也有不少与天文气候有关。

玉人：主管制造各种圭、璧、璋、琮之类。其中包括“土圭，尺有五寸，以致日，以土地”。这是说，玉人造度圭长一尺五寸，(这恰好是冬至日景长)，用来进行太阳测量和土地测量。“圭璧五寸，以祀日、月、星辰。……”各种圭璧很多，大多用于祭祀。但其中也有不少天文仪器，用于定四时气候。这是生产天文气象仪器的部门。

匠人：“建国，水地以县，置槷以县，眡以景，为规，识日出与日入之景，昼参诸日中之星，夜考之极星，以正朝夕。”这是建设城市的匠人。作天文地理测量，使宫室、街道能有正确朝向，以适应四时气候。

匠人：“为沟洫，……凡天下之地执（势），两山之间必有川焉，大川之上必有涂焉，凡沟逆地防谓之不行。……凡沟必因水执（势），防必因地执（势）。善沟者水漱之，善防者水淫之。……”这是水利建设的匠人。建立排、灌系统和有堤防，必须了解地势和水势，掌握雨水情况，才能搞好运水和蓄水。

弓人：“为弓，取六材必以其时。”六种制弓原料：干、角、筋、胶、丝、漆，都与气象条件（时）有关。在收获季节，取材地方的气候条件等方面都有讲究。这样制成的弓才能射得远、射得快、拉得深、胶得牢、坚固不折、经受得住霜和露水而不变形。

“为弓，冬析干而春液角，夏治筋，秋合三材，寒奠体，冰析灂”，在加工过程中也要注意气象条件。

矢人：“为矢，……以其笴厚为之羽深，水之以辨其阴阳，夹其阴阳以设其比，夹其比以设其羽，参分其羽以设其刃，虽则有疾风亦弗之能惮矣。”箭杆粗细与羽深、阴阳性质（寒热、燥湿性质）、羽长与箭长比例、羽深与刃距比例等，都要考虑到空气和风的影响，通过试验来确定。

在手工业生产中，从原料采集过程、生产过程到贮运，都涉及了气象知识的应用，不一一列举。从《考工记》可以看出，当时生产水平已相当高，工艺也很先进。

总的来看，周朝朝廷专职从事气象、天文工作和需要了解、掌握气象知识，其职司与气象有关的官属和人员是相当多的。涉及冢宰、大司徒、大宗伯、大司马、大司寇、大司空全部六位上卿，大夫一级十九人，士二百三十五人，府、史、胥共一百四十三人，徒六百一十四人。冬官大司空门下的人员还未统计在内。当然，这只是从书面作的统计，实际情况未必如此。《周礼》也可能经过刘歆作伪。我们不必拘泥于这些数字，只是从中可以看出周代的确有许多官员在从事气象工作和利用气象知识。夏、商、周三代的“礼”是相承袭的，因此我们可以知道，三代气象知识的积累，是经过很多人工作的。

二、“三礼”中的天人观及其实践

周代有那么多官职与气象有关，有那么多人员从事与观天候气有关的工作，他们继承历代观天实践并积累了较多气象知识，当时生产中也大量地应用了气象知识。这里进一步讨论那时人们怎样获得和理解这些知识，怎样看待和处理人与自然的关系。

1. 观天的场所

早在公元前11世纪，武王灭殷之前，文王受命时就修筑了灵台来宣扬天命。《毛诗》说：“民始附也，文王受命而民乐其有灵德以及鸟兽昆虫焉。”《诗经·灵台》有这样的诗句：

原　文	试　译
经始灵台，	破土兴功造灵台，
经之营之。	一石一木干起来。
庶民攻之，	庶民百姓齐努力，
不日成之。	不多日子建成台。
……王在灵囿，	……文王大驾到灵囿，
麀鹿攸伏。	母鹿群兽结队游。
麀鹿濯濯，	母鹿群兽漂亮又多膘，
白鸟翯翯。	白鹤鹭鸶光洁而美好。
王在灵沼，	文王大驾到灵沼，
于牣鱼跃。	满池游鳞齐欢跳。
……鼍鼓逢逢，	……鳄皮鼓儿逢逢敲，
矇瞍奏功。	盲音乐家颂功高。

观台自夏代以来都有建筑，除了用于观云物、察符瑞、候灾变，还常常是游乐场所。从前面这些诗句看，文王筑的灵台也还具有这种性质。这些诗句描写了建造灵台和文王游灵台的情景。这里是把观象台（灵台）、动物园（灵囿）、养鱼池（灵沼）合为一个大公园的。这里百兽、百鸟、水中游鱼都生活得十分美好、和谐，盲音乐家们也演奏着用扬子鳄皮做的鼓，歌颂文王受有天命。灵台的实际价值在于观察天象和气象，而灵囿、灵沼则用于观测物候。这种方法也传到了后代。汉代许慎曾谈道："天子有三台：灵台以观天文，时台以观四时施化，囿台以观鸟兽鱼鳖。"① 这种囿台，当是周文王灵囿和灵沼的结合物。

灵台的活动仅是天子通过观天候气、俯察万物，在政治上追求"天人合一"的一种实践。大量的实践是在明堂，行月令，后面再述。然而，不仅是天子有三台，诸侯也有自己的观台。如《春秋

① （汉）许慎：《五经音义》，《太平御览》一七七。

左传》僖公五年就记载："公既视朔，遂登观台以望，而书，礼也。"这是"礼"所规定的。

"礼"规定的事很多。周朝中央王朝到了幽、厉时代以后，已经不能严格地按"礼"办事了。《国语·周语》记载，宣王即位，不藉田千亩，虢文公谏曰：

> 古者，太史顺时覛土，阳瘅愤盈，土气震发，农祥晨正，日月底于天庙，土乃脉发。先时九日，太史告稷曰："今至于初吉，阳气俱蒸，土膏其动。弗震弗渝，脉其满眚。"稷以告王曰："史帅阳官以命我司事曰：距今九日，土其俱动，王其祗祓，监农不易。"王乃使司徒咸戒公卿、百吏、庶民，司空除坛于籍，命农大夫咸戒农用。

这段话需要解释的词较多。"覛土"即观察土壤。"阳瘅愤盈，土气震发"是指地温较高的土层已很厚，阳气已经积蓄满了，地气就要活动起来。"农祥"指房宿，"晨正"即早晨中天。"天庙"指营室，即室宿。日月到达室宿，土地就可以生长草木。这个时候太史要做九天预报，实际上是十天预报，源于卜旬。他必须报告农官稷，稷又报告王。阳官指春官。"王其祗祓"是说王恭恭敬敬地进行斋戒。"农大夫"指田峻。"农用"指农具。这就是要举行"藉田"的盛大祭祀仪式了。这是一项"天人合一"实践的准备工作。它牵动从天子到庶人的许多人。具体过程十分繁琐。但在这中间，也用了一些科学知识，如观测土壤、天时、气候，作十天预报。

周代注重礼治，懂遵天命，各种活动都要合于天命。统治者自认为是天的儿子，"天子将出，类乎上帝"。(《礼记·王制》)天子是按天的旨意行事的，而天的旨意是通过天文、气象、四时变化来传达给人们的。周代的天和殷代一样，是人格化的万能上帝。

2. 祭天与礼天

不过，周人祀天象没有殷人那样勤。儒家的经典《礼记》认为，祭祀过于频繁和过于粗疏都不符合天道。《礼记·祭义》开头就说："祭不欲数，数则烦，烦则不敬。祭不欲疏，疏则怠，怠则忘。是故君子合诸天道。"这实际上是认为，祭祀过多、过少都是不敬，都不合于天道。

怎样才合于天道呢？《祭义》认为："春谛，秋尝。霜露既降，君子履之，必有悽怆之心，非其寒之谓也。春雨露既濡，君子履之，必有怵惕之心，如将见之。乐以迎来，哀以送往。故谛有乐而尝无乐。"这是说，对春天的谛祭要高高兴兴地迎接；对秋天的尝祭要悲悲戚戚相送，这样才符合天道，合于天气变化所表征的心情。

《礼记》所载的祭祀并不少。天子一年要祭天地、四方、山川、五祀；诸侯祭一方、山川、五祀；大夫祭五祀，士只祭自己的祖先。祭祀的次数可能比殷代略有简化，但祭祀的礼节却要比殷代繁琐得多，多到无以复加的地步，这里不引述。

周代所谓"国之大事，在祀与戎"，"天下有道，征伐礼乐自天子出"，这些都要按天的意志行事。"故作大事必顺天时，为朝夕必放于日月。""是故因天事天，因地事地，因名山升中于天，因吉土以饗帝于郊。升中于天而凤凰降，龟龙假；饗帝于郊而风雨节，寒暑时。"

对天地神祇进行祭祀，目的在于求得福寿康宁和天气气候良好。龙凤呈祥，风雨顺，是人们所向往的。那时人们认为，这一切都是上帝赐予的。

"天子玉藻，十有二旒。前后邃延，龙卷以祭，玄端。"帝王冠上的十二旒，是代表十二个月的气象的。"年不顺成，则天子素服，乘素车，食无乐。"气候不好的年头，天子的车服都要素色，而进食的时候也不能像平日那样有音乐歌舞。这样表示服从上帝的责备。

"君子之居恒当户，寝恒东首。若有疾风、迅雷、甚雨，则必变；虽夜必兴，衣服冠而坐。"床要对着门口，头要向东睡，恶劣天气发生时，即使在夜间也要起床，穿好衣服戴好帽子，端端正正地坐着。这是对天的礼节。

3. 天道观

古代的天道观不同于今天的世界观或宇宙观，它的范围要小一些，主要讲天地万物的生成变化原理，解释自然现象。天道观是先秦各学派争论的中心问题。这里讨论的西周到春秋时代，尚未形成林立的学术派别，几派的分歧不是很大。

哲学史家认为，无论中国哲学、印度哲学或西方哲学，都是从天道观开始的。① 科学史，特别是科学思想史，最早提出的当然也是有关天道观方面的问题。气象与天文，从精神文明开始萌芽时就是影响人类思想的重要自然科学。因为人类最初感受到的自然变化，最切身的就是风雨寒暑，日月盈昃。人类与自然接触，认识了天地气象；人类与自然气象斗争需要加强协作与交往，产生了礼；人类需要取得与社会和自然界的和谐，产生了文化艺术。

天道观是直接从天文、气象科学抽象出来，又影响到其他自然科学、社会科学和文化艺术。

天道观用之于礼乐，如《礼记·乐记》所说：

> 大乐与天地同和，大礼与天地同节。和故百物不失，节故祀天祭地。……
>
> 乐者，天地之和也。礼者，天地之序也。和故百物皆化，序故群物皆别。乐由天作，礼以地制。过制则乱，过作则暴。明于天地，然后能兴礼乐也。

如欲兴礼乐，必须明于天地。这是要求礼官、乐官都必须掌握气象知识。《乐记》还有一段与《易传》相近的话：

> 方以类聚，物以群分，则性命不同矣，在天成象，在地成形。如此，则礼者，天地之别也。地气上齐，天气下降，阴阳相摩，天地相荡。鼓之以雷霆，奋之以风雨，动之以四时，煖之以日月，而百化兴焉。如此，则乐者，天地之和也。

① 任继愈：《中国哲学史简编》，人民出版社 1984 年版，第 94 页。

这样把天道观用之于礼、乐的原理，不精通气象知识不能提出这种理论的。

天道观用之于政教。《乐记》在谈了“舜作五弦之琴以歌《南风》，夔始制乐以赏诸侯”，以及夏、商、周之乐《大章》、《咸池》、《韶》之后写道：

> 天地之道，寒暑不时则疾，风雨不节则饥。教者，民之寒暑也，教不时则伤世。事者，民之风雨也，事不节则无功。……
>
> 动四气之和，以著万物之理，是故清明象天，广大象地，终始象四时，周还象风雨。五色成文而不乱，八风从律而不奸，百度得数而有常。大小相成，终始相生，倡和清浊迭相为经，故乐行而伦清，耳聪目明，血气和平，移风易俗，天下皆宁。

这是把四时气候、天气变化等规律用之于政教。这还只是人在施教。更有甚者，是天神上帝在直接施教。《礼记·孔子闲居》说得很具体：

> 子夏曰：“三王之德参于天地，敢问何如斯可谓参于天地矣？”
>
> 孔子曰：“奉三无私以劳天下。”
>
> 子夏曰：“敢问何谓三无私？”
>
> 孔子曰：“天无私覆，地无私载，日月无私照。……天有四时，春秋冬夏，风雨霜露，无非教也。地载神气，神气风霆，风霆流形，庶物露生，无非教也。……天降时雨，山川出云，其在《诗》曰：嵩高唯狱，峻极于天。……”

不用天子、圣人这些教主，上帝还通过气象现象来直接施教于人。统治者们难道不应放明白一些。这种天道观孔子对子贡讲得更清楚："天何言哉，四时行焉，百物生焉，天何言哉！"① 而子夏对司马牛说得最概括："死生有命，富贵在天。"② 这就是孔子学派的天命论。

天道观用之于人伦，是孔子学说的核心问题。他们主张"天人合一"，达到三王之德"天地参"。具体有两条途径。一条是《礼记·中庸》说的"慎独"和"自诚明"：

> 唯天下至诚能尽其性。能尽其性，则能尽人之性。能尽人之性，则能尽物之性。能尽物之性，则可以赞天地之化育。可以赞天地之化育，则可与天地参矣。

这是一条唯心的路，到了战国时代，孟轲发展这一路线，说得更明确：

> 尽其心者，知其性也。知其性，则知天矣。存其心，养其性，所以事天也。夭寿不二，修身以俟之，所以主命也。(《孟子·尽心上》)

另一条路是"格物致知"，然后达到"参天地"。《礼记·大学》在讲修、齐、治、平道理时这样说：

> 古之欲明明德于天下者先治其国，欲治其国者先齐其家，欲齐其家者先修其身，欲修其身者先正其心，欲正其心者先诚其意，欲诚其意者先致其知，致知在格物。

以"格物致知"来达到"天人合一"，本可以开辟出一条正确的、唯物的路。但是，接下去的讨论又偏离了正确的认识路线："自天子以至于庶人，一是皆以修身为本"，又回到了"君子必慎其独

① 《论语·阳货》。
② 《论语·颜渊》。

也”的路子。

两种“格物观”。一种认为“格物”以正心、修身为本，是唯心的格物。另一种则认为“格物”是认识的根本，“格物致知”，正确认识世界，然后才能心正、身修，是唯物的格物。前者与尽心、慎独殊途同归，后者则能推进对自然和社会的认识。西周、春秋时代是以前者占上风的。

“三礼”中的天、天道、天命，具有自然变化的含义，大量的天文、气象知识，四时气候，风雨雷电规律，常常被提及。《礼记·月令》还介绍了系统的气候知识。“三礼”中的天、天道和天命，同时又具有社会变化趋势的含义，如汤武革命、受命等。还具有伦理道德的含义，如君臣父子关系等。而孔子学派的政治理想，就是要使人们的伦理道德、社会发展变化的天道、天命符合于天地四时的自然变化，这样来证明“礼”是天经地义的。这种人与天地相参的天道观也可称为“天地人观”或“三才自然观”。最简明的表述见于《周易·说卦》：

> 昔者圣人之作《易》也，将以顺性命之理。是以立天之道，曰阴与阳；立地之道，曰柔与刚；立人之道，曰仁与义。兼三才而两之，故《易》六画而成卦。

这种观点与八卦的系统和卜筮联系起来了。

三、反“天命论”思想的兴起

在殷末周初，由于处在“革命”时代，人们思想虽然受到天命论的束缚，但也有一股天不怕地不怕的劲头。对于鬼神的迷信程度，比殷代大为减少，以至于太公望这样的人在决大事时也不相信卜筮。他助武王伐纣，卜筮说“大凶”，他竟能说：“枯骨死草，何知而凶！”一脚把龟甲骨踩碎了。

但是，随着西周政权的巩固，鬼神迷信和天命说对维护奴隶制度大为有用，于是又被作为法宝祭起来，形成一套严密的礼法制度，桎梏着人们的思想。西周奴隶制的最盛发展是与天命论的严酷统治同步的。

春秋时代奴隶制度开始瓦解，封建制度诞生，是历史上一个大变革的时代。人们思想趋于解放，出现了一批敢于对西周以来的宗教迷信思想和天命论进行批判的人物。他们中有长于天文气象的人，政治改革家，旧秩序和宗教迷信的怀疑者、叛逆者。

《国语·周语》记载了伯阳父的一段话：

> 幽王二年，西周三川皆震。伯阳父曰：周将亡矣。夫天地之气，不失其序。若过其序，民乱之也。阳伏而不能出阴迫而不能承，于是有地震。今三川实震，是阳失其所而阴镇也。阳失而在阴，川源必塞；源塞国必亡。夫水土演而民用也。水土无所演，民乏财用，不亡何待？昔伊洛竭而夏亡，河竭而商亡。今周德若二代之季矣，其川源又塞，塞必竭。夫国必依山川。山川崩，亡之征也。

这是周幽王（姬宫涅）二年（公元前780年）发生的事情。伯阳父是周朝的大夫。《史记》中也有这一段话，预言周代“若国亡，不过十年，数之纪也。”他断定周朝十年后要亡国，是根据天地之气过了“序”，伊、洛、河三川都枯竭了，地震和干旱造成了老百姓缺乏财用，必然会乱（起来造反）。这里有两点值得注意：第一，他没有讲天命，并不认为有上帝受命、革命之事；第二，他敢于说出周朝十年后要灭亡，这话不是可以随便说的，看来他对当时社会的腐败和酝酿中的变革已有所预感。十年之后周朝虽然没有灭亡，但平王被迫东迁，开始了东周列国战乱的局面，中国奴隶社会走到了尽头，封建社会快要出现了。

春秋时代开始出现思想解放的局面，怀疑、批判天神迷信的人比西周更多。从《左传》、《国语》等书中，可以看到他们的思想和行为。

《左传》僖公十六年（公元前644年）：“春王正月，戊申朔，陨石于宋五。是月，六鹢退飞过宋都。”宋国落下了五块陨石。又发生了高空有大风，刮得六只鹢退着飞过了宋都。鹢是一种比鹭大的善于飞翔的水鸟，它顶着风飞，风却刮着它退着走，这并不为奇。但当时人们议论纷纷，以为这种反常现象会带来灾祸。恰好周朝内史叔兴在宋国访问，宋襄公就向他求教。

> 宋襄公问焉，曰："是何祥也，吉凶焉在?"
>
> （叔兴）对曰："今兹鲁多大丧，明年齐有乱，君将得诸侯而不终。"
>
> 退而告人曰："君失问，是阴阳之事，非吉凶所生也。吉凶由人。吾不敢逆君故也。"

这个叔兴是不相信天命论的。他认为自然现象的异常、陨石、六鹢退飞是阴阳之事。吉凶由人，与自然界变化无关。但他不敢对宋襄公讲出真实思想，说明当时人们否定天命论常常是在私下议论，或者说这叔兴有点滑头。

僖公二十一年（公元前639年）"夏大旱"。鲁僖公打算用活人来祭天求雨，把巫尪烧死。

> 臧文仲曰："非旱备也。修城郭，贬食省用，务穑劝分，此其务也。巫尪何为，天杀之则如勿生；若能为旱，焚之滋甚。"
>
> 公从之。是岁也，饥而不害。

臧文仲不相信天命，对僖公讲道理，破除了人祭，采取了正确的抗旱措施。

日食历来是迷信者害怕的现象，但梓慎、昭子却认为是阴阳之事，并用它来预报长期天气变化。《左传》昭公二十四年（公元前518年）载：

> 夏五月乙未朔，日有食之。
>
> 梓慎曰："将水。"
>
> 昭子曰："旱也。日过分而阳犹不克，克必甚，能无

旱乎？”

结果，这年八月发生了大旱。昭子的预报是对的。当然，他提出的预报依据未必正确，他只是凭经验作预报。

郑国的执政子产（公孙侨）也是不相信天命论的人。《左传》昭公十七年（公元前525年）记载，这年冬天有彗星进入到大辰（星火，心宿）的西边。长于天文气象的申须、梓慎等人都认为，第二年春天宋、卫、陈、郑四国会发生大火。裨灶对子产说：“宋、卫、陈、郑将同日火，若我用瓘斝、玉瓒，郑必不火。”裨灶是劝子产用宝玉来祭火神以消灾。子产不许。第二年五月丙子这天起了风①，梓慎说是融风，预测七天后会发生火灾。第三天戊寅风就加大了，到第七天壬午风刮得大极了，宋、卫、陈、郑四国都发生了火灾。这时候裨灶又说：“不用我言，郑又将火。”再次要子产用玉来祀神。在这种情况下，郑国许多人都要求子产祭火神，以保护百姓。子产说：“天道远，人道迩。非所及也，何以知之？灶焉知天道焉，是以多言矣，岂不或信？”他认为天道遥远，管不到人间的事，裨灶多嘴，讲的次数多了，也有碰对了的时候。他仍不许用宝玉祭神。后来也没发生火灾。

昭公十九年（公元前523年），郑国发生了大水灾，有人看见龙斗于城外的洧渊，人们要求子产祭龙。子产说：“我斗，龙不我觌也；龙斗，我何觌焉。……吾无求于龙，龙亦无求于我。”还是不许祭。

子产否定天神迷信的言行是较为彻底的。对于人的疾病，人们多认为与鬼神有关，而子产则认为是由于“饮食哀乐”。

西周到春秋时代，否定天命论思想的人还有不少，如西周末年的史伯，齐国的管仲、晏婴，越国的范蠡、计然等，他们大多是具有革新思想的人。

---

① 周历五月相当于夏历三年，据朱东润《左传选》注，丙子为三月初八日，戊寅为初十日，壬午为十四日。

第二节 《管子》的节气系统和气象知识

管仲（？—公元前645年）相齐，辅佐桓公进行政治、经济、军事各方面的改革，使桓公“九合诸侯，一匡天下”，成为春秋时代第一个霸主。

《管子》一书相传为管仲所撰，实际是后人托名之作。但其中也有很古老的材料。相当部分是真实地保存了管仲相齐的资料。学术上包含了道、名、法等学派的一些思想成分，可能是这些学派思想的源流。其中的天文、气象、历数、地理、农业等各项科学知识，在科学史上是弥足珍贵的。《汉书·艺文志》道家著录有《管子》八十六篇。今存七十六篇。唐代房玄龄注（今人认为尹知章注）、清代戴望《管子校正》、郭沫若《管子集校》等，是研究《管子》的重要参考书。

齐国是公元前11世纪周初对大功臣太公望（吕尚）的封国。在周代诸侯国中的地位仅次于周公的封国鲁国。周公摄政，有吐哺之功，成王曾赠以天子的礼乐，因此鲁国是缩小了的周朝。由于姜太公的功劳，齐国也比其他诸侯国更有特权。所以齐、鲁两国能够保留太公、周公的许多遗产，包括精神遗产。太公、周公作为开国功臣，在典章制度上都有所建树。《管子》中的《幼官》可能是太公之法，而《礼记·月令》则可能是周公之制，到春秋时仍施行，当有一些发展。

梁玉绳曾认为：“《月令》一篇，先儒或云周公所作，或云吕不韦所作，虽疑莫敢定。……不韦相秦十余年，秦已得天下大半，故集儒士，采三代，参秦制，创此书，后人录为《礼记》、《淮南》取名《时则》也。《逸周书》缺《月令》，近刻以《礼记·月令》补之，余未敢信。《周书·月令》马融曾引注《论语》“铝燧改火”，与《月令》迥异。又《管子·幼官》所述如“三卯”、“三郢”、“二榆”之属，判然不同。“一岁三十节气，春秋各八，夏冬各七；通三百六十日，春秋各九十六日，夏冬各八十四日，当是周之时令如是，可验《月令》非周法。”此说不够确切。

沈祖绵说："此梁氏之失言也。……今《逸周书·月令》虽佚，而《时则》犹存。今以《淮南子·时则》证之，知不韦合二篇厘正为《十二纪》尔，非创作也。……至《管子·幼管》以十二日为一令，系太公之法，非周公之制也。其实，国异政，家殊俗，《幼官》为齐国独存，不及天下。故其制与《管子·四时》、《轻重》二篇又异。……则《十二纪》仍因《夏正》也。"①

看来沈说比梁说正确。《十二纪》不是吕不韦创作而后人录为《礼记·月令》和《淮南子·时则训》。吕不韦是根据《逸周书·月令》和《时则》二篇厘合为《十二纪》，《淮南子》则录《十二纪》。西周、春秋时代国异政，家异俗，所以齐行《幼官》，周及鲁行《月令》。

除了《幼官》、《幼官图》外，《管子》还有不少篇章谈到气象，反映了他对气象的重视，也反映了西周、春秋时代人们的气象知识水平。

一、《幼官》的节气系统

幼官，据郭沫若考证应为玄官。郭沫若指出，幼字近出《禹鼎铭》"勿遗寿幼"句，两见，幼字与玄字极相近；宫、官互讹，本书常见。② 玄宫即明堂。帝颛顼、高阳、夏禹都曾有玄宫。其作用如《淮南子·泰族》所说："昔者五帝三王之莅政施教，必用参伍，仰取象于天，俯取度于地，中取法于人，乃立明堂之朝，行明堂之令，以调阴阳之气，以和四时之节。"这是观天候气，行政告朔的场所。

观天候气的地方，夏人叫世室，殷人叫重屋，周人叫明堂。周朝和鲁国是用周公之法，在明堂行《月令》。《礼记·明堂位》说："昔者周公朝诸侯于明堂之位，天子负斧依南乡而立。"就是行明堂之礼。

---

① 陈奇猷：《吕氏春秋校释》《季秋纪》注二〇引，学林出版社 1984 年版，第 473—474 页。

② 郭沫若：《管子集校》，《郭沫若全集》历史编卷五·六。

齐国的明堂为什么叫玄宫，也有来历。《左传》昭公十七年记载：“郑裨灶言于子产曰：今兹岁在颛顼之虚，姜氏、任氏守其祀。”杜注：“颛顼之虚谓玄枵。姜，齐姓；任，薛姓。齐、薛二国守玄枵之地。”所以叫玄宫。这样看来，薛国也可能和齐国一样，是用太公之法的。

这玄宫是有图的。由于年代久远，玄宫图失传，后人只把图中文字记下来了。这样，《管子》除有第八篇《幼官》，还有第九篇《幼官图》，其内容是一样的。现在人们已经把《玄宫图》复原了。

《管子·幼官》计有十段文字，按东、南、西、北、中分布成方图。其内容可归为两个方面：一是节令与方物，二是政论与兵法。其中有关节气的内容如下：

> 春行冬政肃，行秋政霜，行夏政阉。十二地气发，戒春事。十二小卯，出耕。十二天气下，赐与。十二义气至，修门闾。十二清明，发禁。十二始卯，合男女；十二中卯；十二下卯，三卯同事。……
>
> 夏行春政风，行冬政落，重则雹，行秋政水。十二小郢，至德。十二绝气下，爵赏。十二中郢，赐与。十二中绝，收聚。十二小暑至，尽善；十二中暑；十二大暑终，三暑同事。……
>
> 秋行夏政叶，行春政华，行冬政耗。十二期风至，戒秋事，十二小卯，薄百爵。十二白露下，收聚。十二复理，赐与。十二始节，赋事。十二始卯，合男女；十二中卯，十二下卯，三卯同事。……
>
> 冬行秋政雾，行夏正雷，行春政烝泄。十二始寒，尽刑。十二小榆，赐与。十二中寒，收聚。十二中榆，大收。十二大寒，至静；十二大寒之阴；十二大寒之终，三寒同事。……

这些内容，可以分析为四时政令、三十节气两部分。

1. 四时政令

《幼官》这里说的什么季节行什么政，不是指国家行政，而是指气候变化的“政令”，也就是时令。对于古籍的这类记载，社会科学研究者多以为是无稽之谈；其实，从气候变化的事实来说，这乃经验之谈。这是几千年观天实践智慧的结晶。它对古人掌握天时是有重要价值的。

春令。春行冬政肃，这是春季低温。春行秋政霜，是终霜期推迟，农作物易受霜害。春行夏政阉，阉假蔫，指植物枯萎，即干旱之意。春季气温偏高少雨，易为干旱。

夏令。夏行春政风，是指夏季气温较低如春，多风；也就是春季的天气形势结束得晚。夏行冬政落，重则雹。落假雾，雨零之意，也就是多连阴雨。这是夏季低温的特征，所以称“冬政”。如果夏季冷空气强，则会激发出冰雹，就是“重则雹”。夏行秋政水，是说夏天如果天气凉，就会多雨，发大水。今天的群众经验还说：“暑伏凉，浇倒墙。”由此我们应知道，《幼官》四时政令的语言是颇注意分寸的，凉、寒、冷，秋、冬、春等字的应用是有层次的。

秋令。秋行夏政叶，据郭沫若解释：叶，苗而不秀。也就是农民说的光长叶子不秀穗。秋季气候过于温湿就会发生，叫“秋行夏政”。秋行春政华，是指树木再花。这种现象虽少，但也偶有所见。植物秋天再花，甚至再结实，有其生理上的原因，但主要是受环境气候影响。秋天的气候应是温度逐渐降低，如果秋凉之后，又在足够长的一段时间里气温逐渐升高，树木就会感到春天来了，开起花来，这叫“秋行春政”。秋行冬政耗，是指秋季低温，农作物受害严重。

冬令。冬行秋政雾，冬季凉而不寒，天气多雾。冬行夏政雷，冬天温度高，会打雷。冬行春政蒸泄，蒸，热气升腾；泄，地气逸出，二字取一即可。这是暖冬。

以上四时之令，是把一年气候分为四大段来叙述的。一季为三个月。因而，这种时令划分有气候描写的意义，表明那时对四季气候的异常情况有了认识，已经知道出现各种异常会对生产、生活发生什么影响。首先要知道什么是正常，然后才能判断是否异常。所以，那时对气候的认识已经较深刻。这也有预报意义。因为一季有三个月，某种异常政令的出现，在一个月左右的时间里就会见出端倪，甚至确定出趋势，这样对后一个月左右的气候就可以预见了。实况的正确描述和预见，对生产生活都有价值。特别是有助于预测年景。

2. 三十节气

《幼官》三十节气的划分，春秋两季各八节，冬夏两季各七节。每个节气十二天，春秋两季各九十六天，冬夏两季各八十四天。这种划分是较古老的，通行范围大约主要是齐、薛等国。

春季八节为：地气发、小卯、天气下、义气至、清明、始卯、中卯、下卯。这里的四个“卯”与秋季相同，必有一误。据研究，春季的“卯”全部应为“卵”。① 这就能说得通了。地气发之后的小卵，是虫蛾之类产卵孵化。清明后的始卵、中卵、下卵，是各种鸟类、龟蛇类产卵。跟这些物候、节气相应的生产活动是：戒春事、出耕、赐与、修门间、发禁，合男女……

夏季七节为：小郢、绝气下、中郢、中绝、小暑至、中暑、大暑终。郢即盈，一说盈为满，一说盈为盈缩之盈，指白昼时间增长。均可通。小郢即后来的小满，小满时白昼时间已日渐增长。跟这些节气相应的生产、生活活动是：至德、爵赏、赐与、收聚、尽善……

秋季八节为：期风至、小卯、白露下、复理、始节、始卯、中卯、下卯。期风的期假凄，一说期为朗误，结论一致，指为凉风至。卯为金刀，动刀镰收割，或为秋刑大劈。复理，理为法官之事。割禾、伐木、杀人都是秋天的事。秋季各节气的生产、生活活动是：戒秋事、薄百爵、收聚、赐与、赋事、合男女……春生、秋杀事不同，合男女、赐与则为共同点。其他事情好理解，薄百爵需要说明一下，它的意思是搏百雀，为秋猎。

冬季七节为：始寒、小榆、中寒、中榆、大寒、大寒之阴、大寒之终。这里的榆通緛，即缩，指白昼时间缩短。五寒两榆概括了冬季气候。对应各节气的生产、生活活动是：尽刑、赐与、收聚、

① 赵守正：《管子注释》，广西人民出版社 1982 年版，第 67—78 页。

大收、至静……至静就是闭门不出，在家里“猫冬”了。

3.《五行》御天

《管子》书中《四时》、《五行》两篇也是谈气象的，与《幼官》比虽有不同，但仍属于同一节气系统。这两篇在强调了掌握气象的重要性之后，叙述了四时政令和节气。《四时》写道：“不知四时，乃失国基。”把掌握天时列为立国的基础之一。“是故阴阳者，天地之大理也；四时者，阴阳之大经也；刑德者，四时之合也。”把四时、阴阳、五行和天时、人事都合在一起，是这样：

> 然则春夏秋冬将何行？
>
> 东方曰星，其时曰春，其气曰风，风生木与骨。……春行冬政则雕，行秋政则霜，行夏政则欲。是故春三月以甲乙之日发五政。
>
> 南方曰日，其时曰夏，其气曰阳，阳生火与气。……中央曰土，土德实，辅四气出入。……夏行春政则风，行秋政则水，行冬政则落。是故夏三月以丙丁之日发五政。
>
> 西方曰辰，其时曰秋，其气曰阴，阴生金与甲。……秋行春政则荣，行夏政则水，行冬政则耗。是故秋三月以庚辛之日发五政。
>
> 北方曰月，其时曰冬，其气曰寒，寒生水与血。……冬行春政则泄，行夏政则雷，行秋政则旱。是故冬三月以壬癸之日发五政。

文中已把五行、四时搭配好了，只是让五行的土居于中央，“辅四气出入”。四时“政令”大体与《幼官》相似。所不同者，春令中《幼官》的肃、阉，这里作凋、欲，不过引申的意义可通：肃杀近于凋零，蔫萎近于渴欲。秋令中的叶，这里作水，秋行夏政多雨，禾稼叶而不秀；至于华为荣，则意义也相近。冬行秋政，《幼官》作雾，这里作旱，谚语说“十雾九晴天”，这层意义还是相通的。

《四时》里这一套系统，是《幼官》时令系统的发展，是同源而较晚出的。

《五行》篇说："通乎阳气所以事天也，经纬日月，用之于民。通乎阴气所以事地也，经纬星历，以视其离。"要通晓日月星辰的运动变化，观察其运行，这样来取得告朔行政（令）的根据。追溯这项工作的历史："昔者黄帝得蚩尤而明于天道，得大常而察于地利，得奢龙而辩于东方，得祝融而辩于南方，得大封而辩于西方，得后土而辩于北方。黄帝得六相天地治，神明至。"这里天官为当时，地官为廪者，东官为土师，南官为司徒，西官为司马，北官为李（理，刑官，相当于司寇）。这与《周礼》、《周官》很不相同。看来，这里追述的是极其古老的历史。但接下去叙述的五行御天，都是周代的现实：

> 人与天调，然后天地之美生。
> 日至，睹甲子，木行御，天子出令……七十二日而毕。
> 睹丙子，火行御，天子出令……七十二日而毕。
> 睹戊子，土行御，天子出令……七十二日而毕。
> 睹庚子，金行御，天子出令……七十二日而毕，
> 赌壬子，水行御，天子出令……七十二日而毕。

这里的"日至"是指"春至"，即春分。天子出令，该怎么做，从略。这里说的五行御天，各领七十二日，合在一起为360日。这里的节气仍然属于《幼官》的三十节气系统。每一行星领七十二日，相当于六个节气，每个节气为12日。

二、《轻重》的节气系统

司马迁《史记·管仲列传》说："余读管氏《牧民》、《山高》、《乘马》、《轻重九府》，详载其言之也。"可见太史公见过《管子》的许多篇文章。如果说《幼官》为西周初期太公之法，那么，《轻重》一节的节气系统可能确实为管仲时代的文件。

《管子·轻重》里的节气系统与《幼官》不同，每个节气为十五天，是二十四节气早期的形态。在《臣乘马》篇里，用的也是十五天为一节气的系统：

日至六十日而阳冻释，七十五日而阴冻释。阴冻释而秇稷，百日不秇稷，故春事二十五之内耳也。

俞樾注，日至指冬至。冬至后六十日的阳冻释，就是惊蛰；七十五日的阴冻释是雨水①。汉代以前，雨水在惊蛰后，保持最初制定时的排列。这是十五天一个节气。管子对春播期掌握极严，要求在雨水后二十五天内种完稷。可见，他指挥农业生产用的是二十四节气，而不是三十节气。这时二十四节气已经制定出来并用于生产了。

不过，《管子》没有对二十四节气作完整记载，只是在《轻重》篇（此篇在《管子》中是较古的）讲到八大节气天子的祭祀活动时，带出了这些节气概念：

以冬日至始，数四十六日，冬尽而春始。天子东出其国，……服青而绕青。……

以冬日至始，数九十二日，谓之春至。天子东出其国，……

以春日至始，数四十六日，春尽而夏始。天子服黄服而静处……

以春日至始，数九十二日，谓之夏至而麦熟。天子祀于太宗……

以夏日至始，数四十六日，夏尽而秋始而黍熟。天子祀于太祖……

以夏日至始，数九十二日，谓之秋至而禾熟。天子祀于太惢，西出其国，……服白而绕白……

以秋日至始，数四十六日，秋尽而冬始。天子服黑绕黑而静处。……

以秋日至始，数九十二日（谓之冬至）。天子北出……服

① 俞樾：《诸子平议》，中华书局1954年版，第103页。

黑而绕黑……

这里谈到八个节气：冬至、春始（相当于定名后之立春）、春至（春分）、夏始（立夏）、夏至、秋始（立秋）、秋至（秋分）、冬始（立冬）。可知“四立”在《管子·轻重》篇中叫作“四始”，春秋“二分”叫作春秋“二至”，只有冬夏“二至”与定名后的节气名称相同。用名不统一，是一种科学概念初创时必然出现的特征；要到普及之后，名称才能约定俗成。

《轻重》里这种节气的划分方法，三个节气四十六天，六个节气九十二天，一年是368天。这中间是有调整的，否则不能符合一年之数。这种划分方法，基本上是十五天一个节气，个别有十六天。虽然没有列出现在这样的二十四节气的名称（一开始就能这样定名，那倒是奇怪了），但可以认为，这种划分已经确定。

当初对节气定出的名称与现在不同。如惊蛰叫阳冻释，雨水叫阴冻释。二十四节气比三十节气晚出，节气的名称可以袭用前者。如三十节气里已有清明、小暑、大暑、小寒、大寒、白露等六个节气名称，直接移用到了二十四节气；小郢是小满，大暑中（终）是处暑；加上前面提到的惊蛰、雨水，在二十四节气里只有谷雨、芒种、寒露、霜降、大雪、小雪六个节气名称是后来定义的，其余均承袭了《管子》古制。

事实表明，二十四节气是管仲对太公望三十节气的改进。

三、《管子》的自然观和气象知识

《管子》说：“不知四时，乃失国之基”。书中谈及气象知识的重要性，可概括为两大方面：一是在物质生活实践中运用气象，二是在精神生活实践中运用气象。对两者均有精辟见解。

1. 对气象的重视和应用

《管子·牧民》第一篇就说：“凡有地牧民者，务在四时，守在仓廪。”“不务四时则财不生，不务地利则仓廪不盈。”

《管子》认为：“天以时为权，地以财为权，人以力为权，君以令为权。失天之权，则人地之权亡。”（《山权数》）这是说，掌握不好天时，一切“权”都丧失了。

管仲政治的精神，表现在他注意掌握“三度”。所谓三度者何？曰：上度天之祥，下度地之宜，中度人之顺，此所谓三度。故曰：天时不祥，则有水旱；地道不宜，则有饥馑；人道不顺，则有祸乱。(《五辅》)对此，采取的措施是：“顺天之时，约地之宜，忠人之和。”(《禁藏》)

对于“三度”的掌握，注意有常、有变，所谓“天有常象，地有常形，人有常礼。一设而不更，此为三常”。(《君臣上》)“天不变其常，地不易其利，春夏秋冬不易其节，古今一也。”“得天之道，其事若自然；失天之道，虽立不安。”(《形势》)对于正常天气变化和异常天气变化都有一套知识，就是前面已讲过的关于四时政令、节气等。

《度地》篇谈道，在正常天气下，“春三月天地干燥”，“天气下，地气上”，“日夜分，分之后夜日益短，昼日益长，利以作土功之事”。对春、夏、秋、冬都有类似描写。然而，“大寒、大暑、大风、大雨甚，至不时者，此谓四刑”。这四刑，就是风雨寒暑太甚而不按季节出现，不按正常规律出现。这要引起五害。

> 桓公曰：“愿闻五害之说。”
>
> 管仲对曰：“水一害也，旱一害也，风雾雹霜一害也，厉一害也，虫一害也。此为五害。五害之属，水为最大。五害已除，人乃可治。”(《管子·度地》)

这里的“厉”，房玄龄注为“疾病”。疾病和虫灾，也被列为气象造成的灾害。为了免灾、生财，要调动好人的力量，特别重用以下这样的人才：

> 民之能明于农事者，
> 能蕃育六畜者，
> 能树艺者，
> 能树瓜、瓠、荤菜、百果使蕃衮者，

能已民疾病者，
知时曰岁且阸、曰某谷不登、曰某谷丰者，
通于蚕桑使蚕不疾病者，

凡在前述方面有一技之长的老百姓，“皆置之黄金一斤，直食八石，谨听其言而藏之官”。(《山权数》) 在用人上，《管仲》强调三本：

君之所审者三：“一曰德不当其位，二曰功不当其禄，三曰能不当其官。此三本者，治乱之源。”(《立政》)

这些措施、政策，是为了调动人们来向天灾斗争。这样做有一个具体目标：

一岁耕，五岁食，粟贾五倍；一岁耕，六岁食，粟贾六倍，二年耕而十一年食，夫富能夺，贫能予，乃可以为天下。
上农浃五，中农浃四，下农浃三。
上女衣五，中女衣四，下女衣三。(《揆度》)

要求耕种一年能吃五六年，有五六倍的商品粮贮存，富有的可以拿出来补助贫困的，这样才能“为天下”。浃是供给的意思。是说上等的农民一个人耕种要能供给五个人的粮食、果蔬，上等女人一个人纺织要能供五个人穿衣。

在经济政策上有两项措施：一是“均地实数”：把全国土地按好坏分等征税；二是“轻征”：在遇有灾害的年份，按灾情减税。为此，制定了一套农业气象指标。

秋曰大稽，举民数得亡。
一仞见水不大潦，五尺见水不大旱。
一仞见水，轻征，十分去一，二则去二，三则去三，四则去四，五则去半，比之于山。

五尺水见，十分去一，四则去二，三则去三，二则去四，一尺见水，比之于泽。(《管子·乘马》)

古书遇数字，往往错误。原因在于整理者不明科学。这段话颇难读。以上读法是清人俞樾考证的结果。① 只有这样，才能读得通。不过，第二句还是串了一个字，应为“一仞见水不大旱，五尺见水不大潦”，否则无法理解。这是以地下水位定旱涝。八尺为仞。因此，旱涝正常（即不旱不涝）的水位为5—8尺，约合现在1—1.6米。

“秋曰大稽，举民数得亡”，是说到秋收时进行大考核，看一看有没有奴隶逃亡，是否增加了人口。说明这是一年一度的考核，是气候旱涝指标，而不是“三岁修封、五岁修界、十岁更制”的“均地实数”的土地质量指标。原文是把这一句串开了。

历史上的尺以周尺为最小，约合19.91厘米。这样，地下水达到159.28厘米（1仞）就不算大旱，地下水位达到99.55厘米（5尺）就不算大涝（潦）。由此可以算出《管子》的旱涝指标及减税率：

旱灾指标（见水）		轻征（%）
1仞	159.28cm	10
2仞	318.56cm	20
3仞	477.84cm	30
4仞	637.12cm	40
5仞	796.40cm	50
涝灾指标（见水）		轻征（%）
5尺	99.55cm	10
4尺	79.64cm	20
3尺	59.73cm	30
2尺	39.82cm	40
1尺	19.91cm	50

① 俞樾：《诸子平议》，中华书局1954年版，第11—12页。

大致地说，地下水位在1—1.6米之间是正常气候，不轻征。低于（大于）1.6米为偏旱，高于（小于）1米为偏涝，都要视具体情况而减税轻征。

这样具体规定旱涝等级和轻征比例，是第一次记录。这可视为最早的旱涝指标。文中有“比之于山”，“比之于泽”，看来干旱山地和低洼地的赋税，大约只有平地的一半。

《管子》对播种期要求极严，前已提及。总的来说，生产活动都要求按气象规律办事，这当是管仲相齐取得成功的原因之一。

2. 天道观及其实践

《管子》反对鬼神迷信，说“上恃龟筮，好用巫医，则鬼神骤祟”。(《修权》)意思是说作人君的喜欢卜筮和弄神弄鬼，会弄得处处鬼神作祟。

管子学派的思想，具有朴素唯物主义的倾向。中国只有这个学派，认为水是万物之源。《管子·水地》篇说，水“集于天地而藏于万物”。“水者何也？万物之本原也，诸生之宗室也。”草木、鸟兽、天地万物与人都离不开水。在生产实践中也处处强调水的作用。把世界统一于水的思想与上帝创造一切的思想，是根本对立的。《管子》在论述天、地、人关系时，也强调自然规律而否定天命。

> 则、象、法、化、决塞、心术、计数：根天地之气，寒暑之和，水土之性，人民鸟兽草木之生，物虽甚多，皆均有焉，而未尝变也，谓之则。(《管子·七法》)

则是规律、法则；象是形象、表现；法是规范；化是教化；决塞是开放禁止；心术是思想心计；计数是数量考察；这就是“七法”。《管子》认为，探索天地的元气，寒来暑往的季节变化的和谐，水土的性质，人类以及鸟兽等各种生物的生长繁殖，虽然事情很多，但都有一个共性而且是不会变化的，称为规律。《管子》书中对四时政令、节气等的描述，可能就是追寻的这种规律。

《管子》认为“圣人能辅时，不能违时”。辅，郭沫若训为捕。人只能捕捉气象规律，而不能违背气象规律。在实践上，“审天时，物地宜，禁淫务，劝农功，以职其典事”。(《管子·君臣下》)所以他对播种期要求极严，对旱涝等有数的指标。

《管子》把气候变化的原因归结为阴阳之化，而不是上帝或天：“春夏秋冬，阴阳之推移也；时之短长，阴阳之利用也；日夜之易，阴阳之化也。”(《乘马》)这种天道观是源于对气象条件晴阴、寒热、日夜等变化的直接感受，具有朴素唯物主义性质。《管子》处处以这种天道观指导生产实践和社会实践。

> 务在天时，地辟举则民留处，仓廪实则知礼节，衣食足则知荣辱。(《牧民》)

这是用于社会。民留处是说奴隶不会逃散。

> 修障防，安（堰）水藏。使时水（雨）虽过度，无害于五谷；岁虽凶旱，有所秎获。明诏期，前后农夫以时均修焉，申（司）田之事也。(《立政》)

这是用于抗灾，用了堤（防）堰以防旱涝。

> 审于地图，谋于日官，量蓄积，有风雨之行，水旱之功，故能攻国拔邑矣。(《七法》)

这是用于征伐与霸业。

> 正彼天植，风雨无违，□□□□（远近高下），各得其嗣（治），三经既饰。(《版法》)

这是用于处理天、地、人（三经）的关系。据郭沫若说，“正彼天植”是讲地利，风雨无违是讲天时，“远近高下，各得其治”是讲人和。

《管子》政治精明之处就在于管理人事，施行教化，即现代所谓思想工作。在意识形态工作中，《管子》是善于引用气象知识和气象规律的。《侈靡》篇有这样几段话：

> 若夫教者，标然若秋云之远，动人心之悲；蔼然若夏云之静，及人之体；鸠然若谪（皜）月之静，动人意以怨。荡荡若流水，使人思之，人所生往。
>
> 水平而不流，无源则速竭。云平而雨不甚，无委云雨则速已。
>
> 视天之变，观之风气。古之祭，有时而星，有时而熺，有时而烬，有时而昫。鼠应广（膺黄）之实，阴阳之数也；“华若落”之名，祭之号也。

这三段话表明《管子》气象知识的丰富，顺手拈来用于形象地表达思想。第一段是以云和月来比喻思想工作方法。秋云之远，是说秋云高，秋风凉，能动人悲秋之心。夏云为含雨之云，静而近人，及于人体，感到雨泽。皓月当空，幽静清婉，能动人意怨。思想工作能像这样做到人的心里去，这乃是教化的千年好传统。

第二段是进一步用行云流水来比喻。这也反映出对云有深入的观察。云平，大约相当于今天所说的层状云，下不了大雨。无委云，是云没有根，没有云层的萃积，水汽没有来源补充，雨很快就会下完了。

第三段谈祭祀，也是为了有助于人和。通过处理人与神关系来达到人与人关系的和谐。这也要注意天气、风的变化。谈到古代祭祀，有时是在晴朗的夜间（星），有时是在晨光熹微的时候（熺），有时是在燠热的季节（烬），有时是在温暖的季节（昫）。要看天气和气候。鼠应广，郭沫若考证为鼠膺黄，指白鼬，俗名“扫雪”，夏天毛色赤褐，冬天毛色雪白。保护色随季节改变，这种变化乃是阴阳变化，古人可能用作物候，以定季节。至于“华若落”

这个祭名，乃是古匈奴语，大约是今天蒙古族语的集会“呼拉尔”。①

需要指出的是，人们不可能脱离当时的时代。那时主宰人们思想的天命观，在《管子》里也多有表现。玄宫里的告朔行政，有天命论思想成分；各种祭祀活动，也是服天命。在《七臣七主》中谈到“四禁”：

> 四禁者何也？
>
> 春无杀伐，无割大陵，倮大衍，伐大木，斩大山，行大火，诛大臣，收谷赋。夏无遏水，达名川，塞大谷，动土功，射鸟兽。秋无赦过，释罪，缓刑。冬无赋爵禄，伤伐五谷。
>
> 故春政不禁，则百生不长。夏政不禁，则五谷不成。秋政不禁，则奸邪不胜。冬政不禁，则地气不藏。四者俱犯，则阴阳不和，风雨不时，大水漂州流邑，大风漂屋折树，火暴焚，地燋草，天冬雷，地冬震，草木夏落而秋荣，蛰虫不藏，宜死者生，宜蛰者鸣，苴多螣蟇，山多虫螟，六蓄不蕃，民多夭死，国贫法乱，逆气下生。

“四禁”之中，有的有一定科学道理，如春天禁止砍树、大火烧山、收谷赋，是符合季节和人心的。夏天禁止堵河道，射杀鸟兽，有益于抗灾和生态。但有很多“禁”没有科学道理。

问题在于犯“禁”所产生的种种后果。所列的一些气象灾害，有不少都可以与《幼官》中的异常气候联系起来。无疑这些气候异常都是存在的。当时也都认识到了，并找出了一些规律。知道错行了什么“政令”会出现什么变化。这些变化本为阴阳之事。但这里却说“四者俱犯，阴阳不和”，即是说还有一种超自然的力量来主宰阴阳之事。这无异于认为是人的行为影响了上帝，才造成阴阳不合。所以，在这里还是掉进天命论里去了。

---

① 《郭沫若全集》历史编卷五、六。

第三节 《月令》的物候与异常气候知识

《礼记·月令》也是自古相传的一篇气象典籍。第二节已述及，《幼官》为太公之法，《月令》为周公之制，此说是可以成立的。需注意的是，现存典籍都经过后人整理，王莽、刘歆等人可能在某些地方动了手笔，但不应掩盖这些典籍的古老内涵。

《月令》记事方法，首述该月太阳所在的二十八宿宿次，然后记载昏、旦中星，五日（该季度祭日的干支），所祭的上帝和帝佐，以及所属的五虫、五音、十二律、五数、五味、五臭、五社、五脏。举“孟春之月”为例：

> 孟春之月，日在营室，昏参中，旦尾中，其日甲乙，其帝太皞，其神句芒，其虫鳞，其音角，律中大簇，其数八，其味酸，其臭膻，其祀户，祭先脾。

这里有天文学上的证据，一月太阳在营室，昏中星是参宿，旦中星是尾宿，这正是周代的星象。接下去第二段是物候：

> 东风解冻，蛰虫始振，鱼上冰，獭祭鱼，鸿雁来。

第三段是天子在明堂所居的位置、所用的车、服、祭器等。第四段至第七段是这个月的节气（正月是立春）、天子百官所行的祭祀，等等。第八段是气象与农事：

> 是月也，天气下降，地气上腾，天地和同，草木萌动，王命布农事……

第九段是礼乐、政教、征伐等事。最后一段一般是时令：

> 孟春行夏令，则雨水不时，草木蚤（早）落，国时有恐。

> 行秋令，则其民大疫，猋风暴雨总至，藜莠蓬蒿并兴。行冬令，则水潦为败，雪霜大挚，首种不入。

这是讲的异常气候。每个月的内容，都大致如上所述。

一、《月令》所记物候及气候

利用物候安排生产活动，从人类尚处于很原始时代就开始了。到夏代就已经系统化。周代文明水平已很高，天文历法已能解决掌握节气的问题，但仍保持物候古风。这是《月令》物候记载的主要意义。如《礼祀·王制》所说："獭祭鱼，然后虞人入梁泽；豺祭兽，然后田猎；鸠化为鹰，然后设罻罗；草木零落，然后入山林；昆虫未蛰，不以火田……"

按《月令》记载的先后次序，摘出物候、节气、农事等有关内容如下：

> 孟春之月：东风解冻，蛰虫始振，鱼上冰，獭祭鱼，鸿雁来。……以立春。……天气下降，地气上腾，天地和同，草木萌动，王命布农事。
>
> 仲春之月：始雨水，桃始华，仓庚鸣，鹰化为鸠。玄鸟至。……日夜分。雷乃发声，始电，蛰虫咸动，启户始出。
>
> 季春之月：桐始华，田鼠化为鴽，虹始见，萍始生。……生气方盛，阳气发泄，句者毕出，萌者尽达，不可以内，……鸣鸠（拂）其羽，戴胜降于桑。
>
> 孟夏之月：蝼蝈鸣，蚯蚓出，王瓜生，苦菜秀。……以立夏。……聚畜百药，靡草死，麦秋至，断薄刑。
>
> 仲夏之月：小暑至，螳蜋生，鵙始鸣，反舌无声。……农乃登黍，羞以含桃。……日长至，阴阳争，生死分。

季夏之月：温风始至，蟋蟀居壁，鹰乃学习，腐草为萤。……土润辱暑，大雨时行。

孟秋之月：凉风至，白露降，寒蝉鸣，鹰乃祭鸟。……以立秋……天地始肃，农乃登谷。

仲秋之月：盲风至，鸿雁来，玄鸟归，群鸟养羞。……乃劝种麦……日夜分。雷始收声，蛰虫坯户，杀气浸盛，阳气日衰，水始涸。

季秋之月：鸿雁来宾，爵入大水为蛤，鞠有黄华，豺乃祭兽戮禽。……霜始降。……寒气总至。……草木黄落，蛰虫咸俯。

孟冬之月：水始冰，地始冻，雉入大水为蜃，虹藏不见。……以立冬。……天子始裘。……天气上腾，地气下降，天地不通，闭塞而成冬。

仲冬之月：冰益壮，地始坼，鹖旦不鸣，虎始交。……日短至。……阴阳争，诸生荡。……芸始生，荔挺出，蚯蚓结，麋角解，水泉动。

季冬之月：雁北乡，鹊始巢，雉雊，鸡乳。……征鸟厉疾……冰方盛，水泽腹坚。（日穷于次，月穷于纪，星回于天。）

以上《月令》所载的物候和气象，是能与《夏小正》相比较的两项内容之一。另一项能比较的内容是天空星象。

关于星象，这里没有详列。《月令》的星象记载是十分规则而系统的，各月项目相同，每月都有太阳宿次、昏旦中星三项，全年总计是三十六项。《夏小正》的星象记载则参差不齐，有的月份有三项，有的月份则没有，也不是记在每月的开头，而是无规则地记在物候记载之间，总计二十一项。可以看出，《月令》星象知识比《夏小正》进步、完善得多。

关于物候和气象，上面所列最多月有十二项，最少月六项，总计一百零九项。而《夏小正》是一百零三项。总数相差不多，半数以上物候内容两者是一样的，只是用语略有差别，在第三章已讨论过。只是《月令》对物候期作了调整，反映的是周代的物候。此外没有什么发展。

总的来说，《月令》的星象是周代的星象，《月令》的物象是周代的物象。星象比夏代更为进步，而物象观测则没有多大发展，只是套用前人。当然，这不是盲目套用，而是调整了物候期，使之符合当时情况。

二、《月令》中的节气

《月令》作为正式节气提到的只有八个：立春、日夜分、立夏、日长至、立秋、日夜分、立冬、日夜分。这二分、二至、四立，都在每季的初、中之月，是要举行重大祭祀的。

作为物候、气候概念而具有直接的节气意义的有：始雨水、小暑至、白露降、霜始降等四个。

文字不同但其意义相当于节气的有：蛰虫始振（启蛰，惊蛰），土润辱暑（大暑），地始冻（小雪），闭塞而成冬（大寒）等。

以上总计，也只有十六个节气的概念。这与《管子》的情况差不多。这也说明《月令》是古老的典籍。但比起《管子·幼官》来，可以更明显地看出是经过后人整理的。

《逸周书·月令》已佚，无法把它与这里的《礼记·月令》比较。需要谈及的是《逸周书·时则训》，如果确实为周代物候知识和气象知识，就应在这里引出。有学者认为，《吕氏春秋》曾引据于它。其实，它不大可能是战国以前的东西。我们前面引述的物候记录，二十四节气名称不全，不统一，每月、每节气的物候数目也不一定。《逸周书·时训解》伪托周公所作，它是把一年十二月分为二十四节气，一个月两个节气，六个候；一个节气三个候，全年七十二候。二十四节气的名称与现在的名称相同，一年七十二项物候排列完整。这不仅《幼官》、《月令》做不到，《吕氏春秋》也做不到，只有在《淮南子》的时代才能做到。

三、《月令》的异常气候知识

《月令》所记为天子居明堂之礼。每个月应该如何顺应天时，发施政令，才能做到天人相应。前面讲到的物候、气候、节气，那是每个月应行之“令”，是正常的天气气候。但也会出现“日月有食”，“风雨不时”的异常天气气候。在《管子·幼官》里是按季度来谈时令（政）“错行”的，在《月令》里则按月来说。为了便于比较。把《月令》中各月所行之令整理成下表：

月份	行春令	行夏令	行秋令	行冬令
1. 孟春		雨水不时，草木早落，国时有恐	其民大疫，猋风暴雨总至，藜莠蓬蒿并行	水潦为败，雪霜大挚，首种不入
2. 仲春		国乃大旱，煖气早来，虫螟为害	其国大水，寒气总至，寇戎来征	阳气不胜，麦乃不熟，民多相掠
3. 季春		民多疾疫，时雨不降，山林不收	天多沉阴，淫雨早来，兵革并起	寒气时发，草木皆肃，国有大恐
4. 孟夏	蝗虫为灾，暴风来格，莠草不实		苦雨数来，五谷不滋，四鄙入保	草木早枯，后乃大水，败其城郭
5. 仲夏	五谷晚熟，千螣时起，其国乃饥		草木零落，果实早成，民殃于疫	雹冻伤谷，道路不通，暴兵来至
6. 季夏	谷实鲜落，国多风欬，民乃迁徙		丘隰水潦，禾稼不熟，乃多女灾	风寒不时，鹰隼早鸷，四鄙入保
7. 孟秋	其国乃旱，阳气复还，五谷无实	国多水灾，寒热不节，民多疟疾		阴气大盛，介虫败谷，戎兵乃来
8. 仲秋	秋雨不降，草木生荣，国乃有恐	其国乃旱，蛰虫不藏，五谷复生		风灾数起，收雷先行，草木早死

续表

月份	行春令	行夏令	行秋令	行冬令
9. 季秋	煖风来至,民气懈惰,师兴不居	其国大水,冬藏殃败,民多鼽嚏		国多盗贼,边境不宁,土地分裂
10. 孟冬	冻闭不密,地气上泄,民多流亡	国多暴风,方冬不寒,蛰虫复出	雪霜不时,小兵时起,土地侵削	
11. 仲冬	蝗虫为败,水泉咸竭,民多疥疠	其国乃旱,氛雾冥冥*雷乃发声	天时雨汁*,瓜瓠不成,国有大兵	
12. 季冬	胎夭多伤,国多固疾,命之曰逆	水潦败国,时雪不降,冰冻消释	白露早降,介虫为妖,四鄙入保	

* 仲冬之令与《幼官》冬政相校,见有错简:"氛雾冥冥"应在秋令,"天时雨汁"应在夏令,两者对调。

从表中可以看出,所述气候规律大致与《管子·幼官》相似,但说得更具体、更细致。这表明《月令》吸取了《幼官》的知识而有所发展。其中,大部分正确地反映了气候异常的特点或规律,个别的是比较勉强地把气候异常与政事、社会治乱联系起来。

春三月之令。正常的春令,应是气温渐升,风雨时至。各月若行夏令,则气候偏旱、偏暖,这与《幼官》春行夏政阉(蔫)是一致的。春季干旱的结果,又会导致植物病虫害,减收,人民的疾病,这也是正确的记载。各月若行秋令,相当于现在的"倒春寒"天气,多寒潮、暴风雨、低温阴雨,终霜晚。《幼官》只说"春行秋政霜",这里全面记载了这种异常天气气候的表现。春三月若行冬令,就更严重了,那时春季低温冷害,温度上不来,霜雪频繁,播种困难,冬小麦也迟迟不能成熟。这些关于自然方面的记载都是正确的。但是,涉及社会治乱的"国时有恐"、"兵革并起"、"民多相掠"等,则未必是规律性的东西。这决定于人。政治修明,虽有大灾也不至于起恐慌。

夏三月之令。正常的夏令,应是天时暑热,大雨时行。夏三月行其他季节的令，在温度上都要显得偏低，但在降水和灾害性天气方面却有不同。若行春令，就表现为夏冷而多风，并且干旱少雨，由旱而起虫灾等。若行秋令，则表现为夏凉而阴雨多湿，庄稼会贪青晚熟甚至不熟。若行冬令，则夏季低温冷害严重，冷空气强，多冰雹，庄稼很难成长。这些与《幼官》的“夏行春政风；行冬政落，重则雹；行秋政水”一致，但有系统发展。“四鄙入保”，是说城外的人流入城堡。“民乃迁徙”是逃荒。这些现象如果政治修明，也可减少或不发生。“女灾”即女娲，指女子干政。这样把气候的阴冷附会于人事的阴盛于阳，完全是瞎说。

秋三月之令。正常的秋令，应是寒气渐降，雨水渐减。若行春令，那就反过来了，结果“阳气复还”，“暖风来至”，秋雨不降。秋天干爽而又暖和，出现“草木生荣”，草木不仅不黄落，反而又发芽开花。秋季若行冬令，则又“寒气大胜”，寒潮来得早，风暴、霜雪多，“草木早死”。秋行夏令，是寒热不节。蛰虫不藏，多水灾，而且五谷复生，庄稼在地里长芽。这些也与《幼官》的“秋行夏政叶，行春政华，行冬改耗”一致而有重要发展。这里提到人的疾病，也是正确的。但关于人事的治乱，则未必正确。

冬三月之令。正常的冬令，应是天寒地冻，霜雪时至，闭塞成冬。若行春令，就是暖冬，土地封冻不密，地气上泄，而且由于冬天没有雨水补充，山泉也流竭。与《幼官》所说“冬行春令烝泄”一致。若行夏令，就会“方冬不寒”，不降雪，却降起雨，打雷，冰冻消释还造成“水潦败国”，入蛰的虫子也爬出来。这对《幼官》的“冬行夏政雷”作了说明。《幼官》说“冬行秋政雾”，所以前面表中的“氛雾冥冥”句应与“天时雨汁”句对调，这样，冬行秋令雾，霜雪不时，白露早降，才合于气候异常的特征。

总的来看，《月令》的异常气候描写要比《幼官》系统完备得多，但基本趋势一致。这说明《月令》更为晚出。但最晚也不会晚到战国，因为《吕氏春秋·十二纪》已经引用了它。

四、《月令》对古代天物象和气候知识的发展

春秋以前的古代物候知识，是早已系统化了的。最古老的是

《夏小正》，其次是《月令》。《逸周书》也有《月令》，可惜失传，该书的《时训解》物候知识很早，节气排列则显然晚于《月令》，也晚于战国时的《吕氏春秋·十二纪》。此外，春秋以前还有一些系统的物候知识流传于民间，如《诗经》的《七月》等歌谚。

《夏小正》是按十二个月排列物候记录的。其内容限于天象、物候、气候、农事，偶尔也谈到祭祀和合男女之事。不像商、周时代把祭祀作为中心，高于一切。凡事都很古朴，以物候记载为最多。《幼官》中对物候、气候作了简化，由100余条提炼为30条，同时又增加了四季的异常气候描述。这是异常气候最早的系统描述。另外，把五方五祀搬了进来，这清楚地表明它受了殷周之际发展成体系的阴阳五行学说的影响。

《幼官》对物候知识进行简化，确定为三十节气。反映了科学知识的发展由简到繁，又由繁到简的过程。这是一种进步，增加异常气候的描述，是对正常气候描述的一种发展。对正常气候规律熟悉了，才能知道时令的错行，气候的异常。引入五方、五祀等，则表明受天命论的影响加深了。这是当时发展到了头的奴隶制国家政治的需要。

《月令》与《幼官》相比，在异常气候等方面似乎又是由简到繁。《幼官》提出明堂行令的一套模式，尚属草创。《月令》在这种草创的基础上，逐一进行了充实并使之条理化。《幼官》的春夏秋冬四时政令，到《月令》里发展成了十二个月的逐月之令。这好像是把《夏小正》与《幼官》综合起来，取了《夏小正》的物候，并把《幼官》四时政令分析为十二月令。我们猜想，如果说《幼官》反映了太公之法，《月令》反映了周公之制，那么周公是吸收了太公经验并参考了《夏小正》来制定天子居明堂之礼的。这从太公佐武王、周公辅成王的关系上也说得通。当然，《幼官》、《月令》不一定是殷末周初二公本人的著述，但它所用的确为西周、春秋的资料。

在物候知识方面，《月令》对《夏小正》并没有什么发展。只是继承、照用。这表明商、周两代人们观天候气的重点不在物候。从商代开始特别强调天命，所以观天候气的重点也在天象方面。商周之际对天上星星的命名达到高潮，中国星名大部分在春秋以前就有了。所以《月令》对《夏小正》的重要发展在天象方面。十二次、二十八宿、昏旦中星等知识完整系统，在《月令》里处处都有应用，月月都有应用。不像《夏小正》那样，参差不齐地在某些月份插入一些天象，毫无规律。

逐月异常气候的描写，不仅夏代，就在殷末周初也没能做得完整、系统。《幼官》是按季叙述的。这是《月令》对其以前的气候知识的重要发展。过去有些社会科学研究者不太了解异常气候知识，以为什么月行什么令，这些都是“天人合一”的表现。其实，人们惧怕异常气候，古今相同。人们总是希望风调雨顺。然而，异常气候总是不时发生，这也是气候变化的一种规律。认识这些规律，对于抗灾是有价值的。能总结出这些认识，也是经历了长期积累的。问题是怎样抗灾。

《月令》和《幼官》一样，都是基于天命论思想，要求人们做“天人合一”的事情。在这个方向上，《月令》走得更远。规定了天子率百官在什么时候，祭什么天帝、帝佐，用什么音、律、数、味，在什么地方，用什么祭物，穿什么衣，坐什么车，打什么旗，用什么仪仗，到明堂里什么地方，等等。以为这样就能投上帝所好，使上帝高兴，就不会行错令，不会出现气候异常。春天是万物生长的时候，一切人事、政治都要向上，一切要开放，刑罚要停用，伐木要停止，等等。秋天是收获的时候，一切又反过来，砍树、杀人、打仗都可以进行。一切活动都按季节安排，以为这样就符合上帝的心意。每个月都规定得很具体，如孟春之月：

> 是月也……禁止伐木，毋覆巢，毋杀孩虫，胎夭飞鸟，毋麛，毋卵，毋聚大众，毋置城郭、掩骼埋胔。是月也，不可以称兵，称兵必天殃……

这是真正的迷信。这类记载的篇幅是较大的。我们不能要求《月令》作者脱离那个时代，但通过批判其错误，可发掘出被掩盖了的气象科学知识。要求政治活动、精神生活合于四时变化，未必有什么道理；但我们必须要求人们的生产活动符合气候规律。在某些季节禁止伐木、渔猎等，对于生态环境也是可取的，虽是出于迷信，却有客观效益。

第四节 《诗经》及“三代”民间测天的总结

《诗经》编定成集，大约在公元前6世纪中叶，是我国最早的一部诗歌总集。《左传》襄公二十九年（公元前544年）吴国公子季札访问鲁国，要求观周乐。鲁国的乐工们为他表演音乐歌舞的次序是：周南、召南、邶风、鄘风、卫风、王风、郑风、齐风、豳风……演完了国风又演小雅、大雅和颂。这和今本《诗经》完全一致。可见，早在孔子幼年时，《诗经》就已经编定了。那个时代的书如《春秋》、《国语》等称它为《诗》或《诗三百》，后来孔子学派才尊之为“经”的。

305篇诗作中，大部分是民间歌谣，只有小部分是贵族的作品。

风，采自民间，十五国风是各地的民歌。以黄河流域各国为多，周南、召南则是南方的作品。

雅是“正声”，大雅全部作于西周，小雅兼有西周、春秋时的诗作。

颂用于宗庙祭祀，大部分是周王朝歌颂祖德宗功的作品，这是周颂。商颂大约是公元前7、8世纪之间宋国人歌颂商代祖先的诗；鲁颂则是公元前7世纪鲁国的诗。后两者篇数少，风格也与周颂不同，近于雅。

《诗经》从各个侧面反映了西周到春秋的社会生活，是我国文化艺术的瑰宝。从中可以看出当时的生产活动和科学知识。与气象有关的知识可分为三个方面：首先是叙述生产过程的诗篇，如《豳风·七月》，含有全年系统的物候历；其次是与节令有关的天文气象知识；再次是气象知识和测天经验。后两者散见于各篇，作者是随意找来，用于写景抒情，即兴而为。三个方面的诗歌有40余篇，在300篇里占的篇数不少。这是指具有一定气象意义的，仅作为写景用的还未计算在内。这些诗章不是专门的气象歌谣，而是艺术作品，如果当时没有这些知识的普及，就不可能应用自如地加以引征。

《诗经》中涉及的气象知识如此之多，表明民间测天已有较长的发展史。

一、《豳风·七月》的物候历

《毛诗》说：“七月，陈王业也。周公遭变，故陈后稷先公风化之所由，致王业之艰难也。”这样说，《七月》的著作权属于周公。那么，所写的生活现实最晚也发生在西周早期。

细味这篇作品，就会看到，描绘的是农奴的悽苦生活和王公贵族的剥削。有北风呼啸的日子里，农奴们“无衣无褐，何以卒岁”的哀叹；有春光明媚的日子里，女奴们“女心伤悲，殆及公子同归”的悲愁。这里把那些内容去掉，只把有关气候、物候、农事的诗句节录如下：

原　文	试　译①
七月流火，	七月星火向西沉，
九月授衣，	九月人家寒衣分。
一之日觱发，	冬月北风呼呼叫，
二之日栗烈……	腊月凛烈天更冷……
三之日于耜，	正月里来修耒耜，
四之日举趾……	二月下地去耕耘……
春日载阳，	春季里来好阳光，
有鸣仓庚	黄莺儿枝头恰恰唱……
七月流火，	七月星火向西沉
八月萑苇。	八月苇子好收成。
蚕月条桑……	三月里来整桑枝……

① 参考余冠英：《诗经选》，人民文学出版社 1956 年版。

猗彼女桑。	柔嫩枝条细心捆。
七月鸣䴗，	七月伯劳还在唱，
八月载绩。	八月绩麻活儿忙。
四月秀葽，	四月远志把籽结，
五月鸣蜩。	五月知了叫不歇。
八月其获，	八月收谷子，
十月陨萚。	十月落树叶。
一之日于貉，	冬月打貉子，
取彼狐狸……	又去捉狐狸……
二之日其同，	腊月大伙又聚齐，
载缵武功，	打猎习武艺，
言私其豵，	小野猪归自己，
献豜于公。	大野猪献王公。
五月斯螽动股，	五月螽斯弹腿响，
六月莎鸡振羽。	六月纺织娘抖翅膀。
七月在野，	七月蛐蛐田里叫，
八月在宇，	八月跑到屋檐旁，
九月在户，	九月呆在门口叫，
十月蟋蟀入我床下，	十月往我床下藏。
穹室熏鼠，	堵好窟窿熏耗子，
塞向墐户。	关上北窗再把门涂上。
六月食郁及薁，	六月吃李子樱桃，
七月亨葵及菽	七月煮葵菜豆角，
八月剥枣，	八月打枣儿，
十月濩稻……	九月煮新稻……
七月食瓜，	七月吃香瓜，
八月断壶（瓠）。	八月摘葫芦。
九月叔苴，	九月收麻子，

采荼薪樗，	掐些苦菜砍些柴，
食我农夫。	咱农人这样把口糊。
九月筑场圃，	九月修好打谷场，
十月纳禾稼……	十月粮谷都进仓……
亟其乘屋，	出完公差修完房，
其始播百谷。	春耕又到要大忙。
二之日凿冰冲冲，	腊月凿冰冲冲响，
三之日纳于凌阴（窖），	正月抬到窖里藏，
四之日其蚤（早），	二月取冰来上祭，
献羔祭韭。	献上韭菜和羔羊。
九月肃霜，	九月下霜，
十月涤场……	十月净场……

全诗共八章，章章有气象内容。因为每章的主题分别是写农夫、女子、桑麻、猎取、虫鼠、果蔬及酒、秋忙、祭祀等，以事为纲，而不是按时间顺序来写，所以看起来时间排得很乱。下面把物候、气候、农事等按月整理出来，就可以看到一张物候历：

月份	农事及物候
一月	于耜，纳于凌阴
二月	举趾，其蚤，献羔祭酒，春日载阳，有鸣仓庚
三月	条桑
四月	莠葽
五月	鸣蜩，螽斯动股
六月	莎鸡振羽，食郁乃薁
七月	流火、鸣鵙，在野，亨葵及菽，食瓜
八月	在檐下，剥枣、断瓠，载绩，其获，萑苇
九月	授衣，在户，叔苴，筑场圃，肃霜
十月	陨萚，在床下，獲稻，纳禾稼，涤场

十一月　　觱发，于貉，取彼狐狸
十二月　　栗烈，献豜于公，凿冰冲冲

豳是周人祖先公刘开发的地方，在今陕西彬县，那里农业自古发达。这首流传于那一带的长篇民歌，包含了一套完整的物候农事历。这可以说就是一部民间的《月令》了。这也开创了后来各种“十二月生产调”之类的物候农事歌谚的先声。

我们不能肯定这是“周公遭变”时的著作。如若能证明这一点，那么，周公当是第一个科普作家，把《月令》的气象科学知识编成通行的歌谣普及民间。把《豳风·七月》与《礼记·月令》对比：正月的“于耜”和“王命农事”，二月的“有鸣仓庚”和“仓庚鸣”，三月的“条桑”和“载胜降于桑”，四月的“秀葽”与“苦菜秀”，五月的“鸣蜩”与“螳蜋生”，六月的“莎鸡振羽”与“蟋蟀居壁”，七月的“在野”与“寒蝉鸣”，八月的“在床下”与“蛰虫坯户”，九月的“肃霜”与“霜始降”，十月的“陨萚”与“草木黄落”（按在九月靠后，因月界关系，两者有参差），十一月的“觱发”与“冰益壮”，十二月的“栗烈”与“冰方盛”，等等，可以看出，多数都是相近的物候，有不少是同一物候。所不同者，《七月》偏重于农事和日常生活，《月令》则偏重于祭祀和物候。

二、《诗经》的天文节气知识

《尚书·洪范》说：“庶民唯星。星有好风，星有好雨。日月之行，则有冬夏。月之从星，则从风雨。”说明夏商周三代老百姓是靠看星星来掌握季节变化，风雨来临。这是从遥远的古代，没有出现专职观天候气的人时，就一直流传下来的。日月盈昃和星星运行，没有人能垄断得了，抬起头来就可以观察，终日在田间劳动的人们都可以依靠它。所以王船山断定，“三代以上，人人皆知天文”，而他所举的例子，基本上是周代《诗经》里所见到的。

《诗经》中有关天文节气的知识，散见于各篇，计约十篇，不像物候知识那样集中于一两篇。这里按《诗经》的顺序谈谈其中较重要的几篇。

《召南·小星》是写小臣出差，连夜赶路的怨言，共两章：

> 嘒彼小星，三五在东。肃肃宵征，夙夜在公。
> 嘒彼小星，维参与昴。……

《传》曰：“三心噣五，四时更见。”认为心宿有三颗亮星，噣即柳宿，有五颗星，故称三五。按这种说法，两章共提到心、柳、参、昴四宿。但这是有问题的。心、柳二宿的赤经相差约8小时，是不能同时在东边出现的。所以较妥帖的解释是小星三、五也是指参与昴。参宿的腰部是三星；昴宿是七星，但古人以为是五星，有昴宿之精化为“五老”的传说。但“四时更见”的说法是正确的。按《月令》，周时孟春之月昏参中。这首诗是说在一个寒冷季节，要他“肃肃宵征”，在夜间赶路。

《鄘风·定之方中》写公元前622年卫文公在楚丘（今河南省濮阳县西南）筑城的事，三章，章七句，下面摘录每章前四句：

> 定之方中，作于楚宫。揆之以日，作于楚室。……
> 升彼虚矣，以望楚矣。望楚与堂，景山与京。……
> 灵雨既零，命彼倌人。星言夙驾，说于桑田。……

“定”为星名，即“营室”，二十八宿的室宿。按《月令》，孟冬之月昏危中，仲冬之月昏壁中，室宿在危、壁两宿之间，所以修建宫室时间是在十月、十一月之间，大约小雪前后兴工。这是在秋收完了之后。“揆之以日”，是在动工之前进行圭景测量。升虚、望楚，是登高进行形势观察。最后四句是写宫室修成之后，天降喜雨，惠及小臣，夜间放晴，早晨顶着星光，驾车出行，劝农于桑田。忙了一个冬天，又要迎接春耕了。奴隶们时刻不得闲。

《唐风·绸缪》写新婚之乐，诗人觉得爱人美不可言，共三章，章六句，各录前两句：

绸缪束薪，三星在天。……
绸缪束刍，三星在隅。……
绸缪束楚，三星在户。……

《毛传》认为三星指参宿三星，郑玄笺为心宿三星，近人研究多认为是依次出现的三个星座：参宿三星、心宿三星、河鼓三星。天上三星排列很多，最醒目的是参、心、河鼓。所以应该是这几个星座。然而，问题在于参、心二宿一东一西太"参商"，此升彼落难同见。能依次升起（相差三小时）的只有心宿和河鼓。从新婚夜的情况来推测，从天黑到夜深，那么六七个小时，正好是三星由"在天"（天边）、"在隅"（房角，约45度）到"在户"（门前，即南北线上，中天）的情景。用一个星座来解释可通。可为前述三个星座中的任何一个。用两个星座来解释也可通，但应排除参宿。用三个星座依次出现来解释却不通。考虑到婚姻（合男女）是在春天举行，所以应把参宿排除。讨论《小星》时已谈过，参宿在东是较冷的季节。《毛传》的错误是很显然的。

《豳风·七月》有"七月流火"。这"火"指大火，即心宿二。它是古代用来掌握季节，用得很早、很多的一颗星。它的规律早已普及，人们用得十分娴熟。按《月令》，周代季夏之月火昏中。一般规律，春天初昏它在正东方升起，夏天初昏它在中天，秋天初昏它就偏西了。所以说，"七月流火"，天就开始变凉了。

《小雅·节南山之什·十月之交》这首诗，《毛诗》说是"大夫刺幽王"。共八章，章八句，摘录几句：

十月之交，朔月辛卯，日有食之，亦孔之丑。……
日月告凶，不用其行。……
烨烨震电，不宁不令，百川沸腾，山冢崒崩，高岸为谷，深谷为陵。……

这里谈到日食引起的凶兆。那时官员们认为幽王昏庸，不重视日月发出的警告。描绘了发生大地震、大雷雨的情景及自然界的沧桑巨变。

《节南山之什·巷伯》也是一首政治讽刺诗，其中说：

> 哆兮侈兮，成是南箕。
> 彼谮人者，谁适与谋。

意译出来是：“张开嘴啊裂开唇，变成一座簸箕星。像那样的造谣精，谁能跟他谋事情。”箕宿四星连成梯形，像一张大口。看来人们很熟悉它，所以骂人也常引用它。古人认为箕星主口舌，又主风，所以用来比喻谮者。

《小雅·谷风之什·大东》共七章，章八句。从第五章的后半开始，引用天上的星星来作比喻：

> 维天有汉，监（鑑）亦有光。跂彼织女，终日七襄。
>
> 虽则七襄，不成报章。睆彼牵牛，不以服箱。东有启明，西有长庚。有捄（觩）天毕，载斯之行。
>
> 维南有箕，不可以簸扬。维北有斗，不可以挹酒浆。维南有箕，载翕（翖）其舌。维北有斗，西柄之揭。

这几段话的意译是：

> 天上有条银河，照人无影空有光。织女分开两脚，一天进行七襄（十二辰，夜间从酉到卯）。虽说整夜忙碌，织布不能成章。牵牛星儿闪闪亮，可是不能拉车箱。启明星在东方，长庚星在西方。（其实均为金星）。翘把儿毕宿张着网，把它安在天路上。南有簸箕星，不能簸谷糠。北有南斗星，不能舀酒浆。南有簸箕星，舌头伸不长。北有南斗星，柄儿朝西方。

这里谈及了银河，织女三星，牵牛三星，启明、长庚（均指金星），箕四星，斗六星。这里的“维北有斗”不是北斗星，而是南斗星，即二十八宿的斗宿。它在箕星的北边，所以有“南箕北斗”之说。

从这首诗可以看出，诗人对星空是多么熟悉。据《毛诗》，这是东方的诸侯小国谭国一位大夫的作品。谭国在今山东省历城县东南。诗的前几章用对比手法，写周人生活的富足和东方小国人生活的困苦，道出东方诸侯国人民的怨愤。后几章则用天空星宿的有名无实，来比喻这种不合理的事天上人间都一样。这是怨天。

《小雅·鱼藻之什·渐渐之石》共三章，章六句。据《毛诗》，这是“下国刺幽王”之作，写武人东征，“役久病于外”的心情。最后几句：

……月离于毕，俾滂沱矣！武人东征，不皇他矣！

第四章曾谈及，这种经验可能商代就有，周代是继承下来的。这里“月离于毕”的“离”字，是远古时代的火绳，通“罗”，通“丽”。“月离于毕”就是月亮陈（罗）于毕宿，附丽于毕宿，在毕宿。二十八宿是日月舍，月离于毕也可以认为是月亮到达毕宿的一段时间。有的著述释为月亮离开毕宿，会有大雨，非是。下句皇假遑。这四句诗意译出来就是：“月亮到了毕宿，雨季就要到了，东征的小兵，谁也不关心他！”按《月令》，周时孟夏之月，日在毕。也就是初夏，日月会于毕。这就是雨季到来的时候。“月离于毕”本来指气候上“滂沱”大雨之季，正如箕宿指示风（春）季。后来一些文献把“箕风毕雨”理解为具有天气预报的意义，我们不能证实这个问题。

三、《诗经》的气象知识及测天经验

《诗经》中谈及气象和天气的诗篇，约有三十首之多。这不是天气谚语书，所以也不集中，而是散见于各篇章。唯其如此，我们揣摩一定还有不少测天经验不可能反映到《诗经》中来。或者换个方式说，《诗经》仅仅记录了适宜于文艺作品引用的少数测天经验。这里仍按《诗经》的顺序，选择较有意义的诗句作些说明。

殷其雷，在南山之阳。……

殷其雷，在南山之侧。……
殷其雷，在南山之下。……（《召南·殷其雷》）

这是征人的妻子关心丈夫出差远行从政，担心他途中顾不上休息，得不到安宁，劝他快回来的诗。引述地形条件、打雷地点来相劝。从描写中看出，那时人们对于容易形成雷雨的地方、活动地点及其与地形的关系，已有了一定了解。

终风且暴，顾我则笑。……
终风且霾，惠然肯来。……
终风且曀，不日有曀。……
曀曀其阴，虺虺其雷。……（《邶风·终风》）

这首诗共四章，章四句，以上为每章头两句。《毛传》认为终风是终日刮风，《韩诗》认为终风是西风，后来人们则认为终风是大风、暴风。清代王引之《经义述闻》认为“终”当训为“既”。王说是较为合理的，于文气也通。按《毛诗》，这是“卫庄姜伤己”之诗。这四章分别描述：风起来了，而且来得很暴烈……风起来了，天气又灰蒙蒙，下起了黄土……风起来了，又上来满天云，掩没了太阳……天色阴沉沉，隐隐传来了雷声。

所有四项描写都是十分准确的。诸侯国邶在今河南省汤阴县东南。在黄土高原下风方广大地区，在刮大风时都可能出现“雨土”（霾）的现象。乌云掩蔽日光，雷声远远传来，乃是天气变坏的预兆。这也都很好地衬托了《终风》悲怆的主题。

凯风自南，吹彼棘心。棘心夭夭，母氏劬劳。
凯风自南，吹彼棘薪。母氏圣善，我无令人。
（《邶风·凯风》）

这首诗四章，此为前两章。儿子怜惜母亲之情溢于诗中。凯风是温暖的南风。南风使草木欣欣向荣。棘是酸枣丛。在南风吹拂下，酸枣从幼小（棘心）成长为薪材，用于比喻母亲的操劳。这是歌颂季风变化对万物生长的重要性。把夏季风比作母亲。反映了古人对季风的认识和崇敬。

> 习习谷风，以阴以雨。(《邶风·谷风》)
> 习习谷风，维风及雨。将恐将惧，维予与女，……
> 习习谷风，维风及颓。将恐将惧，置予于怀。……
> 习习谷风，维山崔嵬。无草不死，无木不萎。……
> (《小雅·谷风》)

诗三百中，有两篇《谷风》，对地方性风及天气的描述是很准确的。

关于《邶风·谷风》，《毛诗》说“刺夫妇失道也”。从诗文看，是弃妇诉说前夫的无情和自己的痴情。谷风呼呼地刮起来，说阴就阴，说雨就雨，诗中以这种多变的山区天气来比喻前夫的无情。

《小雅·谷风》，《毛诗》以为是刺幽王的诗。全诗三章，讲被朋友背弃。在三层意义上描述了谷风：“维风及雨”，有山雨欲来风满楼之势。“维风及颓”则是指“颓风”，也就是“焚轮风”。《尔雅注》说：“焚轮，暴风从上下也。”“维山崔嵬”是更猛烈地下击山风，达到无草不死、无木不萎的程度。这首诗说明，早在西周时代，人们就已对山区天气、山谷风、焚风、下击风暴等天气过程有了认识和描绘，并在一定程度上普及了这些知识。因为只有这样，作品才被人理解并引起共鸣。

> 北风其凉，雨雪其雱。……
> 北风其喈，雨雪其霏。……(《邶风·北风》)

雱，雨雪盛大；喈，风疾。都是说风大、风寒，降雪也大。这是老百姓斥责统治者暴虐的诗，也是以风报雪的指标。

蝃蝀在东，莫之敢指。……

朝隮于西，崇朝其雨。……（《鄘风·蝃蝀》）

蝃蝀也作螮蝀，是虹的别名。隮，也是虹。晚虹出现在东方，莫指望天会下雨。朝虹出现在西方，不久就会下雨。这是三千年前商、周时代群众积累起来的经验，反映到《诗》中来了。这条经验至今还流传民间，叫“东虹日头西虹雨”。

风雨凄凄，鸡鸣喈喈。……

风雨潇潇，鸡鸣胶胶。……

风雨如晦，鸡鸣不已。……（《郑风·风雨》）

风雨交加，天昏地暗，群鸡乱叫。在这样的恶劣天气下，一个女子在思念她的“君子”。几千年前，人们就十分善于用风雨来抒发感情。为什么把风雨与鸡联系起来？原来鸡是对天气变化十分敏感的家禽。群众测天观察鸡，也已有三千年历史了。注意诗中的层次，风的猛烈程度和鸡鸣情况是相应的。

蟋蟀在堂，岁聿其莫。今我不乐，日月其除。……

蟋蟀在堂，岁聿其逝。……

蟋蟀在堂，役车其休。……（《唐风·蟋蟀》）

古人观测季节变化用动物物候，蟋蟀也是重要的一项。在民间尤其如此。《豳风·七月》对蟋蟀物候有追踪描写：七月在野，八月在檐下，九月在户，十月入我床下。这里的“在堂”，大约相当于十月的物候。冬天到了，一年快要完了。莫可训为暮，快要逝去了。要求及时行以礼乐。《毛诗》认为此诗“乃有尧之遗风焉”。

蒹葭苍苍，白露为霜。……

蒹葭萋萋，白露为晞。……

蒹葭采采，白露未已。……（《秦风·蒹葭》）

蒹是荻，葭是芦。芦苇结成的带羽的种子在秋天成熟，白花花一片，称为“芦花”。这是观测秋天到来的物候指标。

春日迟迟，卉木萋萋。
仓庚喈喈，采蘩祁祁。……
今我来思，雨雪载涂。……(《小雅·出车》)

《出车》是远征的诗。征途中还用物候知识。

南山有台，北山有莱。……
南山有桑，北山有杨。……
南山有杞，北山有李。……
南山有栲，北山有杻。……
南山有枸，北山有楰。……(《小雅·南山有台》)

《毛诗》说此诗“乐得贤也，得贤则能为邦家立太平之基矣”。这是大事，南山有台，是观台，可以观天候气。南山北山气候有差异，所以树木品种分布不同。这里列举了八种树木，来对比山南山北气候。

正月繁霜，我心忧伤。……(《小雅·正月》)

周朝的正月是春天，相当于今天阳历的 4 月，这时繁重的霜，是很糟的事情。

南风烈烈，飘风发发。民莫不谷，我独何害。
南风律律，飘风弗弗。民莫不谷，我独不卒。
(《小雅·蓼莪》)

这首诗共六章，这是最后两章。是《谷风之什》里的一篇。写飘风的危害。

四月维夏，六月徂暑。……
秋日凄凄，百卉且腓。……
冬日烈烈，飘风发发。……(《小雅・四月》)

这首诗也属于《谷风之什》，描写了夏、秋、冬三季气候。周历四、五、六月为夏季，四月是初夏，六月为盛暑。秋风凄凄之时，草木的叶子都发红了。腓训绯，红色。冬天，又是北风呼啸。

天上同云，雨雪雰雰。益之以霡霂，既优既渥。
既霑既足，生我百谷。(《小雅・信南山》)

这首诗共六章，这是第二章。同云有两义：一说是红色的云，即彤云，是下雪之前的云。一说即漫天分布均匀的云，相当于今天的层状云，如高层云（As）、雨层云（Ns）。这种云的降水最为稳定，所以有“雨雪雰雰”的描写。霡霂又作霢霂，是小雨。这种雨是非常有益于农作物的，诗中用优、渥、霑、足来形容这种雨，说它“生我百谷”。这是一篇春雨的颂歌。可以看出，那时民间已经熟悉各种云和降水性质。

有渰萋萋，兴雨祁祁。
雨我公田，遂及我私。……(《小雅・大田》)

这首诗描写了大田里的许多禾稼，可以看出西周农业的发达。由畯田这样的官员来管田。井田，分为公田和私田两部分，所谓“八家皆私百亩，其中为公田”。渰，是云层从天边慢慢伸展过来。这四句诗是说：云彩从天边涌了过来，淅淅沥沥下起雨来，下到公田里，也下到自己的私田里。反映了农民对雨云的认识和对雨的喜悦。

如彼雨雪，先集维霰。(《小雅・頍弁》)

“雨雪”的雨为动词，即下雪，霰是米粒般的雪，着地能弹跳起来的小雪粒，它是下雪的先兆。“未雪先霰”，这是流传了几千年的预报大雪的经验。

> 雨雪瀌瀌，见晛日消。……
> 雨雪浮浮，见晛日流。……(《小雅·角弓》)

瀌瀌、浮浮，是形容雪大如团、如絮，雨仍为动词，这是说下含水量大、较温暖而湿的雪。晛，日气，即阳光温和之气。是说下这样的雪时，太阳一出就融解为水而流淌了。人对下雪现象的观察、认识，已经相当丰富了。

> 芃芃黍苗，阴雨膏之。……(《小雅·黍苗》)

农民从种子入土到秋收，经常注意观测天气。黍苗长得好，是由于雨露滋润。

> 如彼遡风，亦孔之僾。……
> 大风有隧，有空大谷。……
> 大风有隧，贪人败类。……(《大雅·桑柔》)

遡同溯，逆流而上。僾，仿佛，隐约。隧，道，路径。这几句诗是说：那顶着吹来的风，仿佛是从一个风口（孔穴）里出来的。大风有风道，有那空旷的大山谷。最后一句是附比人事。这说明，西周时人们已经知道风的分布是不均匀的，并有风口（孔）、风道（隧）这些概念。

> 旱既大甚，蕴隆虫虫。……
> 旱既大甚，……如雷如霆，用余黎民，靡有孑遗。……
> 旱既大甚，则不可沮。赫赫炎炎，云我所无。……
> 旱既大甚，涤涤山川。旱魃为虐，如惔如焚。我心惮暑，

忧心如熏。……(《大雅·云汉》)

这首诗共八章，喊出了六个“大旱既至”，这里引了四个。对干旱的描写十分形象，也不一一细说。需要指出的是“蕴隆虫虫”，《毛传》训隆为雷声，实际上是不了解干旱之后的各种自然现象。其实，隆可能为降之误；或者，直接解释为重大也可。总之，这是说大旱灾蕴蓄着虫灾。旱灾后容易生虫子，这反映了古人对干旱规律的一种认识。这有《春秋》所记多次旱灾紧接虫灾的记录可以作证。

《诗经》里的气象知识还可以捡出一些，不一一列举了。以上所述，是具有科学知识性的。仅有文学描绘价值的更多，如：

昔我往矣，杨柳依依。
今我来思，雨雪霏霏。(《小雅·采薇》)

又如《蓼萧》、《湛露》对于种种露水的描写，这类用气象来抒情、绘景的诗句，都不在这里引用了。

四、“三代”民间测天的总结

《诗经》中丰富的气象知识和测天经验，不是在周朝几百年间产生的。它集前人经验和当时新的经验的大成，可以认为是“三代”群众测天经验的总结。

第三章讨论天气谚语起源时，曾根据《周易》里保留的原始资料，谈到渔猎时代和农业时代早期，人们就可能掌握一些打雷、下雨的经验。第四章又谈到殷代用“臼出水”预测伊水泛滥，以及用天象、物象测天的一些经验。以上这些经验大多在《诗经》里反映出来了。

群众经验的特点是它往往具有歌谣形式，便于记忆和传播，流传面广，代代相传不绝。因为这些知识是生产、生活中需要应用的，所以人人都掌握它。人人也都可以通过实践，根据本地情况来发展它，这样，就增加了另一个特点：地方性。关于天象方面的经验，因其抬头同见，各地都可以拥有；而雨雪风雷则有地区差别。《诗经》的群众测天经验已经具有前述特点，表明已经流传较久并发展到较完善的程度。

地方性鲜明的有《召南·殷其雷》、《小雅·谷风》等篇。特别是《谷风之什》所集的《谷风》、《蓼莪》、《四月》，把山区的各种风如山谷风、焚风、下击风暴等及其灾害，描写得十分生动。《南山有台》则把气候影响的林木分布叙述得很周全。

从《诗经》可以看出，当时群众测天主要有这样几个方面：

1. 用自然物候历掌握季节和农时

周代设有采诗官，收集到的民歌数量是相当多的。一个诸侯国的诗歌，大约也不少于数百篇。所以这三百篇是百里挑一，甚至几百篇挑一的精品。这样，有些小国的诗未必能选上。这些诗并不是从气象的角度来选编的，可以想见，落选的天气歌谚一定还有许多。幸好《豳风·七月》这首诗保存下来了，使我们可以知道当时民间流传着物候农事历一类的东西。

什么季节天上会出现什么星星，气候会发生什么变化，地上会出现什么物候，应该做什么活计，编成歌来唱，既便于使用，又便于记忆。这样的事情，在有文字之前就可能发生。边远地区的一些落后民族就是这样做的。周代豳地是这样做，其他地方的人们也可能是这样做的。我们不能因为他们的"四季生产调"，"十二月生产调"一类东西没有保存下来，就不相信它的存在。

周代的物候农事歌谚已发展到较高水平，有两点表现：一是每个月都有较系统的物候描写，而且所选作指标的动物、植物又是最有代表性和最容易观测的。二是对物候观测准确、深入，对一些物候现象还进行了跟踪描述，如对蟋蟀，从七月观察到十月。

另外，周代的自然物候农事历，各地可能已有交流和互相学习、借鉴，并根据本地情况进行改进与发展。这是民间测天的特点，周王朝和各诸侯国的采诗制度也能造成这种交流。《豳风·七月》系统地用了蟋蟀活动，《唐风》里也有《蟋蟀》一篇，用"蟋蟀在堂，岁聿其莫（暮）"来说明季节的变化，一年将结束。唐在今山西翼城县西，汾河流域，豳在陕西泾水流域。至少这两个地方的农民，周代就用蟋蟀来掌握季节的推移。

2. 观测星象掌握气候和节气

周代民间星空知识已很丰富。对于赤道星空二十八宿中的室、心、参、昴、柳、毕、箕、斗、角、亢、氐、房等宿以及牵牛、织女、启明、长庚、银河等，都运用自如，还配以优美的民间故事和诙谐的比喻。二十八宿等天文知识，很可能已在民间普及。能认识星空，与气候变化配合起来，就能很好地掌握季节。

观星候气，人类也是从原始时代就开始的。最初是观测日、月及少数最明亮的星星。后来才发展到对天区进行划分，这时候专职观天候气的人员已经出现了。再后来，“绝地天通”，管天和管地的人分开了，多半的人不用观测天象。更后来，对天象的观测也分出了等级。对木星、太阳、月亮的深入研究是贵族的事情，老百姓只观测星星。然而，天空是垄断不了的，民间观星候气的经验仍在不断积累。统治阶级的人们把自己的生活搬上天空，给星星取名“帝”、“佐”、“明堂”、“观台”等；劳动人民也把自己的生活搬上天空，给星星取名“牛郎”、“织女”、“田”、“梭”、“河（汉）”等。以往人类认识星空的不少成果，《诗经》中都巧妙地利用了。

“三星在东”是行路人的季节歌谣。“定之方中”、“揆之以日”是建筑工匠们修建宫室所唱。“三星在天”、“三星在隅”、“三星在户”是新婚之夜恋人曲。“七月流火”是农民的歌。“月离于毕”是士兵的吟唱。

除《诗经》外，《左传》、《国语》等书也记载了一些民间观星候气的知识。如《国语·周语中》：

> 辰角见而雨毕，天根见而水涸，本见而草木节解，驷见而陨霜，火见而清风戒寒。

这里辰角指角宿，在初秋晨见，这时雨季结束了。天根为氐宿，晨见时小河水干。本为亢宿，晨见在草木落叶时。驷为房宿，晨见在霜降时。火为心宿，晨见时天气变冷了。

在春秋时代，儿童也会一些天文知识。《左传》僖公五年一首童谣说：“丙之晨，龙尾伏辰。”总之，西周、春秋时代，从农民、工匠、士兵到行路小臣，男女老少，各色人等，多会一些星空知识，用来判定方向、时辰、季节。

从《诗经》中看，谈及天文知识的诗歌采自不同地方。北到唐（山西），南到周南、召南（江汉及以南），东到齐鲁（山东），西到秦、豳（陕西），都有谈天象的诗篇。有的诗篇没有气象意义，前面没有引用，但它能说明作者的天文知识。实际上，天文知识不仅中原有，周围少数民族中也很丰富。中原人常到少数民族地区去，官方和民间都有去的。这方面的史料尚待发掘。

第五节　医疗气象理论系统的雏形

古来认为医有两源：医源于食与医源于巫。食，是人的肌体与自然界的物质交换；巫，是人的精神世界与歪曲了的自然界（天与神）的交流。注意衣食与注意精神，是中国医学的一个特点。这两者都与气象有关。从这种意义说，中国医疗气象学的萌芽可以追溯到很古老的年代。当然，气象科学的萌芽更要早于医学。

一、医药学溯源

中国大地上人类最早懂得治病，大约是在传说的神农时代。神农尝百草，知道了什么是食物，什么是药毒。所以《世本》说：“神农和药济人。”

《淮南子·修务训》：“神农尝百草之滋味，水泉之甘苦，令民知所避就，一日而遇七十毒。”这是何等可贵的牺牲精神。

《史记补·三皇本纪》：“神农氏以赭鞭鞭草木，始有医药。”

以上是关于神农的传说。还有关于巫的传说。

《世本》说：“巫彭作医。”又说：“巫咸作医。”宋衷注：“巫咸，尧臣也，以鸿术为帝尧之医。”巫是沟通人神关系的人，而鸿术乃是鸿宝之术，即道术。这种传说是医源于巫的证明。

《帝王世纪》说：“黄帝命雷公、岐伯论经脉。”“俞跗、岐伯论经脉，雷公、桐君处方饵。”这种传说，与托名黄帝著《内经》有关。

《山海经·大荒西经》谈到有巫咸、巫即、巫盼、巫彭、巫姑、巫真、巫礼、巫抵、巫谢、巫罗等十个巫的氏族在灵山采药，“百药爰在”。反映了原始时代一度把医药作为一项很重要的活动。

传说史总是以一定社会实践为依据的。真实的历史则需有出土文物的证实。1973 年，在内蒙古多伦头道洼新石器遗址中，发现了砭石。这种工具可用于切割痈疡和刺入肌体，可能是医疗技术针刺术的原始工具。① 早在旧石器时代，各地遗存中已有石针、石砭、石镰、骨针等物，这些生产工具，在人体遭受病痛时，何尝不可以用来试诸身体。当人体某些部位处于疼痛、麻痹状态时，巫医们可以用针来刺激，用烧热的石头来压置于患处，于是针刺、灸焫的效果可以立刻见到。这无疑会提高巫的威信，人们也就更觉得神灵的存在。

夏、商二代巫医与食（药）医的发展过程，我们还不清楚。但是，我们从春秋时代一些材料可以看出，那时专业的医生已不同于巫。他们已有一些初步的理论流行于各国，其中包括一些初具形态的医疗气象学知识。那时候对医要求很高，有“医不三世，不服其药”② 的说法。王室有专门的医师、医院，《周礼·天官冢宰》下面有“医师”的官属。“醫”又作“毉”，表明商周时代医生的职业常与酒（和药）和巫有关。

二、医和的“六淫”致病说

春秋时代最负盛名的医师，是秦国的医和。《国语·晋语八》记载，公元前 541 年，晋平公生了病，秦景公派医和去诊治。医和看了平公的病，出来告诉人们说：“不可为也。是谓远男近女，惑以生蛊；非鬼非食，惑以丧志。良臣不生，天命不佑。若君不死，

① 中国农业科学院·南京农业大学：《中国古代农业科学技术史简编》，江苏科技出版社 1985 年版。

② 《礼记·曲礼下》。

必失诸侯。”这番话的意思是：没有办法了。他远群臣而好女色，产生了蛊惑，丧失了神志；不是鬼神作怪，也不是病从口入。良臣治活不了他，上帝也不保佑。平公即使不死，也要失去诸侯的爵禄。

对于这样的诊断结论，赵文子说：“你是医治国家吗？”（“医及国家乎？”）医和也不客气，说：“最好的医生医治国家，次一等的治人疾病，这才是医官。”（“上医医国，其次疾人，固医官也”）

这件事情在《左传》昭公元年的记载中，是医和跟平公直接对话，出来后又和晋国的相国赵孟（文子）对话。这是一篇可称为《六淫论》的讲话，全文如下：

晋侯求医于秦。秦伯使医和视之。

（医和）曰：“疾不可为也。是谓近女室，疾如蛊。非鬼非食，惑以丧志；良臣将死，天命不佑。”

公曰：“女不可近乎？”

对曰：“节之，先王之乐所以节百事也。故有五节，迟速本末以相及，中声以和，五降之后不容弹矣。于是有烦手淫声，慆堙心耳，乃忘平和。君子弗听也。物亦如之，至于烦，乃舍也已，无矣，生疾。君子之近琴瑟，以仪节也，非以慆心也。天有六气，降生五味，发为五色，徵为五声，淫生六疾。六气曰：阴、阳、风、雨、晦、明也。分为四时，序为五节，过则为灾。阴淫寒疾，阳淫热疾，风淫末疾，雨淫腹疾，晦淫惑疾，明淫心疾。女阳物而晦时，淫则生内热惑蛊之疾。今君不节，不时，能无及此乎？”

出，告赵孟。

赵孟曰：“谁当良臣？”

对曰：“主是谓矣。主相晋国，于今八年，晋国无乱，诸侯无阙，可谓良矣。和闻之，国之大臣，荣其宠禄，任其大节，有灾祸兴而无改焉，必受其咎。今君至于淫以疾，将不能图恤社稷，祸孰大焉！主不能御，吾是以云也。”

赵孟曰：“何谓蛊？”

对曰："淫溺、惑乱之所生也。于文皿，虫为蛊，谷之飞亦为蛊；在《周易》，女惑男，风落山谓之蛊；☶☴皆同物也。"

赵孟曰："良医也。"

厚其礼而归之。(《左传》昭公元年)

对于这篇文章，不作全面解释。这里说的"天有六气"，就是：阴、阳、风、雨、晦、明。从后文"六淫"来看，阴是指低温或降温，阳是指高温或升温，因而有寒、热之疾。阴阳不是指阴天、晴天，而晦、明乃是指阴天、晴天。

天气变化的六气，即冷、热、风、雨、阴、晴，在正常的情况下它们并不造成疾病，而是"过则为灾"。这个"过"，就造成了"淫"。六种过了限度的天气，就会产生"六淫"的疾病：

太冷了，就会得寒病：如伤风、感冒之类。

太热了，就会得热症：如中暑、苦夏之类。

受风吹得厉害了，就会得末疾：这是指四肢末端关节之病。

受雨淋过度了，就会得腹疾：腹痛、肠胃系统疾病。

阴天过度了，就会得惑疾：大约是神志衰弱、无力、昏黑之类疾病。

日晒过度了，就会得心疾：大约是日射病、眩晕、心痛之类疾病。

对这些"六淫"病征，不能说得很准确。特别是这"六气"还降生五味、五色、五声，包含了食物、男女、音乐舞蹈艺术的感官刺激等，既有物质因素，又有精神和感情因素。这就成了一个十分复杂的致病系统了。

不过，医和的理论还没有把精神、感情因素讲透彻，还没提出这类因素致病的分类概念来。

三、程本的"阴阳"医理说

子华子姓程，名本，春秋末期晋国人，"三家分晋"后为魏国人，大约与孔子同时。他的思想在《吕氏春秋·贵生》中有所引述。主张“贵生”，偏重养生之道，认为应使“六欲皆得其宜”，其观点是：“全生为上，亏生次之，死次之，迫生为下。”① 因此，他的哲学思想涉及医理。

程本是有著作的，但却没有流传下来。现存《子华子》宋以前的史志和诸家书目未见著录。《四库总目》疑为北宋人所著，不知此说具体根据。但《子华子》为托名之作却可相信；也可相信，在古籍尚较多的时代撰写此书，一定保留了程本的某些思想，特别是程本思想中的贵生、医理部分，因为这些思想与《吕氏春秋》一致。《子华子》中讲医理的内容，主要见诸于第九章《北宫意问》②：

> 天道远，人道迩，待著龟著而袭福，福之末也。……
>
> 北宫意、公仲承侍，纵言而及于医。
>
> 子华子曰：“医者，理也；理者，意也。药者，沦也；沦者，养也。腑脏之伏也，血气之留也，空窾之塞也，关鬲之碍也，意气所未然也，意气所将然也，察其四然者而谨训于理……
>
> 夫天降一气，则五气随之；寄备于阴阳，合气而成体故有太阳，有少阳，有太阴，有少阴，阴中有阳，阳中有阴。
>
> 故阳中之阳者火是也，阴中之阴者水是也，阳中之阴者木是也，阴中之阳者金是也。土居二气之中间，以治四维，在阴而阴，在阳而阳。故物非土不成，人非土不生。
>
> 北方阴极而生寒，寒生水。南方阳极而生热，热生火。东方阳动以散而生风，风生木。西方阴止以收而生燥，燥生金。中央阴阳交而生湿，湿生土。是故天地之间，六合之内，不离于五。
>
> 人亦如之，血气和合，荣卫流畅，五脏成就，神气舍心，魂气毕具，而后成人。是故五脏六腑，各有神主。精禀于金

---

① 《吕氏春秋·贵生》。

② 引《百子全书》，浙江人民出版社 1984 年版。

火，气谐于水木……

安平恬愉，吐故纳新，静与阴同闭，动与阳俱开。若是者，由人而之天，合于太初之三气矣。以之正心修身治国家天下，无以易于此术也。

前述《子华子》的一大段言论，虽未必真出自程本，但这些知识并没有超出春秋末期。最后一句话完全是《礼记·大学》中的观点，也许是儒家学派所加，这种思想在孔子的时代也产生了。其他阴阳、五行思想，是早就流行于社会了。这里谈到了五气生五行，还没有发展到五行相生相克。

这些医学思想比起医和的理论来，更具哲学抽象性。而在医理方面，对于“气”的应用更深化了。察脏腑、血气、空窾、关鬲“四然”，这是诊法。三阴、三阳是经脉。名称不全，少厥阴、阳明，但其概念全有了。血气、荣卫、神气、吐故纳新，这些医理上的重要概念，《子华子》都提出来了。

总之，《子华子》的医理也是以“气”立论。医和是“天有六气”，程本则是“天降一气，五气随之”。这是医疗气象理论初建时的一些形态。

第六节 《春秋》灾异现象的统计分析

《春秋》这部儒家经典，是我国第一部编年史。相传是孔子采用褒贬笔法，据鲁史修定而成。记事自鲁隐公元年（公元前722年）至鲁哀公十四年（公元前481年），历隐、桓、庄、闵、僖、文、宣、成、襄、昭、定、哀十二公，计242年。所记内容为鲁国大事，当然也包括了当时“天下”大事。

春秋时代奴隶制处在崩溃之中。“国之大事，在祀与戎”。祭神和打仗是最高的政治，其余都服务于这两者。《春秋》所载具体内容包括祭祀、征伐、会盟、公侯的死与葬、各种天灾等。

据《黄侃手批白文十三经》，孔子作《春秋》18000字，现存16572字，平均每年不足70字。可见《春秋》记事十分精练。每年所记大事只有寥寥数条，但对灾异现象的记录却不厌其烦，有时一年就有三、四条之多，视为与祭祀、征伐同等重要。这是因为，灾异现象在当时人们眼里是不可违抗的天意，是需要严肃对待和不可忽视的。由此也可以明白，《春秋》的灾异记录具有其准确性与完整性，可以作为科学分析的事实基础。这实际上是周代众多的司天职官和大批观天人员工作的结果。

《春秋》有左氏、公羊、穀梁三传，各具特色，以《左传》详事实，《公羊》、《穀梁》释义例。

一、分类统计分析

对《春秋》里的灾异现象，大致分为3类，列出15项，统计其次数如下：

天文类 3项，共43次，其中：

1. 日食37次（既—日全食，3次均在7月）
2. 彗星4次
3. 陨星2次

气象类 7项，共59次，其中：

4. 旱 31次（含大旱、雩、不雨）
5. 涝 12次（含大水、大雨、雪）
6. 风 6次
7. 温度异常5次（含无冰，陨霜杀禾菽）
8. 雷电冰雹5次
9. 雨凇 1次（雨木冰）
10. 年景 4次（含有年，无禾、苗）

其他 5项，共26次，其中：

11. 虫灾12次（含螽、蜚、蜚）
12. 鼠灾2次
13. 动物异常4次
14. 地震5次
15. 其他3次

总计3类15项128次。《春秋》242年中，有97年发现过灾异现象，都在人们心中引起了恐慌。

鲁襄公二十四年（公元前549年），灾异现象最多，共4次："秋七月甲子朔，日有食之，既。""七月……大水。""八月癸巳朔，日有食之。""大饥。"这一年老百姓很不幸，精神上，接连两个月遭到日全食和日偏食的打击，遭了大水灾，又受了大饥荒。

发生三次灾异现象的有5年；公元前481、前482、前517、前594、前687年。

242年中，日食记载达37次，其次为旱灾31次，再次为涝灾与虫灾，各12次。以气象异常为最多。列入其他类的虫灾、地震，多数是发生在大旱、大雩的年份或其后。

关于天文类现象，经天文学研究已经证明绝大多数是准确的。37次日食已有32次得到证实是可靠的。① 庄公七年（公元前687年）"夏四月辛卯，夜，恒星不见；夜中，星陨如雨"。《左传》："恒星不见，夜明也；星陨如雨，与雨偕也。"这是说，满目陨星不断，把夜空都照亮了，天上星星都看不见了。这次壮观的流星雨，是天琴座流星雨的最早记载。文公十四年（公元前613年）"秋七月，有星孛入于北斗"，是哈雷彗星最早的确切记录。推论的记录更早，按《淮南子·兵略训》："武王伐纣，东面而迎岁……彗星出，而授殷人以柄。"经张钰哲研究认为是公元前1057年哈雷彗星记录。②

大量的气象记载，也应认为是可靠的。需要说明的是《春秋》所用的历法，否则不能理解这些气象记载。有人因为孔子主张"行夏之时"，以为他作《春秋》用的是夏历。这是不对的。

周代历法不统一，正如《汉书·律历志》所说："史官丧纪，畴人子弟分散，或在夷狄，故其所记有黄帝、颛顼、夏、殷、周及

① 《中国大百科全书·天文学》，中国大百科全书出版社1980年版，第564、1110页。

② 《中国大百科全书·天文学》，中国大百科全书出版社1980年版，第564页。

鲁历。”但孔子所用的既不是夏历，也不是鲁历，而是周历。这在书中是多次声明过的，“春王正月”这样的话，几乎年年可见。《春秋公羊传》隐公元年说：“春者何？岁之始也。王者孰谓？谓文王也。曷先言王而后言正月？王正月也。何言乎王正月？大一统也。”用周历是为了“大一统”，这样各国的时间才能比较。由于用了十二次，又都用朔望月，各种历法换算起来是容易的。

周历是把“日南至”作为“春王正月”的，而现代阴历（夏历）是把立春放在正月。比较起来，相差了三个节气，45 天。冬至在阳历的 12 月 22 日前后，所以大致地说，周历春季 1—3 月，相当于阳历 12—2 月，夏季 4—6 月相当于阳历 3—5 月，秋季 7—9 月相当于阳历 6—8 月，冬季 10—12 月相当于阳历 9—11 月，与现在的四季概念正好提早一季。这样，我们就可以理解，几次无冰记载都记为“春无冰”（如襄公二十八年，公元前 545 年），“正月无冰”（桓公十四年，公元前 698 年），而不说冬无冰。因为按周历春季才是一年中最冷的季节，无冰才成为需要记录的怪异之事。也可以理解，为什么把“冬十月雨雪”（桓公八年，公元前 704 年）、“冬十月陨霜杀菽”（定公元年，公元前 509 年）也作为“不时”来记载。这个十月相当于阳历 9 月。那时候气温比现在高，山东地方 9 月霜雪杀禾还是严重的“不时”（气候异常）。

弄清了历法，我们也可以理解，为什么《春秋》所记八次大水灾有七次都发生在秋季。只有桓公十三年（公元前 699 年）的大水发生在夏季。原来《春秋》的秋季相当于现在 6—8 月，是汛期。《春秋》笔法严正，记录灾异现象的原则是：“书不时”（异常气候），“书灾异”（自然灾害、异常天象），“凡物不为灾不书”。不枉不假，记录可靠。

二、春秋时代气候特点

可以根据《春秋》的灾异记录，相当准确地描述出当时鲁国（相当于今天山东省西南部）的气候及水、旱、虫、灾等情况。

气象灾害在当时全部自然灾害中所占比例很大。《春秋》所记 128 次灾异现象，其中天文现象只是在人们心理上造成灾祸感，并不构成物质损失。59 次气象灾异中，有 54 次成灾。其他 26 次灾异中，有 22 次成灾。那时最多的灾害是旱灾。

竺可桢曾引用《左传》中鲁国冬天得不到冰的事实，得出那时气候比现在暖的结论。并指出清初学者张标研究《吕氏春秋》物候资料，认为早春气候秦代比清初早三星期①。《春秋》中冬天无冰的记载有多次，如公元前 698、前 590、前 545 等年，都曾出现过“春（冬）无冰”的情况。现在整个淮河以北，一月平均气温都在零下，鲁国所在的山东西南部一月平均气温在-2℃以下，地温 0℃的平均深度达 20 厘米，冬天不结冰的情况是见不到的了。可以确定，春秋时代气温比现在暖和得多。这是总的情况。

然而，春秋时代二百多年中，气候变化的幅度也可能比现在大。虽然总的来说多数年份偏暖，但也曾有个别年份气温偏低，霜、雪很重。定公元年（公元前 509 年）的陨霜杀菽，桓公八年（公元前 704 年）十月的雪等，相当于阳历 9 月见霜、雪。而现在泰安、兖州最早初霜分别在 9 月 29 日和 10 月 30 日，最早初雪在 11 月 8 日。总的来看，关于温度异常记载共 5 次，3 次异常暖，2 次异常冷。变化幅度都很大。

春秋时代旱涝频繁，以偏旱为主。把大旱、大雩、不雨都归为旱，把大水、大雨归为涝，可以看出：

	年数	旱：涝=	趋势：
公元前 714—前 651 年	63	4：10	涝
公元前 650—前 611 年	39	7：0	旱
公元前 610—前 540 年	70	8：2	正常
公元前 539—前 486 年	53	9：0	旱

总的来说，公元前 651 年以前，涝年还较多，平均 6 年左右要发生一次大水灾。公元前 650—前 611 年则明显偏旱，近 40 年没有水灾，旱灾则 5 年左右发生一次。公元前 610—前 540 年，气候较正

① 竺可桢：《中国近五千年来气候变迁的初步研究》，人民日报，1973 年 6 月 19 日三版。

常，这70年虽然有涝有旱，但次数很少。公元前539—前486年又偏旱，50多年没有涝灾，但旱灾6年左右发生一次。

春秋时代气候的基调是旱。除前期60余年稍有涝灾之外，以后长期基本不涝，但不能摆脱干旱之苦。

三、雹、鸟、龙的典故

《左传》记载异常现象时，记录了当时一些人对异常现象的谈话，从而保留了一些与气象有关的事物的典故，反映了那时人们的认识水平。

1. 申丰论雹

《左传》昭公四年（公元前538年），“春王正月，大雨雹”。引出了下面一段记载：

> 季武子问于申丰，曰：“雹可御乎？”
>
> 对曰：“圣人在上无雹，虽有不为灾，古者，日在北陆而藏冰，西陆朝觌而出之。其藏冰也，深山穷谷，固阴沍寒，于是乎取之。其出之也，朝之禄位，宾食、丧祭，于是乎用之。其藏之也，黑牡秬黍，以享司寒。其出之也，挑弧、棘矢，以除其灾。其出入也时……夫冰以风壮。而以风出。其藏之也周，其用之也遍，则冬无愆阳，夏无伏阴，春无凄风，秋无苦雨，雷出不震，无菑霜雹，疠疾不降，民不夭札。今藏川池之冰，弃而不用，风不越而杀，雷不发而震，雹之为菑谁能御之？《七月》之卒章，藏冰之道也。

文中北陆、西陆为星名。北陆为虚宿，在北方；西陆为昴宿，在西方。四陆即二十八宿所分布的四象。《诗经·豳风·七月》的最后一章，讲的是凿冰、藏冰、用冰献祭。那时人们已经提出了抗御冰雹的问题，但不可能找到办法。申丰防雹的观点，就是认真地做好藏冰工作，伺候上帝，这样就能免除禾稼和人的气象灾害。

2. 郯子论鸟候

《左传》昭公十七年（公元前525年）：

> 秋，郯子来朝，公与之宴。昭子问焉，曰："少皞氏鸟名官，何故也？"
>
> 郯子曰："吾祖也，我知之。昔者黄帝氏以云纪，故为云师而云名。炎帝氏以火纪，故为火师而火名。共工氏以水纪，故为水师而水名。太皞氏以龙纪，故为龙师而龙名。我祖少皞挚之立也，凤鸟适至，故纪于鸟，为鸟师而鸟名。
>
> "凤鸟氏，历正也；玄鸟氏，司分者也；赵伯氏，司至者也；青鸟氏，司启者也；丹鸟氏，司闭者也。
>
> "祝鸠氏，司徒也；鴡鸠氏，司马也；鸤鸠氏，司空也，爽鸠氏，司寇也。
>
> "五鸠鸠民者也，五雉为五工正，利器用度量夷民者也，九扈为九农正，扈民无淫者也。
>
> "自颛顼以来，不能纪远，乃纪于近，为民师而命以民事，则不能故也。"
>
> 仲尼闻之，见于郯子而学之，既而告人曰："吾闻之，天子失官，学在四夷，犹信。

这是对物候观测史的一篇追述，前几章已多次引用过。

3. 蔡墨论龙

《左传》昭公二十九年（公元前513年）：

> 秋，龙见现绛郊。魏献子问于蔡墨曰："吾闻之，虫莫知（智）于龙，以其不生得也，谓之知，信乎？"
>
> 对曰："人实不知，非龙实知。古者畜龙，故有豢龙氏，有御龙氏。"
>
> 献子曰："是二者，吾亦闻之，而不知其故，是何谓也？"
>
> 对曰："昔有飂叔安，有裔子曰董父，实甚好龙，能求其嗜欲以饮食之，龙多归之。乃扰畜龙以服事帝舜，帝赐之姓曰董氏，曰豢龙，封诸鬷川。鬷夷氏，其后也。故帝舜氏世有畜龙。及有夏孔甲扰于有帝，帝赐之以乘龙，河汉各二，各有雌雄。孔甲不能食，而未获豢龙氏。有陶唐氏既衰。其后有刘

> 累，学扰龙于豢龙氏，以事孔甲，能饮食之。夏后氏嘉之，赐氏曰御龙。以更豕韦之后，龙一雌死，潜醢，以食夏后。夏后飨之，既而使求之，惧而迁于鲁县。范氏其后也。”
>
> 献子曰：“今何故无之？”
>
> 对曰：“夫物之有其官，官修其方，朝夕思之，一日失职，则死及之。失官不食，官宿其业，其物乃至。若泯弃之，物乃坻伏郁湮不育。故有五行之官……木正曰句芒，火正曰祝融，金正曰蓐收，水正曰玄冥，土正曰后土。龙水物也，水官弃矣，故龙不得生。不然，《周易》有之，在乾之，姤曰潜龙勿用，其同人曰见龙在田，其大有曰龙飞在天，其夬曰亢龙有悔，其坤曰见群龙无首，吉。坤之剥曰龙战于野。若不朝夕见，谁能物之。”

蔡墨谈了这些关于龙的问题。他相信古时有龙这种动物，而又说不出今天为什么没有龙。古代养的龙是不是鳄，这尚待考证。在绛郊出现的龙，看来不是虹，因为人们对虹是容易认识的。当然也不是真有这么个动物。因此，很可能是从黑云中垂下的龙卷风漏斗云。

第七节 《计倪子》的长期气候预测

春秋末期，南方吴越两国之间演出了壮丽的历史场面。越王勾践最后灭吴雪耻，是有物质基础的。创立这个物质基础的重要人物之一是计然。司马迁可能见过有关《计然子》（即《计倪子》）的书或资料。他在《史记·货殖列传》中写道：

> 勾践困于会稽之上，乃用范蠡、计然。范蠡既雪会稽之耻，乃喟然而叹曰：“计然之策七，越用其五而得意。”

这就是说，计然提出的七条策略，勾践采纳了五条，就灭了吴国。司马迁、王充都引用过《计然子》。

司马迁《史记·货殖列传》的引文是：“计然曰：知斗则修

备，时用则知物。二者形，则万物之情可得而观已。故岁在金穰，水毁，木饥，火旱。旱则资舟，水则资车，物之理也。六岁穰，六岁旱，十二岁大饥。”王充《论衡·明雩篇》引文是：“计然曰：太岁在子，水毁金穰，木饥火旱。”这些话与后面将摘录的《计倪子》基本是一致的，只是个别文字有所出入。

郑樵《通志·氏族略》说：“越有范蠡，著书曰《计然子》。”《范蠡传》说：“范蠡师事计然。姓宰氏，字子文。”《汉志》农家有《宰氏》十七篇，可能就是《计然子》。贾思勰《齐民要术》曾引用此书，可见北魏时此书尚存。现在我们可见到清人马国翰辑《范子计然》；《百子全书》有《计倪子》署“周·计然著”，内容基本一致。

《计倪子》记越王与计倪的谈话，回答越王勾践提出的9个问题。其中与气象有关部分摘录如下：

(计倪曰)：“君自耕，夫人自织，此竭于庸力而不断，时与智也。”

“臣闻炎帝有天下，以传黄帝。黄帝于是上事天，下治地。故使少昊治西方，蚩尤佐之，使主金；玄冥治北方，白辩佐之，使主水；太皞治东方，袁何佐之，使主木；祝融治南方，仆程佐之，使主火；后土治中央，后稷佐之，使主土。并有五方，以为纲纪。是以易地而辅，万物之常。王审用臣之议，大则可以王，小则可以霸，……”

越王曰：“请问其要。”

计倪对曰：“太阴（岁）三岁处金则穰，三岁处水则毁，三岁处木则康，三岁处火则旱。故散（粜）有时，积籴有时，领则决万物，不过三岁而发矣。以智论之，以决断之，以道佐之。断长续短，一岁再倍，其次一倍，其次而反，水则资车，旱则资舟，物之理也。

“天下六岁一穰，六岁一康，凡十二岁一饥，是以民相离也。故圣人早知天地之反，为之预防。昔汤之时，比七年旱而民不饥；禹之时，比九年水而民不流。……”

这里谈的黄帝事天、治地的经验，与《管子·幼官》、《礼记·月令》都颇不相同。这大约是江南吴、越一带的帝、佐系统。但五方祭祀是一样的。

特别重要的是这里记述的旱涝规律。计然提出了最早的气候规律分析与超长期预报方法，这种方法已不是神学的揆卜、占岁一类方法，而是建立在分析行星运行规律与气候、年景的关系上的方法。这里的太阴是太岁，即理想的、运行方向相反的木星的别称；而金、水、木、火则是指这四大行星。穰是丰收年，毁是水毁年，康是平年，旱是旱年。太岁相对于金、水、木、火的运行与年景的穰、毁、康、旱有关。各行星的周期不同，相互位置关系是多变化的，计然已掌握了计算这些变化的方法和规律。

当时不仅是据此来作超长期预报，而且还已经用于实践：好年头积谷，荒年散谷，有三年周期（三岁而发）。计然还提出另一些周期规律：穰年、康年的六年周期，饥年的十二年周期等。“早知天地之反，为之预防”，就是及时作出超长期预报，做好防灾准备。预防工作做得好，即使汤禹那样的大旱、大涝也能顺利地度过。

接下去，越王问计然：你那么年轻，怎么知道这么多学问，这段问答附传里再引述。再往下：

> 越王曰：“善，论事若其审也。物有妖祥乎？”
>
> 计倪对曰：“有。阴阳万物，各有纪纲。日月辰星刑德，变为吉凶；金木水火土更胜；月朔更建，莫主其常；顺之有德，逆之有殃。是故圣人能明其刑，而处其乡；从其德，而避其衡（可能是衝之误，即冲）。凡举百事，必顺天地四时。参以阴阳，用之不审，举事有殃。……”

这里，计然说有妖祥，并不是相信天命鬼神的妖祥，而是讲自然变化有规律，不按自然规律办事就会不祥（有殃）。可以看出，计然是反复强调必须按天地四时规律办事的。计然是一位通晓天文气象的专家。

这里已经提出了“金木水火土更胜”的观念。虽然没有把五行相生、相克描述得十分明确，但可以认为这种思想在春秋后期已经出现了。

第八节 《孙子》、《司马法》的军事气象思想

大约齐国有太公望的传统，齐国人很重视军事学术的研究，出了不少军事人才。春秋初期管仲就提出了天时、地利、人和的著名军事观点。又出了许多名将。春秋末期有著作传世的两位军事学家，都生于齐国。孙武撰有世界著名军事著作《孙子兵法》，被奉为经典。不过他的实战业绩是在吴国建立的。田穰苴在齐国任司马，曾击退晋、燕强敌，收复失地。他深通兵法，著作被收入《司马法》这部古代军事学名著中。

传说《司马法》为周公所作，未必可靠。战国初年齐威王曾令人整理古兵法《司马法》，既在齐国，倒可能与太公望有渊源关系。不过，这整理后的兵法称为《司马穰苴兵法》，简称《司马法》，据说是一百五十篇，今天能见到的只有五篇。此书肯定出于战国初年，又是整理前人之作，所以放在春秋时代来叙述。

一、《孙子》的军事气象思想

孙武是拿着定了稿的《孙子兵法》十三篇去见吴王阖闾（公元前514—前496年在位）的。作书当在这之前。

作为杰出军事家，孙武不是就军事论军事，他是把战事与社会政治、经济、科学技术综合起来观察的。在他的军事思想中，可以看出管仲重视天时、地利、人和的传统思想影响，同时又有所发展。《孙子兵法》说：

> 兵者，国之大事，死生之地，存亡之道，不可不察也。故经之以五事，校之以计而索其情：一曰道，二曰天，三曰地，四曰将，五曰法。……
>
> 天者，阴阳、寒暑、时制也。……

凡此五者，将莫不闻，知之者胜，不知者不胜。……

（《孙子·计篇》）

这是从总的战略上说的五项大事。气象（天）在五项战略大事中的地位十分重要，除了最重要的“道”，再没有比掌握天时更重要的事了。在用兵时，首先要从道义上考虑战争是否正义，接下来最重要的因素就是气象条件。这五事是决定着战争胜负的。

知彼知己，胜乃不殆；知天知地，胜乃不穷。（《孙子·攻谋》）

在采取军事行动之前，必须做到知天知地。《风后握奇经》曾描述了四正四奇（天、地、风、云为四正，龙、虎、蛇、鸟为四奇）的八卦阵，要求“遂天文气候，向背山川利害，随时而行”。孙武特别强调“正奇相生”，灵活运用。

兵无常势，水无常形，能因敌变化而取胜者，谓之神。（《孙子·虚实》）

用兵时既讲究阵法，又不死守阵法，这是对《握奇经》精神的发展。

《孙子》要求兵家必须通晓天文、气象，不仅是用于规划战略，部署战役，在具体战术上也有重要作用。特别用于火攻。

行火必有因，烟火必素具。

发火有时，起火有日。时者，天之燥也；日者，月在箕、壁、翼、轸也。此四宿者，风起之日也。……

火发上风，无攻下风。昼风久，夜风止。……（《孙子·火攻》）

这里讲到了举行火攻的气象条件和准备工作。最重要的是掌握火攻的时机：天气干燥时。预报火攻日期，用了春秋时代已具备的月缠二十八宿的知识。当举行火攻时，则要掌握好风向，否则不仅不能胜敌，反而害了自己。甚至连风的日变化也作了考虑。白天风大，刮得长久；到夜间风会减小，停下来。

总之，《孙子兵法》从战略、战役到战术，从形势分析、行军布阵到具体作战，都对气象条件提出了具体要求。在军事气象思想上，《孙子兵法》集历来兵家之大成，第一次作了较完整系统的论述。

二、《司马法》的军事气象思想

《司马穰苴兵法》虽说是齐威王（公元前356—前320年在位）时定稿，但它用的是齐景公（公元前547年—前490年在位）时田穰苴和更早的《司马法》的资料，所以说它代表的思想大约与《孙子兵法》同时，乃至还要早些。可惜这一百五十篇大部散佚，仅存五篇难以观其全貌。

五篇的第一篇专门论“道”：

> 战道：不违时，不历民病，所以爱吾民也；不加丧，不因凶，所以爱夫其民也；冬夏不兴师，所以兼爱民也。(《司马法·仁本第一》)

这和《孙子兵法》一样，把“道”放在第一位。因为这关系到战争性质和战略目标。“仁本”就是爱民为本。爱民有三个方面：一是爱本国之民，这要掌握气候条件和人民健康条件，做到“不违时，不历民病”。二是要爱敌国之民，不要因为敌国人民遭了天灾人祸，还去加兵于他们。这里面也包括气象灾害。三是兼爱敌我双方之民，那就是掌握好战争的季节，冬天严寒、夏天酷热，都不要兴师。“战道”的三个方面，都与气象有关。战争的最高决策者如不知天时，就不能掌握战道。

《司马法》提出的“五虑”以“顺天”为首：

顺天，阜财，怿众，利地，右兵，是谓五虑。(《司马法·定爵第三》)

这里的“顺天”，不是指天命、道义，那是属于“战道”的问题。这里的“顺天”是指按气象规律办事，发挥天时因素。这是兵家用兵首先要考虑的。这就提出研究军事气象。阜财是战争的物质基础，怿众是使民心、军心利战。利地是发挥地利因素。右兵，古以右为尊，右兵即“尚武”，使有军威。战备过程中要考虑的五件大事，顺天为第一。

在战争进行过程中，也要掌握一些基本的规则：

凡战：背风背高，右高左险；历沛历圮，兼舍环龟。(《司马法·用众第五》)

背风背高，右高左险，是指根据实地的气象、地理环境，占据有利地位。包括风的背向，地势的居高临下等。草棘曰沛，荒毁曰圮，“四面屯守谓之环龟”。这后半句是说在草野、荒城，要周密地四面监视。

《司马法》与《孙子兵法》一样，都把气象知识用于战略、战备和实战的全过程，都强调兵家必通气象。

附传 与气象有关的人物

一、管仲

管仲（？—公元前645年），又称管敬仲，名夷吾，字仲。颍上（淮河最大支流颍水上）人。春秋初期政治家。由鲍叔牙推荐，被齐桓公任命为卿，尊为“仲父”。他辅佐桓公，以“尊王攘夷”为号召，“九合诸侯”，使齐恒公成为春秋时代第一个霸主。

管仲对齐国进行了多项改革，如分国都鄙为十五士乡和六工商乡；按立政“三本”“能当其官，功当其禄，德当其位”用人；按土地好坏分等征税；按旱涝客观等级减税等。

管仲在天文、气象、地理、经济、农业等方面有丰富的学识。《管子》一书相传为管仲所撰，实为他的学派的传人所著。共二十四卷八十六篇，今存七十六篇。书中大致反映了管仲的政治、经济思想和管仲相齐的事实。他的思想为后来法、名、道家所遵从；他的自然科学和政治、经济方面的知识，在认识史上有重要作用。《管子》万物源于水的思想，则不同于各学派。

管仲对气象特别重视。《管子·四时》中有句名言："不知四时，乃失国之基。"在第一篇《牧民》中说："凡有地牧民者，务在四时，守在仓廪。""务在天时，地辟举则民留处，仓廪实则知礼节，衣食足则知荣辱。"掌握好气象，开发土地，人民就不会流离，从而建成一个礼义之邦。他强调"凡事将立，正彼天植，风雨无违，远近高下，各得其治，三经既饰，君乃有国"。(《管子·版法》)这就是处理好天时、地利、人和。他认为："天时不祥，则有水旱；地道不宜，则有饥馑；人道不顺，则有祸乱。"(《五辅》)《管子·侈靡》讲到教化（思想工作）时，引用种种气象知识，有如一首动人的诗。

对于建设城国（居民点)，《管子》也强调气象环境。"凡立国都，非于大山之下，必于广川之上。高毋近旱而水用足，下毋近水而沟防省。因天材，就地利。"(《乘马》)这里的旱与水，都有具体指标，根据地下水位来定。

在生产部门中，《管子》要求农业、手工业、商业及运输等各行各业都掌握四时变化。特别是对于农业，要求严格按气象条件办事。比如对春播期，要求掌握好时机，在二十五天内播种完毕。"日至六十日而阳冻释，七十五日而阴冻释。阴冻释而秇稷，百日不秇稷，故春事二十五日之内耳也。"(《臣乘马》)①春播期在冬至后 75—100 天。

《管子》为了"均地实赋"，对土地好坏制定了不同标准，其中也有旱地（比之于山)、涝地（比之于泽）的标准。这是土地旱

① 俞樾：《诸子平议》，中华书局 1954 年版，第 103 页。

涝的标准，定下之后多年不变。

气候变化引起了旱年、涝年的差别，《管子》为此首次提出了气候旱涝的指标，作为减税依据，也是用地下水位为标准，前面已介绍过了。

二、苌弘

苌弘（？—公元前492年），又称苌叔。曾在周灵王、景王、敬王时为官。《淮南子·泛论篇》说："昔者苌弘，周之执数者也。天地之气，日月之行，风雨之变，律历之数，无所不通，然而不能自知，车裂而死。"他的生年和籍贯难考出。灵王在位为公元前571—前545年，那么，他最晚也当生于公元前565年以前。

对于苌弘的死，有不同说法。《庄子·物外篇》说："苌弘死于蜀，藏其血，三年而化为碧。"也许苌弘为蜀人，当地人才景仰他。《韩非子·内储说下》："叔向之谗苌弘也，为苌弘书谓叔向曰：'子为我谓晋君，所与君期者，时可矣，何不亟以兵来？'因佯遗其书周君之庭，而急行去，周以苌弘为卖周也，乃诛苌弘而杀之。"这是说苌弘死于周。

苌弘在观天候气人员中，可能是管异常气象变化的人，如保章氏所属的一名大夫。因此，他的事迹带有神秘色彩。《史记·封禅书》说："苌弘以方事周灵王，诸侯莫朝周，周力少，苌弘乃明鬼神事，设射狸首。狸首者，诸侯之不来者。依物怪，欲以致诸侯。诸侯不从，而晋人执杀苌弘。"这是说苌弘死于晋。

在《拾遗记》卷三里，苌弘的故事更神奇了。"（灵王）时有苌弘，能招致神异。王乃登台，望云气蓊郁，忽见二人乘云而至，须发皆黄，其衣皆缝缉毛羽。王即迎之上席。时天旱，地裂木燃。一人唱能为霜雪，引气一喷，则云起雪飞，坐者皆凛然。宫中池井，坚冰可琢。又设狐腋素裘，紫罴文褥，皮褥是西域所献也，施于台上，坐者皆温。又有一人唱能使即为炎，乃以指弹席上，而暄风入室，裘褥皆弃于台下。"

按《国语》所载，苌弘是周敬王的大夫，孔子曾向他问乐。晋国内讧，晋卿赵鞅以责周，周杀苌弘。这应是较为可信的。《左传》昭公十八年（公元前 524 年）也载有苌弘的事。

苌弘是有著作的。《汉书・艺文志》兵阴阳家有《苌弘》十五篇，今佚。

三、史墨

史墨，姓蔡名墨，春秋时晋国太史。是负责天文气象的官。颇有言论见于各书。如对魏献子谈龙（前已述及）。他认为事物都有两方面，成对出现："物生有两"，"各有妃耦"，而且不断变化。这"妃耦"即"配偶"。他的名言是："社稷无常奉，君臣无常位。"

鲁昭公被其臣季平子驱逐出国，后几年流落于齐、晋，昭公三十二年十二月客死于乾侯。简子问史墨怎样对待这件事："季氏出其君，而民服焉，诸侯与之，君死于外而莫之或罪也?"史墨说："物生有两，有三，有五，有倍二，故天有三辰，地有五行，体有左右，各有妃耦。王有公，诸侯有卿，皆有二也。天生季氏以二鲁侯，为日久矣，民之服焉，不亦宜乎。鲁君也从其失，季氏世修其勤，民忘君矣，虽死于外，其谁矜之。社稷无常奉，君臣无常位，自古以然。故《诗》曰：'高岸为谷，深谷为陵。'三后之姓，于今为庶，主所知也。……"

史墨善于以发展的观点看待事物。

四、子韦

子韦，春秋时宋景公的史官，天文历算家。有一次，宋景公看到荧惑（火星）在心宿（大火），很恐惧，便找子韦询问。子韦是负责观察星象的，对景公作了解释。(见《淮南子・道应》)。《汉书・艺文志・诸子略》阴阳家有春秋宋《司星子韦》三篇，今佚。

五、子产

子产（？—公元前 522 年），即公孙侨，公孙成子。春秋时郑国贵族。郑穆公之孙，子国之子。字子产，一字子美。郑简公十二年（公元前 554 年）为卿，二十三年（公元前 543 年）子皮退休，子产执政。实行改革，作"丘赋"促进农业生产，把刑法铸在鼎上公布，给郑国带来新的气象。公元前525—前524年，连续两年春旱、大风，宋、卫、陈、郑等国都多次发生火灾。恰好那年夏天发生了日食，冬天有彗星陈于大火（心宿），人们认为这是天降征兆，迷信的人多次要求子产拿出玉来祭火神。子产说："天道远，人道迩，非所及也。"（《左传》昭公十八年）鲜明地反对迷信。他能把这种精神贯彻始终。公元前521年郑国发生大水灾，有龙斗于时门之外的洧渊，国人请求禜祭，子产也不许，并诙谐地说：我们斗的时候，龙不向我们见礼；龙斗的时候，我们为啥向他们见礼。

六、裨灶

裨灶，春秋时郑国大夫，精通天文占候之术，善于观察灾变。他对十二次、二十八宿的天空区划掌握、运用自如，对一些灾害估计也大致准确。但迷信思想较深。公元前525—前524年连续两春宋、卫、陈、郑等国的干旱、大风、火灾，他与梓慎等预测准确，但他对子产说："宋、卫、陈、郑将同时火，若我用瓘斝、玉瓒，郑必不火。"他一再劝子产用玉祭火神。

七、梓慎

梓慎，春秋时鲁国大夫，精通天文历算，专事观测云物氛祥。襄公二十八年（公元前545年）春（相当于今天的冬季）暖无冰。对于这种现象，梓慎解释说："今兹宋、郑其饥乎？岁在星纪而淫于玄枵，以有时菑，阴不堪阳，蛇乘龙。龙，宋、郑之星也。宋、郑必饥。玄枵，虚中也；枵，耗名也，土虚而民耗，不饥何为？"这年八月，果然发生了大旱。

以冬暖预测年有旱，有饥荒，这是积累了较多预报经验才能讲得如此有把握的。用"阴不堪阳，蛇乘龙"来解释冬暖，初看不很准确，实则有一定科学道理。"阴不堪阳"，是说冬天阳气太甚，阴气弱，即暖空气强，冷空气弱。"蛇乘龙"指岁星的位置在十二次的星纪但接近于玄枵，对应于当时十二辰在巳、辰之间。巳为蛇，为阴物；辰为龙，为阳物。龙胜于蛇，所以阴不堪阳。这种解释近乎文字游戏，但实际上却包含了冬暖与木星（岁）周期有关的经验，而冬暖一经发生，又与夏秋干旱有关。

公元前 525 年和前 524 年连年春旱、多风、大火灾，梓慎的预报都是正确的。

鲁昭公二十四年（公元前 518 年）夏五月发生日食，梓慎预报有水灾，昭子预报有旱灾。这次是昭子报对了。

梓慎是负责在观台上观测云物氛祥的。他的大多数预测都是准确的，这可能是由于他对天文、气象富有经验，同时也通于人事。《左传》昭公二十年（公元前 522 年）载："二月己丑，日南至，梓慎望氛，曰：'今兹宋有乱，国几亡，三年而后弭。蔡有大丧'。"果然，这年十月"宋华亥向宁，华定出奔陈"，十一月"蔡侯庐卒"。

八、臧文仲

臧文仲（？—公元前 617 年），臧孙氏，名辰。春秋时鲁国执政。历仕庄、闵、僖、文四公。曾废除关卡，以利经商。作为执政，他精通天文、气象，不信天命。僖公二十一年（公元前 639 年）夏大旱，僖公打算用活人来祭祀求雨，把巫尪烧死。臧文仲对僖公讲明道理，破除人祀，采取了"务穑劝分"的正确抗旱措施。

孔子对臧文仲颇有贬词。"仲尼曰：'臧文仲，其不仁者三，不知（智）者三：下展禽、废六关、妾织蒲，三不仁也；作虚器、纵逆祀、祀爰居，三不知也。'"（《左传》文公二年）这不仁不智的指责，是没有道理的，主要是由于政见不同。下展禽、妾织蒲这些具体人事问题，服从于政事，而根本的分歧在于孔子抑商，而臧文仲利商，所以废除了六关。所谓"逆祀"，是指颠倒了祭祀次序。文公二年（公元前 625 年）"八月丁卯，大事于大庙，跻僖公。"这僖公虽为闵公之兄，但曾经是闵公的臣下，这次祭祀把僖公升于闵公之上，这就成"逆祀"了。"爰居"事见《展禽》。

九、展禽

展禽，即柳下惠，展氏，名获，字禽，又字季。春秋时鲁国大夫，食邑柳下，谥惠。僖公时任士师（管刑狱），曾三次被黜。善于讲究贵族礼节。僖公二十六年（公元前634年，齐国进攻鲁国，曾以礼劝齐侯退兵。

有一年冬天，海上多大风而且气候暖和。有一种名叫“爰居”的大海鸟，飞来停在鲁国东门之外，一直停了三天。“臧文仲使国人祭之。展禽曰：‘越哉！臧孙之为政也。夫祀，国之大节也。……’”接下去谈了一大篇《展禽论祀爰居》（见《古文观止》）的议论。虽然他一开口就上了纲，指责臧文仲的政治非礼，但他谈到了古代圣王制祀的原则：“法施于民则祀之，以死勤事则祀之，以劳定国则祀之，能御大灾则祀之，能捍大患则祀之。”并谈了什么在《祀典》，什么不在《祀典》。指出祀爰居不智不仁(后来孔子用了此评论)。臧文仲听后觉得让老百姓祀海鸟是自己的过失，便叫人把展禽的话记下来，并写了三份以便不致佚亡。(见《国语·鲁语上》)

柳下惠还有见女子不乱的品德，为孔子称道。

十、伶州鸠

伶州鸠，伶为乐官，州鸠为其名。周景王的司乐官，长于律吕。古人认为，音乐的功用在于效八风以悦于上帝，和谐万物，所以乐官是明于天道之人。周景王二十三年（公元前522年），王将铸无射大钟。两年前造大钱，曾受到单穆公的反对，现在又反对造大钟。景王不听，便去问伶州鸠。伶州鸠发了一篇议论(《景王问钟律于伶州鸠》，见《国语·周语下》)，其中说道：

> 夫正象乐，乐从和，和从平。声以和乐，律以平声。金石以动之，丝竹以行之，诗以道之，歌以咏之，匏以宣之，瓦以赞之，草木以节之。……如是而铸之金，磨之石，系之丝木，越之匏竹，节之鼓而行之，以遂八风。于是乎气无滞阳，亦无散阴，阴阳序次，风雨时至，嘉生繁祉，人民龢利，物备而乐成……

八风和音乐、气候、各种物质的关系是这样的：

> 正西，兑，金，阊阖风。西北，乾，石，不周风。正北，坎，革，广漠风。东北，艮，匏，融风。正东，震，竹，明庶风。东南，巽，木，清明风。正南，离，丝，景风。西南，坤，瓦，凉风。

伶州鸠还说：

> 律之所以立，均出度也，古之神瞽考中声而量之以制度，律均钟，百官轨仪，纪之以三，平之以六，成于十二，天道也。夫六，中之色也，故名之曰黄钟，所以宣养六气、九德也。由是第之、二曰太簇……

接下去讲了姑洗、蕤宾、夷则、无射、大吕、夹钟、仲吕、林钟、南吕、应钟等十二律与气象、人事的关系。不赘。这里的“纪之以三”是指天、地、人。“平之以六”是指阴、阳、风、雨、晦、明六气。“十二”指十二律及其所管的节气。

说了许多话，伶州鸠还是劝景王不要铸大钟。景王不听，二十四年（公元前521年）大钟铸成了，伶人报告说“和”。景王对伶州鸠说：“钟果和也。”伶州鸠说：“未可知也。”第二年景王就死了。

十一、单子

单子，名朝，周定王的宗族，周卿士，谥襄公。周定王五年（公元前602年），定王派单子访宋国，然后经过陈国访楚国。沿途多有观感。回来后单子告诉定王：“陈侯不有大咎，国必亡。”定王问原因，单子谈了一大段话，包括许多天文、气象、物候知识，如：

> 夫辰角见而雨毕，天根见而水涸，本见而草木节解，驷见而陨霜，火见而清风戒寒。故先王之教曰：“雨毕而除道，水

> 涸而成梁，草木节解而备藏，陨霜而裘具，清风至而修城郭宫室。”故《夏令》曰：“九月除道，十月成梁。”……营室之中，土功其始；火之初见，期于司里。(《国语·周语中》)

这里提及的二十八宿有：角、氐、亢、房、心、室等宿，相当于寒露、霜降、立冬节气的气候及农事等。还引用了《夏令》中的话。

十二、叔兴

叔兴，春秋时周朝的内史，曾聘于宋。鲁僖公十六年（公元前644年）正月初一戊申，宋国境内落下了五块陨星。这个月还发生了“六鹢退飞过宋都”的怪事。所谓“退飞”，实际上是空中风很大，六只水鸟（鹢）顶着风飞，却不能前进，看起来像是退着飞过了宋都。

> 宋襄公问焉，曰：“是何祥也，吉凶焉在？”
>
> （叔兴）对曰：“今兹鲁多大丧，明年齐有乱，君将得诸侯而不终。”
>
> 退而告人曰：“君失问，是阴阳之事，非吉凶所在也。吉凶由人。吾不敢逆君故也。”

他不相信天命迷信，但在襄公面前只能敷衍过去。认为吉凶由人不由天，是阴阳之事。

十三、计然、范蠡

计然，春秋时越国葵丘濮上人，姓辛氏，字子文，范蠡视为老师，著有《万物录》。计然在《吴越春秋》作计砚，《越绝书》作计倪。一说“计然”是范蠡所著书名。近有人考证，以为计然就是越大夫文种。史载“勾践困于会稽之上，乃用范蠡、计然”。

司马迁说：“范蠡既雪会稽之耻，乃喟然而叹曰：‘计然之策七，越用其五而得意。”（《史记·货殖列传》）是指勾践用了计然的策略，灭了吴王夫差。

计然七策主要指如何战胜天灾，积粮富国。其中包括分析气候，年景的周期规律和制作超长期预报，采取积蓄和平粜措施等。其著作及其对具体气候规律的阐述，第七节已有叙述。计然还初步提出了五行相胜的概念。

计然很有才华。范蠡虽然把他视为老师，实际上他可能比越王勾践和范蠡都年轻。《计倪子》中写了他所述七策之后，有这样一段话：

> 越王曰："善。子何年少，于物之长也？"
>
> 计倪对曰："人固不同，惠种生圣，痴种生狂，桂实生桂，桐实生桐。先生者未必能知，后生者未必不能明。是故贤主置臣，不以少长，有道者进，无道者退。愚者日以退，圣者日以长。人主无私，赏者有功。"
>
> 越王曰："善。论事若其审也……"

越王对这个少年连连称赞，所以范蠡也很敬重他。

范蠡，字少伯，春秋末期政治家。楚国宛（今河南省南阳县）人。越大夫。吴王夫差灭越时，曾在吴国为人质二年。回越后，助勾践灭吴。他认为越王为人，只能共患难，不能共欢乐。后游齐国，称鸱夷子皮。又到陶（今山东陶定西北），改名陶朱公，以经商致富。

《国语·越语下》载有范蠡谈军事气候的一段话：

> 范蠡曰："臣闻古之善用兵者，赢缩以为常，四时以为纪，无过天极，究数而止。天道皇皇，日月以为常，明者以为法，微者则是行。阳至而阴，阴至而阳；日困而还，月盈而匡。古之善用兵者，因天地之常，与之俱行。后则用阴，先则用阳；近则用柔，远则用刚。"

范蠡认为天时、节气是随阴阳二气的矛盾而变化，国势盛衰也不断变化。还认为物价贵贱是与供求有关。他善于用变化的观点看待各种问题。

十四、子华子

子华子，程氏，名本，春秋末期哲学家，晋国人，三家分晋后魏国人。晋国自顷公（公元前525—前512年在位）失政，政在六卿。赵简子招徕贤士为其家臣，程本生于是时。博学多能，通晓坟、典、邱、索及故府传记之书。著书。“孔子遇诸郯，叹曰：‘天下之贤士也。’赵简子欲仕诸朝，而不能致。”①

程本提倡“贵生”思想，注重养生之道，主张“六欲皆得其宜”，认为“全生为上，亏生次之，死次之，迫生为下”（《吕氏春秋·贵生》）。他的医疗气象思想富于哲理，前已叙及。

程本的哲学思想近于阴阳家或道家，以气立论，以天文气象知识为论据。《子华子》说：“夫混茫之中，是名太初，实生三气，上气曰始，中气曰元，下气曰玄。……太贞剖割，通三而为一，离之而为两，各有精专，是名阴阳。两两而三之，数登于九而究矣。”

又说：“夫两端之所以平者，以中存乎其间也。中名未立，两端不足形。是以坎离独干乎中气，中天地而立。……阳为火，火胜，故冬至之日燥；阴为水，水胜，故夏至之日湿。火则炎上，水则注下。”

现存《子华子》，是后人托名之作。但前面引述的思想，大约与《吕氏春秋》所引的思想一致，是战国以前可以有的。

十五、医和

医和，春秋时秦国良医，是当时最负盛名的医家。公元前541年晋平公病重，向秦国求医，秦景公派医和去治疗。《国语·晋语八》和《左传》昭公元年详述了这次治病过程。他在与赵文子谈话时，指出晋平公的病不可治，是由于女色，惑以生蛊，惑以伤志。提出“上医医国，其次疾人”的名言。在与晋平公谈话时，

---

① 《百子全书》，浙江人民出版社1984年版。

提出了最早的医疗气象理论，即“六淫病因”的学说，认为天有阴、阳、风、雨、晦、明六气，淫生六疾。

十六、老子

老子，姓李，名耳、字伯阳。一说即老聃。春秋时思想家，道家创始人。曾为孔子老师。生于楚国苦县（今河南鹿邑东）厉乡曲仁里。做过周朝的守藏室之史（图书管理史官）。一说即太史儋。著有《老子》一书，又称《道德经》。从书中内容看，可能定编于战国初年，因而是否他本人所著，历来有争议。但此书基本上保留了老子本人的思想。

老子用“道”来说明宇宙万物的演化：“道生一，一生二，二生三，三生万物。万物负阴抱阳，冲气以为和。”这很符合《周易》阴阳八卦的世界观。

老子主张“人法地，地法天，天法道，道法自然”。道是客观的自然规律。它“独立不改，周行而不殆”。老子重视研究自然规律，从而提出哲理，因此常引用一些自然、气象现象或规律来阐明自己的观点，如：

> 希言自然。故飘风不终朝，骤雨不终日。孰为此者，天地。天地尚不能久，而况于人乎？（《老子》第二十三章）

这是认为少说话是合乎自然的，引用了狂风暴雨不能长久的规律。

> 天地不仁，以万物为刍狗；圣人不仁，以百姓为刍狗；天地之间，其犹橐籥乎？虚而不屈，动而愈出。多言数穷，不如守中。（《老子》第五章）

刍狗是用于祭祀、祈雨的草扎的狗，人们对它既不恨，又不轻视，但用完就抛弃它。橐籥为古代的风箱。① 这里对风的成因提出了假

---

① 用任继愈《老子今译》的解释。北京古籍出版社1956年版。

说，认为天地之间的气，就像风箱一样，看起来是空虚的，但是给它压力，就产生阻力，越是压它，排出的风越多。

老子认为，雨露是天地间阴阳之气相和而产生的，说“天地相合，降以甘露”。(《老子》第三十二章)

老子具有朴素的唯物辩证思想，否定鬼神、天命，强调道，重视自然规律。这是积极的一面。消极的一面是他的清静无为和小国寡民的思想。对此，他也用医疗气象知识来加以阐述，如说：“躁胜寒，静胜热，清静为天下正。”这句话的意思是：急走能战胜寒冷，安静能克服暑热，清静无为可以为天下领袖。

十七、孔子

孔子（公元前551—前479年），春秋末期思想家、教育家，儒家的创始人。名丘，字仲尼。鲁国陬邑（今山东曲阜东南）人。先世为宋国贵族。学无常师，相传曾学礼于老聃，学乐于苌弘，学琴于师襄。五十岁时曾任鲁国司寇，摄行相事。其后周游列国。孔子首创私人讲学风气，有弟子三千，著名者七十二人。治学上提出“学而不思则罔，思而不学则殆”，“温故而知新”。他提倡“仁”，主张“己所不欲，勿施于人”，“己欲立而立人，己欲达而达人”，“克己复礼为仁”。政治强调礼制，提出“正名”。

孔子对宗教、鬼神持怀疑态度，“子不语怪、力、乱、神”，说“未能事人，焉能事鬼”。但是，他强烈地提倡天命观，说：“君子有三畏：畏天命，畏大人，畏圣人之言。小人不知天命而不畏也，狎大人，侮圣人之言。”(《论语·季氏》)他相信有上帝，说：“天何言哉，四时行焉，百物生焉，天何言哉！”（《论语·阳货》）这是对子贡讲的，认为天不用讲话，用四季气候变化、万物生长发育来表达天意。

孔子有重农抑商思想，但是他轻视劳动人民。他的弟子樊迟请求学稼，他骂樊迟是“小人”。而荷蓧丈人则讥评他“四体不勤，五谷不分，孰为夫子”？(《论语·微子》)

孔子重“礼”，因而擅长天文、气象。传说“孔子正夏时，学者多传《夏小正》”；他也主张弟子们学习天文气象知识，“多识于鸟兽草木之名”。

孔子在教育方面的贡献是兴办私学。并提出“有教无类”。这样才有教育的普及，平民文化水平的提高。章太炎说：“自老聃写书征藏，以话孔氏，然后竹帛下庶人。”（《国故论衡·订孔上》）如无私学的兴起，恐怕也难有后来的“百家争鸣”。

十八、晏子

晏子（？—公元前500年），名婴，字平仲。春秋时齐国大夫。夷维（今山东高密县）人。公元前556年继其父晏弱任齐卿，历仕灵公、庄公、景公三世。政绩与管仲齐名，司马迁《史记》里有《管晏列传》。《汉书·艺文志》儒家列《晏子》八篇。1972年山东临沂银雀山西汉墓出土《晏子》残简，与今本《晏子》大体一致。但唐代柳宗元认为此书为齐国墨子之徒所作。

晏子颇通气象，如《晏子春秋·外篇》说：“茀又将出，天之变。”这茀为日月旁的云气，如晕之类，这是雨前的征兆。《晏子春秋·向下》说：“若渊泽决渴，则失雨”，“夫往者维雨乎，不可复已”。这里的渊泽是聚雨之处，如果天空没有地方能聚积起雨来，雨飘过去了，也就没有雨了。

《晏子春秋》有段话：

> 景公之时，霖雨十有七日，公饮酒日夜相继，晏子请发粟于民，三请不见许……（《晏子春秋·内篇谏上第一》）

对于这场连阴雨灾害，有人主张“祠灵山”向河伯祈祷，晏子关心的则是民间的苦难，齐景公是如此昏庸，难怪他后来被田氏挤掉。《晏子春秋》还有一段：

> 景公病水，卧十数日，……占梦者入，公曰：“寡人梦与二日斗而不胜，寡人死乎?”占梦者对曰：“公之所病阴也，日阳也，一阴不胜二阳，公病将已。”居三日，公病大愈。（《内篇杂下第六》）

占梦者哪有这么聪明，原来是晏子让占梦者对景公那么讲的。他用了心理疗法。

十九、关尹子

关尹，一名关喜，尊称关尹子。相传曾为函谷关尹，随老子出关西去。被道教尊为“无上真人”，“文始先生”。《汉书·艺文志》有道家《关尹子》九篇，隋、唐时原本已佚。今本《关尹子》九篇，道教称《文始真经》，题周·关喜撰，南宋时始出于永嘉孙定家，疑为出于后人依托。但文中内容，可视为反映了春秋后期的思想。其中谈到对风、雨、雷、电的解释，对“五云”预报意义的认识：

> 衣摇空，得风，气嘘物，得水；水注即鸣，石击即光。知此说者，风、雨、雷、电皆可为之。盖风、雨、雷、电皆缘气而生。而气缘心生，犹如内想大火，久之则热；内想大水，久之则寒。知此说者，天地之德皆可同之。
>
> 五云之变，可以卜当；年之丰歉，八风之朝，可以卜当；时之吉凶，是知休咎灾祥。一气之运尔，浑人我，同天地，而彼私知，认而已之。①

前一段是最早通过实验来说明气象现象。但“气缘心生”之说把物质现象和精神现象混淆了，从而走向了唯心论。卜五云之变，用八风来卜丰歉，是早就有了的。天地之间只有气，万物为“一气之运”，是《周易》阴阳、五行、八卦的思想。

二十、左丘明

左丘明，春秋时史学家，鲁国人。一说姓左，名丘明；一说复姓左丘，名明。与孔子同时人，曾任鲁国太史。双目失明，搜集各

---

① 《关尹子二·柱》，《百子全书》，浙江人民出版社 1984 年版。

国史料，从事著述。著有《春秋左传》、《国语》，开编年史和国别史纪录。许多天文、气象等科学资料和史料，也因之保存了下来。

二十一、孙武

孙武，字长卿，齐国人，春秋时军事家。曾以兵法十三篇呈见于吴王阖闾，被用为将。领吴军攻破楚国。他主张改革图强。他的军事思想富于辩证唯物因素，提出了“知彼知己，百战不殆”的著名论断，注意分析敌我、众寡、强弱、虚实、攻守、进退等矛盾的两个方面。战术上讲究“正奇相生”，灵活运用。还提出“兵无常势，水无常形，能因敌变化而取胜者谓之神”（《孙子·虚实篇》）。

他的军事思想中，十分重视运用气象，掌握天时。所著《孙子》一书，具有较系统的军事气象思想。此书又称《孙子兵法》、《孙武兵法》，总结了春秋以前的军事经验，揭示了战争的一些重要规律，历来被尊为“兵经”。今本《孙子》有计、作战、攻谋、形、势、虚实、军争、九变、行军、地形、九地、火攻、用间等十三篇，被译为英、日、俄、德、法、捷等文流传于世界。

二十二、田穰苴

司马穰苴，春秋时齐国大夫，田氏，名穰苴，官司马。深通兵法。曾奉齐景公之命击退晋、燕军，收复失地。战国初年齐威王命人整理古代兵法《司马法》，把穰苴的兵法也附在里面，称为《司马穰苴兵法》。《汉书·艺文志》载《司马法》一百五十篇，今存仁本、天子之义、定爵、严位、用众等五篇。一说战国时代齐湣王时，也有齐将司马穰苴善用兵。

第七章

战国时代气象科学思想的发展

从公元前475年到公元前221年，二百五十来年，诸侯国之间的战争连年不断，然而这个时期科学文化有相当大的发展。这是因为，各国都在政治上进行了改革，建立了新的封建生产关系，比以往的奴隶制生产关系优越，促进了生产力和自然科学的发展，广大农民和工匠创造出了大大高于奴隶社会的经济和文化。

新兴地主阶级代表人物进行的政治改革，以秦国的商鞅搞得最为彻底，因而生产力最为发达，国力最强，最终统一了天下。为了战胜水、旱灾害，发展农业，秦国进行了大规模的水利建设。李冰筑都江堰，在四川成都平原开辟了"天府之国"。秦国还请韩国的水利家郑国，修了三百多里长的郑国渠，灌溉农田四百多万亩。其他国家也有不少水利工程。中原各国还普遍采用桔槔汲水灌田，提高了效率。农业的空前发展，促进了气象知识的发展和在民间的普及。

东周王朝早已名存实亡，所以中央王朝的天文、气象工作实质上处于停顿状态，不如诸侯国。春秋时代孔子就说过，当时"天子失官，学在四夷"。司马迁《史记·历书》也说："幽厉之后，周室衰微，陪臣执政，史不记时，君不告朔，故畴人子弟分散，或在诸夏，或在夷狄，是以机祥废而不统。”这种情况，到战国时发展到最甚。但这并不是说天文、气象工作就此停止了。在诸侯国里，在少数民族地区，天文、气象工作都在发展着。边远地区的资料十分缺乏。中原各国，对气象则是十分重视的。司马迁在《史记·天官书》中写道：

> 并为战国，争于攻取，兵革更起，城邑数屠；因以饥馑、疾疫焦苦，臣主共忧患，察其机祥，候星气尤急。

这是说，人们苦于战争、饥荒、疾疫，对天文气象的观测尤为急切。所以战国时代天文气象科学思想继续保持发展势头。

战国时代的社会变革，在意识形态上表现为诸子蜂起，议论纷纭，形成了百家争鸣的学术风气。出现了儒、道、墨、法、名、阴阳、纵横、农、杂等多家。天道观是各家都讨论的一个重要问题，因此各家都重视气象现象和规律，用以阐述自己学派的思想观点。这对气象科学思想的发展，无疑起了推动作用。

第一节 围绕“天道观”的争鸣

从春秋末期开始到战国时代，中国社会的大变革，大致可以从四个方面来看：首先，从政治上，周天子的中央王朝早已名存实亡。管仲相齐时，齐国称霸尚需打着“尊王攘夷”的旗号；后来诸侯混战，眼里就没有周王了。诸侯僭越，大夫横恣，奴隶等级制度已破坏。其次，经济制度改革，反映新兴地主阶级利益的法律、刑书、刑鼎出现。再次，社会伦理道德改变，礼崩乐坏。最后，天道观变了，人们怨天、恨天的思想活跃起来，达到肆无忌惮的程度。这四个方面的变化，促使思想家们进行深刻的思考，热烈的争鸣。

殷周以来，长期居于统治地位的思想是天命论。到这时，天命论受到了各方的挑战。这样，天道观成了百家争鸣的中心问题。春秋时代的管子、老子、孔子，他们的天道观就已有明显的差别。他们的学派在战国时继续发展，成为重要学派。这时有庄周、墨翟、孟轲、荀况、韩非等大的学派的代表人物，继承前人思想，严肃地对天道观问题作了思考，反复地申述了他们的意见。

在百家争鸣中，气象知识是阐述天道观的基本论据，了解这些观点不仅可以理解当时的科学理论水平，而且可以扩大眼界，认识气象科学与哲学和社会科学的联系。本节只介绍几个主要学派的天道观，其他学派和人物的观点，在讨论有关问题时或者在附传中可作些叙述。

一、列御寇的天道观

列御寇，一作列圄寇，列圉寇，战国时郑国人。《庄子》书中有许多关于他的传说，如御风而行等。《汉书·艺文志》著录《列子》八卷，但今本列子为晋代张湛辑成，多取先秦诸子及汉人言论，并杂有两晋佛教思想。剔除这些后起的思想，可见出其中较早的资料，反映了列御寇的思想。

从天道观看，把列子的思想列入老子学派是有道理的。《列子》说：

> 太易者，未见气也。太初者，气之始也。太始者，形之始也。太素者，质之始也。气、形、质具而相离，故曰浑沦。(《列子·天瑞》)

对于物质世界本源的认识，同于老子。老子认为天地之间是由气组成的，气是“有无相生”的。列子认为未见气是太易。老子认为天地之间的气、像风箱一样经受压力而变成风，列子则认为风是气的屈伸呼吸：

> 天，积气耳。亡处亡气。若屈伸呼吸，终日在天中行止。(《列子·天瑞》)

认为天就是积气，没有什么地方没有气，气充满了天地间，终日在天地间运行不息。

> 虹霓也，云雾也，风雨也，四时也，此积气之成乎天者也。(《列子·天瑞》)

大气中的光象、云雾、风雨、四时变化，都是天之积气形成的。

> 吾闻天有时，地有利。吾盗天地之时利，云雨之滂润，山泽之产育，以生吾禾，殖吾稼，筑吾垣，建吾舍。(《列子·天瑞》)

用“气”来否定天神，朴素的思想与老、庄一致，而积极利用自然的态度与老、庄不同。

> 大禹曰：六合之间，四海之内，照之以日月、经之以星辰，纪之以四时，要之以太岁。(《列子·汤问》)

这是否大禹说过的话，甚可疑。可能是以列子时代的语言来说夏代的事。《列子》中还有一些东西，大约已晚于列子的时代了。

二、庄子的天道观

庄子名周，宋国人，与孟轲为同时代人或稍后。《庄子》一书自汉以来分为内篇、外篇、杂篇三部分。传统的看法是内篇的七篇文章为庄周本人著作，其余为他的学派后人托名之作。庄子继承了老子的思想，并在唯心主义的宿命论、相对主义、绝对自由等方面发展了老子的思想。《庄子》书中善于以寓言故事说明其观点，具有文学性。

庄子为表达幻想的绝对自由（逍遥游），讲了一个大鹏的故事：

有鸟焉，其名曰鹏，背若泰山，翼若垂天之云；搏扶摇羊角而上者九万里，绝云气，负苍天，然后南图，且适南冥也。(《庄子·逍遥游》)

这里羊角是指“风曲而上行如羊角然”，实际上是描绘了一幅龙卷风的图画。那“如羊角然”的风，是龙卷风的漏斗云。庄子为论述他“天道无为”的思想，也用了对风的解释：

子游曰：“取向其方。”

子綦曰：“夫大块噫气，其名曰风。是唯无作，作则万窍怒号；……激者，謞者，叱者，吸者，叫者，譹者，宎者，咬者。前者唱于，而随者唱喁。泠风则小和，飘风则大和，厉风济则众窍皆虚。”(《庄子·齐物论》)

大块指大地，噫气即气受隘碍，这样就刮起了风，发出种种风声。这是认为空气受到大地的隘碍而成风。泠风是轻风，飘风是疾风。厉风是猛风。猛风过去之后，风就息了。

天其运乎？地其处乎？日月其争于所乎？……意者，其运转而不能自止耶？云者为雨乎？雨者为云乎？孰隆施是？孰居无事，淫乐而劝是？风起北方，一西一东，有上彷徨，孰嘘吸是？孰无事而披拂是？(《庄子·天运》)

天地、日月、风雨的运动，都有谁在推动它？提一大堆问题，只说明“天道无为”。

巫咸祒曰：“来，吾语女！天有六极五常，帝王顺之则治，逆之则凶。”(《庄子·天运》)

天、地、日、月、风、云各尽其极，是六极。以天为主，则其余为五常。

故曰：“风之过河也有损焉，日之过河也有损焉。”请只风与日相与守河，而河以为专始其撄也，恃源而往者也。(《庄子·徐无鬼》)

太阳过河也有损失，风过河也有损失，河却认为没有受到干扰。这是那个时代的观测水平。实际上，风和日都会影响河面状态的。王夫之解释说：“夫何岂能使风不飏而日不炙哉？其流长，其源盛，则损者自相损，而盈者不亏耳。”①

是故天地者，形之大者地；阴阳者，气之大者也。(《庄子·则阳》)

木与木相摩则然，金与金相守则流，阴阳错行则天地大絯，于是乎有雷霆。(《庄子·物外》)

大絯即大骇。雷霆起于阴二气的交并，那时不少学派都有这样的认识。各学派争鸣的立场不同，但对气象现象的认识有不少是一致的。

《庄子》中引述了他与本国的惠施、南方的黄缭争论的一些问题。归纳他与惠施辩论的问题共十个：

1. 至大无外，谓之“大一”；至小无内，谓之“小一”。

2. 无厚不可积也，其大千里。

3. 天与地卑，山与泽平。

4. 日方中方睨，物方生方死。

5. 大同而与小同异，此之谓“小同异”；万物毕同毕异，此之谓大同异。

6. 南方无穷而有穷。

7. 今日适越而昔来。

---

① 王夫之《庄子解》，中华书局1964年版。

> 8. 连环可解也。
> 9. 我知天地之中央，燕之北、越之南是也。
> 10. 汎“爱万物，天地一体也。(《庄子·天下》)

这些问题，涉及极限论、相对论等。其中“至大无外”、“至小无内”，是《管子·心术上》“道在天地之间也，其大无外，其小无内”思想的发展。还辩论了其他二十一个问题，其中最后一个问题是：

> 一尺之棰，日取其半，万世不竭。(《庄子·天下》)

这在当时真是一种天才的思想。

> 南方有倚人焉，曰黄缭，问天地何以不坠不陷？风雨雷霆之故？惠施不辞而应，不虑而对，偏为万物说；说而不休，多而无已……(《庄子·天下》)

这惠施真是一个舌辩之士。不过，他对黄缭提出的问题一定能较好地作出说明的。这惠施、黄缭是实有其人。《庄子》还虚构了一个人物来说明他的天道观，说老子的后代、陈国的庚桑楚，又叫亢仓子，代表老庄学派的“至人”，写了一篇《庚桑楚》。

庄子的天道观是“齐物论”：齐是非，齐此彼，齐物我，齐寿夭；作为世界本源的“道”：“自本自根，未有天地，自古以存，神鬼神地，生天生地。”由于“齐物”，人和泥鳅、蝴蝶都等同起来了。他提出了人在潮湿的地方会得腰痛病，泥鳅会不会得腰痛病？他弄不清是庄周梦见蝴蝶，还是蝴蝶梦见庄周。没有正确的是非标准。

三、墨子的天道观

墨子名翟，鲁国人。后于孔子而早于孟子。他的学派组织严密，是一种具有封建家长制性质的政治团体。《淮南子·泰族训》

说他的门人“皆可使赴火蹈刃，死不还踵”。这个学派是手工业者小生产者的代言人。

墨子的天道观很特别，他反对儒家的天命论，但又相信鬼神，尊崇天鬼。他主张“非命”，提出了以“力”抗“命”的理论，反映了劳动人民通过生产斗争努力掌握自己命运的信心。他反对听天由命的宿命论思想，说“执有命者，此天下之厚（大）害也”。(《墨子·非命》)孔子宣扬“畏天命”，墨子说：“命者暴王所作，穷人所术，非仁者之言也。”认为天命论是残暴的统治者制造的，不是好人的言论，是天下的大害。他指责儒者把天命论当作教条，“是贼（害）天下之人者也”。(《墨子·非儒》)

儒家宣扬“死生有命，富贵在天”，“命富则富，命贫则贫”。墨子则强调“强力从事”，认为富贫、贵贱、寿夭都不是命中注定，而可以通过人的主观努力来改变。他说：“强必贵，不强必贱”，“强必富，不强必贫”，“强必饱，不强必饥”，“强必暖，不强必寒”。

墨子否定了天命论，却又尊天事鬼。墨子的天是有意志的，它能赏善罚暴，能爱人憎人。他说：

> 顺天意者，兼相爱；交相利，必得赏；反天意者，别相恶，交相贼，必得罚。(《墨子·天志》)
>
> 鬼神之明智于圣人，犹聪耳明目之与聋瞽也。(《墨子·耕柱》)

在墨子看来，天有这么大的权威，鬼神是这样高明，人间圣人远远不能与之相比，所以他热衷于崇拜鬼神。墨子把老百姓的利益与天鬼的利益相提并论：

> 尚贤者，天鬼百姓之利，而政事之本也。(《墨子·尚贤》)
>
> 天子为善，天能赏之；天子为暴，天能罚之。(《墨子·天志》)

墨子看来，上天鬼神是不会欺压老百姓的，而是为了老百姓的利益来监视天子的。墨子的天与儒家的天是不同的。然而，既然承认天神的存在和权威，到头来还是被统治阶级所利用。

四、孟轲的天道观

孟轲（约公元前372—前289年）是战国时思想家、教育家。对孔子思想有重大发展，被儒家学派尊为“亚圣”。孔、孟在思想上是相承的，然而在立场上却是对立的。孔子一心想维护周天子的权威和奴隶制度，孟子则不把周天子放在眼里，而为新兴的地主阶级服务。孟子对儒家学说作了全面革新。

孟子对孔子的天命论也作了修正。孔子的天是人格化的神，认为“获罪于天，无所祷也”。孟子则排除了人格神的天，而把人们无能为力的事物归之于“天命”：

> 莫之为而为者，天也；莫之致而致者，命也。（《孟子·万章上》）

这样，他仍然承认天命是最后决定者。孟子剔除天命的人格神含义后，赋以天命论三个方面的含义：自然之天命，社会之天命，伦理之天命。

孟子对自然之天命谈得不少，主要是指日月云星辰、四时、云雨等自然现象及运动、变化和万物产生的根源。

> 还违农时，谷不可胜食也。
>
> 七、八月之间旱，则苗槁矣。天油然作云，沛然下雨，则苗潆潆然兴之矣。（《孟子·梁惠王上》）
>
> 七、八月之间雨集，沟浍皆盈。（《孟子·离娄下》）

孟轲是以气象对于农业的重要性，来说明治国的道理。他注重天时、地利，但更注重人和：

> 天时不如地利，地利不如人和。(《孟子·公孙丑下》)

孟轲对当时自然科学的评价不低，他说：

> 如智者亦行其所无事（未知事），则智亦大矣。天之高也，星辰之远也，苟求其故，千岁之日至可坐而致也。(《孟子·离娄下》)

这是说，如果让有智慧者来做未知的事情，天有多高，星星有多远，研究其原因，一千年的冬至、夏至日期，坐在家里就可以推算出来。对于日月星辰和历法有相当的把握。

> 今夫麰麦，播种而耰之，……至于日至之时皆熟矣。(《孟子·告子上》)

那时麦熟在夏至时，大麦（麰）小麦一齐都熟了。

> 虽有天下易生之物也，一日暴之，十日寒之，未有能生者也。(《孟子·告子上》)

这是说，生物能适应的气象条件是有限的。

> 牺牲既成，粢盛既絜，祭祀以时，然而旱干水溢，则变置社稷。(《孟子·尽心下》)

对祭祀够诚絜了，仍有水旱之灾，就要变更社稷。这就谈到了社会兴衰的天命，孟轲的观点是：

> 民为贵，社稷次之，君为轻。是故得乎丘民而为天子……(《孟子·尽心下》)
>
> 天子不能以天下与人，……。天视自我民视，天听自我民

听。(《孟子·子章上》)

天与贤，则与贤；天与子，则与子。(同上)

孟子的“天视”，具有社会发展的某种客观必然性质。贵民轻君的思想，统治阶级未必能实行。孟子的政治思想是有一位“明君”，他的目的在于改善统治方法，巩固封建统治。但这种思想客观上对人民有一种安慰和欺骗作用。

仁之于父子也，义之于君臣也，礼之于宾主也，知（智）之于贤者也，圣人之于天道也，命也；有性焉，君子不谓命也。(《孟子·尽心下》)

父子、君臣、宾主、圣贤等的人伦关系，都是天命决定的。但这与人的“性”有关，要靠自己修身养性来解决，所以君子不在这些问题上讲天命。

孟轲有一套尽心、知性、知天的哲学体系。孟子为达到知天(孔子知天命的发展)，设计了两条途径：一是“养心”，一是“养气”。

尽其心者，知其性也；知其性，则知天矣。(《孟子·尽心》上)

(浩然之气) 其为气也，至大无刚，以直，养而无害，则塞于天地之间。(《孟子·公孙丑上》)

所过者化，所存者神，上下与天地同流。(《孟子·尽心下》)

孟轲的气，并非老、庄的物质之气，而是指一种精神。心正、意诚就能达到知天，与天地同流。孟轲还说：

诚者，天之道也；思诚者，人之道也。至诚而不动者未之有也；不诚未有能动者也。(《孟子·离娄上》)

老、庄学派为反对天命论，过分强调自然无为，忽视了人的主观作用；孟轲则从唯心的方面，过分强调了人的主观作用。

五、荀况的天道观

荀况（约公元前313—前238年），战国时赵国人，思想家，教育家，时人尊称为荀卿。他批判地总结了前人的哲学思想，发展了唯物主义精神，提出“制天命而用之”的天人关系思想，给后世以深远影响。

荀况在《天论》中，首先批判了“天人合一”的思想，提出了“明于天人之分”（天人相分）的思想：

> 天行有常，不为尧存，不为桀亡。应之以治则吉，应之以乱则凶。强本而节用，则天不能贫；养备而动时，则天不能病；修道而不二，则天不能祸。故水旱不能使之饥，寒暑不能使之疾，妖怪不能使之凶。本荒而用侈，则天不能使之富；养略而动罕，则天不能使之全；倍道而妄行，则天不能使之吉。故水旱未至而饥，寒暑未薄而疾，妖怪未至而凶。受时与治世同，而殃祸与治世异，不可以怨天，其道然也。故明于天人之分，则可谓至人矣。（《荀子·天论》）

这里，荀况认为自然界的运动变化有它的客观规律（常），不以社会政治的好坏为转移。这是对君权天命的批判。天不能使人贫，也不能使人富；不能使人遭祸，也不能使人受福；不能使人病，也不能使人全。这是对“死生有命，富贵在天”的批判。批判了天命论的种种表现，指出了明于天人之分的重要。

> 不为而成，不求而得，夫是之谓天职。如是者，虽深，其人不加虑焉；虽大，不能加焉；虽精，不加察焉，夫是之谓不与天争职。（《荀子·天伦》）

荀况把自然界自身的职能称为“天职”。认为自然界完成其天职是没有意志的，也不受接受人的意志决定，人不能与天争职。但是：

天有其时，地有其财，人有其治，夫是之谓能参。(《荀子·天论》)

人能参天地，即能干预自然变化。这是在“明于天人之分”的基础上与自然作斗争。这不同于“天人合一”的思想下感动上帝以改变自然的“参天观”。他说：

舍其所参，而愿其所参，则惑矣！(同上)

不明白天人关系，以为人能感动天，这样的“参天”则会叫人惑乱。

列星随旋，日月递炤，四时代御，阴阳大化，风雨博施，万物各得其和以生，各得其养以成，不见其事而见其功”，夫是之谓神。(同上)

荀况把列星、日月、四时、阴阳、风雨等自然现象视为天。这些变化“不见其事而见其功”，所以说很神秘，叫“神”。但这“神”不是指鬼神，而被称为“天功”。

荀况和所有古代唯物论者一样，认为自然界的起源、变化是“阴阳”之事：

天地合而万物生，阴阳接而万物起。(《荀子·礼论》)

荀况对精神现象的产生，物质与精神的关系，也作了唯物的解释：

天职既立，天功既成，形具而神生，好恶、喜怒、哀乐臧焉，夫是之谓天情。耳、目、鼻、口、形，能各有接而不相能也，夫是之谓天官。心居中虚，以治五官，夫是之谓天君。财

> 非其类，以养其类，夫是之谓天养。顺其类者谓之福，逆其类者谓之祸，夫是之谓天政。(《荀子·天论》)

“形具而神生”，是说先有物质而后有精神，形体是第一性的，精神是第二性的。人的七情六欲是“天情”，各种人体器官是“天官”，人的思维器官（指心，古人不知大脑功能）是“天君”。人的这些天然器官，是人类精神活动产生、发展的物质基础。

荀况用天文、气象的科学道理，批判了社会治乱由天的思想：

> 治乱天邪？曰：日月、星辰、瑞历，是禹、桀之所同也，禹以治，桀以乱，治乱非天也。时邪？曰：繁启蕃长于春夏，畜积收藏于秋冬，是又禹、桀所同也，禹以治，桀以乱，治乱非时也。(《荀子·天论》)

天命论者把一些奇异的自然现象，如星坠、木鸣、日月有食、风雨不时、怪星出现等，视为天意的表现，发生这些现象时，“国人皆恐”。荀况认为这些现象无时不有，“是天地之变，阴阳之化，物之罕至者也。怪之，可也；而惧之，非也”。(《天论》)他认为真正可怕的不是奇异的自然现象，而是“人袄”。人袄包括“三错”：农业上“政险失民”，政治上“昏暗不明”，人伦上“礼义不修”。“袄是生于乱，三者错，国无安。”(《天论》)

荀况对于当时十分流行的求雨（雩）、卜筮迷信，也进行了批判：

> 雩而雨，何也？曰，无何也，犹不雩而雨也。日月食而救之，天旱而雩，卜筮然后决大事，非以为求得也，以文之也。故君子以为文，而百姓以为神。以为文则吉，以为神则凶也。(《荀子·天论》)

这里指出，求雨不求雨，与降水没有关系。日月食就举行抢救祭祀，天旱就求雨，重要事情用卜筮来决定，并不能求得问题的解决，只不过是一种纯粹的仪式，一种文饰。作为一种纯粹的仪式未尝不可，真相信有神就糟了。

> 大天而思之，孰与畜物而制之。从天而颂之，孰与制天命而用之。望时而待之，孰与应时而使之……故错人而思天，则失万物之情。(同上)

那时候，有的学派看到自然的伟大，看到自然对人的限制而无所作为；有的学派则高唱天命论，做了天神和自然的奴隶。荀况则认识到人对自然界不是无能为力的，人类可以通过主观努力去改造自然，造福人类。他认为那种放弃人的主观努力而想得到自然的恩赐的想法，失去了万物的情理。他提出“制天命而用之”的思想，是一种光辉的天人关系的思想。这对于科学的发展具有十分重大的价值。荀况说：

> 圣人清其天君，正其天官，备其天养，顺其天政，养其天情，以全其天功。如是，则知其所为，知其所不为矣，则天地官而万物役矣。(《荀子·天论》)

这是说，圣明的人使自己头脑清醒，五官功能能正确地感知事物，充分完备生命所需物质，顺应自然规律，能化凶为吉，调节好自己喜怒哀乐之情，保证天地万物的生成发展。这样，知道了什么是可以做的，什么是不可以做的，就实现了官天地而役万物。正确地认识自然和人自己，按自然规律处理人与自然的关系，这是实现制天命而用之的途径。荀况的这些思想是极其可贵的。

荀况的天道观也不可能完全摆脱时代局限。他把天地生育万物看成“始则终、终则始，若环之无端也”(《荀子王制》)，陷入了循环论。他还认为：“百王之无变，足以为道贯。”(《荀子·天论》)这又陷入了形而上学，失去了发展的观点。

六、韩非的天道观

韩非（约公元前280—前233年），战国末期思想家，韩国贵族。他是荀况的学生，集法家思想大成者。在天道观上，他继承了他的老师荀况的思想，并批判地改造了老子关于“道”的思想。韩非把“道”说成是自然界自身及其规律，他认为：

> （道）天得之以高，地得之以藏，维斗得之以成其威，日月得之以恒其光，五常得之以常其位，列星得之以端其行，四时得之以御其变气。（《韩非子·解老》）

道存在于天地万物的运动、变化、生成、发展之中，道是自然界的总规律，根本规律。

至于“德”，韩非说：“德者内也”（《韩非子·解老》），是事物内在的本质。韩非还提出了“理”的概念：

> 道者，万物之所以然也，万理之所稽也。
>
> 凡物之有形者易裁也，易刈也……理定而易刈。
>
> 凡理者，方圆、短长、粗靡、坚脆之分也。
>
> 物有理不可以相薄，故理之为物之制（度）；万物各异理。万物各异理，而道尽万物之理。（《韩非子·解老》）

自然界总的规律是“道”，而自然界万物的特殊规律就是“理”。把“道”说成“万理之所稽”，就是说“道”是各种特殊规律的依据。宇宙间最普遍的规律“道”，管着万物各种特殊规律的“理”。凡物皆有形象和性质，易于区分，把它们区别开来，定出的区分的标准就是“理”。“理”是根据各种事物具体的形态、尺度、性质来分述的。各种事物具体的特殊规律（理）不可以相混。万物的规律（理）不同，但“道”体现了所有的特殊规律。韩非关于“理”的抽象思维，提高了人类的思维水平。

韩非继承了荀子关于认识依靠于天生感觉器官和思维器官的思

想，他说：

> 人也者，乘于天明以视，寄于天聪以听，托于天智以思虑。（《韩非子·解老》）

这里的“天明”、“天聪”、“天智”，即荀子的“天官”、“天君”。韩非也严厉地批判天命论和迷信思想：

> 非天时，虽十尧不能冬生一穗。（《韩非子·功名》）
>
> 用时日，事鬼神，信卜筮而好祭祀者，可亡也。（《韩非子·亡征》）

这番话是批判儒家天命论的。他曾引用《春秋左传》僖公三十三年（公元前627年）所记“十有二月，……陨霜不杀草，李梅实”的故事：

> 鲁哀公问于仲尼曰：“《春秋》之记曰：冬十二月，陨霜不杀菽，何为记此？”
>
> 仲尼对曰：“此言可以杀而不杀也，……桃李冬实，天失道，草木犹犯干之，而况人君乎？”（《韩非子·内储说上》）

冬天不死草，桃李开花结果，这是气候异常的暖冬。但儒家以为是“天失道”与人事治乱扯在一起。所以韩非说，若不是天时，即使十个圣明的尧也不能使冬天长出谷穗来。他批判迷信的人是自己制造灭亡的征兆。

第二节 《易传》对气象科学体系的僵化

在第五章我们已分析了《周易》中的气象科学体系。《周易》经的部分，即卦辞、爻辞，所记为极其古老的知识，其中最晚的知识也在周初以前。而《易传》则是较晚出的东西。《易传》即所谓

《十翼》:(1)彖上传,(2)彖下传,(3)象上传,(4)象下传,(5)系辞上传,(6)系辞下传,(7)文言,(8)说卦传,(9)序卦传,(10)杂卦传。这《十易》的写作时间也有早晚,相差很大。《史记·孔子世家》说:"孔子晚而喜《易》,序彖、系、象、说卦,文言。"所以相传《十翼》为孔子作。但从孔子和他的弟子的言行中,却从来不见有孔子传《易》这回事。因此,比较妥帖的看法是作《易传》是孔子以后的事,大约是孔门弟子研究《易》所作。郭沫若认为多出于荀子门人之手,《易传》中的"子曰"可能是指荀子①。实际上,《易传》有些内容是反映了孟轲的仁、义、性、命等观点。

《易传》各篇不仅时间差别大,而且水平也不齐,观点各有不同处,总的说反映了春秋末期及战国时代儒家的思想。

一、"三易"中的变易

《易》的出发点和本质,是一个朴素的、辩证的世界观,包含了一套简明的气象(气候)变化知识体系。"易"的意义就是变化。英译名叫《变化之书》(*Book of Changes*)是很贴切的。朴素的道理是简明、易知的,所以本来的《易》又是简单易行的。有了十篇《易传》之后,增加了神秘的味道,反而使《易》变得复杂起来了。结果把原来的方向也扭转了,"易"变成"不易"了。郑玄注《易》作《易赞》就说:"易一名而含三义:易简,一也;变易,二也;不易,三也。"

《易传》本应是传《易》的,春秋末到战国时代又是一个大变革的时代,所以《十翼》中仍保存了一些辩证的基本观点。于事物中看出矛盾,于矛盾中看出变化,于变化中观察整个世界。

> 天地革而四时成。汤武革命,顺乎天而应乎人,革之时(义)大矣哉。(《易·革·彖》)

---

① 郭沫若:《中国古代社会研究》第一篇补注二,人民出版社1964年版。

泽中有火，革，君子以治历明时。(《易·革·象》)

日中则昃，月盈则食，天地盈虚，与时消息。(《易·丰·彖》)

日往则月来，月往则日来，日月相推而明生焉。寒往则暑来，暑往则寒来，寒暑相推而岁成焉。(《易·系辞下》)

阴疑于阳必战。(《易·坤·文言》)

刚柔相推而生变化。(《易·系辞上》)

在天成象，在地成形，变化见矣。是故刚柔相摩，八卦相荡，鼓之以雷霆，润之以风雨。日月运行，一寒一暑。乾道成男，坤道成女…… (同上)

天下同归而殊途，一致而百虑。天下何思何虑。(《易·系辞下》)

……

像这类的叙述，在《易传》中是不少的。在具体的天文、气象、人事中，是看到了事物内部矛盾的，是承认事物矛盾是推动其发展变化的，也承认世界是处在发展和变化之中。总之，“易者，变易也”的观点没有泯灭。但是，《易传》对于这种观点没能贯彻始终。

二、由“变易”到“不易”

《易传》在不少叙述中，把《易》的辩证思想展开了，把阴阳矛盾推广到了天地万物各个方面，并认为事物永远处于变化之中。但在进一步的叙述中，却又走向了反面。

久于其道也，天地之道恒久而不已也。利有攸往，终则有始也。日月得天而能久照，四时变化而能久成，圣人久于其道而天下化成。观其所恒而天地万物之情可见矣。(《易·恒·彖》)

到了这一步，还不能算错误，因为变化本来就是绝对的。但是，变化的意义也是要随时间变化的，因此事物变化的绝对性具有相对的意义，按辩证法思想需要进入“否定之否定”。《易传》没有朝这个方向发展，从此开始走向绝对的绝对，为此引用了老子的“道”：

> 乾坤其易之蕴邪？乾坤成列而易立乎其中矣。乾坤毁则无以见易，易不可见则乾坤或几乎息矣。是故形而上者谓之道，形而下者谓之器，化而裁之谓之变，推而行之谓之通，举而错（措）天下之民谓之事业。(《易·系辞上》)

老子的天道观在这里成了绝对永恒的最高理性。本来是从天地万物、四时变化中得出的道理，一变而成了产生天地万物，主宰阴阳、四时变化的至高无上的存在，这就是“神道”，它能：

> 精气为物，游魂为变，是故知鬼神之情状，与天地相似，故不违。同知万物而道济天下，故不过。旁行而不流，乐天知命，故不忧。安土敦乎仁，故能爱。范围天地之化而不过，曲成万物而不遗，通乎昼夜之道而知，故神无方而易无体。
>
> 一阴一阳之谓道。
>
> 生生之谓易。
>
> 阴阳不测之谓神。(《易·系辞上》)

道、易、神在这里画了等号。这个至高无上的存在，它无方、无体，知道一切，举措一切，它能做到不违、不过、不忧，还能爱。它是有感情和意志的。扭扭捏捏地承认它“与天地相似”，这种人格神不是上帝还能是谁？有了上帝，还得有人间的大教主“大人”：

> 夫大人者，与天地合其德，与日月合其明，与四时合其序，与鬼神合其吉凶。先天而弗违，后天而奉时。天且弗违，而况于人乎？况于鬼神乎？(《易·乾·文言》)

很显然，这样的大人就是圣人，是奄有天下的帝王。

> 圣人之大宝曰位。(《易·系辞下》)
>
> 天尊地卑，乾坤定矣。卑高以陈，贵贱位矣。(《易·系辞上》)
>
> 观天之神道而四时不忒，圣人以神道设教而天下咸服。(《易·观·彖》)

一切都安排好了，一切都按照“礼”的要求固定下来了。本来是“易者变易也”，现在就成了“易者不易也”。这样，把《易》的气象知识体系，变成了神道设教，天下咸服的教义。天地四时、万千气象的变化，不再有什么自然规律，而成了天神上帝的安排。

《易》的卦辞、爻辞，本是一些反映原始社会生活、自然现象的极简单的文句，看不出上帝、鬼神。反映的世界也是一个变化、发展的世界。《易传》则给它披上了神秘的外衣，建成了上帝鬼神的殿堂，构成了一个永恒不变的世界。

三、气象规律与“中庸之道”

《易传》按照儒家的面貌来解释易，结果使一个朴素的辩证的体系，变成了一个形而上学的神学的体系。特别强调性、命、中庸之道。

> ……穷理尽性以至于命。
>
> 昔者圣人之作易也，将以顺性命之理，是以立天之道，曰阴与阳；立地之道，曰柔与刚；立人之道，曰仁与义。(《易·说卦》)

性、命问题以孟轲谈得最多，也最彻底。所谓：“尽其心者，知其性也；知其性，则知天矣。存其心，养其性，所以事天也。妖寿不二，修身以俟之，所以立命也。”(《孟子·尽心》)知其性就能“知天”，就可以“立命”，这就是《说卦》的所谓“穷理尽性以至于命”。

> 天命之谓性，率性之谓道，修道之谓教。……
>
> 中也者，天下之大本也；和也者，天下之达道也。致中和，天地位焉，万物育焉。……
>
> 子曰：中庸，其至矣乎！(《礼记·中庸》)

这最后一句是在喊“中庸万岁”！中庸之道是儒家的根本实践观。整个《中庸》都讲着这个道理：走不偏不易、无过不及的中庸之道。这种思想在《易传》中，表现为许多卦、爻的“传”都强调“中”、“正”、“平”。

> 龙德而正中者也，庸言之信。(《易·乾·文言》)
>
> 大哉乾乎，刚健中正，纯粹精也；六爻发挥，旁通情也；时乘六龙以御天，云行雨施，天下平也。(同上)
>
> 君子黄中通理，正位居体。(《易·坤·文言》)
>
> 利见大人，尚正中也。(《易·讼·彖》)
>
> 显比之吉，位正中也。(《易·比九五·象》)
>
> 刚中而志行，乃亨；密云不雨，尚往也。(《易·小畜·彖》)
>
> 刚中而应，大亨以正，天之道也。(《易·临·彖》)
>
> 正中以观天下，……观天之神道而四时不忒。(《易·观·彖》)
>
> 当位以节，中正以通，天地节而四时成。节以制度，不伤财，不害民。(《易·节·彖》)
>
> 刚失位而不中，是以不可大事矣，有飞鸟之象，飞鸟之遗音……(《易·小过·彖》)
>
> 天下之理得，而成位乎其中矣。(《易·系辞上》)
>
> ……

这类的彖辞，象辞，很多卦、爻都有，不胜枚举。总之一句话：合乎中庸就是“天之道”，就吉；不合乎中庸就凶。不少地方谈到自然现象的中庸，就其中气象现象来说，大致有两种含义：一是指平均状态：既不过寒也不过暑；既不过燥也不过湿，阴阳平衡。气象变化只是在处于统计学的平均状态时，才能出现中庸。任何个别变化，都不可能是不偏不倚的。任何具体过程，也都不是守在中间状态，而始终是变化不定的。

二是指循环状态：日夜变化，四时变化，都有一定规律。“节以制度”，这个制度是不变的。这也是指一般情况或平均（总的）情况来说。实际上，季节往往是或提前、或落后的，决不会年年岁岁都按步就班、一成不变地循环。

总之，气象变化无论是在空间上或时间上，都会有偏有易。如果气象变化的平均状态被僵化了，就抹杀了具体的演变过程；循环状态被僵化了，就陷入“循环论”。中庸之道既包含了不偏，又包含了不易，永远处于平均状态；如果有变化，也是机械的循环，不会有发展。果真如此，就不会有气象科学的难题了。

第三节 《内经》的医疗气象理论体系

《黄帝内经》简称《内经》，是我国最早的一部医学巨著。包括《素问》、《灵枢》两大部分，各有论文 81 篇，计约 20 余万字。书中的思想体系，不早于西周春秋，也不晚于战国。一般认为此书成稿于战国时代。《内经》的医疗气象思想，在春秋时代医和和程本遐的言论中已具雏形。可见这一部严密的理论著作，是在系统地总结了过去成果的基础上形成的。

两千多年来，《内经》不仅是中国，也是东方医学的渊源和基础。它的理论体系的核心——运气学说，是建立在人与自然（主要是气象）关系基础上的。《内经》也是医疗气象理论的渊薮，在气象学史和医疗气象史上都有重要地位。

《内经》以“气”立论，重视气象变化（自然之气）与人体之气的联系，因而季节变化和节气知识在《内经》的理论和实践中都有重要意义。

> 五日谓之候，三候谓之气，六气谓之时，四时谓之岁，而各从其主治焉。五运相袭，而皆治之；终期之日，周而复始；时立而布，如环无端，候亦同法。故曰，不知年之所加，气之盛衰，虚实之所起，不可以为工矣。(《素问·六节藏象论》)

五日为一候，三候十五日为一个节气，六个节气为一季（时），四季为一年（岁）。这种划分和《逸周书·时则训》相同。《内经》认为，每一候、每一节气、每一季、每一年，都有五运中的一运来主宰（各从其主治），而且不断地循环运行。还认为，不懂得四时运行与运气学说的道理，不把握人体虚实、气血盛衰的起因和变化，就不能成为一个医生（为工）。可见气象知识对于行医的重要。

《内经》里，五运六气的思想贯穿于基础医学（生理、病理）、预报医学（预测、防疫、预后）和临床医学（诊断、治疗、疗养）等各个方面。

《内经》还从哲理、天道观（人与自然关系）的高度来深入阐述医疗气象理论体系。

一、运气学说的气象内涵

运是五运，即木、火、土、金、水五气的运行。气是六气，指风、热、火、湿、燥、寒六种气象要素。五运是地气，即地上五方之气，而以十个天干纪之。六气是天气，即在天的四时之气，以十二个地支纪之。气候变化是天气、地气相结合而造成的。五运六气的学说，是用甲子为符号，来推算和解释岁、时、节气的变化，探讨气象与疾病的关系及其规律性。

1. 五运的气象意义及推广

五运的实际意义就是把五行之气（五气）的运行推广到人与自然的各方面，这是五行哲学思想在医疗气象学中的具体应用。这种推广应用，是以气象为基础的。在自然方面，可以列成下表。

五运（气）	木	火	土	金	水
行星	太岁	荧惑	镇	太白	辰
天干	甲乙	丙丁	戊己	庚辛	壬癸
时令	春	夏	长夏	秋	冬
时辰	平旦	日初	日中	日入	夜半
气象	风	暑	湿	燥	寒
方向及风向	东	南	中	西	北
生化	生	长	化	收	藏
五音	角	徵	宫	商	羽
五色	青	赤	黄	白	黑
五味	酸	苦	甘	辛	咸
⋮	⋮	⋮	⋮	⋮	⋮

春天，气候温暖，东风和煦，万物萌发，草木色青，木萌生酸。夏天，气候暑热，南风滔滔，万物生长，骄阳色赤，火焦物生苦。早期五行配四时，中央土行配不上季，就造出一个“劣”字来构成五时。那样做，是从每季都割出几天来给“劣”，失去了季节的意义。《内经》里增加一个“长夏”，从而变成真正的“五时”。夏季分为两半，初夏的气候特点是暑热；7月下旬以后进入长夏，这时正是中原的雨季，气候特点是湿。所以长夏的增加，更好地描述了气候特征。这时万物生长极盛，瓜果已成，所以称为“化”，五味为“甘”。秋天的气候特点为燥，西风成万物，利于收割，金创物生辛。冬天气候寒，北风凛冽，冬藏，水凝生咸。

五行相生相克的概念在战国时已确立。《内经》的五行是相生的：木生火，火生土，土生金，金生水。反过来又依次相胜。

五气系统之所以能用于医疗气象，是因为每一气都与人的肉体和精神有关，这就是五气在人的方面的推广。

五运（气）	木	火	土	金	水
时令	春	夏	长夏	秋	冬
天干	甲乙	丙丁	戊己	庚辛	壬癸
气象	风	暑	湿	燥	寒
脏	肝	心	脾	肺	肾
腑	胆	小肠	胃	大肠	膀胱
五官	目	舌	口	鼻	耳
五华	爪	面	唇	毛	发
形体	筋	脉	肉	皮毛	骨
情态	怒	喜	忧	悲	恐
五声	呼	笑	歌	哭	呻
变动	握	忧	哕	欬	慄
⋮	⋮	⋮	⋮	⋮	⋮

五气由自然现象推广到人体各部分、各器官和精神、感情。这样，《内经》的五运包含了人和自然的种种因素，这些因素不和谐时，就会影响到人的健康。其中四时节令的气象因素，对人的健康是最基本的。

2. 六气的气象意义及与五运的配合

《内经》的六气是：风、热、火、湿、燥、寒。

医和的六淫之气是：阴、阳、风、雨、晦、明。

两者的实际气象意义，大致可以相比较：两者均有风，阴实质上为寒，阳实质上为热，雨大致可比于湿，明大致可比于燥。余下的一气，晦与火是无法相比了。

《内经》的六气是从物理属性来说的，深入到了大气的性质；而医和的六气只是对大气现象的描述。所以说《内经》的认识水平是提高了。

六气与十二地支、三阴三阳、五运的配置与转化关系构成了五运六气相结合的体系，是《内经》理论系统的重要问题，可以整理排列成下表：

六气	地支	三阴三阳	五运	转化关系
湿	丑未	太阴	土	开
热	子午	少阴	君火	枢
风	巳亥	厥阴	木	阖
寒	辰戌	太阳	水	开
火	寅申	少阳	相火	枢
燥	卯酉	阳明	金	阖

《内经》把阴阳变化分解成了六个层次，来与六气配合，有三种转化。

六个层次按阴阳势力消长顺序是：太阴、少阴、厥阴、阳明、少阳、太阳。前表排列没按这种顺序，主要是为了照顾转化关系。

三种转化是：开，气发于外；枢，是枢机，即可出可入；阖，气蓄于内。

对于三阴来说；太阴是气发于外，病湿；少阴是气可出可入，病热；厥阴是气蓄于内，病风。

对于三阳来说：太阳是气发于外，病寒；少阳是气可出可入，病火；阳明是气蓄于内，病燥。

所以，六气本于阴阳二气，是气象变化最基本的因素，引起的六病是最基本的病征。所以六气称为“六元之气”，阴阳二气为元气。

六气在本质上是与五运相通的。从前述排列中可以看出，五运中的湿土，正配于六气的湿；五运中的风木，正配于六气的风；五运中的寒水，正配于六气的寒；五运中的燥金，正配于六气的燥。唯一的问题是，五运中只有一个暑火，六气中则有火与热。五配六，差一个。为了相配，于是把火分而为二：用“君火”配热，“相火”配火。这与把夏季分出一个“长夏”，有异曲同工之妙。

中国医学把治身视作治国，把药物的作用分为君、臣、佐、使。这里把五运的火也分为“君火”、“相火”，正是此意的推广。总的来说，虽然分了五运、六气，但核心问题是一个：气象与人体的关系。

二、《内经》关于气的学说

《内经》以气立论，是我国古代关于气的哲学思想的具体应用。

1. 天地之气为万物之源

古代希腊哲学家恩培多克利斯（Empedocles，公元前490—前435年）的四元素论，认为万物由空气、水、火、土四种元素组成。这种理论主宰西方气象学思想达两千年之久。① 我国古代各哲学派别，除管仲学派认为万物成于水外，其余均认为万物由气组成。

气有阴阳之分。《内经》说：

> 夫阴阳四时者，万物之根本也。(《素问·四气调神大论》)

《内经》把气视为物质实体，认为气是宇宙的本源。气包括天气、地气。在这些自然之气中，风之气，寒、热、暑、火之气，燥、湿之气等气象方面的气，对人体的影响尤为重要。而人体内部的营卫之气，脏腑之气等，也受天气和地气的影响。

> 清阳为天，浊阴为地。天气上为云，地气下为雨。雨出地气，云出天气。(《素问·阴阳应象大论》)

云、雨应是同一气，这里说一为天气，一为地气，反映了古人的观察不够细密。

> 人以天地之气生，四时之法成。
>
> 人生有形，不离阴阳。天地气合，别为九野，分为四时，月有大小，日有长短，万物并至，不可胜量。(《素问·宝命

① 刘昭民：《西洋气象学史》，中国文化大学出版部印行。

全形论》）

《内经》认为人和天地万物，都是天气和地气（阴气和阳气）的产物。天地气合而生万物，是《内经》的重要思想。而人以“四时之法成”，乃是《内经》生理学思想的重要内容。对于这一点，明代医学家张介宾的注释是：“春应肝而养生，夏应心而养长，秋应肺而养收，冬应肾而养藏，故以四时之法成。”①

《内经》又把气分为内气与外气。外气即天地间之气，人就是天地之气的产物。人和生物还有内气。人的内气就是人的身体中的气，人的元气。元气之于人是十分重要的。气伤则病，气绝即死。

2. 气的胜复作用和运动变化

《内经》认为，气有胜复作用和运动变化的本领。认为这种作用和运动是物质世界变化的原因。中医关于生理、病理、诊断、治疗的理论，多要用到这种理论。

所谓胜复作用，实质上是对五行之气相生、相克作用的推广和应用。在正常情况下，五行之气的作用表现为相生相克；在异常情况下，则表现出相胜相复。人之所以生病，都是由于异常的天气、气候状况或人的异常的精神状况造成的。所谓异常状况，就是出现了气的“太过”、“不及”等情况。人的肌体对于“太过”之气，会自动产生一种“胜气”来伐削“太过”；而对于不及之气，人体也会产生一种“复气”来补救“不及”。这样，就可以达到平复。

胜、复之气体现了人的肌体对于异常天气、气候刺激的抵抗和自我调节的功能。气之所以有胜复作用，是因为它在运动、变化，在运动、变化过程之中进行了调节。运动变化的根源，在于天元一气的阴阳矛盾，一分为二，事物都在走向它的反面。张介宾注释说：“太极动而生阳，静而生阴。天生于动，地生于静，故阴阳之道为天地之道。”有阴阳矛盾，有动静，因而就是变化。

---

① 引程士德主编，王洪图、鲁非麟编：《素问注释汇编》（上），人民卫生出版社 1982 年版。

物生谓之化，物极谓之变，阴阳不测谓之神。(《素问·天元纪大论》)

化是新事物的出现，变是旧事物发展到极端。这就是说：变是渐变，是量的积累达到突变之前的过程；化是突变，是量的积累达到完成而产生了飞跃。所以朱子说："变者化之渐，化者变之成。"

3. 气、形、神与阴阳矛盾

对人体健康影响最大的变化，是气象变化。在《内经》看来，物质存在和运动、变化的基本形式，不外乎气与形的互相转化。这种转化的原因，在于天元一气的阴阳矛盾。一切物体都由气构成，气合而为物，有形；物散而为气，无形。充满宇宙间的都是气，一切有形的物体，包括日月星辰和大地万物，都是由气生化而成。

阳化气，阴成形。寒极生热，热极生寒。(《素问·阴阳应象大论》)

《内经》认为，整个宇宙就是由形到气，由气到形，这样一个循环往复的无穷过程。而推动这个变化的原因是阴（寒）、阳（热）矛盾和变化。"阳化气"是说热化形（散物）为气，无形；"阴成形"，是说寒能合气（聚物）为形，有形。因此，凡是有物有气的地方，就有生化，也就有神。

《内经》是反对鬼神迷信的，认为"拘于鬼神者，不可与言至德"。(《素问·五藏别论》)"无鬼无神，独来独往。"(《素问·宝命全形论》)《内经》提出的一套科学思想体系是根本否定人格神的。那么，《内经》说的神是什么呢？

在天为玄，在人为道，在地为化。化生五味，道生智玄生神。神，在天为风，在地为木；在天为热，在地为火；在天为湿，在地为土；在天为燥，在地为金；在天为寒，在地为水。故在天为气，在地成形。形气相感，而化生万物矣。(《素问·天元纪大论》)

对于这段话，唐代王冰注释说："玄远幽深，故生神也。"明代吴昆注释说："人有实践，然后有真知，道生智也。"①

很清楚，神就是深奥的物质变化和人的精神活动，是人们感到比较奇特的事物，较难把握的事物。神即气与形，神即天与地，神即阴与阳，神即五运与六气。

阴阳矛盾，形气交感，造成了物质世界的变化，这就是神。《内经》中神的含义多而具体，归纳起来有三种意思：

> (1) 物质运动变化的功能与规律（天玄之神）；
> (2) 生命活动与生理机能（地化之神）；
> (3) 人的意识和精神，包括七情六欲和心理活动（人道之神）。

《内经》讨论病因，就是以气象变化为外因，人的生理及情志变化为内因，概括气、形、神来综合辩证。

三、五运六气的动态平衡系统

《内经》把六气分为天气、地气两大类，这些气的关系式可写为：

天=阳	风	热	湿	燥	水	火	气=天
地=阴	木	君火	土	金	寒	相火	形=地

五运则是运行于天地之间的气，运行中：

> 天气不足，地气随之；地气不足，天气随之；运居其中，而常先也。（《素问·六元正纪大论》）

---

① 程士德主编，王洪图、鲁麟编：《素问注释汇编》（上），人民出版社1982年版。

五气运行的动态平衡和循环运动，包含了两套自行调节的机制：五行在正常情况下的相生相克和在异常情况下的相胜相复。系统的目的论为：调节阴阳，达到平衡。这是一种动态平衡。五运系统把这一原则展开，成为两种机制的多路调节。五运系统用十个天干来排列，分为：

> 中运：统管一年。因为是十个天干配五运，所以是十年周期。十干轮回一次，每气两见。
>
> 主运：统管一年春、夏、长夏、秋、冬五季气候的正常变化。两年十季配完十干，所以是两年周期。
>
> 客运：决定五季气候的异常变化。客运系统的排法是主、中二运的结合，以当年的中运为第一个季的客运，其余各季按主运的规律排下去，所以也是十年周期，但是年年有变化。

这样，按照五运系统，全年气候变化有十年周期，各季气候变化有两年周期和十年周期。

六气也分为主气与客气。主气管气候的季节变化，把一年分为“六步”，每步四个节气。第一步从春分前六十日又八十七刻算起，称为“厥阴风木”，意思是：春气始发，万物方苏。其余六步依次类推，各有含义。

六气的客气有三种：①司天之气；②统司半年之气；③主司一步之气。

司天之气统司一年，各种气候特征是：

> 厥阴司天，其化以风；
> 少阴司天，其化以热；
> 太阴司天，其化以湿；
> 少阳司天，其化以火；
> 阳明司天，其化以燥；
> 太阳司天，其化以寒。（《素问·至真要大论》）

这里描述的是一个六年周期的气候变化情况。此外，统司半年之气和主司一步之气，周期很短，在三年以内。

总的来说，中运、主运、主气是管正常气候变化的，而客运、客气则是管异常气候变化的。五运六气相结合，形成了步、季、年气候的各种各样的周期循环，其中包含了多种多样的气候类型。

还有用天气、地气（以天干、地支为符号）配合成的六十年大周期，既表示了正常气候变化，又表示了异常气候变化，其中有多种特殊情况：

> 天符年、同天符年：这是气候异常的年份；
> 岁会年、同岁会年：这是气候接近正常的年份；
> 平气年：这是气候最正常的年份；
> 太乙天符年：这是气候最异常的年份。

这里包含了对气候等级进行划分的含义，也把正常、异常列入了同一个有规律的系统。

> 苍天之气，不得无常也。气之不袭，是谓非常，非常则变矣。(《素问·六节藏象论》)

“气之不袭”包括“太过”、“不及”，即“未至而至”、“至而不至”，这是造成气候异常和发生疾病的原因。《内经》又认为：

> 运有余，其至先；运不及，其至后，气之常也。(《素问·六元正纪大论》)

这里把“非常”也说成“气之常”了，即把气候异常也视为气候规律中的事件。这一点是颇为可取的。

《内经》的基本观点是：气候变化是一个有规律、有秩序、并以不同时间尺度周而复始运行的若干个循环系统，大大小小的循环都统一于天地之气。这种观点的不足之处在于，不懂得一切自然规律都是有条件的、相对的，夸大了气象变化的秩序性和必然性，并把循环与规律混淆起来，认为有规律的东西必然会无穷循环。

这种思想与《内经》关于阴阳五行结构的整体平衡观点有联系。《内经》认为五气相生相克、相胜相复，有使阴阳矛盾在其整体上趋于平衡的能力，并把这种平衡绝对化了。应该说，整体平衡的思想有其深刻的合理性；如果一个系统没有这种平衡，就因与外界无别而失去了存在的前提。然而，物质运动的平衡不是绝对的。在系统的周期变化中会有新的东西发生，导致旧系统的瓦解和新系统的建立。《内经》把周期、平衡的思想绝对化到用天干地支（六十甲子）排列而永久不变的程度，结果陷入了机械循环论。这种历史局限，与当时科学水平有关。那时驺衍用“五德终始”描述社会规律，也走到了极端。

四、天道观与医疗气象理论模型

在先秦诸子百家围绕天道观的争鸣中，一些学派对建立正确的天道观作出了贡献，其中也包括医家以医疗气象理论对天道观的丰富和发展。《内经》把医家从事医道必须掌握的思想分为三类：

> 夫道者，上知天文，下知地理，中知人事，可以长久，此之谓也。(《素问·气交变大论》)

这里说的是医道，其实不限于医道。天文指天之六气，地理指地气五运，核心均为气象条件。人事指人体之气的变化，与五运、六气有关。《内经》认为“善言天者，必有验于人”。(《素问·举痛论》)是说善于叙述气象规律的人，必须了解气象对人的影响。

《内经》以五运、六气的学说来解释致病原因和治疗方略，根本否定了鬼神作祟之类迷信思想。认为只要注意气象变化，扶正自身的正气，就能战胜不良气象条件的“六淫”，从而不见疾病。这些观点与荀况“养备而动时，则天不能病”的观点完全一致。

《内经》强调“天人相参”的思想，是一种正确的医疗气象思想。这种思想与古代“天人合一”、“天人感应”的迷信思想是绝然不同的。《内经》是在“明于天人之分”、否定人格神的基础上，肯定“天气”、“地气”对人的影响，强调“人与天地相参”，认为人的生理活动与自然界的运动关系密切，人体状况与自然界变化相关，有共同规律。由此探讨生理、心理、病理，提出了有关医疗气象的理论和模型。

1. 天赋生理气质论

人的天然禀赋是生理学和心理学的基本问题之一。也是关系到天道观的问题，先秦诸子有十分激烈的争鸣。孟轲认为性善，荀况认为性恶。《内经》认为“人之性，莫不恶死而乐生”。这个观点避开了善恶之说，而人之生是有美、丑的，二者皆乐生。人性的善恶与先天无关，而人的气质与先天有关，这些问题《内经》没弄清楚，但对孟、荀之说均不苟同。

在人的天然禀赋方面，古代西方与中国观点不同。希波克拉底（Hippocrates，约公元前460—前377年）根据人的体液比例差别，把人的气质分为多血质、胆汁质、抑郁质、粘液质四种类型。这种分类对西方心理学发展有过重大影响。这种学说认为是天赋生理物质决定了人的气质。《内经》也有类似看法，但认为决定人的气质的天赋生理物质不是水（体液），而是气。

天赋生理物质论含有合理因素。因为人的气质一般是指高级神经系统活动，先天因素起着决定作用。《内经》从“人以天地之气生”的观点出发，以阴阳矛盾来说明人的气质差异，把人分为五种类型：

重阳之人
阳中有阴之人
阴阳调和之人
阴中有阳之人
重阴之人

《内经》十分细致地描述了这五种气质的人的特点。比如：重阳之人阳气盛，活动能力强，对外界刺激反应迅速，敏感，易激动，火一样热情，兴致勃勃，说话快，走路脚抬高。(见《灵枢》:《行针篇》、《通天篇》、《阴阳二十五人篇》)对其他几种人的描述不一一介绍了。

《内经》还把人分为太阴之人、少阴之人、太阳之人、少阳之人、阴阳和平之人，以及二十五种人的气质特征等。这些方面的阐述不仅十分准确，而且比希波克拉底系统、细致得多。

2. 四时善病模型

《内经》从人与天地相参的事实出发，建立了一套医疗气象理论模型，以用于指导实践。首先使人们注意的是春、夏、秋、冬四时变化。

> 人以天地之气生，四时之法成。(《素问·宝命全形论》)
>
> 天食人以五气，地食人以五味，……气和而生，津液相成，神乃自生。(《素问·六节脏象论》)

人的产生是受了天地之气，人的成长是适应了四时气候变化的规律。天给了人们雨、旸、燠、寒、风的自然环境条件，地给了人们甘、苦、辛、酸、咸五味的基本生活物质。这些环境条件和物质，使人的肌体和自然界能够进行所需的物质交换，所以统称为“食”。由于天地气和，才能维持人的生命机能，才能进行身体内外的物质循环（津液相成）和高级思维活动（神乃自生)。因此，四季气候不同，引起的疾病也不同。

> 东风生于春，病在肝；南风生于夏，病在心；西风生于秋，病在肺；北风生于冬，病在肾。(《素问·金匮真言论》)
>
> 春善病鼽衄，仲夏善病胸胁，长夏善病洞泄寒中，秋善病风疟，冬善病痹厥。(同上)

这是举其大略而言的。这就是关于四时善病的医疗气象理论模型。所以《内经》强调“合于阴阳，调于四时”，“处天地之和，从八风之理”。(《素问·四气调神大论》)八风是指季风变化，不同季节的八方之风。这些都是研究生理、病理和从事治疗所应掌握的。

3. 天文气象节律模型

太阳运行，产生春、夏、秋、冬四季；地球自转产生昼夜；月亮盈缺，呈现出一个月周期。这些变化都影响地球大气的变化和人肌体内物质的变化。这两种变化都与人体直接有关。

> 人与天地相参也，与日月相应也。(《灵枢·岁露篇》)
>
> 天暑衣厚则腠理开，故汗出。天寒则腠理闭，气涩不行，水下留于膀胱，则为溺与气。(《灵枢·五癃津液别篇》)

这些变化，都能影响到人体机能。如气血变化，血脉活动，男女“天癸”精液（月经）等，都与月相有关。一天也可以分为四时，并影响人的疾病。

> 以一日分为四时，朝则为春，日中为夏，日入为秋，夜半为冬。……
>
> 夫百病者，多以旦慧昼安，夕加夜甚。朝则人气始生，病气衰，故旦慧；日中人气长，长则胜邪，故安；夕则人气始衰，邪气始生，故加；夜半人气入脏，邪气独居于身，故甚也。(《灵枢·顺气一日分为四时篇》)

这是认为，一天也包含了一年的气象信息。有医疗气象全息律的含义。

总之，地球自转（日）、公转（年）、月球运动以至其他天体运行，都影响到地球大气环境出现各种周期变化。人类和生物长期适应这种变化，产生了种种生物节律。这些又都影响到人的生理、病理，产生病变。从事治疗必须认识这些规律。这就是关于天文、气象与生物节律的医疗气象模型。

4. 人体虚邪模型

按照天人相参的原理，人体的情况不同，对同样的天气气候的反应也不同。这个原理既要求注意气象变化，也要求注意人体变化。

> 风雨寒热，不得虚邪，不能独伤人。卒然逢疾风暴雨而不病者，盖无虚……其中于虚邪也，因于天时，与其身形，参与虚实，大病乃成。(《灵枢·百病始生篇》)

《内经》认为，人体如果没有虚邪，就能抵御外气的侵袭。所以，中医预防医学要求人们重视扶正去邪。对这一点人们是早已有普遍认识的。《荀子》说过“养备而动时，则天不能病”。人体虚邪的产生，原因是多方面的，主要是人体内部情况，但也受外界的影响，包括过度的饮食、劳逸、情志，也包括虫蛇金疮。都出自不善于养生。

这是关于人体虚邪的医疗气象理论模型。

5. 地方人文模型

不同的地方，环境气候不同，人们的生活习俗、居住、饮食不同，身体素质不同，因而疾病情况也不同。这样，各地发病的原因会有所不同，甚至形成一些地方性疾病。以南方为例。

> 南方者，天地所长养，阳气所盛也。其地下，水土弱，雾露所聚也。其民嗜酸而食胕，故其民皆致理而赤色，其病挛痹。(《素问·异法方宜论》)

南方太阳角度高，日照长，阳气盛（天热），土地低洼潮湿，多云雾雨露。那里的人喜欢吃酸东西和动物内脏，他们的肌肤致密而颜色深，容易患抽筋和由风、寒、湿引起的肌肉、关节疼痛、肿大、麻木的病征。

《内经》比较准确、细致地描绘了各方的环境、气候及人文、病情。对这些描述不一一引述了。这是关于地方人文的医疗气象理论模型。

此外，《内经》还指出气温随高度和风向而变化及其对疾病的影响。

地有高下，气有温凉，高者气寒，下者气热。西北之气，散而寒之；东南之气，收而温之，所谓同病异治也。(《素问·五常政大论》)

在没有温度仪器测量、没有大气环流知识的情况下，从直接感受中抽象出这样的认识，可见古时优秀的医学家是十分努力地研究了气象情况的。不同高度寒热不同，不同风向气温不同，同样的病要采取不同的治法。自然气象状况是千变万化的，用少数的医疗气象理论模型很难概括，这就要实行辩证施治了。

五、医疗气象与辩证施治

《内经》的整个医疗气象体系是以气立论，其哲学基础是关于气的阴阳学说，其核心是对立统一思想。《内经》在多数情况下都正确地运用了这种思想，创立了一整套辩证施治的方法，几千年来使我国医学宝库熠熠生辉。

夫阴阳四时者，万物之根本也。(《素问·四气调神大论》)

生之本，本于阴阳。(《素问·生气通天论》)

阴阳者，天地之道也，万物之纲纪，变化之父母，生杀之本始。(《素问·阴阳应象大论》)

明代医学家张介宾解释《内经》的阴阳概念说：“道者，阴阳之理也。阴阳者，一分为二也。”① 阴阳就是把天地间一切事物分解为矛盾着的两个方面的概念。一分为二，对立统一，这就是阴阳之道。《内经》遵循这种思想，提出了辩证施治“八纲”和治疗通则，指导医学实践。

1. 辩证施治“八纲”

《内经》审征求因，“六气”的六种气象条件是致病的基础。

---

① （明）张介宾：《类经》二卷阴阳类。

划分了异常气候（气的太过、不及）造成的风征、寒征、热征、湿征、燥征、火征等六组征候类型。这六组征候中，又以风为百病之首。

> 风者，百病之长也，至其变化，乃为他病也。（《素问·风论》）
>
> 风者，百病之始也。（《素问·骨空论》）
>
> 百病之始生也，皆生于风雨寒暑，清湿喜怒。（《灵枢·百病始生论》）

在实践中，是把气象致病和精神因素致病都划在六组征候之内的。这是对病因的直观描述。通过科学抽象，又概括出寒征、热征，虚征、实征四大征候，并进一步从病型、病位、病性、病势四个方面，提出辩证施治的“八纲”：阴阳、表里、寒热、虚实。

这“八纲”中，阴阳是总纲，它表示病型，在确定了病型之后，再具体看病位、病性、病势。表里、寒热、虚实是阴阳的推广。它们之间的关系是十分清楚的：

> 阳者，天气也，主外；阴者，地气也，主内。故阳道实，阴道虚。故犯贼风虚邪者，阳受之，饮食不节、起居不时者，阴受之，阳受之，则入六腑；阴受之，则入五藏。（《素问·太阳明阳论》）

阳是天气，即气象条件的六气。六征、四大征、八纲都是从天气中提出来的。阴是地气，即气象条件五运，各种征候也是从地气中提出来的。

表里表示病位，列为八纲，表明《内经》十分重视内因、外因的分析，而且两千多年前已有正确认识。这表明《内经》对“一分为二”辩证法思想运用的彻底。

《内经》把生物分为“根于中者”和“根于外者”两大类，前者为动物，后者为植物。这种划分说明了两类生物机体与环境物质交换的根本不同特性。因而两类生物对“气”的反应是不同的。人是“根于中者”，即依靠内脏来摄取营养，地气（含食物五味）感于内，天气感于外。人的生病自然也就有内因、外因。天气、地气、内气、外气、内因、外因，到底什么是根本原因呢？《内经》的观点是视具体情况而定，尊重事实，不僵固矛盾的任一方面，可以是内因起决定作用，也可以是外因起决定作用。

寒热表示病性，在“八纲”中是直接用六气特性来表述寒征、热征。寒热是阴阳的推广，是四时气候变化所致。

> 四时之变，寒暑之胜，重阴必阳，重阳必阴。故阴主寒，阳主热；故寒甚则热，热甚则寒。故曰：寒生热，热生寒。此阴阳之变也。(《灵枢·论疾诊尺篇》)

寒征属于阴征，热征属于阳征。“寒甚则热，热甚则寒”包含了物极必反”的辩证法。中医诊视百病，都注意寒热的病性，同时也注意人的体温。寒热相生的变化，也适用于人的体温和人的体感。

虚实表示病势。从病型来说，阳征势实，阴征势虚，即所谓“阳道实，阴道虚”。人体的荣、卫、气、血，皆有虚实。

2. 阴阳乖戾与治疗通则

《内经》阐明病因、病理，制定治疗方略，包括治疗通则、总原则、健康标准、临床处置等的指导思想，都考虑了人与自然的关系，或者说是针对气象条件而制定的。这在两千多年前，堪称对医疗气象学的精湛研究和应用。

《内经》对于病因的总概括是:“阴阳乖戾，疾病乃起。”(《素问·生气通天论》)人之所以生病，客观方面的原因是外感“六淫”，主观方面的原因是内伤“七情”，这一切都与自然界的各种气和人体的各种气有关，无不可以归结为气的“阴阳乖戾”。这是对于各种病因、病理的高度抽象。由于阴阳概念表征的事物十分广泛而具体，所以这种概括普遍实用而又易于具体应用。在这种认识的基础上，要求医家掌握的一般治疗规律及所需注意的是:

> 圣人之治病也，必知天地阴阳，四时经纪，五藏六府，雌雄表里，刺灸砭石，毒药所主；从容人事，以明经道，贵贱贫富，各异品理。（《素问·疏五过论》）

这就是《内经》的治疗通则。“天地阴阳，四时经纪”是气象条件，“五藏六府，雌雄表里”是人体情况，“刺灸砭石，毒药所主”是施治所能动用的手段。但仅注意了这些还不行。还要分析人的行为，人的精神生活，而且穷人和富人的情况也是不同的，这种治疗通则全面考虑了自然、社会、人的各种因素，而其中最重要的是医疗气象条件，“天地阴阳，四时经纪”，这是由于总病因就是“阴阳乖戾”。

《内经》提出的治疗总原则，可以概括为“调和阴阳”。这就是：

> 谨察阴阳之所在而调之，以平为期。（《素问·至真要大论》）

《内经》在治疗上，首先要求诊察清楚病因，任何病因，都可以分析其病型是属于阴征或阳征，弄清楚阴阳所在，然后调动一切手段来改变“阴阳乖戾”的病态，达到阴阳和平的目的，这样就治好了疾病。所以，《内经》所指的健康人的标准就是“平人”：

> 阴阳平匀，以充其形，九候若一，命曰平人。（《素问·调经论》）

什么样的人叫“平人”，《内经》谈得很细致。有《平人气象论》专篇讨论健康人的标准。具体论述了四季气候变化引起的人体生理变化，特别是脉象变化。对平人的脉象、病人的脉象、将死的人的脉象作了叙述与比较。

在医疗实践中，《内经》在临床处置方面的指导思想是：

夫五运之政，犹权衡也，高者抑之，下者举之，化者应之，变者复之。(《灵枢·根结篇》)

“五运之政”是木、火、土、金、水五行之气的“政令”，在医疗气象上的病征表现为风、暑、湿、燥、寒等症状。临床上要仔细地权衡这些症状。治病如治国，“政”是采取的措施，即“政令”。对五运之气的高、下、化、变等情况，分别采取抑、举、应、复等措施。其目的，就在于调平阴阳。在针灸上的指导思想则是：

用针之道，在于知调，调阴与阳，精气乃光；合形与气，使神内藏。(《灵枢·根结篇》)

通过针灸来调阴阳、合气形，来达到精气稳固，神气守舍。形、神、精、气也都有阴阳，所以总的来说还是“调平阴阳”。

《内经》要求医家善调阴阳，就是善于根据自然气象的变化，调节人体之气的变化，克服“阴阳乖戾”，达到人与自然的和谐，战胜疾病。

第四节 《逸周书》的节气系统及其实践

《逸周书》原名《周书》，相传为周公所著，旧题《汲冢周书》。晋太康初年（有公元279，280，281年三说）汲郡人不準从魏襄王（一说安釐王）墓中得竹书数十车，中有《纪年》十三篇，记夏、商、周事，称为《竹书纪年》。旧以为《逸周书》也是同时出土，故有此名。然而，汉、魏时代人们著书多引此书，可知此书汉时已有，非汲冢所出。经后代学者考证，此书既非周公所著，也非汉人伪托，乃是一部先秦古籍，多数出于战国时代，拟周代诰誓辞命之作，所记周初之事当有所据，余则反映春秋战国时代史迹。《汉书·艺文志》有《周书》七十一篇（连序）。今存晋代孔晁注本，清代朱右曾《周书集训校释》以详明见称。

《逸周书》谈物候、节令的主要有两篇，一为《月令》，一为

《时则训》。《月令》已佚，仅《时则训》尚存。汉代蔡邕等人认为是周公所著，证据不足，但他指出《吕氏春秋》和《淮南子》均引录此书，在古代文献尚存较多的汉代，当是有所据的。蔡邕说："《周书》七十一篇，而《月令》第五十三。秦相吕不韦著书，取《月令》为《纪》号。淮南王安亦取以为第四篇，改名曰《时则》。故偏见之徒，或云《月令》吕不韦作，或云淮南，皆非也。"(《蔡中郎集》)。后来梁玉绳也认为《月令》是吕不韦作，沈祖绵对此指出："今《逸周书·月令》虽佚，而《时则》犹存。今以《淮南子·时则》证之，知不韦合二篇釐正为《十二纪》尔，非创作也。"①

《吕氏春秋》的《十二纪》是综合《逸周书》的《月令》、《时则训》二篇而写成，这从内容上可以证明。可见，《时则训》在战国时代已经定稿了。《月令》当更为古老，其中的物候知识更是早已有之，是从夏代以来所积累起来的，并随时代变化而作了订正。而五天一候，三候一气的排列，则是战国时才有的。在《黄帝内经》中，已应用了这种排法。

一、二十四节气系统的排列

《逸周书·时则训》对二十四节气与七十二候排列规整，具体情况如下：

立春　东风解冻　蛰虫始振　鱼上冰
雨水②　獭祭鱼　鸿雁来　草木萌动
惊蛰　桃始华　仓庚鸣　鹰化为鸠
春分　玄鸟至　雷乃发声　始电
清明　桐始华　田鼠化为鴽　虹始见
谷雨　萍始生　鸣鸠拂其羽　戴胜降于桑

① 引陈奇猷：《吕氏春秋校释》，《季秋纪》注二〇，学林出版社 1984 年版，第 473 页。

② 原注："古雨水在惊蛰后，前汉末始易之"。

立夏 蝼蝈鸣 蚯蚓出 王瓜生
小满 苦菜秀 靡草死 小暑至
芒种 螳螂生 鵙始鸣 反舌无声
夏至 鹿角解 蜩始鸣 半夏生
小暑 温风至 蟋蟀居壁 鹰乃学习
大暑 腐草为萤 土润溽暑 大雨时行
立秋 凉风至 白露降 寒蝉鸣
处暑 鹰乃祭鸟 天地始肃 禾乃登
白露 鸿雁来 玄鸟归 群鸟养羞
秋分 雷始收声 蛰虫坏户 水始涸
寒露 鸿雁来宾 爵入大水化为蛤 菊有黄华
霜降 豺乃祭兽 草木黄落 蛰虫咸俯
立冬 水始冰 地始冻 雉入大水为蜃
小雪 虹藏不见 天气上腾地气下降 闭塞而成冬
大雪 鹖鸟不鸣 虎始交 荔挺生
冬至 蚯蚓结 麋角解 水泉动
小寒 雁北乡 鹊始巢 雉始呴
大寒 鸡始乳 鸷鸟厉疾 水泽腹坚

汉人在整理这个表时，又作了订正。本来雨水节气在惊蛰后面，而从西汉末年起改在惊蛰前面。《淮南子》就是这样排列的。这实际是节气名称的调整，物候顺序是不能变化的。在《淮南子》以前，二十四节气的划分早已确定，但名称并非一下子就确定下来。开始名称不大统一，而到战国时代已基本统一，到汉代只需作个别次序调整。

二、二十四节气系统的应用

这一套五天为一候、三候为一个节气、一年七十二候的系统，不仅战国时代已经确定，而且已实际应用于各个方面。上章已述及《内经》用此系统于医疗气象实践，要求医家必须掌握。在医疗气象理论中，五运六气不仅统辖到年、季、月，而且“候亦同法”，

也管到每个节气、每个候。(见《素问・六节藏象论》)

这套节气系统在农业生产中的应用，是自不待言的。因为农业生产都是按物候来安排，而且几千年来种田的人都熟悉它。不仅如此，这套系统也用于政事，普及于基层和民间。深居楚国深山的鹖冠子，在其著作中也讲到了这套系统的应用。

> 天始于元，地始于朔，四时始于历。故家里用提，扁长用旬，乡师用节，县啬夫用月，郡大夫用气分所至，柱国用六律。里五日报扁，扁十日报乡，乡十五日报县，县三十日报郡，郡四十五日报柱国，柱国六十日以闻天子。天子七十二日遣使，勉有功。(《鹖冠子・王𫓧第九》)

这是一套严格的行政报告制度。按政权组织形式：里、扁、乡、县、郡、国六级，分别用提、旬、节、月、气分所至、六律逐级上报。

行政单位	长官	报告用	相当于	一次报告天数
里	家里	提	一候	五日
扁	扁长	旬	一旬，二候	十日
乡	乡师	节	一节气，三候	十五日
县	县啬夫	月	一月，六候	三十日
郡	郡大夫	气分所至	三节气，九候	四十五日
国	柱国	六律	二月，十二候	六十日

柱国每60天向天子报告全国政事，天子72日派遣一次使臣，奖励有功者。这是承袭了五行御天的古制。《管子・五行》中有这种记载。

这套系统易于普及民间，是因为农民早已习惯于应用自然物候历，如我们从《诗经・七月》中所见到的。把每候五天的时间固定下来，更便于记忆和使用。

总之，二十四节气的系统从一开始就贯彻到了广泛的基层，开始了几千年的连续应用。

第五节 军事气象知识的发展

战国时代，无论战争的规模、频繁程度和残酷性，都超过了春秋时代。军事经验更丰富了，军事气象知识也有了发展。这二百多年间，出现了不少优秀的军事家，也出现了《吴子兵法》、《孙膑兵法》这样的优秀军事著作。可惜的是这些著作大部分失传，以致我们较难完整、具体地讨论军事气象知识的发展，而只能作些简略说明。也许将来地下发掘能得到这些著作更多的部分。

吴起是战国时代著名军事家，特别是在他辅佐楚悼王时，促进了楚国的强盛。《汉书·艺文志》著录有《吴起》四十八篇，已佚。今本《吴子》，又称《吴子兵法》，仅有《图国》、《料敌》、《治兵》、《论将》、《应变》、《励士》六篇，均系后人所托。仅能反映吴起的部分思想。

孙膑是孙武的后代，与商鞅、孟轲为同时代人。《汉书·艺文志》著录有《齐孙子》八十九篇，图四卷，即《孙膑兵法》，隋代以前失传。1972 年在山东临沂县银雀山西汉墓中发现其残简，从中看出，书中总结了战国中期以前的作战经验，继承和发扬了《孙子兵法》，可见他在军事气象方面对孙武的思想也有所继承发展。

《吴子兵法》和《孙膑兵法》有共同点，都对以前的军事思想作了修正，以适应战争的残酷性。

> 凡料敌，有不卜而与之战者八：
> 一曰疾风大寒，早兴寤迁，剖冰济水，不惮艰难。
> 二曰盛夏炎热，晏兴无间，行驱饥渴，务于取远。……
> 四曰军资既竭，薪刍既寡，天多阴雨，欲掠无所。……
>
> （《吴子兵法·料敌》）

早期的《司马穰苴兵法》讲究“战道”，不仅爱自己国家之民，还要爱敌国之民，兼爱敌我双方之民。这民当然也包括武装起来的民。为此主张冬夏不兴师。那时虽这么说，未必真能做到，但从长远战略考虑，还是要以“仁”取胜。战国时代的战争已突破了一切限制，不那么讲究“仁”了。从“不卜而与之战”的八条来看，任何季节都可进行战争，任何恶劣气象条件都可以利用来作为战争手段。因此，无论是战略部署上，还是战役的“料敌”以及战术的具体应用上，都要求更多、更严格地掌握和运用天气、气候条件。

由于这样，为将者就必须掌握更多的气象知识。孙武时代盛行火攻，到这时不仅是讲究火攻，而且也多用水攻，运用各种气象条件进行战争。

> 居军下湿，水无所通，霖雨数至，可灌而沉。居军荒泽，草楚幽秽，风飚数至，可焚而灭。……(《吴子兵法·论将》)

在具体战斗行为中，对气象情况尤其要严密加以注意。

> 将战之际，审候风所从来，风顺至乎而从之；风逆坚陈以待之……(《吴子兵法·治兵》)

利用风作战，顺风、逆风战法绝然不同。对风雨寒暑、雾露晴霁，各种情况都是一样，在战争中都要用其所利，避其所害。

战国时代有人托名吕尚（太公望）著有兵书《六韬》。书中的韬略可能承袭了太公之法。但总的思想是以战国时代人们的观点来解释古人。因而也可从中知道战国时代的军事思想。

> “……故将有股肱羽翼七十二人，以应天道。备数如法，审知命理。殊能异技，万事毕矣。”(《六韬·龙韬》)

这是说为将的需要有七十二个参谋人员，以顺应天道。他们要有各种各样的特殊技能，包括能掌握气数、天命之理。这有点宗教、天命的味道。实际上他们中应有一些擅长天文气象的人，包括：

> 天文三人：主司星历，候风气，推时日，考符验，校灾异，知天心去就之机。（《六韬·龙韬》）

他们之所以重要，是因为能认识“天机”。统帅身边的七十二员高级参谋中，这三位天文气象人员，是掌握重大机密的人员。天文、气象变化是至为重要的问题，不仅战国时如此，几百年后诸葛亮“借东风”的故事，也是如此的神秘。

第六节　星空的精密测量与二十四节气的天文定位

对天空星星大量命名，对星空作出区划，早在殷代以前就有了许多成果。其中最重要的是对赤道星空二十八宿的划分和巫咸所列出的星表。那时还没有进行精密测量的工具和方法，不会用度数来表示星星的位置，而只能用文字来描述。就是这样，《巫咸星经》也说明了33个星座144颗星的位置，可供人们认识星空之用。那是很初步的工作。但应承认那是世界最早的星表。①

到了春秋中叶，约公元前7世纪，土圭测量用得十分普遍，对于一个回归年的日数可以测量得很准确。从《春秋左传》、《国语》等古籍中的资料可以知道，那时的闰月已经用了“十七年九闰”的方法。各诸侯国使用的历法有差异，主要是在岁首上变来变去，所用的历法都是以$365\frac{33}{133}$日为一年，简化为$365\frac{1}{4}$日。

到了战国时代，测量方法更精密了。所以孟轲能够很有把握地说，“千岁之日至可坐而致”。这时候已经用了浑仪，而且是度数较精确的仪器。如果说《舜典》中用以观测日月五星（七政）、探

① 陈遵妫：《中国天文学史》，上海人民出版社1980年版。

索其规律（齐）所用的璇玑玉衡就是原始形态的浑仪的话，周代到战国前期确实有较好的浑仪发明了。不然，甘德、石申无法作出他们公认的成果。① 在他们的观测成果里，已经使用“距度”、“入宿度”、“去极度”的概念，用于描述星星在天球坐标中的位置了。这比起巫咸的时代来，已经有了实质的进展。

度这个单位是根据太阳在天球赤道上移动一天的角距离来确定的。太阳在天球上运行一周（一年）是 $365\frac{1}{4}$ 日，所以一个圆的度数就是 $365\frac{1}{4}$ 度。不像我们今天以圆周为 360 度。

为了认识天空星星，古代人们常常把一些恒星组合在一起，给出一个名称，称为一个星官（座）。一个星官星星的颗数不等，最少一颗，最多几十颗。因而所占天区大小也不同。众多的星官中，最重要的有 31 个，那就是三垣二十八宿。石申的观测成果已经包括对紫微垣、天市垣和二十八宿的测量。为了认识这些成果，需要了解当时所用的一些概念：

距星——为了精确测量某星宿、星官在天体坐标中的位置，选定的一颗代表星，作为测量的标准。

距度——两星宿、星官之间的赤经差。

去极度——该星与北极之间的角距离。

入宿度——一个天体在某宿距星之东，而且与该宿距星的赤经差小于该宿距度，就算进入该宿，写作“入×宿×度”。

由此我们可以知道，从甘德、石申开始，中国天文学就进入了精细测量的阶段。

巫咸开创的天文学派，也一直进行着天文工作。到战国中期，又发展出了甘德、石申两个新的天文学派。三大学派各自努力，大约一直延续到公元纪元后的三国时代，虽然互有影响，但仍独成

① 郑文光：《中国天文学源流》，科学出版社 1979 年版。

体系。

甘德是齐国人，一说是楚国人。著有《天文星占》八卷，今佚。相传测定了118个星座510颗恒星，他可能是代表南方天文学成果的一个学派。

石申是魏国人，著有《天文》八卷，汉代以后尊为《石氏星经》。他测量了138座810颗恒星。此书也早佚。他代表北方的一个学派。

到了三国时代，吴国太史令陈卓于公元270年前后把巫咸、甘氏、石氏三家星官综合起来，形成283官1464颗恒星的星空体系。这奠定了以后长期流传的中国星名的基础。

如前所述，巫咸有33官144星，甘氏118官510星，石氏138官810星。总计应是289官1464星。陈卓综合后少6官，可能是去掉了重复部分。三家重复的可能并不止6官，不知是否陈氏又补入了新官。而综合后的星数恰为三家之和，可能未去掉重复部分，或者陈氏补入新星后与1464之数巧合。

陈卓开辟了综合各派的研究方向，以后持续下去，终成一体。今传《甘石星经》就是这以后的著作，书中有唐代地名和巫咸学派的星官名。

巫咸、甘氏、石氏三家的原著现在都见不到了。只能见到唐代《开元经占》的引文。其中注明“石氏曰”的121颗恒星中二十八宿的距度，经计算确实为公元前4世纪的星象，合于石氏的年代。而湖北随县出土的战国初年的曾侯乙墓滕箱盖上的星象图作为实物证明，二十八宿的名称早在公元前5世纪就已确定了。

二十八宿能够精细测定，十二次自然也能精细测定，每一次的起点（初）与中点（中）也能精细测定。因为它们是同一个系统。根据这种测量，就实现了二十四节气的精细的天文定位。

> 凡分至启闭，必书云物，为备故也。至昭二十年二月己丑，日南至，失闰，至在非其月。梓慎望氛气而弗正，不履端于始也；故传不曰冬至而曰日南至。极于牵女之初，日中之时，景最长，以此知其南至也。斗纲之端，连贯营室。织女之

纪，指牵牛之初，以纪日月，故曰星纪。五星起其初，日月起其中。凡十二次，日至其初为节，日至其中为中；斗建下，为十二辰，视其建而知其次。(《汉书·律历志》)

周朝是以冬至所在之月为正月的，但是，昭公二年（公元前522年）《左传》记载："春正二月，己丑，日南至，梓慎望氛，曰……"史官搞乱了历法，忘记了闰月，才出现了冬至在二月这种"至在非其月"的问题。梓慎也失职，不加纠正。倒是左丘明清醒，知道这个错误，不写"冬至"，而写"日南至"。接下去就谈到了履端和节气定位的问题。

节气的天文定位是按十二次来定的。把十二次一分为二，于是整个太阳运行的大圆圈（实为地球绕日公转轨道）就分成了二十四分。用太阳所到的"次"来定节气和中气，这就是后来所谓"太阳过宫"。太阳刚进入某一次，就是节气；太阳达到这一次的中点，就是中气。这就是"凡十二次，日至其初为节，至其中为中"。这时对每一次的初与中，都已作了测定，所以《汉书》才有此非难，对失闰、不履端提出了批评。

"极于牵牛之初，日中之时，景最长，以此知其南至也。"这是说，首次制定（或使用）这一套办法，是在以牵牛初度为冬至的时代。由此推算，太阳初入牛宿为冬至，即牛宿赤经恰为270度的时代，是在公元前430年。① 赤经每百年约变化1.5度，因而，精确测定十二次初、中，确定二十四节气的年代当在这前后一两百年间，约在公元前530—前330年之间。前面说的鲁昭公二十年（公元前522年）正好在这个时间范围内。甘德、石申也正好处于这个时代。可以认为，二十四节气的天文定位这时已经确定了。

第七节　《吕氏春秋》及先秦气象科学的总结

《吕氏春秋》又称《吕览》，是战国末年一部学术总结性著作。

① 陈遵妫：《中国天文学史》，上海人民出版社1980年版。

"网罗精博，体制谨严，析成败升降之数，备天地名物之文，总晚周诸子之精英，荟先秦百家之眇义，虽未必一字千金，要亦九流之喉襟，杂家之管键也。"（许维遹《吕氏春秋集解·自序》）

《吕氏春秋》由《十二纪》、《八览》、《六论》三部分组成，共160篇，20余万言。《十二纪》成于秦庄襄王灭周的第八年，即秦始皇六年（公元前241年）。吕不韦把它"布咸阳市门，悬千金其上，延诸侯游士宾客，有能增损一字者予千金"。（《史记·吕不韦传》）后两部分则成于秦始皇十一年（公元前236年）吕不韦迁蜀前后。最初这三部分是各成一体的。后人将其编在一起，统称为《吕氏春秋》，这不是吕不韦自命之名。

吕不韦相秦十余年，秦国已得天下大半，这时组织人力编撰这样一部著作，目的自然是要为统一天下做理论准备。吕不韦门下有宾客三千，家僮万人，完成这一巨著是有条件的。

《吕氏春秋》大量地引证了古史、旧闻、天文、历数、气象、农学、音律等各方面的古籍与史料，为后人保存了极其可贵的资料。

《吕氏春秋》总汇百家，但并不是简单地汇集，而是有所批判。所以谭献说"采庄、列之言，非庄、列之理；用韩非之说，殊韩非之旨"。（《复堂日记》）虽称杂家，但其主导思想有二。在自然科学方面为阴阳家，在治国治民方面则近于儒家。阴阳家的学说出发点为自然科学，分为两派，如《汉书·艺文志》所说："阴阳家者流，敬顺昊天，历象日月星辰，敬授民时。及拘之者，则牵于禁忌，泥于小数，舍人事而任鬼神。"这是冯相氏、保章氏分工不同而发展的结果。《吕氏春秋》两者兼有。阴阳家与道家不同，前者讲刑尅，后者尚无为。

《吕氏春秋》在政教方面虽然多采用儒家观点，但后世儒者多羞于称道此点，这与吕不韦的商人身份和行为有关。

《吕氏春秋》关于天文、气象方面的知识，主要是综述前人成果，对于前面已介绍过的东西，如《十二纪》首章是引《月令》等，本节不再重复。

一、天文气象物象观测

《十二纪·季夏纪》的《明理》篇，较系统地谈到了对云、日、月、星、气、物等各方面自然现象的观测，都与气象有关。

1. 云的观测

对于云的观测，《明理》篇有这样一段：

> 其云状：有若犬，若马，若白鹄，若众车。
> 有其状若人，苍衣赤首，不动，其名曰天衡（冲?）。
> 有其状若悬釜而赤，其名曰云旍。
> 有其状若众马以斗，其名曰滑马。
> 有其状若众植华以长，黄上白下，其名曰蚩尤之旗。

这里讲了四种一般云状，四种特殊的或者说重要的云状，共计八种。

天衡：有的作“天冲”。冲的繁体字“衝”，与“衡”近似。看来以“天冲”为是。是一种垂直发展的云。这种云的特点是像一个人，黑衣光头，站立不动而向上冲。这是在天边发展的秃积雨云。这种云被作为重要的云而加以描绘，是由于它的发展能产生雷阵雨天气。

云旍：“若悬釜而赤”，“釜”一作“旍”。旍意同旌，是用旄牛尾或彩色鸟羽为饰的一种旗帜。这是一种像旌旗而带毛尾的云。看来这就是鬃积雨云。这是一种带有雷阵雨的云。

滑马：像群马相斗的云，也就是奔涌翻腾很厉害的云，仍为强对流天气下的云。

蚩尤旗：《史记·天官书》说：“蚩尤之旗，类彗而后曲，象旗。”有注说，“植华”应为“植蘿”，“菌也，上圆下梗”。这种云像彗星，上黄下白；白的是彗头，黄的是彗尾。大约类似民间测天的“逗点云”、“钩钩云”。也是天气转坏的征兆。

在《有始览·应同》篇中也谈到了云：

> 山云草莽，水云鱼鳞，旱云烟火，雨云水波，无不皆类其所以示人。

这里说的是云本身形状就能向人表示其成因或预报意义的云彩，也是四种。山云像草莽，是从山底升起来的。鱼鳞状的云预示将有雨水，至今民间还有“鱼鳞天，不雨也风颠”的谚语。旱云像烟火。波浪形的云，也是下雨的云。

2. 日旁云气的观测

对于日旁的云气，古人是十分重视的。《周礼》中有专门观测“十辉”的官属。《季夏纪·明理》篇记载有：

> 其日：有斗蚀，有倍僪，有晕珥，有不光，有不及景，有众日并出，有昼盲，有霄见。

这里列出了八项太阳旁的云气及光象。“斗蚀”是何种云状影响日光，不清楚。“倍僪”也作“背璚”，有的书还作“倍谲”、“背穴”。这是断晕、日珥一类弧形云气现象。注：“两傍反出为倍（背），在上反出为僪。在上内向为冠，两傍内向为珥。有四僪、九僪。”这里对倍（背）、僪、冠、珥都作出了定义。这里的“反出”是指光弧背着太阳，“内向”则是光弧向着太阳，以太阳为圆心。这种正、反的晕、珥现象，有时多到四段、九段，在古人看来当然十分惊奇，现在也罕见。

“不光”，就是白日无光，不刺眼。“不及景”，应为“不反景”，地面物体无影。“众日并出”是两个以上的假日。这种现象古人也是十分关心的。早在尧的时候，就曾有“十日并出”的奇异景象。“昼盲”即“昼冥”，白日晦暗。

以上都是云气或尘霾造成的现象。值得注意的是“霄见”，应为“霄光”。古人认为是自高处的云霄之光，被认为是最靠近上帝的。实际上这是极光。这是中纬地带更为罕见的现象。把“霄光”也放在日旁云气里面。不过，这与对流层的云气完全是两回事。这是一种电离大气发光的现象，而一般日旁气的光象，只是云气对太阳光的折、反和衍射而形成的，云气本身不发光。

3. 月旁云气的观测

关于月旁云气的观测，《季夏纪·明理》篇说：

> 其月：有薄蚀，有晖珥，有偏盲，有四月并出，有二月并见，有小月承大月，有月食星，有出而无光。

这里也列出了八种月旁云气现象。对于这些现象，大致可以参照日旁云气的类似情况去理解，所不同的是：日旁云气发生在白天，天天可见；月旁云气则只是发生在月亮较明亮的半个月夜间。当月亮为新月或残月时，它的旁边就难以看到晕、珥、华之类现象。

4. 星象的观测

怪星的出现，是古人最感恐惧的事情。人们惧怕灾殃，所以也就特别重视观察奇异星象。《季夏纪·明理》篇关于星象观测的内容有：

> 其星：有荧惑，有彗星，有天棓，有天欃，有天竹，有天英，有天干，有贼星，有斗星，有宾星。

这里列出的星象有十种。其实，荧惑是火星，古人对它虽有许多神秘感，但它只是一颗普通的行星。彗星是一个总称，天欃、天英、天干，这些都是不同形状的彗星。“天欃”又作“天枪”，长四丈。天棓、天竹、斗星则是恒星。贼星是流星。“宾星”，是“客星”，即忽隐忽现的星，是发光呈周期变化的恒星。《史记·天官书》说：“客星出天廷，有奇冷。”

5. 气的观测

这里说的气，并不是无形的、不可见的气，而是大气中的异常云气现象。气和云是有所区别的，这种区别从字面上说很清楚，但实际上有时界限不清，有时云气混用。《季夏纪·明理》篇关于气的观测有如下叙述：

其气：有上不属天、下不属地，有丰上杀下，有若水之波，有若山之楫。春则黄，夏则黑，秋则苍，冬则赤。

有四种形状的气。它们每种的颜色，四时不同。注家指出，这四季之气的颜色：黄、黑、苍、赤与“气序”不合，与《十二纪》矛盾。按《纪》：春尚青，夏尚赤，秋尚白，冬尚玄。这里冬夏反色，春秋异色，大约是气的实际观测情况如此；而《纪》里的色尚是泛指天地万物之色，不独指气。

地气上为云，天气下为雨。“上不属天、下不属地”的气，是一种很难判别的气。“杀”是细小，“上丰下杀”的气，似逗点符号的气。“水波”不用解释。“山之楫”是一簇山峰之象。

6. 异常物象观测

物象异常，有的能预示灾害性天气或其他自然灾害，有的则只是奇闻怪事，但全都被视为“妖孽”。古人自然十分注意。《季夏纪·明理》篇对这类现象描述最多：

其妖孽：有生如带，有鬼投陴，有菟生雉，雉也生鴳，有螟集其国，其音匈匈，国有游虵，西东，马牛乃言，犬彘乃连，有狼入于国，有人自天降，市有舞鸱，国有行飞（蜚），马有生角，雄鸡五足，有豕生而弥，鸡卵多假，有社迁处，有豕生狗。

这里提到怪现象，计有十八种之多。“有生如带”是说有异物如带。“鬼投陴”，陴为限。“国有行飞”，应为“国有行蜚”。“豕生而弥”，弥是婴儿啼声。其余现象不用解释。这里的“国”是“城”的意思。

这些现象可以归为几类：一是怪胎、怪产，它们反映了生物遗传上的变异或病态，与自然灾害没有什么关系。二是昆虫之类群聚，飞入城中，如行蜚、螟集之类，反映了异常气候条件带来的结果或预兆天气有变。三是蛇（虵）、狼、鸱等动物进入城市，也可作为地震前兆或天气变化前兆。四是动物发出特殊声音，或生出异物，被夸大了，歪曲了，如马牛言，马生角，这与自然灾害也无关系，至于“人自天降”，总不会是外星人或鬼神，或许是龙卷风把人卷上天落到外地。

二、对大气现象的理论解释

《吕氏春秋》一些篇章，对气象现象作了理论解释。这种对大气现象作的物理讨论，以往的古籍中也偶有所见，先秦诸子中不少人作过个别探讨，但不如《吕氏春秋》多。此书总结各家的认识，注意探索气象的理论解释，是为了“察阴阳之宜”，趋利避害。

> 天生阴阳寒暑燥湿，四时之化，万物之变，莫不为利，莫不为害。圣人察阴阳之宜，辨万物之利以便生，故精神安乎形，而年寿得长焉。
>
> 大寒、大热、大燥、大湿、大风、大霖、大雾，七者动精则生害矣。(《季春纪・尽数》)

这两段话，说明了探寻大气现象理论解释的目的和对象。

1. 大气和水分的循环运动

《吕氏春秋》用“圆道”的观点，来说明大气和水汽循环的原理。

> 月夜一周，圆道也。日躔二十八宿，轸与角属，圆道也。精行四时，一下一上各与遇，圆道也。物动则萌，萌而生，生而长，长而大，大而成，成乃衰，衰乃杀，杀乃藏，圆道也。云气西行，云云然，冬夏不辍；水泉东流，日夜不休，上不竭，下不蒲；小为大，重为轻，圆道也。(《圆道》)

所谓“圆道”，就是循环运动的规律。这里讲了月球昼夜的循环，太阳在二十八宿中的循环，阴阳精气在四季的循环，生物生命周期的循环，云气的循环等五种循环运动。自然界这五种循环运动中，有三种与气象直接有关：其中日、月的循环运动用于确定历法与季节，制定节气，阐述气候规律；生物生命循环则受气象条件制约。另两种循环运动，乃是大气本身的规律。

“精行四时”的运动，是指阴阳之气的周年运动。精是天地之精气，阴阳之气。“大寒、大热、大燥、大湿、大风、大霖、大雾，七者动精则生害矣。”这七种灾害性天气都是由于“动精”而产生的，就是说，是在天地的精气运行中发生变动而产生的。天地的精气正常运行，则不会成灾。

《吕氏春秋》引述了《列子·天瑞篇》关于积气、积形的观点：“长卢子闻之而笑曰：虹蜺也，云雾也，风雨也，四时也，此积气之成乎天者也；山岳也，河海也，金石也，水火也，此积形之成乎地者也。”天地的阴阳之气，也如《内经》所述，在天就是风、热、暑、湿、燥、寒之气，是“天气”；在地就是木、火、土、金、水五行之气，是“地气”。无论天气、地气，实质就是可以用风、温度、湿度等物理特征表征的“气”。

那时没有地球大气的概念，然而天才地揣摩到了这种阴阳之气的运行。《吕氏春秋·下贤》篇脱文有“风乎，其高无极也”，认为气的活动范围是极高的。在冬天，是“天气上腾，地气下降，闭塞而成冬”（《逸周书》），也就是阳气回到天上，阴气降到地下，天变冷了，成了冬天。夏天又进行着相反的过程。这就是“精行四时，一上一下各与遇”。阴阳之气四时运行，上下循环，造成了四季气候变化。如果这种正常运动发生了变化，就会造成七大灾害。这是对大气循环运动的猜想。现代大气环流理论已经证实了这种猜想。

“云气西行”，“水泉东流”，“日夜不休”。云气就是水汽。这里绘出了一幅水汽流向内陆，江河流向海洋的水分循环图景。这种循环是无日无时不在进行的。不仅如此，而且“上不竭，下不满”。就是说：天空的水汽来源不会枯竭，而地上的江河海洋水面不会满出来，达到了水分平衡。造成这种情况的原因是：“小为大，重为轻。”小为大，是云气变为雨水降到地上，汇成浩浩荡荡的巨流入海。重为轻，是重量大的水化为云气升上天空。那时虽有“承泄”、“冻凝”等概念，但没有明确的蒸发、凝结的定义。所以在地球水分循环过程中，水的相态变化的作用不能准确描述，但已猜出了这种变化，从而叙述了海陆、天上地下水分的循环和平衡。这也是一种合理的科学猜想，并为现代科学所证实。

2. 天文气象与八方季风

《吕氏春秋·有始》说："天地合和，生之大经也。以寒暑、日月、昼夜知之，以殊形殊能异宜说之。夫物合而成，离而生。"这是观测天文气象的总纲。合，是交并，与其相反的概念是离异；和，是和谐，与其相反的概念是乖戾；合为一体，和非一体。天地气合，而生万物，这是生成万物，物的"合而成，离而生"包含了物质不灭的道理。《吕氏春秋》是从物质运动、变化的角度来说明寒暑、日月、昼夜，从而阐明"天地合和"的总规律。

> 天地有始。天微以成，地塞以形。
>
> 天地万物，一人之身也，此之谓大同。众耳目鼻口也，众五谷寒暑也，此之谓众异。则万物备矣。天斟万物，圣人览焉，以观其类。解在乎天地之所以形，雷电之所以生，阴阳材物之精，人民禽兽所以安平。(《吕氏春秋·有始》)

这里具体说明唯物的宇宙观，老子曾说"无名为天地之始，有名为万物之母"。老子是以"无"为天地之始，驺衍则认为天地由细微之物组成。这里《吕氏春秋》以"有"为天地之始，"微"为天地的成分，是用阴阳家之说。阴阳家与道家的宇宙观，实际上是对立的。

具体观察宇宙万物，以人身来作比喻。天地与人都是物质，这是同一性，《吕氏春秋》叫"大同"。差别在于，人体各器官功能不同，物质世界的五谷、寒暑等自然物质和现象也不同，这叫"众异"。"解"有晓悟、理解、通晓之意。圣人观察万物，要求"解"的问题有四个方面：宇宙成因，风雨雷电的产生，非动物的阴阳变化，人与动物的平安。总之，使万物皆得其宜，不违背自然规律，达到"天地合和"。

> 极星与天俱游，而天极不移。
>
> 冬至日行远道，周行四极，命曰玄明。夏至日行近道，乃参于上。当枢之下无昼夜。白民之南，建木之下，日中无影，呼而无响，盖天地之中心也。
>
> 何谓八风？东北曰炎风，东方曰滔风，东南曰熏风，南方曰巨风，西南曰凄风，西方曰飂风，西北曰厉风，北方曰寒风。（《吕氏春秋·有始》）

这是天文气象的一些理论成果。“天极不移”，“极星与天俱游”的认识表明，《吕氏春秋》已经记载了岁差的道理。这不移的天极，就是“黄极”。当时已有了黄道、黄极的概念。地球绕黄道运行，2.58万余年一周，因此每年春分点沿黄道西退50$\frac{2}{10}$秒，这就是岁差。

希腊天文学家喜帕恰斯（约公元前190—前125年，又译伊巴谷）发现岁差时，吕氏门客早已概括出岁差的道理了。这道理就是发现极星在变动，“极星与天俱游”，所有星星都因岁差在移动。

“冬至日行远道”，“夏至日行近道”，这个道当指“黄道”。有黄道，就有黄极，这样构成一个坐标系统。“当枢之下无昼夜”，是说北极之下分不出通常概念的昼夜，因为那里半年是永昼，半年是永夜，“白民之南，建木之下，日中无影”，是太阳光垂直照射的地方。那时没有南、北回归线的概念，只是从理论上推论出了有那样的地方。对北极情况也是从理论推断的。至于“建木”、“呼而无响”，那是引用了神话故事。这个故事在《山海经》里就有了，那建木是众神上天下地的大木。

太阳运行到不同的地方，地上日影的长度不同，地上的风向也发生变化。一年风向的变化，也遵循“道圆”的规律，旋转一圈。从春天的炎风、滔风，夏天的熏风、巨风，秋天的凄风、飂风，到冬天的厉风、寒风，四时八节各有其风。这就是季风。地面风的季节变化，分析到这种程度已经够细了。这是从很远的古代积累下来的知识。

以上是从总的宇宙观来讨论天文气象，得出的一些理论认识。

3. 气象与律吕不科学的联系

古代始终把气象变化与律吕联系在一起，与声音、音乐混在一起，谈的又绝非大气声学知识，所以是曲解的气象知识，并有一些错误认识。然而，这却是从远古传说时代到夏商周以来，特别是春秋战国时代，一直保持的传统认识。直到汉代，还是把律吕与历法联系在一起。

> 太一出两仪，两仪出阴阳。阴阳变化，一上一下，合而成章。浑浑沌沌，离则复合，合则复离，是谓天常。天地车轮，终则复始，极则复反，莫不咸当。日月星辰，或疾或徐，日月不同，以尽其行。四时代兴，或暑或寒，或短或长。或柔或刚。万物所出，造于太一，化于阴阳。萌芽始震，凝寒以形，形体有处，莫不有声。声出于和，和出于适。和适，先王定乐，由此而生。
>
> 能以治天下者，寒暑适，风雨时，为圣人。(《吕氏春秋·大乐》)

这里把万物本于阴阳的哲学思想，用于日月、寒暑，四时代兴。萌芽、凝寒，所有形与体的存在，都会发出声音，处理好声音问题，音乐问题，就能做到“寒暑适，风雨时”，成为治天下的圣人。

《吕氏春秋》为说明这一点，引述了古代传说和史书，现在看来是为音乐史保存了素材，而在古人看来，则是人类影响天气气候的经验。

> 昔者朱襄氏之治天下也，多风而阴气畜积，万物散解，果实不成，故士达作为五弦瑟，以来阳气，以定群生。(《吕氏春秋·古乐》)

这传说的朱襄氏，是神农之前的一个部落首领。那个时代大约出现了低温而多风雨的天气气候，有士达这么一位圣人，作了五弦瑟，招来了阳气，使低温阴雨天气气候得到了改变，使万物生长。音乐用于调和天地的阴阳之气，力量可谓大矣。

《吕氏春秋》还举了葛天氏的“八歌”，颛顼氏命飞龙“效八风之音”作乐曲《承云》祭上帝等。还引用了《国语·周语》：“如是而铸之金，磨之石，击之丝木，越之匏竹，节之鼓而行之，以遂八风。于是乎气无滞阴，亦无散阳，阴阳序次，风雨时至，嘉生繁祉，人民和利，物备而乐成。”照这样说，王公贵族组织庞大的乐队，不是为了享乐，倒是为了改善天气和气候了。这是十分壮观的，从出土的编钟看，多达数十枚。

《吕氏春秋》总结了关于气象与十二律的理论：

> 大圣至理之世，天地之气合而生风。日至则月钟其风，以生十二律。仲冬日短至，则生黄钟，季冬生大吕。
>
> 孟春生太簇，仲春生夹钟，季春生姑洗。
>
> 孟夏生仲吕，仲夏日长至，生蕤宾，季夏生林钟。
>
> 孟秋生夷则，仲秋生南吕，季秋生无射。
>
> 孟冬生应钟。天地之风气正，则十二律定矣。(《吕氏春秋·音律》)

这就是十二律与十二个月的关系。这种以十二律与历法相附会的方法，一直影响到后人。实际上，十二律与十二辰、天文、历法、气象，在科学意义上是没有什么关系的。这是从原始时代，音乐起于仿效风雨雷电之声以娱上帝，逐渐承袭下来，到科学昌明的时代才能分清这种关系。

4. 对气候规律的认识

《吕氏春秋》认为气候变化是有规律的，同时这种规律又有一个“信”与“不信”的问题。信，就是正常变化；不信，就是异常变化。信，相当于《十二纪》中的正常时令；不信，就是时令错行了，如“孟春行夏令”，等等。

> 天行不信，不能成岁；地行不信，草木不大。
>
> 春之德风，风不信，其华不盛。

> 夏之德暑，暑不信，其土不肥，土不肥则长遂不精。
> 秋之德雨，雨不信，其谷不坚，谷不坚则五谷不成。
> 冬之德寒，寒不信，其地不刚，地不刚则冻闭不开。
> 天地之大，四时之化，而犹不能以不信成物，又况乎人事……以此治人，则雨膏甘露降矣，寒暑四时当矣。(《吕氏春秋·贵信》)

用天地之气的“信”否来论证人应“贵信”。春夏秋冬四时之“德”为风暑雨寒，这实际是高度概括了的四季正常气候特点。如不正常，就是“不信”的异常气候，就会成灾。

> 开春始雷则蛰虫动矣，时雨降则草木育矣。(《吕氏春秋·开春论》)

这是春风“信”而带来的良好气候，使万物欣欣向荣。可见，正常气象条件是多么重要。

> 民无道知天，民以四时寒暑、日月星辰之行知天。四时寒暑、日月星辰之行当，则诸生有血气之类皆为得其处而安其产。(《吕氏春秋·当赏》)

老百姓没有条件知道气象变化，但也可以根据四时气候的信与不信，日月星辰的运行来了解气象变化。实际上，老百姓的一套观天办法，比用音律附会气象变化的办法要有效得多。天文气象变化正常，生物就会生长繁殖得好。

《吕氏春秋》的作者，对气候规律是颇有分析的，如：

> 秋早寒，则冬必煗（暖）矣；春多雨，则夏必旱矣。天地不能两，而况于人类乎？(《吕氏春秋·情欲》)

“天地不能两”，就是前一时期气候与后一时期气候不能两者都同时保持正常趋势或同一趋势。这是很有价值的气候规律。现在民间还常常可以见到气候变化“隔季相管”、“邻季相拗”之类的经验，如“冬暖宜防春寒”之类。像秋早寒，冬必暖；春多雨，夏必旱，这样说得十分肯定的气候规律，可以说是长期与自然斗争得来的宝贵经验。

《吕氏春秋》大量地叙述气候异常规律，是在《十二纪》各月的行令之中。这是综合古《月令》和《逸周书·时则训》而得出的，不是吕氏门客的创作。前面已经分别在有关章节叙述过了。这也是《吕氏春秋》对前人成果的总结。

三、农业气象知识

《吕氏春秋》对于农业科学的论述，主要集中于《上农》、《任地》、《辩土》、《审时》等四篇之中。其他如《十二纪》等，也有一些农业知识。这些都源于古农书，是对战国以前农业科学知识的总结。其中，农业气象知识占有较重要的地位。

> 凡农之道，厚之为宝。种禾不时，必夭必穛。
>
> 凡农之道，厚之为宝。斩木不时，不折必穗；稼就而不获，必遇天灾。夫稼，为之者人也，生之者地也，养之者天也。(《吕氏春秋·审时》)

“厚之为宝”，夏纬英认为“厚”是“候”之误,① 陈奇猷认为“之”是“时”之误,② 两说皆可通。因为《审时》全篇都是谈论掌握气候农时问题。提出了审时、顺时、天下时、当时、敬时、害时、夺时、有时、不时、得时、失时、先时、后时、时禁、日至、竭时等概念。“斩木不时”的“木”，当为“禾”之误，因为这里谈的是农稼。割禾不时，不是折秆就是掉穗。此篇最后一句说：

---

① 夏纬英：《吕氏春秋上农等四篇校释·后记》。

② 陈奇猷：《吕氏春秋校释》。

黄帝曰：四时之不正，正五谷而已矣。

对于这句话，高注："五谷正，食之无病，故曰。"意思是整理好五谷，食了不会生病。不得要领。由此又疑及"黄帝曰"是否书名"《黄帝》曰"，或指《内经》。这反而把问题扯远了，离题了。这里谈的是农时，不是谈食医。此话是否真为黄帝所说并不重要。这里只是说明《吕氏春秋》的一种观点：四时气候不正常时，可以调整五谷的种植来避免灾害。这句话总结了"审时"的实质。

《吕氏春秋》强调农时是有原因的。

上田夫食九人，下田夫食五人。可以益，不可以损。一人治之，十人食之，六畜皆在其中矣。(《吕氏春秋·上农》)

这比起《管子·揆度》要求的"上农浃（给）五，中农浃四，下农浃三"，"上女衣五，中女衣四，下女衣三"来，提高了很多。一个人搞饭十个人吃，六畜饲料还包括在其中，只能多，不能少。这种农业生产率是相当可观的了。所以农时问题特别重要。《吕氏春秋》要求杜绝种种危害农时的活动：

故当时之务，不兴土功，不作师徒，庶人不冠弁、娶妻、嫁女、享祀，不酒醴聚众，农不上闻，不敢私籍于庸（顾佣）。为害于时也。

野禁有五：地未辟易，不操麻，不出粪；齿年未长，不敢为园囿；量力不足，不敢渠地而耕；农不敢行贾；不敢为异事。为害于时也。

然后制四时之禁：山不敢伐材下木，泽人不敢灰僇，缳网置罦不敢出于门，罛罟不敢入于渊，泽非舟虞，不敢缘名，为害其时也。(《吕氏春秋·上农》)

制定这么多禁令，就是为了不害农时。在《任地》篇的开头，就引述了《后稷》古农书提出的十个生产问题，其中有关于农业气象的：

> 子能使保湿安地而处乎？
> 子能使子之野为泠风乎？（《吕氏春秋·任地》）

前一问为保墒问题。泠风指和风，后一问是田间通风问题。当时对农田通风已有相当认识，因而才一再强调，《辩土》篇也谈道：

> 正其行，通其风，夬心中央，帅为泠风。（《吕氏春秋·辩土》）

要摆正行向，需要掌握农田地块小气候特点，特别是盛行风向，才能“正其行”，才能“通其风”，让大块土地的中央地带也能通风良好。当时对农田小气候问题已涉及不少方面，但有一个总的要求：

> 凡耕之大方，……湿者欲燥，燥者欲湿。（《吕氏春秋·任地》）

土壤水分十分重要，涝洼地要使其干燥，旱地要保持湿润。掌握寒暑也很重要，那时没有温度概念，只能用物候方法：

> 冬至后五旬七日，菖始生。菖者，百草之先生者也，于是始耕。
> 孟夏之昔，杀三叶而获大麦。
> 日至，苦菜死而资（粢）生，而树麻与菽。……（《吕氏春秋·任地》）

用物候来掌握气候变化，仍是一个农时问题。这是需要反复强调的最重要的问题。

> 所谓今之耕也，营而不获者：其蚤（早）者先时，晚者不及时，寒暑不节，稼乃多灾。……故晦欲广以平，甽欲小以深，下得阴，上得阳，然后咸生。（《吕氏春秋·辩土》）

先时、不及时、气候异常，都会带来灾害。为了防灾，要在农田方面下功夫。田亩要做得宽广而平坦，田畦要小而沟要深，这样既能保持湿润（得阴），又能提高地温和通透性（得阳）。在田间耕作技术方面，《吕氏春秋》要求去除“三盗”，使禾苗处于良好小气候环境，生长茁壮。

> 无与三盗任地：夫四序参发，大甽小亩，为青鱼胠，苗若直猎，地窃之也；既种而无行，耕而不长，则苗相窃也；弗然除芜，除之则虚，则草窃之也。故去此三盗者，而后可粟多也。（《吕氏春秋·辩土》）

甽，田中的小沟。沟挖得太大了，田亩就小。“青鱼胠”，有误字，“鱼”或为“苗”。胠，搁浅之意。沟大地块小，土干，苗长不好，这叫“地窃”。种得不成行，不利于通风，苗互相妨碍，叫“苗相窃”。草深欺苗，不通风，不透光，一下子把草拔去，苗弱欲倒，这叫“草窃”。去“三窃”（盗），挖好小沟，改善温湿条件；掌握行向，便利通风；不让草与苗争水、争肥、争阳光，总之，改善田间小气候，就能取得丰收。

附传　与气象有关的人物

一、列御寇

战国时郑国人，道家。亦作列圄寇、列圉寇。《庄子》书中载有他的许多传说，多与风有联系，如御风而行等。他对风的解释，很得庄周重视。《吕氏春秋》说“子列子贵虚”。主张虚静无为，被道家尊为前辈。《汉书·艺文志》著录《列子》八篇，早佚。今本《列子》八篇，为晋代张湛辑成，杂有后人思想。

二、庄周

庄周（约公元前369—前286年），战国时思想家。宋国蒙（今河南商丘县东北）人。做过蒙地方的漆园吏。家贫，曾借粟于人；但他拒绝了楚威王的厚币礼聘。他继承发扬了老子“道法自然”的思想，用自然规律、包括许多气象知识来解释自己朴素的辩证唯物思想。他与当时一些学者讨论了许多自然规律及基本理论，讨论的问题涉及大气运动（风）、极限理论、相对论等。他的天道观是“齐物论”，最终陷入了相对主义和宿命论，看不到事物差别，失去了是非标准。

《汉书·艺文志》著录有《庄子》五十二篇。此书又称《南华经》，是道家经典之一。现仅存三十三篇。一般认为，内篇的七篇文章为庄子原著，外篇和杂篇可能掺有他的门人或后来道家的作品。文章想象丰富，多采用寓言故事，在哲学、自然科学和文学上都有较高价值。通行本有晋代郭象注、清末王先谦《庄子集解》等。

三、墨翟

墨翟（约公元前468—前376年），春秋战国之际思想家、政治家，墨家的创始人。宋国人，后来长期居住鲁国。曾习儒术，因不满于儒家礼制而创立新学说，成为儒家最大的反对派。这个学派代表手工业者、小生产者利益，反对维护贵族利益的天命论，提出“兼爱”、“非攻”等政治主张。墨子的学说在当时影响很大，儒、墨并称为“显学”。

墨子既反对天命论，又相信鬼神。他的学派是一具有严密组织、封建家长制性质的政治团体，教主称为钜子。

《汉书·艺文志》著录有《墨子》七十一篇，现存五十三篇。

书中有许多科学技术资料。

四、孟轲

孟轲（约公元前372—前289年），战国时思想家，教育家。字子舆，邹（今山东邹县东南）人。受业于子思门人。对孔子思想有重大发展，后被儒家尊为“亚圣”。游历齐、宋、滕、魏等国。曾任齐宣王客卿，因其主张不被采用，退而与弟子万章等从事著述。孟轲重视自然科学知识，把儒家天命论发展为自然之天，社会之天，人伦之天。孟子的思想对后世影响较大。他的著作《孟子》，被列为儒家经典。

五、荀况

荀况（约公元前313—前238年），战国时思想家，教育家，时人尊为荀卿。赵国人。游学于齐，为祭酒。后赴赵国，为兰陵（今山东省苍山县兰陵镇）令。政治上坚持儒家“正名”之说，强调尊卑等级名分的必要性。但他是儒家学派中最大的革新派。他批判地总结了先秦诸子的学术思想，发展了古代唯物主义。荀况反对天命论和鬼神迷信，提出了“天人相分”和“制天命而用之”的思想，给后世以很大影响。

他的学生韩非、李斯，都是法家的重要代表。

他的著作《荀子》共三十二篇，系统地总结、发展了先秦的学术思想。其中《天论》阐述了他的自然观，提出了不少重要论断，对气象知识有许多正确认识。《非十二子》是对先秦各学派批判性的总结。《解蔽》阐述了认识论，《性恶》阐述了伦理学，《论礼》、《王霸》、《王制》等篇说明了他的政治理想。《赋篇》有五首短赋，是一种散文体的赋，在文学史上有一定地位。

六、韩非

韩非（约公元前280—前233年），战国末期思想家，法家的主要代表人物，集大成者。韩国贵族。与李斯一同师事荀况。曾建议韩王变法图强，不见用。著有《孤愤》、《五蠹》、《说难》等十余万言，受到秦王重视，应邀赴秦。不久，因受李斯、姚贾嫉妒陷害，自杀于狱中。

政治上，韩非综合了商鞅的“法”治，申不害的“术”治，慎到的“势”治，提出以法为中心的“法、术、势”三结合的封建统治术。

在哲学上，特别是在天道观上，韩非发展了荀况的唯物主义。他认为“道”是自然界的总规律（普遍规律），而“理”是自然万物的特殊（具体）规律。他就异常气候现象，批判了天命论和迷信思想。

韩非死后，后人收集他的遗著和他的学派的文章，编为《韩非子》一书，计二十卷五十五篇。

七、甘德

甘德，战国中期天文学家，又称甘公。齐国人，一说楚国人。他是南方一个大的天文学派的代表人物。曾经精密观测、记录了黄道附近恒星位置及其与北极的距离，编制了世界最古老的星表之一。相传测定了118个星座510颗星。著有《天文星占》八卷，早佚。今传《甘石星经》不是他的原著。

八、石申

石申，战国时天文学家，占星家。魏国人。他是北方一个大的天文学派的代表人物。曾精密测量和记录北天星空和黄道星空138个星座810颗星，编制了世界最早的星表。著有《天文》八卷。此书在西汉以后被称为《石氏星经》。《史记·天官书》、《汉书·天文志》等曾引用此书。内容涉及恒星、五星运动、交食等。唐代《开元占经》节录了该书大量资料。此书已佚。今传《甘石星经》是三国时代陈卓总合巫咸、甘德、石申三大派的成果，开辟综合研究方向之后出现的托名甘、石之作。

九、鹖冠子

鹖冠子，战国时楚人，不著姓名，隐居深山，以鹖羽为冠，故有此号。所处相当于齐威王（公元前356—前320年在位）、魏惠王（公元前368—前335年在位）的时代。《汉书·艺文志》著录有道家《鹖冠子》一篇，至唐代已增为十六篇。今本十九篇，为宋代陆佃注。疑为后人依托。唐代韩愈十分推崇《鹖冠子》关于四稽五至之说。

> 道凡四稽：一曰天，二曰地，三曰人，四曰命。权人有五至：一曰佰己，二曰什己，三曰若己，四曰厮役，五曰徒隶。
>
> 所谓天者，物理情者也。所谓地者，常弗去者也。所谓人者，恶死乐生者也。所谓命者，靡不在君者也。……(《鹖冠子·博选》)

韩愈为鹖冠子不得志，“三读其辞”而悲之。柳宗元对鹖冠子则鄙视之。鹖冠子对天文、气象颇有研究。

> 日不踰辰，月宿其䂨，当名服事，星守弗去。弦望晦朔，终始相巡。踰年累月，用不缦缦。此天之所柄以临斗者也。中参成位，四气为政，前张后极，左角右钺……(《鹖冠子·则天》)
>
> 公政以明。斗柄东指，天下皆春；斗柄南指，天下皆夏；斗柄西指，天下皆秋；斗柄北指，天下皆冬。斗运于上，事立于下。(《鹖冠子·环流》)

这些叙述，对于观察天空星象和掌握季节是颇有价值的。

十、尸佼

尸佼（约公元前390—前330年），战国时法家代表人物，晋国人，一说鲁国人。曾参与商鞅变法。商鞅被杀后逃入蜀。作有《尸子》一书，已佚。唐代魏徵等撰《群书治要》，录有《劝学》等十三篇。明、清有多种辑本。

尸佼长于天文、气象，《尸子》辑本中保留了这方面的不少史料。如谈到了理想的正常气候：

> 舜南面而治天下，烛于玉烛，息于永风，食于膏火，饮于醴泉。舜之行其由河海乎？
>
> 春为青阳，夏为朱明，秋为白藏，冬为玄英，四气和，正光照，此之谓玉烛。
>
> 甘雨时降，万物以嘉，高者不多，下者不少，此之谓醴泉。
>
> 祥风，瑞风也，一名景风。春为发生，夏为长赢，秋为方盛，冬为安静，四气和为通正，此之谓永风。

这里，玉烛、醴泉和永风，是指光照、雨量和季风正常的标准情况。没有谈到膏火的定义，估计可能是指气温的正常状况。总之，谈到了光、风、温、水四项正常气候指标。

> 天左舒而起牵牛，地右阙而起毕昂。燧人上观星辰，下察五木以为火。燧人之世，天下多水，故教民以渔。
>
> 宓牺之世，天下多兽，故教民以猎。
>
> 神农理天下，欲雨则雨，五日为行雨，旬为谷雨，旬五日为时雨。正四时之制，万物咸利，故渭之神。

这里讲的历史传说未必准确，但谈到了天文、气象规律，谈到五天、十天、十五天降雨的名称为行雨、谷雨和时雨。

> 上下四方曰宇，往古来今曰宙。

这是对时间、空间下的定义。

> 朔方之寒，冰厚六尺，木皮三寸。北极左右，有不释之冰。

这是对极地气候的揣摩。《尸子》对许多气象问题，有独特的认识或说法。

十一、驺衍

驺衍（约公元前305—前240年），战国末期哲学家，阴阳家代表人物。亦作邹衍。齐国人。游历魏、赵、燕等国。他把五行思想附会到社会历史，王朝更替，提出“五德终始”的历史循环论，称为“机祥制度”。是后来秦汉时代谶纬学说的渊源。他的研究方法是“必先验小物，推而大之，至于无垠”。阴阳家者流，是研究天文、气象的。他提出“大九州”说，论证中国（赤县神州）仅是全世界八十一州中的一个州。时人说他的理论“闳大不经”，称为“谈天衍”。

《汉书·艺文志》著录阴阳家《邹子》四十九篇，《邹子终始》五十六篇，均佚。

十二、孙膑

孙膑，战国时军事家。齐国阿（今山东省阳谷县东北）人，孙武的后代。曾与庞涓同学兵法。庞涓到魏国任将军，忌妒孙膑才能，诳他到魏国，处以膑（去膝盖骨）刑，故称孙膑。齐国派使者秘密救回。齐威王（公元前356—前320年在位）任为军师。公元前353年，魏国围攻赵国都城邯郸，赵王求救于齐，齐威王命田忌、孙膑援救。孙膑以魏国精锐在赵，引兵攻魏国都城大梁（今河南开封），诱使魏将庞涓兼程赶回，在桂陵（今河南长垣西北）伏击，大败魏军，生擒庞涓。

公元前342年，魏国进攻韩国，韩国向齐国求救，齐国以田忌为将，用孙膑逐日减灶之计诱敌，马陵（今河南范县西南）一战，全歼魏军十万，魏将庞涓被迫自杀，魏太子申被俘。

孙膑发展了孙武的军事思想，对军事气象也颇重视。著有《孙膑兵法》，世称《齐孙子》。《汉书·艺文志》著录《齐孙子》八十九篇，图四卷。《隋书·经籍志》已不载，可能此书佚于隋代。1972年山东临沂县银雀山西汉墓中重新发现《孙膑兵法》

残简。

十三、吴起

吴起（？—公元前381年），战国时军事家。卫国左氏（今山东曹县北）人。初任鲁将，后又任魏将，屡建战功，被魏文侯任为西河守。魏文侯死后遭到陷害，逃往楚国，先为宛（今河南南阳）守，不久任伊令，辅佐楚悼王实行变法，强令旧贵族到边远地方垦荒，整顿统治机构，使楚国富强起来。楚悼王死后，吴起被旧贵族杀害。

吴起善用兵，对军事气象也颇有研究。著有《吴子》，为吴起与魏文侯、魏武侯论兵言论辑录。《汉书·艺文志》著录《吴起》四十八篇。今仅存《图国》、《料敌》、《治兵》、《论将》、《应变》、《励士》六篇，称为《吴子兵法》。

十四、吕不韦

吕不韦（？—公元前235年），战国末期卫国濮阳（今河南濮阳西南）人。原为“阳翟大贾”（今河南禹县，大商人）。在赵国邯郸遇见在赵国作人质的秦国公子异人（又名子楚），觉得“奇货可居”，于是做一笔大生意：与子楚结交，策划为子楚谋取太子地位。

其时，子楚的父亲安国君尚为太子。但子楚的祖父秦昭王已老，不久于人世。吕不韦亲自游说安国君及其正夫人华阳夫人，结果获得成功。子楚被立为太子，而且以吕不韦为太子之傅。不仅如此，《史记·吕不韦传》还记载：

> 吕不韦取邯郸诸姬绝好善舞者与居，知有身。子楚从不韦饮，见而说（悦）之，因起为寿，请之。吕不韦怒，念业已破家为子楚，欲以钓奇，乃遂献其姬，姬自匿有身，至大期时，生子政，子楚遂立姬为夫人。

这个政，就是秦始皇。可见他是吕的血亲。政当了秦王，尊吕不韦为相国，号称仲父。他的母亲身为太后，还常与吕不韦私通。秦王渐渐长大，吕不韦怕祸及己身，便把舍人嫪毐献给太后，以代替自己。以后弄出许多丑事。嫪毐伏法，太后迁于雍，吕不韦迁蜀并饮鸩而死。

吕不韦的行为不光彩，但他相秦十多年，为秦始皇统一中国做了许多工作，包括意识形态的准备工作。特别是他组织门客编著《十二纪》、《八览》、《六论》，总结先秦百家学说精华，成为杂家的代表作。气象史及各种自然科学史资料，因此得以保存下来。

第八章

秦汉时代古代气候学体系臻于完善

本章叙述秦始皇统一中国之后到魏文帝曹丕受禅之前（公元前221—220年）的气象学史。秦代统治时间很短，到公元前206年就亡国了，所以大量史迹出于汉代。

汉代最繁盛的时代在西汉。那时，在中华大地上实现了将近两百年的统一与和平，社会生产力与科学文化都有了空前的发展。历法、节气等方面的知识系统臻于完善，奠定了今后长期理论与实践发展的基础。当然，西汉内部矛盾也不少，到公元初期，天灾人祸不断，王莽篡夺了汉家天下，农民起义又摧毁了王莽新政权。汉光武（刘秀）夺取农民革命果实，实现了汉代中兴，从公元25年开始称为东汉（后汉）。

东汉时期社会生产力比西汉时有所提高，科学文化再度发展，气象科学开始进入仪器发明阶段。

汉代为统一帝国，学术思想上没有出现战国时代百家争鸣那样热烈的局面。特别是汉武帝接受董仲舒“罢黜百家，独尊儒术”建议以后，儒家思想的统治地位逐步确定。但是，两种天道观的斗争仍然激烈地进行，科学的自然观在王充等人那里获得了发展。先秦唯物主义与唯心主义的斗争是围绕天道观而展开的，到两汉时期则是围绕目的论和反目的论而进行论争。神学的目的论不是简单地重复先前的唯心天道观，而是歪曲阴阳五行学说的唯物性质，提出“天人感应”，赋予自然规律以道德属性，把自然和社会都说成是天的有意志有目的的活动。要批判这种理论，就必须深刻地了解和引证自然规律。气象科学知识仍是论争中的重要问题和论据。因而，人们的气象科学知识水平也在这些论争中发展和提高，以便能说明观天实践中积累的各种现象。

第一节 围绕“天人感应”的思想斗争

汉代开国之初，由于多年战乱，社会经济破残，人民需要休养生息，统治集团采纳了主张“清静无为”的“黄老哲学”。汉初的“黄老”思潮不是先秦老、庄思想的简单翻版，在自然观上基本是唯物的，而在社会政治上则是对秦王朝过分残酷的剥削压迫的纠正。但这仅是由百家争鸣转变到建立统一的封建思想体系的一种过渡。随着经济的恢复发展和加强中央政权的需要，汉武帝便采纳了董仲舒“罢黜百家，独尊儒术”的建议。

两汉儒家因解释先秦经典不同，有古文经学和今文经学两派。今文经是用秦代以来通行的文字书写的经典，古文经则用秦统一以前六国的文字写成。这仅是书写方式的差别，更重要的是两派对经典的解释不同。

今文经被立为官学，这一派人任意解释经典，注重发挥所谓微言大义，以服务于当时政治。代表人物如董仲舒，用阴阳五行附会《春秋》，用“天人感应”的目的论发挥《春秋公羊传》的“微言大义”，使今文经学蒙上了迷信色彩。到了西汉末期，今文经学与谶纬神学结合，成为十分荒谬、繁琐、庸俗的神学体系。

古文经学兴起稍晚，属于民间私学。一开始就具有反对谶纬迷信的特点。汉代一些具有唯物思想的哲学家如扬雄、桓谭、王充等，或属于这个学派，或倾向于这个学派。

一、董仲舒的“天人感应”和谶纬神学

董仲舒（公元前179—前104年）是西汉最主要的唯心主义哲学家，《汉书》称他“为群儒首”，“为儒者宗”。他是今文经学真正的奠基人。他的思想可以从所著《春秋繁露》和《汉书·董仲舒传》所录他的《举贤良对策》中去研究。

董仲舒认为“天”是至高无上的神，是宇宙间的最高主宰，与殷商时代的奴隶主和大巫们的思想是一脉相承的。

> 天者，百神之大君也。（《春秋繁露·郊祭》）
>
> 天者，万物之祖，万物非天不生。（《春秋繁露·顺命》）
>
> 天之生物也，以养人。（《春秋繁露·服制象》）
>
> 天之生人也，使之生义与利，利以养其体，义以养其心。（《春秋繁露·生之养莫重于义》）

这是说，天生一切事物和人的物质利益、道德观念，都是为了人类。这是上天造物目的论的具体论述。恩格斯曾嘲笑18世纪西方目的论者：“根据这种理论，猫被创造出来是为了吃老鼠，老鼠被创造出来是为了给猫吃，而整个自然界被创造出来是为了证明造物者的智慧。”① 这段话正可用于批判董仲舒的观点。上帝（天）怎样造人呢？

> 人之超然万物之上，而最为天下贵也。（《春秋繁露·天地阴阳》）
>
> 人之为人，本于天，天亦人之曾祖父也，此人之所以乃上类天也。（《春秋繁露·为人者天》）

天是人的曾祖父。这位曾祖父是按照自己的模样来创造人的，人是

① 《自然辩证法·导言》，《马克思恩格斯选集》第3卷，人民出版社1979年版，第449页。

天的副本。在《春秋繁露·人副天数》中说，天有三百六十六日，人有小骨节三百六十六个；天有十二个月，人有大骨节十二个；天有五行，人有五脏；天有四时，人有四肢；天有阴阳，人有哀乐；天有天地，人有伦理。总之，天按照自己的模型造了人，人的肌体、精神、品质都是天的复制品，都与天相符。结论是：人的一切思想、言行都应符合天意。实际上是完全服从于统治者。因为天不仅创造了自然、人类和社会，而且还给人类造出了一个权力最高的、代天实行统治的君主。

> 王者承天意以行事。(《春秋繁露·尧舜汤武》)
>
> 受命之君，天意之所予也，故号为天子者，宜事天如父，事天以孝道也。(《春秋繁露·深察名号》)

君权神授，这是董仲舒哲学思想的核心。天是皇帝的父亲，老百姓的曾祖父。人和天具有相同的气质和感情，天与人可以互相感应。这种感应首先表现在天和它的儿子之间：

> 天人相与之际，甚可畏也。国家将有失道之败，而天乃出灾害以谴告之；不知自省，又出怪异以警惧之；尚不知变，而伤败乃至。(《汉书·董仲舒传》)

这就是谴告说。这是对孔子“畏天命”思想的发展。自然灾害，主要是气象灾害，成了上天进行谴告的手段。君主政治不明，天就用气象灾害来进行谴告；受到了谴告还不很好地进行自我反省，上天又以怪异的自然现象来“警惧之”，如果受到了警告还不懂得改善政治，就以伤败来惩罚。

> 天道之大者在阴阳。阳为德，阴为刑。刑主杀而德主生。(《汉书·董仲舒传》)
>
> 春，爱志也；夏，乐志也；秋，严志也；冬，哀志也。故爱而有严，乐而有哀，四时之则也。(《春秋繁露·天辩在

人》)

春气爱，秋气严，夏气乐，冬气哀。爱气以生物，严气以成功，乐气以养生，哀气以丧终，天之志也。(《春秋繁露·王道通三》)

上天以阴阳来作为生、杀的手段。四时变化是老天爷爱、乐、严、哀的意志的表现，也是老天爷主宰四时变化的法则。这种谴告说，看起来对统治者似乎能有所约束。最初，秦王朝覆灭的教训对于西汉统治阶级来说还心有余悸，这种学说对他们尚能起到防止过分放肆的作用。然而，统治者绝不会用这种学说来束缚自己的手脚。因为有君权神授这个前提，他们可以对奇异天气、灾害性天气、怪异自然现象按自己的意愿来加以解释。上天降罪，岂能降到自己的儿子身上。君王可以把罪责推卸给自己的大臣。例如汉元帝永光元年(公元前43年)，春霜夏寒，日青无光，是一个严重低温冷害年，也可能是严重的火山尘遮蔽日光，丞相于定国就只好缴上侯印，自劾而去。永始二年（公元前15年）丞相薛宣则是因为陨星、日食灾异数见，秋天收成不好而丢了相印。绥和二年（公元前7年)，火星犯心宿，其凶象应在皇帝身上，汉成帝就让大臣当替罪羊。他下诏把翟方进斥责一番，并赐他酒十石，牛一头，作为最后的一餐，这位丞相只好立即自杀。从此，《汉仪注》就立下了一条残酷法典：凡是天地发生大变，皇帝便派侍中持节，乘四匹白马，带着酒十斛，牛一头，到丞相家诏知殃咎。侍中走到半路，丞相就应上书告病，侍中回朝尚未复命，尚书就把丞相死讯报与皇帝。这条法典虽然没有实行几回就改了，而皇帝不会接受谴告说束缚则是确定不移的。

与灾害性天气、奇异自然现象相对的是“符瑞”、“祥瑞”，是有道之君受到天命或上天嘉奖的征兆。谶纬迷信就是由此而发展起来的。谴告说和谶纬神学，二者所依据的气象和自然现象不同，但理论上是相通的，都是建立在君权神授、天人感应基础上的。

董仲舒认为，“道之大原出于天，天不变，道亦不变”。这是最彻底的形而上学。是为巩固封建君主统治服务的。全部气象变化都可以证明，自然现象是无时无地不发生变化的，与“天不变”的观点毫不相容。谶纬迷信认为，这个不变化的天，把一切都安排好了。人们可以通过谶纬来知道自己的朝代属于哪一“德”，哪一“统”，以便“改正朔”，“易服色”，“顺天志”。这种不变的变化，是一种历史循环论。战国时代驺衍提出的理论是“五德终始”，历代所有王朝，都按照木、火、土、金、水五德来循环。驺衍没有想到过，按照五德来“正朔”，连续五个朝代的正月要相差五个月，这样要把四季的概念弄乱的。董仲舒可能注意到了这一点，看到夏建寅，商建丑，周建子。三代轮回一次就很好。他提出用“三统”来代替“五德”。这三统就是黑统、白统、赤统。居于何德，属于什么统，都看谶纬。

谶，是上帝传给人们的预言。不用说，多是人们为了某种目的而伪造的。谶书的名目怪异不可解。纬，是对于经来说的。说是孔子编定“六经”之后，生怕后人不理解，于是讲得通俗一点，又编了谶、纬两种书来作解释。传说这都是黄帝、文王等古代名贤传下来的。纬书有《诗纬》、《书纬》、《易纬》、《礼纬》、《乐纬》、《春秋纬》、《孝经纬》共七种。当然，这实际都是汉代的人编出来的。

谶纬说是西汉末期王莽、刘歆以后才兴起的。内容十分复杂，有的解释经典，有的讲天文、气象、历法、地理、历史，有的讲文字、神灵、典章制度。大多用儒家经义来附会人事的吉凶祸福、预言治乱兴废。多怪诞无稽之谈，也夹有奇异自然现象记录。六朝时，开始禁止谶纬流传；隋炀帝曾对纬书进行搜焚，今传者为后人辑佚。透过书中神秘色彩，可以看出当时所观测到的奇异自然现象和灾害性天气。

谶纬神学在实践方面把董仲舒的“天人感应”、谴告说推向极荒谬程度，同时又怪诞地与儒家经典联系起来。汉文帝大倡谶纬神学，于建初四年（公元 79 年）召集学者于白虎观进行经学辩论，由班固等编成《白虎通义》，发展了董仲舒的思想，把谶纬神学与封建伦理学统一起来，成为封建社会的精神支柱。

二、王充的自然观及其对“天人感应”的批判

王充（公元27—约97年）是汉代重要的唯物主义思想家。保存下来的著作有《论衡》一书，三十卷，八十五篇，约三十一万余言。书中有多篇专门谈气象及自然灾害问题。以对这些现象的唯物主义解释，全面批判了董仲舒“天人感应”的目的论、谴告说以及西汉末年以来的灾异论、谶纬神学。在政治思想上，王充反对把孔子偶像化，在《问孔》、《刺孟》等篇中，敢于对孔孟提出怀疑与批判，对汉武帝“独尊儒术”以来盲从儒学的风气进行了尖锐抨击。

王充在自然观方面继承了先秦的唯物思想，认为元气是自然界原始物质的基础。他把人也视为自然界的一部分，否定了天或自然有意志的神学观点和上天造人的目的论。

> 含气之类，无有不长。天地，含气之自然也；从立始以来，年岁甚多，则天地相去，广狭远近，不可复计。（《论衡·谈天篇》）
>
> 天地合气，万物自生，犹夫妇合气，子自生矣。万物之生，含血之类，知饥知寒……
>
> 沛然之雨，功名大矣，而天地不为也，物和而雨自集。（《论衡·自然篇》）
>
> 因气而生，种类相产，万物生天地之间，皆一实也。（《论衡·物势篇》）

天地万物，包括自然风雨、无生物、生物和人，都因气而生。在所有问题上都否定了董仲舒关于万物的造物主天神，否定了神学的目的论。

> 说寒温者曰：“人君喜则温，怒则寒”。……当人君喜怒之时？胸中之气未必更寒温也。胸中之气，何以异于境内之气？胸中之气不为喜怒变，境内寒温，何所生起？

春温夏暑，秋凉冬寒，人民无事，四时自然。夫四时非政所为，而寒温独应政治？……由此言之，寒温，天地节气，非人所为，明矣。

人有寒温之病，非操行之所及也。遭风逢气，身生寒温。变操易行，寒温不除。(《论衡·寒温篇》)

王充列举种种气象变化的事实和规律，批驳了“天人感应”观点中关于人君喜怒感应上天，造成气温变化；人的品德感应上天，造成人体寒热病变等，“以类相感”、“以类相招”的谬论。

论灾异，谓古之人君为政失道，天用灾异谴告之也。灾异非一，复以寒温为之效：人君用刑非时则寒，施赏非时则温。……此疑也。夫国之有灾异也，犹家人之有变怪也。家人既明，人之身中亦将可以喻。身中病，犹天有灾异也。……灾异谓天谴告国政，疾病天谴告人乎？

夫天道，自然也，无为。如谴告人，是有为，非自然也。今言天之谴告，是谓天狂而盲聋也。(《论衡·谴告篇》)

王充在这篇文章中，引据古籍、典故和老、庄自然观，激烈抨击了谴告说。所征引的事实，均为气象知识和医疗气象知识。

谴告说认为，“灾异之至，殆人君以政动天，天动气以应之”。“人主为于下，则天气随人而至矣。”这是“天人感应”论的中心思想。对此，王充给予了有力批判。

此又疑也。夫天能动物，物焉能动天？……天气变于上，人物应乎下矣。……故人在天地之间，犹蚤虱之在衣裳之内，蝼蚁之在穴中。蚤虱、蝼蚁为逆顺横纵，能令衣裳穴隙之间气变动乎？……不达物气之理也。

夫风至而树枝动，树枝不能致风。……(《论衡·变动》)

王充指出，事实与“天人感应”的理论完全相反，不是人感动天，而是自然之天的变化能变动地上之物。《变动篇》里谈了天气变化之前的种种征兆，说明东汉时物候测天的知识已十分丰富，后面再作介绍。

董仲舒“天人感应”思想的一个重要实践，就是发展《春秋》等书所记历来求雨（雩）的迷信，搞出了烦琐的“土龙致雨”的仪式。王充对此写了两篇文章进行批判。

> 夫灾变大抵有二：有政治之灾，有无妄之灾。
>
> 不祭，沛然自雨；不求，旷然自旸。夫如是，天之雨旸，自有时也。一日之中，旸雨连属，当其雨也，谁求之者？当其旸也，谁止之者？(《论衡·明雩篇》)
>
> 土龙安能而致雨？……真龙在天，犹无云雨，况伪象乎？
>
> 天道自然，非人事也。(《论衡·乱龙篇》)

王充在这方面的思想与荀况相似。荀况认为，“雩”作为“文饰”是可以接受的，以为真的能求来雨就不吉了。王充也说：“无妄之灾，百民不知，必归于主。为政者慰民之望，政亦必雩。”(《论衡·明雩篇》)

董仲舒发展《春秋》里的又一个迷信作法，是在发生大水的时候击鼓攻社来救灾。王充在《论衡·顺鼓篇》中指出了此说与经义的种种矛盾和错误，指出：“阴阳之气偶时运也，击鼓攻社，而何救之？”

对于“天人感应”的“祥瑞”说，王充在《论衡·讲瑞篇》作了分析，又在《指瑞篇》和《是应篇》作了批判。

> 圣贤俱奇，人无以别。由圣贤之言，圣鸟圣兽，亦与恒鸟庸兽俱有奇怪。……今之所见鹊、獐之属，安之非凤凰，骐驎也。(《论衡·讲瑞篇》)
>
> 同类而有奇，奇为不世。
>
> 生于常类之中，而有诡异之性，则为瑞矣。(《论衡·讲瑞篇》)

圣人、贤人，也是普通人；凤凰，骐驎，也是普通鸟兽。人和动物，都难免有生得奇形怪状的，或者生得美好的。平常物类中生出具有怪异性的东西，就成为祥瑞了。

> 孝宣皇帝之时，凤凰五至，骐驎一至，神雀、黄龙、甘露、醴泉，莫不必见，故有五凤、神雀、甘露、黄龙之纪。……失其实也。（《论衡·指瑞篇》）

孝宣帝时祥瑞说盛行，用祥瑞作了多次“改元”，王充批判这一套“失实”。祥瑞说认为，在乱世祥瑞远避不见，太平之世祥瑞才出现。王充批判了这种说法，指出：

> 圣兽不能自免于难，圣人亦不能自免于祸。祸乱之事，圣者所不能避，而云凤驎虑深，避害远，妄也。
>
> 谓凤凰诸瑞有知，应吉而至，误矣。（《论衡·指瑞篇》）

汉儒宣扬的“太平瑞应”有数十种之多，王充一一作了批驳。其中有不少异常良好的气象条件，如翔风、甘露、景星、醴泉等。王充指出：

> 夫云气雨露，本当和适。言其风翔、甘露、风不鸣条、雨不破块，可也；言其五日一风，十日一雨，褒也。风雨虽时，不能五日、十日，正如其数。（《论衡·是应篇》）

王充从寒温、谴告、变动、招致四个方面来批判“天人感应”。《招致篇》今佚，其内容大抵指董仲舒的土龙致雨，“方士巧妄之伪”，如道士为汉武帝招来李夫人，黄石公授太公书之类。王充在《自然篇》中引用黄、老学派自然无为的思想，来批判“天人感应”，同时也不相信道士装神弄鬼那一套。他说：“妖气为鬼，鬼象人形，自然之道，非或为之也。”他批评：“道家论自然，不知引物以验其言行。”

王充认为："然虽自然，亦须有为辅助。耒耜耕耘，因春播种者，人为之也。"

人能辅助自然，但不能违背自然规律。"宋人有闵其苗之不长者，就而揠之，明日枯死。夫欲为自然者，宋人之徒也。"自然无为，想要为自然，就会像宋人"揠苗助长"故事那样做蠢事。

"天人感应"有一个基本观点是"雷为天怒，雨为恩施"。王充根据雷雨俱至的现象，批判说："哀乐不并行，喜怒反并至乎？"(《论衡·感类篇》)

王充对当时社会流行的鬼神迷信、祭祀、卜筮都进行了批判。他还亲自观察过被雷击死的人，看到发须烧焦，皮肤灼焚，"临其尸上闻火气"，断定"雷者，火也"，否定了雷公报应之说。(《论衡·雷虚》)

王充的自然观也存在时代的局限性，比如他说"天不变易，气不更改"，"昌衰兴废，皆天时也"。(《论衡·齐世篇》)说明他没能摆脱形而上学和循环论。其原因在于那时的科学水平，他没能弄清楚社会规律与自然规律的区别，以及夸大了"时"、"遇"、"幸"、"偶"的作用(《论衡》第一卷《逢遇》、《命禄》等篇)。

第二节 《论衡》中的气象知识

王充对董仲舒和谶纬神学的批判，论据多为气象灾害、异常天象等自然现象。因此，他很重视对自然现象的观测和对气象知识的积累。当雷暴击毙人命时，他还亲自去看验。所著《论衡》八十五篇中，大多数篇章都谈到过气象知识。其中比较集中地谈气象知识的就有《物势》、《变虚》、《异虚》、《感虚》、《龙虚》、《雷虚》、《谈天》、《说日》、《寒温》、《变动》、《明雩》、《顺鼓》、《龙乱》、《指瑞》、《自然》、《调时》、《讥日》、《实知》、《知实》等多篇。本节不可能全部引述书中谈到的气象知识，只能分几个主要方面作些介绍。

一、物象测天知识

夏商周各代、春秋战国以前，比较丰富的谚语测天和自然物候知识，大多用于描述气候规律，掌握季节变化。直接预测天气变化的较少。汉代在物象测天方面有所发展。物象测天这时被提到了重要地位，而物候观测已积累了成型的规律，只是作些常规记录或日常应用。物象测天知识除了少部分是观天候气的官员工作的成果外，大多数来自民间。民间物象测天经验多了，流传广了，才反映到文人学士的著作中。

王充引用物象测天知识，主要是用于批判灾异论和谴告说，说明天气变化能影响人和物，而人的行为不能感动天。

> 天气变于上，人物应乎下矣。
>
> 故天且雨，商羊起舞，使天雨也。商羊者，知雨之物也，天且雨，屈其一足起舞矣。
>
> 故天且雨，蝼蚁徙，丘蚓出，琴弦缓，固疾发，此物为天所动之验也。
>
> 故天且风，巢居之虫动；且雨，穴处之物扰：风雨之感虫物也。(《论衡·变动》)
>
> 且天将雨，螘出蚋蜚，为与气相应也。(《论衡·商虫篇》)

“故天且雨，商羊起舞”这一条经验有问题。商羊，古代认为是一种“水祥”，如真有这样一种动物，那也是发生了怪异变化的动物，不能用于预测天气。后来附会为儿童游戏，孩子们单腿跳，边跳边唱“雨来了”！就预兆有雨。这样测天是没有道理的。王充引此，可能因为当时这种看法较普遍。

“蝼蚁徙，丘蚓出”，这两项物象作为测天指标有一定效果，并且用了几千年。至今，民间还把蚂蚁搬家，蚂蚁垒窝作为将要下雨的指标。“蚯蚓滚沙”要下雨，在久晴天看见蚯蚓出洞预报有雨，在今天民间也常用。

“琴弦缓”这条测天经验，大约起于文人学士或音乐优伶之间。那时有“音律知天”之说。做琴弦的材料有多种，有的用丝，有的用动物的筋、革、肠等。所有这些，质地都属于动物蛋白纤维，有一定吸湿性。按吸湿能力大小排列，大约是：肠、革、筋、丝。风雨来临之前，空气湿度增大，琴弦会因吸湿而增长，奏出的音调也就变低。所以用音律知天，用琴弦缓作为天气预报指标，是有价值的。千年之后人们发明湿度计，用的感应材料就有动物的肠和人的头发等。

“固疾发”这一条测天经验，不用多说，今天人们都还有这样的感受。特别是关节炎，气管炎及其他上呼吸系统疾患、创伤及手术后的伤疤等，在天气变化之前都有不适反应。有的患者甚至宣称自己是“气象台”。

“螘出蚋蜚”，螘是蚁类爬行的虫子，蚋是飞行的蚊类虫子，蜚即飞。雨天之前，地里的虫子爬出来，空中蚊虫成团飞，是很好的预报指标。

王充时代不仅有较丰富的物象测天指标，而且还在一定程度上作了系统概括。他总结这些指标为“风雨之气感虫物”，包括“巢居之虫动”有风，“穴处之物扰”有雨。没有详列“巢居之虫”，可能还包括家禽、飞鸟之类，这些属于“羽虫”的动物，它们有异常反应就会起风。“穴处之物”，可能包括蚯蚓、鼠、蛇之类，它们出现异常反应时会有雨。总之，对动物物象未完全列举，但作了高度概括。

王充还注意到云的变化和雨旸自身的变化。

> 案天将雨，山先出云，云积为雨，雨流为水。（《论衡·顺鼓篇》）
>
> 旸久自雨，雨久自旸。（《论衡·明雩篇》）

这是说，天降雨之前，云要有一个发展过程，云中积累了较多的雨，降下来才能成流。后一条是说晴雨转换，这也是自然规律，现在民间也有“久晴必雨，久雨必晴”一类的测天经验。

民间占寒温：今日寒而明日温；朝有繁霜，夕有列光；旦雨气温，旦旸气寒。(《论衡·寒温篇》)

这里，王充直接引述了三条民间测天经验。

“今日寒而明日温”，这是说气温变化日日不同，今天气温降到最低，明天就会回暖。

“朝有繁霜，夕有列光”，是说早晨霜很重，接下来是晴好天气，到夜间月光、星光灿烂。现在民间还有类似经验，如“严霜出毒日”，也是说霜后天晴。

“旦雨气温，旦旸气寒”，是因为旦雨为夜间有云雨，辐射降温少，所以温度较高；旦旸则是因为夜间无云，辐射降温多，所以很冷。两千多年前，不仅民间，就是士大夫间也没有今天这样的温度概念和辐射降温知识，但他们从长期观天实践中总结出了这样的预测寒温的知识，不仅表述正确，而且是难能可贵的。

二、十二生肖与天文气象

用十二生肖即十二兽纪时，当是原始社会后期的产物。世界各古老民族都有，古印度用：鼠、牛、狮、兔、龙、蛇、马、羊、猴、鸡、犬、猪；古巴比伦用：猫、犬、蛇、蜣螂、驴、狮、公羊、公牛、隼、猴、红鹤、鳄；古埃及和希腊用：牡牛、山羊、狮、驴、蟹、蛇、犬、猫、鳄、红鹤、猿、鹰。

在我国，各少数民族地区如：川、滇、黔彝族，哀牢山彝族，桂西彝族，毛道黎族，傣族，维族等，也都有十二兽。所用兽名，各地只有个别不同。这些都是从远古流传下来的。中原汉族的十二兽当然也是传自远古。先秦古籍已有具体记录，但首次较完善的记录见于王充《论衡》。

寅木也，其禽虎也；
戌土也，其禽犬也；
丑、未亦土也，丑禽牛，未禽羊也……

亥水也，其禽豕也；

巳火也，其禽蛇也；

子亦水也，其禽鼠也；

午亦火也，其禽马也……

午马也，子鼠也，酉鸡也，卯兔也。

巳蛇也，申猴也。

东方木也，其星苍龙也。

以四兽验之，以十二辰之禽效之，……(《论衡·物势篇》)

辰为龙，巳为蛇。(《论衡·言毒》)

这些话是在辩论中讲出的，没有严密次序，按书中所述加以整理，可列出下表：

十二支(辰)	子	丑	寅	卯	辰	巳	午	未	申	酉	戌	亥
十二禽	鼠	牛	虎	兔	龙	蛇	马	羊	猴	鸡	狗	猪(豕)
	玄	星	析	大	寿	鹑	鹑	鹑	实	大	降	娵
十二次	枵	纪	木	火	星	尾	火	首	沈	梁	娄	訾
五 行	水	土	木	木	木	火	火	土	金	金	土	水
五 行*	火	土	火	金	水	木	火	土	火	金	水	木

* 按《黄帝内经》

这里列出的《论衡》所载十二生肖，与现代所通行者相同，是定型了的。秦代的十二生肖则不是这样的。湖北出土的云梦秦简，成于秦昭王二十八年（公元前279年），其中有这样的记载：

子，鼠也；丑，牛也；寅，虎也；卯，兔也；辰，□□□；巳，虫也；午，鹿也；未，马也；申，环（猿）也；酉，水（雉）也；戌，老羊也；亥，豕也。(见云梦秦简《日书》)

这里，巳、申、酉从意义上讲，大致与《论衡》里的巳、申、酉可通。虫与蛇，环（猿）与猴，水（雉）与鸡，大体上可算同类。而午、未、戌就完全不同了。可见，由秦到汉，二三百年间对十二生肖已作了较大的调整；从汉以后二千多年则没有变化。当然，各少数民族地区，还是按他们自己的传统安排十二兽。

前表所排五行与十二兽的关系，一为《论衡》所述的关系，注有*号者为《黄帝内经》中所述的五行与十二辰的关系。两者相同的只有子、午、未、酉四支。其余大多不相同。从合理性来说，《论衡》的安排更有道理些。比如寅、卯、辰应为东方木，《论衡》里全为木，《内经》里则为火、金、水，这没道理。这说明《内经》是更古老的系统，到汉代已经作了很大调整。但《论衡》还是没调整到完善，如丑、未、戌应调整为水、火、水。

十二禽（兽）本可用于纪时、纪日、纪月、纪岁，如《论衡·调时篇》所说："一日之中，分为十二时，平旦寅，日出卯也。"又如《论衡·讥日篇》批判《沐书》"子日沐，令人爱之；卯日沐，令人白头"曾说："子之禽鼠，卯之兽兔也，鼠不可爱，兔毛不白"，"使十五女子以卯日沐，能白发乎？"这说明那时曾用十二生肖纪时、纪日，现在则不用了，只用于纪年。

除十二禽外，《论衡》中谈到的天文气象知识还很多，如对古代人们似是而非的天文气象知识作了说明和澄清。

> 《诗》云："月离于毕，俾滂沱矣。"《书》曰："月之从星，则以风雨。"然则风雨随月之所离从也，房星四表三道，日月之行，出入三道。出北则湛，出南则旱。或言出北则旱，出南则湛。案：月为天下占，房为九州候，月之南北，非独鲁也。
>
> 孔子出，使子路赍雨具。有顷，天果大雨，子路问其故，孔子曰："昨暮月离于毕。"
>
> 后日，月复离毕。孔子出，子路请赍雨具，孔子不听，出果无雨。子路问其故，孔子曰："昔日，月离其阴，故雨。昨暮，月离其阳，故不雨。"夫如是，鲁雨自以月离，岂以政

哉？……月离于毕为天下占，天下共之。鲁雨，天下宜皆雨?!（《论衡·明雩篇》）

王充提出质疑的这个故事，显然是儒家门人编造出来为孔子唱颂歌的，因为根本不会有那样的事。鲁缪公时发生了旱灾，缪公想“暴巫”祈雨，向县子征求意见，县子则建议用“徙市”来使“月离于毕”得雨。王充对此指出：

日月之行，有常节度，肯为徙故，离毕之阴乎？夫月毕，天下占。徙鲁之市，安能移月？月之行天，三十日而周。一月之中，一过毕星，离阳则旸。假令徙市之感，能令月离毕阴，其时徙市而得雨乎？夫如县子言，未可用也。（《论衡·明雩篇》）

通过两件事，王充说明了“月离于毕”不能作天气预报指标。实际上，一年之中“月离于毕”共有十二次，每次日数、月象有差异，其出现、中天、伏的时间也不同，只是在雨季到来之前那一次，才有预测雨季到来的气候预测意义。这是“天下占”，不是具体降水预报指标。王充在这里揭了老底：儒者编造故事颂扬孔子，把《诗》、《书》经典的“月离于毕”领会错了。

还有一个故事十分离奇。

传书曰：“宋景公之时，荧惑守心”，公惧，召子韦而问之曰：“荧惑在心，何也?”

子韦曰：“荧惑，天罚也；心，宋分野也，祸当君。虽然，可移于宰相。”

公曰：“宰相所使治国家也，而移死焉，不祥。”

子韦曰：“可移于民。”

公曰：“民死，寡人将谁为也？宁独死耳。”

子韦曰：“可移于岁。”

公曰：“民饥，必死。为人君而欲杀其民以自活也，其谁以我为君者乎？是寡人命固尽也，子毋复言。”

子韦退走，北面再拜曰：“臣敢贺君。天之处高而耳卑，君有君人之言三，天必三赏君，今夕星必徙三舍，君延命二十一年。”

公曰：“奚知之？”

对曰：“君有三善，故有三赏，星必三徙，徙行七星，星当一年，三七二十一，故君命延二十一岁，臣请伏于殿下以伺之。星必不徙，臣请死耳。”是夕也，火星果徙三舍。……”（《论衡·变虚》）

对于子韦的这番神话，王充的评价只有四个字：“此言虚也。”是假的。他在反复驳斥了子韦所说的各点之后指出：

星之在天也，为日月舍，犹地有邮亭，为长吏廨也。二十八舍有分度，一舍十度或增或减。言日反三舍，乃三十度也。日，日行一度。一麾之间，反三十日所在度也。……荧惑徙三舍，实论者犹谓之虚。（《论衡·感虚篇》）

虚，就是假的。王充用大量天文气象事实，来揭露“天人感应”的虚假。在议论别的事情时，也用天文气象。

火星与昴星出入：昴星低时火星出，昴星见时火星伏，非火之性厌服昴也，时偶不并，度转乖也。

正月建寅，斗魁破申，非寅建使申破也，偶自应也。（《论衡·偶会篇》）

这里的火星是心宿，昴星是昴宿。心、昴对偶，如同参、商。两宿不可能相配在一起。十二辰的寅、申二辰，对应于析木、实沈二次。衡是玉衡，北斗星座的斗魁。这两个例子是讲事物的配合（偶会），是有条件的。

儒者曰："……夏时阳气多，阴气少；阳气光明，与日月同耀，故日出辄无障蔽。冬时阴气晦冥，掩日之光，日虽出，犹隐不见，故冬日日短。"

如实论之，日之短长，不以阴阳。……实者，夏时日在东井，冬时日在牵牛；牵牛去极远，故日道短；东井近极，故日道长。夏北至东井，冬南至牵牛，故冬夏节极，皆谓之"至"，春秋未"至"，故谓之"分"。(《论衡·说日篇》)

汉儒用阴气障蔽日光、阳气不掩日光来解释冬、夏日长变化，说明他们脱离科学实验来妄谈对自然界事物的认识，十分无知。王充则以天文学知识驳斥了那种错误。

王充在《谈天》、《说日》等篇中，还就宇宙论模型、日月食、陨星等问题，批判了儒家的神学观点，谈了他自己的看法。

三、对大气现象成因的探讨

王充在《论衡》中对一些大气现象，如天气、气候成因，特别是对其中一些奇异自然现象作了理论探讨，对于后人是颇有启发的。

1. 天雨谷与龙登玄云

天雨谷与龙登玄云，是对龙卷风的现象或结果的描写。古人对这类现象十分恐惧，迷惑不解，所以一旦发生这种现象，就十分认真地加以记录和传播。他们在记录这些现象时，难免把自己的恐惧和迷信思想也描绘下来；而在传播时又难免添枝加叶。因此，我们必须揭开其神秘外壳，才能见到实质。先秦的记录如：

昔者，三苗大乱，天命殛之，日妖宵出，雨血三朝，龙生于庙，犬哭乎市，夏冰，地坼及泉，五谷变化，民乃大振。(《墨子·非攻下》)

三苗将亡，天雨血，夏有冰，地坼及泉，青龙生于庙，日夜出，昼日不出，三苗数叛数亡。(《竹书纪年》)

汉代出现的纬书也多有这类记载，如：

> 仓帝史皇氏名颉，……创文字，天为雨粟，鬼为夜哭，龙乃潜藏。治一百一十载，都于阳武，终葬衙之利亭乡。(《春秋纬·元命苞》)

拨开这些记载的神学迷雾，就可以看出它们都是灾害性天气的记实。禹征三苗时，有龙卷风毁了庙，带来了血雨、冰雹，暴雨冲开了土地；在这场风暴之前，曾发生过日食。仓颉时的一场龙卷风，下了粟雨，入夜龙卷风才平息下来。王充在《论衡·异虚篇》引述了这次粟雨，批判了“天雨谷者凶”的观点。在《感虚篇》又进一步谈了对天雨谷的认识：

> 夫雨谷，论者谓从天而下，应变而生。如以云雨论之，雨谷之变，不足怪也。何以验之？夫云气出于丘山，降散则为雨矣。人见其从上而坠，则谓之天雨水也。夏日则雨水，冬日天寒则雨凝而为雪，皆由云气发于丘山，不从天上降集于地，明矣。
>
> 夫谷之雨，犹复云之亦从地起，因与疾风俱飘，参于天，集于地。人见其从天落也，则谓之天雨谷。
>
> 建武三十一年中，陈留雨谷，谷下蔽地。案视谷形，若茨而黑，有似于稗实也。此或时夷狄之地，生出此谷。夷狄不粒食，此谷生于草野之中，成熟垂委于地，遭疾风暴起，吹扬与之俱飞，风衰谷集，坠于中国……(《论衡·感虚篇》)

这里对于不是上帝（天）雨谷，而是风从地上把谷卷上天空，降为谷雨的道理，说得十分清楚了。他还举了建武三十一年（公元55年）陈留雨谷的实例。对这场谷雨他是作了实地调查的，因而分析得入情入理，证据翔实可信。

> 传书又言：“伯益作井，龙登玄云，神栖昆仑。”言龙井

有害，故龙神为变也。夫言龙登玄云，实也。言神栖昆仑，又言为作井之故，龙登神去，虚也。……

夫龙之登云，古今有之，非始益作井而乃登也。方今盛夏，雷雨时至，龙多登云。云风兴，龙相应，龙乘云雨而行，物类相致，非有为也。(《论衡·感虚篇》)

王充认为，龙登玄云，实有其事，而且在夏天有雷雨时常常可以看见，它是随云风而兴起，乘云雨而行的。因此，可以认为玄云就是黑云，积雨云，而龙乃是云中垂下的漏斗云，也就是龙卷风涡管云。

关于龙，有许多迷信，王充作过批判。

盛夏之时，雷电击折树木，发坏室屋，俗谓“天取龙”……龙见，雷取以升天。世无愚智贤不肖，皆谓之然。如实考之，虚妄言也。

世称黄帝骑龙升天，此言盖虚，犹今谓“天取龙”也。(《论衡·龙虚篇》)

王充否定了龙的神话，但他认为作为动物的龙是存在的，且与风雨寒暑无关。

天地之间，恍惚无形，寒暑风雨之气乃为神。今龙有形，有形则行，行则食，食则物之性也。天地之性，有形体之类，能行食之物，不得为神。(《论衡·龙虚篇》)

王充根据《山海经》、《慎子》、《韩子》的描绘，揣摩龙的形状像“马蛇”之类。他根据古书关于“纣作象箸而箕子泣”，是痛惜纣吃“龙肝豹胎”的美味，以及春秋时代蔡墨关于古代豢龙、畜龙故事（见第六章），认为龙是实有之物，但不能上天为神。

由此言之，龙可食又可畜也。可食之物，不能为神

> 矣。……故知龙不能神，不能升天，天不以雷取龙，明矣。世俗言龙神而升天者，妄矣。(《论衡·龙虚篇》)

但是，王充把动物的龙与云中的龙（龙卷）弄混了，以为是一回事。这是错了。

> 见雷电发时，龙随而起，当雷电树木之时，龙适与雷电俱在树木之侧，雷电去，龙随而上……实者雷龙同类，感气相致，故《易》曰："云从龙，风从虎，"又言"虎啸谷风至，龙兴景云起"。……
>
> 太阳火也，云雨水也，水火激薄则鸣而为雷。龙闻雷声则起，起而云至，云至而龙乘之。云雨感龙，龙亦起云而升天。……
>
> 蛟龙见而云雨至，云雨至则雷电击。……且鱼在水中，亦随云雨蜚（飞）而乘云雨，非升天也。龙，鱼之类也，其乘雷电犹鱼之飞也。……(《论衡·龙虚篇》)

这里所描绘的现象，如龙由水火相激而生，龙的升起，龙与雷俱至、俱在，鱼亦乘云而飞，等等，是龙卷风进入水面之状。王充囿于前人种种说法，以为龙卷风的漏斗云也跟动物的鱼、龙一样，这是当时知识的局限。

2. 雷电云雨的成因

在天气现象中，除了雨血、雨谷和龙卷风之外，再没有比雷电、冰雹更使古人吃惊的了。王充首先批判了对雷电不正确的认识，然后分析了成因。

> 盛夏之时，雷电迅疾，击折树木，坏败室屋，时犯杀人。世俗以为……天怒，击而杀之。……推人道以论之，虚妄之言也。(《论衡·雷虚篇》)

王充指出，"人为雷所杀，询其身体，若燔灼之状也"，是雷火灼死。他说：

> 冬雷人谓之阳气泄，春雷谓之阳气发，夏雷不谓阳气盛，谓之天怒，竟虚言也。(《论衡·雷虚篇》)

把雷与阳气联系，是正确的认识。他还说：

> 千里不同风，百里不同雷。(《论衡·雷虚篇》)

这种观察结论也是符合雷雨分布规律的。

> 实说，雷者，太阳之激气也。何以明之？正月阳动，故正月雷始。五月阳盛，故五月雷迅。秋冬阳衰，故秋冬雷潜。
>
> 盛夏之时，太阳用事，阴气乘之。阴阳分争，则相校轸。校轸则激射。激射之为毒，中人辄死，中木木折，中屋屋坏。(《论衡·雷虚篇》)
>
> 雷者火也。人以中雷而死，即询其身，中头则发须皆烧燋，中身则皮肤烧燺，临其尸上闻火气，一验也。……当雷之时，电光时见，大若火之耀，四验也。当雷之击，时或燔人室屋及草木，五验也。(同上)

由太阳激气谈到雷的季节变化，又谈到阴阳（冷热）之气的分争、校轸与激射，谈到由此而产生的雷火，伤人伤屋。在当时科学水平上，这些都是正确的理论认识。王充从五个方面考察、检验和论证了雷击死人是雷火烧死，以此对“天人感应”论作充分的理论批判。

“天人感应”论认为：“天施气，气渥为雨，故雨润万物，名曰澍。人不喜，不施恩。天不悦，不降雨。谓雷，天怒；雨者，天喜也。”王充批判这种思想说：“雷起常与雨俱，如论之言，天怒且喜也。”(《论衡·雷虚篇》)老天爷怎么能同时哭笑，同时喜怒。王充批判了这种思想，指出云和雨不是从天上来的，而是从地上产生又降到地上的。

> 儒者又曰：“雨从天下，正谓从天坠也。”如实论之，雨从地上，不从天下。见雨从上集，则谓从天下矣，其实地上也。然其出地起于山。……雨之出山，或谓云载而行，云散水坠，名为雨矣。夫云则雨，雨则云矣。初出为云，云繁为雨。……
>
> 云雾，雨之征也。夏则为露，冬则为霜，温则为雨，寒则为雪。雨露冻凝者，皆由地发，不从天降也。(《论衡·说日篇》)

这里，既说明了云雨从地起，又说明了云雨关系，季节变化。这在当时，也是十分正确的认识。

第三节　天文律历等志的气象知识体系

秦汉时代关于天文、气象的典籍十分浩繁。历史方面的著作如《史记》的《天官书》、《律书》、《历书》,《汉书》和《续汉书》的《天文志》、《律历志》、《五行志》等，都记载了这个时代以及更早的天文气象知识。《晋书》类似的“志”，也记载了东汉及以前的天文气象知识。凡在本节以前有关章节谈及过的前述史籍中的资料，这里不再引述；诸书相同或一致的资料，本节只取一书。

一、《史记》中的几项天文气象知识

司马迁（约公元前145—前86年?）继承父业完成的《史记》,是我国第一部通史。开创了我国纪传体史书的形式。书中不少史料对研究气象史有很重要的价值。这里叙述其中几项较重要的天文气象知识。

1. 云气观测及土炭测湿

对云气的观测，起自远古。而在周秦时代已有系统知识见于《周礼》、《吕氏春秋》等书。《史记》著录的云气观测知识，不是

照抄古籍。司马谈、司马迁父子世为太史，是专门做这项工作的，自然懂得取舍。在《史记》这样的书中，不能把有关云气的知识全部记录下来，只记录了要点。

> 凡望云气，仰而望之，三四百里；平望，在桑榆上，千余二千里；登高而望之，下属地者，三千里。云气有兽居上者，胜。(《史记·天官书》)

这里谈的是关于观测距离远近及云状的经验。“胜”，谈的是战争时看云气，估计对战争形势的影响。

> 汉，星多，多水；少则旱。(《史记·天官书》)

这是夜间仰观银河（汉）的经验，根据银河里可见星星多少来预测水旱。

> 稍云精白者，……
> 阵云如立垣。
> 杼之类杼。
> 轴云抟两端兑。
> 杓云如绳者。
> ……
> 若烟非烟，若云非云，郁郁纷纷，萧索轮囷，是谓卿云。卿云，喜气也。(《史记·天官书》)

这里讲了七种云。稍云可能指高云，洁白如丝的云，即卷云（ci）类。陈云如立垣，垣是城垣，当为保状高积云（Ai cast）或堡状层积云（Sc cast)。杼云，形状像布帛。轴云，两头尖的云。杓云(或为索云)，像绳索。卿云亦作庆云，是雨后天开时的碎云。

> 海旁蜄气象楼台；广野气成宫阙然。云气各象其山川人民

所聚积。(《史记·天官书》)

蜄气，即蜃气，就是海市蜃楼，蜃景。蜃是蚌类介壳动物，小者为蛤，大者为蜃。古人以为蜃景是蜃类动物造成的。这种错误认识也见于其他大气光象，如虹、蜺。

《史记》记载了土炭测湿，旨在校正季节。

冬至短极，县土炭。炭动，鹿解角，兰根出，泉水跃，略以知日至，要决晷景。……(《史记·天官书》)

对于这段话，孟康注："先冬至三日，悬土炭于衡两端，轻重适均。冬至日阳气至则炭重，夏至日阴气至则土重。"阴阳的概念用之于气，可以指冷暖、燥湿、晴阴等。这里冬天的阳气是指燥气，夏天的阴气则指湿气。土炭二物均能吸湿，但土吸湿多而保湿久，炭吸湿少而散湿快。《史记》所记的是最原始的测湿仪器，比起《淮南子》（后见）来反而落后了。用途仅限于校验节气与气候。"鹿解角"、"兰根出"、"泉水跃"均为候名。人们已认识到，从天文观测（晷景）看，冬至到了，而气候变化并不跟天文变化一致，有的年份节气、气候会提前，有的年份节气、气候又会落后。所以需要通过测量湿度来掌握实际气候变化。对于气候季节的早迟，更好的指标是温度，但当时还没有这种认识。

2. 正旦决八风的年景预测

年景预测起于夏商时代，秋收后举行卜年大祭，并祈来年丰收。经周、秦至汉代，已演变为腊祀和正旦决八风。腊日是腊月（十二月）八日，行大腊祭。正旦是正月初一。

汉魏鲜集腊明、正月旦决八风：
风从南方来，大旱；
西南，小旱；
西方，有兵；
西北，戎菽为，小雨，趣兵；

北方，为中岁；

东北，为上岁；

东方，大水；

东南，民有疾疫，岁恶。

正月上甲，风从东方来，宜蚕；从西方来，若旦黄云，恶。……(《史记·天官书》)

按孟康注，魏鲜为人姓名。此人长于预测年景。“戎菽为”即“胡豆成”。司马贞《索隐》说：“风从西北来，则为戎菽为，而又有小雨，则国兵趣起也。”这条占岁法显然起于汉代，因为汉代边地兵事主要在于西北。这时的占岁，不仅仅是看风向，还要看日、云气及降水。

占岁之法，至今民间还流行。除了看风，看云气，还有其他花样。但这种用一个时辰的气象来推测全年年景的办法，现在看来很难说有什么科学意义。这能保持数千年而不绝，可能主要是因为人们渴望了解一年气象的愿望。至于预测是否准确，倒少有人去验证。

3.《律书》对季风的解释

八方风的概念起源很古老，许多古籍都提到它。多数是从某一个方面，如八节或八音来谈八风。司马迁把八方风与整个天文、气候、律吕、历法联系起来，并谈了八方风的气候意义。

《书》曰：“七正，二十八舍。”律历，天所以通五行八正之气，所以成熟万物者也。舍者，日月所舍。舍者，舒气也。(《史记·律书》)

“七正”即日月五星。二十八舍（宿）是七正所行所止之处。律历的任务在于通五行八正之气，成熟万物，即掌握季节变化，生成万物。八正之气就是八风。

不周风居西北，主杀生。

> 广漠风居北方。广漠者，言阳气在下，阴莫阳广大也。
> 条风居东北，主出万物。条言条治万物而出之。
> 明庶风居东方。明庶者，明众物尽出也，
> 清明风居东南维，主风吹万物而西之。
> 景风居南方。景者，言阳气道竟，故曰景风。
> 凉风居西南维，主地。地者，沈夺万物气也。
> 阊阖风居西方。阊者，倡也；阖者，藏也。言阳气道万物，阖黄泉也。(《史记·律书》)

古人认为，风是从空谷或孔穴出来，它“居”在一个地方。不同地方的风，随着季节变换着吹来。这就是最早的季风概念。这里谈到了不同风的性质和作用。把四时生、长、收、藏之意一分为二，由两种风来促成。这里说的“阴气”、“阳气”，在不同季节有不同含义。北风（广漠）时，“阴莫阳广大”，这阴阳是指燥湿，“阳气在下”指地上为干燥空气控制。南（景）风时，“阳气道竟”则是指暖空气盛行。

二、《汉书》所志十二律与气象

班固（公元32—92年）所撰《汉书》，记事较《史记》更为详审，对史书体例也略有改变，没有分立“律书”和“历书”，合而为《律历志》。这样，就更严密地把音律与天文气象扯在一起了。这不是班固的发明，司马迁也是这样认识的。

> 太史公曰：旋玑玉衡以齐七政，即天地二十八宿，十母十二子，钟律调自上古。建律运历造日度，可据而度（音夺）也。(《史记·律书》)

究其由来，可能更早，如《索隐述赞》所说：“自昔轩后，爰命伶伦。雄雌是听，厚薄伊均。以调气候，以轨星辰。”这是说黄帝（轩后）时就如此了，所以班固的做法是有所据的。

然而，《汉书》所志的律吕与气象的关系，也不是班固的创

作，他自己作了说明：

> 汉兴，北平侯张苍首律历事，孝武帝时乐官考正。至元始中王莽秉政，欲耀名誉，征天下通知音律者百人，使羲和刘歆等典领条奏，言之最详。故删其伪辞，取其正义，著于篇。(《汉书·律历志上》)

可见，这是一百余名音律专家工作的成果，刘歆主其事，班固著录时又进行了编辑。现在看，还是太繁琐，这里再作一些简化，列表如下：

三统　律长　律吕　十二支　月　气　象

天统　9寸　黄钟　子　十一　阳气施种于黄泉，孳萌万物

大吕　丑　十二　阴大，旅助黄钟宣气而牙物

人统　8寸　太簇　寅　正　阳气大，奏地而达物夹钟卯　二　阴夹助太簇，宣四方之气而出，种物

姑洗　辰　三　阳气洗物，辜絜之也

中吕　巳　四　微阴始起未成，著于其中，旅助姑洗宣气齐物

蕤宾　午　五　阳始导阴气，使继养物

地统　6寸　林钟　未　六　阴气受任，助蕤宾君主种物，使长大茂盛

夷则　申　七　阳气正法度，使阴气夷当伤之物

南吕　酉　八　阴气助夷则，任成万物

亡（无）射　戌　九　阳气空物而使阴气毕剥落之，终而复始，亡厌

应钟　亥　十　阴气应亡射，该藏万物而杂阳阂中

传说黄帝做律管用竹，也有说用玉。至于钟律，《淮南子》说："律历之数，天地之道也。下生者倍，以三除之；上生者四，以三

除之。”这就是说，逐个作$\frac{2}{3}$，$\frac{4}{3}$。《史记·律书》钟吕之法也是这样：

子	一分	1
丑	$\frac{2}{3}$	$\frac{2}{3}$
寅	$\frac{2}{3}\times\frac{4}{3}$	$\frac{8}{9}$
卯	$\frac{2}{3}\times\frac{4}{3}\times\frac{2}{3}$	$\frac{16}{27}$
辰	$\frac{2}{3}\times\frac{4}{3}\times\frac{2}{3}\times\frac{4}{3}$	$\frac{64}{81}$
巳	$\frac{2}{3}\times\frac{4}{3}\times\frac{2}{3}\times\frac{4}{3}\times\frac{2}{3}$	$\frac{128}{243}$
⋮	⋮	⋮
亥		$\frac{65536}{177147}$

十二钟律就是这样形成的。从子到午七律都大于$\frac{1}{2}$。认为十二律定了，就能正“天地之气”。这实际上并无什么科学道理。至少把音律与气象联系到一起，没有多少道理。

从对十二律的气象解释来看，是对十二个月的阴阳之气的变化作了描述。这里阴阳变化是指冷暖（气温）的全年变化，并结合这些变化，概括地描述了农作物、草木万物一年的物候变化。这就是用律吕解释气象、物候。

在这些解释中，以单月阳律为主，双月阴吕为辅。阳律说阳气致某物，阴吕说阴气助阳气。如：黄钟为“阳气施种于黄泉”，接着是大吕的阴气“助黄钟宣气”。

这些解释是按律吕的名称进行的。如春三月姑洗，是万物清新如洗。夏五月蕤宾，是万物生长茂盛。秋七月夷则，是伤当伤之物，南吕则助其成万物。

三、《太初历》中的节气与置闰

《太初历》是中国第一部有完整文字记载的历法，详刊于《汉书·律历志》。司马迁《史记·历书》也有记载：

> 今上即位，招致方士唐都，分其天部；而巴落下闳运算转历，然后日辰之度与《夏正》同。乃改元，更官号，封泰山。……更以七年为太初元年。

“今上”指汉武帝，“七年”为武帝元封七年（公元前104年）。司马迁本人作为太史令，曾发起并参与创制《太初历》的事。

> 汉兴，……庶事草创，袭秦正朔。以北平侯张苍言，用《颛顼历》，比于六历，疏阔中最为微近。然正朔服色，未睹其真，而朔晦月见，弦望满亏，多非是。
>
> 至武帝元封七年，汉兴百二岁矣，大中大夫公孙卿、壶遂，太史令司马迁等言，“历纪坏废，宜改正朔”。……乃以前历上元泰初四千六百一十七岁，至于元封七年，复得阏逢摄提格之岁，中冬十一月甲子朔旦冬至，日月在建星，太岁在子，已得太初本星度新正。……(《汉书·律历志上》)

这里把创制《太初历》的原因、新历的历元、上元积年都说得很清楚了。

历元，是推算历法的起点，用的是十一月甲子日，正好为朔日，而且是冬至这天。

上元，从历元开始往前推，求出一个“日月合璧，五星连珠”的天象的时刻，即日月五星经纬度相同，五大行星聚集在一个方位（一个象限左右）的时刻。这就是上元。从上元到历元的累计年数就是上元积年。太初历的上元积年是4617年。

如《汉书·律历志上》所说，汉初所用《颛顼历》有一个很大的问题是：不应见到月亮的朔日出现了月亮，该出现满月（望）时月亮不圆。邓平、落下闳计算出的一个朔望月长是 $29\frac{43}{81}$日，这并不是很精密的。这之前的“古六历”（四分历）是以 $29\frac{499}{940}$日为一个朔望月。这就是后来所称的“朔策”。这两个朔策都偏大，而《太初历》更大些。

“古六历”以 $365\frac{1}{4}$日为一个回归年，而《太初历》以 $365\frac{385}{1359}$日为一个回归年。这后来称为“岁实”。《太初历》更偏大了。

由于“古六历”的岁实、朔策都比实际偏大，因此，月朔大约每 310 年差 1 日，节气每 400 年差 3 日。节气比月朔误差更大，但不容易看出；月朔的误差很容易被看见，所以《太初历》是由于发现月相不符而发起的。

《颛顼历》（古六历之一）使用到太初元年，节气与天象大约相差 1 天。《太初历》非但没有纠正这个误差，为了凑合“朔旦冬至”这个历元条件，反而把这种误差加大了。依照《颛顼历》，这年冬至在癸亥日 20 时 15 分，《太初历》把它改动了 3 小时 45 分，凑成甲子日 0 时 0 分。

对于《太初历》的岁实，朔策都偏大这一缺点，落下闳是知道的，他指出“八百年后，此历差一日，当有圣人定之”。但他估计小了，125 年就差一日。

《太初历》最重要的进展是：以没有中气的月份为闰月，这样，就使月份、季节与实际气候配合得更好。这一方法两千多年来一直沿用，直至今天。

> 四时推移，故置十二中以定月位。有朔而无中者为闰月。中之始曰节，与中为二十四气，以除一岁日，为一气之日数也。

推二十四气术曰：……(《续汉书·律历志下》)

分赤道黄道为二十四气，一气相去十五度十六分之七，每一气者，黄道进退一度焉。……（张衡《浑仪》)

从《太初历》开始，对二十四节气的测定越来越完善。测定方法很多，且互相校正，编出了很多种二十四节气测定的数据表，内容一般包括：

太阳所在二十八宿度数：如冬至，日在斗二十一度八分退二；小寒，日在女二度七分进一，……

黄道去极度：如冬至百一十五度，小寒百一十三度，……

晷景：如冬至丈三尺，小寒丈二尺三寸，……

昼漏刻：如冬至四十五，小寒四十五。八分，……

夜漏刻：如冬至五十五，小寒五十四。二分，……

昏中星：如冬至奎六。弱，小寒娄六。半强退一，……

旦中星：如冬至亢二。少强退一，小寒低七。少弱退二，……

总之，大约公元前2世纪，二十四节气的天文定位就走向精密。不过，大约整个汉代，二十四节气都是用“平气”，也就是把一个回归年分为二十四等份来作为一个节气的长度，这样来安排节气和中气。

由于《太初历》采用了“置十二中以定月位”的办法，节气、中气、月份的关系基本固定了，如下表：

月份	正	二	三	四	五	六	七	八
节气	立春	惊蛰	清明	立夏	芒种	小暑	立秋	白露
中气	雨水	春分	谷雨	小满	夏至	大暑	处暑	秋分

九	十	十一	十二
寒露	立冬	大雪	小寒
霜降	小雪	冬至	大寒

二十四节气作为历法的一部分，不是从《太初历》开始，但《太初历》把节气的位置安排妥善了。

四、《续汉书》所志灵台、缇室及雨泽网

司马彪（？—约306年）所撰《续汉书》，对东汉史实记述较详。其中，保存了一些气象史料。有多种《后汉书》记载汉代的事，今本《后汉书》为南北朝时代南朝·宋·范晔所撰，“志”，也是从司马彪《续汉书》的“志”补入，其中也载有一些重要气象史实。这里以司马彪的记载为线索，参考其他典籍来叙述汉代的一些气象观测工作和初创的雨情网。

汉代官方的气象观测，是基于对阴阳之气及律吕的概念，即所谓“天效以景，地效以响”的想法来设计的。“天效以景”是进行晷影观测，“地效以响”是以律管为工具来进行观测。汉代《易》学家京房（公元前77—前37年）说：

> 夫十二律之变至于六十，犹八卦之变至于六十四也。宓羲作《易》，纪阴阳之初，以律为法。……（引《续汉书·律历志上》）

说从伏牺时代开始，用《易》八卦来纪阴阳气象，就是以律为法的。这事很难查证。但汉代测阴阳之气确实是出于这种想法。那时以为这样就能测定气候变化。

> 夫五音生于阴阳，分为十二律，转生六十，皆所以纪斗气，效物类也。
>
> 天效以景，地效以响，即律也。阴阳和则景至，律气应则灰除。是故天子常以日冬、夏至御殿前，合八能之士，陈八音，德乐均，度晷景，候钟律，权土炭，效阴阳。（《续汉书·律历志上》）

这里说冬至日和夏至日，天子亲御殿前，进行“候气”的工作。

“合八能之士”，都包括哪些能人，从候气的观测项目就可以知道。这些项目包括：

> (1) 德乐均：听审音乐是否和谐。
>
> (2) 度晷景：判断晷影是否正确。
>
> (3) 候钟律：查验律管所候的节气是否来到，这项工作是在缇室里进行的。
>
> (4) 权土炭：权衡土炭测定燥湿（阴阳）情形。
>
> (5) 效阴阳：审查各项观测记录，最后推定出阴阳之气的情况。

这里，实际观测项目是四项。这只是在冬至、夏至日，在天子主持下进行的一种仪式。实际工作是下面的人员常年进行的。

> 冬至阳气应，则乐均清，景长极，黄钟通，土炭轻而衡仰。
>
> 夏至阴气应，则乐均浊，景短极，蕤宾通，土炭重而衡低。
>
> 进退于先后五日之中，八能各以候状闻，太史封上。效则和，否则占。(《续汉书 · 律历志上》)

这里列举了四项候气指标“和”与“否”的标准。“八能”的所有观测人员，在天子审阅观测记录的前后五天都忙碌起米，把观测结果报告给太史，太史又上封事奏知天子。

这些标准中，乐均的“清”与“浊”，与阴阳对应，实际是指湿度指标。冬至天冷时“阳气应”，阳气指燥气；夏至“阴气应”，阴气指湿气。气燥，音乐才轻扬，才能出现“乐均清”。气湿，音乐低沉，出现“乐均浊”。景长不用解释。钟律是在缇室进行专门观测的。

> 候气之法，为室三重，户闭，涂衅必周，密布缇缦。室中

> 以木为案，每律各一，内庳外高，从其方位，加律其上，以葭莩灰抑其内端，案历而候之。气至者灰动。其为气所动者其灰散，人及风所动者其灰聚。(《续汉书·律历志上》)

候气室称为缇室，其设置十分严密。三层的屋子，密闭的门。衅是细缝，四壁细缝都严密地涂抹好。还要密密地布满缇缦。缇，橘红色；缦，帷幕。其严密程度，超过了今天气象台站的气压室。但这种方法是否测出了气压，尚需用实验才能证明。如不能测定气压或其他气象要素，这种观测设备就完全是故弄玄虚，没有多少价值了。

室中的木案，当是“举案齐眉”的案，即木盘。因为律有十二管，一个律管放一案，律管最长不过尺来长。这种案是按方位放置的。外高内低。律管低的一端压进了葭莩灰，就是“芦花”烧成的灰。葭莩很轻，古人可能以为它的灰更轻。而且蒹葭是能候气的，《诗经》有“蒹葭苍苍，白露为霜”。节气到了，灰就会动，就会从律管中逸出到木案里。冬至的律为黄钟，夏至的律为蕤宾。这种灰从律管里出来的现象，是节气的阴阳之气来到所造成的，还是人的活动和带进的风所造成的，是可以鉴别的。人为的灰出，灰聚而不散；节气的阴阳之气来到所造成的灰出，灰是散布均匀的。冬至应是长管（黄钟）里的灰出来，夏至应是短管（蕤宾）里的灰出来，不知是不是与气压高低有关系。北宋沈括《梦溪笔谈》追述这一方法时，把此法与隋代埋律管（可能与测地温有关）视为一件事，是把两者弄混了。测地温候气的律管是垂直埋入不同深度的。

关于土炭测湿，这种天平式的湿度计，在汉代几百年间是不断进行改进的。《淮南子·天文训》与《史记》记载了用土与炭，各悬于衡的两端。《淮南子·说山训》则说：“悬羽与炭而知燥湿之气。”改用了羽炭。还有用铁炭的。《汉书·李寻传》颜师古注引东汉孟康说：“‘悬土炭也’，以铁易土尔。先冬、夏至，悬铁炭于衡，各一端，令适停。冬，阳气至，炭仰而铁低；夏，阴气至，炭低而铁仰，以此候二至也。”

晷影、星象定节气是十分准确的，但那是指天文季节。实际气候是变化不定的，冬夏二至等节气的气候并不与天文季节相符，所以才在缇室、灵台进行观测，进行校正。“效则和，否则占。”这“否”就是天文季节到了，而气候节气未到或已过，这时就要用“占”，看一看上帝为什么这样安排，是什么意思，是吉还是凶。

> 殿中候用玉律十二，唯二至乃候。灵台用竹六十，候日如其律。(《续汉书·律历志上》)

在皇宫里进行观测，用十二支玉管，天子亲御即指此，只是在冬、夏二至进行。在灵台用的是六十支竹管。用玉是仪式，用竹才是日常工作。细致观测的日常工作是在灵台进行的。钟律候气需设缇室。灵台的设备计有：

(1) 测风设备：安装在楼顶上的相风鸟、铜凤凰、候风统等。

(2) 缇室：以十二律及六十律管候气。(气压？地温?)

(3) 日晷：晷景观测。

(4) 测湿设备：土炭、铁炭、羽炭等。

(5) 天文仪器：浑仪等。

(6) 降水仪器：承露盘等，测凝结情况。

(7) 地动仪：候风地动仪。

(8) 漏刻：测时间及二十四节气。

(9) 其他：灵沼，灵囿等，测物候。

可以认为，灵台是最早的有较完善设备的天文与气象合一的观象台。

中国气象史上，对风的认识很早，也占有重要地位。测风仪器的发明相当早。夏商时代以旗帜测风。甲骨文中还有伣字，这是竿子上系以飘动之物测风，后来发展为“八两”、“五两”，有多种文献记载。西汉时，用伣测风大约相当普遍。《淮南子·齐俗训》在谈到“不通于道者”时，说这些人“故终身隶于人，譬若伣之见风也，无须臾之间定矣”。人们在言论中用作譬喻的事物，总是普遍知晓的。

汉代铜制的测风仪，安装于长安宫南的灵台上，为张衡所制。铜凤凰是一种“下有转枢，向风若翔”的测风仪器，据《三辅黄图》记载，是太初元年（公元前104年）建立在建章宫阙上。张衡把自己发明的地动仪称为“候风地动仪”，是认为他的地动仪测量地震和他的候风仪测风一样准确灵敏，意即“跟候风仪同样可靠的地动仪”，说明人们对候风仪的功能没有怀疑。

东汉时候风仪有了一定程度的普及。1971年发现河北省安平县逯家庄东汉墓中绘有一幅大型建筑群的鸟瞰图，最突出的是一座钟鼓楼上绘有相风鸟。这是物证。①

东汉农业的发展，不仅促进了节气知识和某些观测方法的普及，开始了气象仪器的发明，而且还开始组建气象情报网。据《后汉书·礼仪志》记载：“自立春至立夏，尽立秋，郡国上雨泽。”天下各郡各国上报的“雨泽”，可能是报雨量，至少是上报湿土层深度（所谓“膏泽”）。在弄清楚是上报雨量或湿土深度之前，可以肯定一点：此时已有了统一的标准和方法，各地上报的“雨泽”才可以比较和使用。汉代已有了最初的气象情报网，这是很显然的。

五、《五行志》对灾异现象的记载和认识

汉代史书的天文、律历等志中，有《五行志》较为详细地记载罕见天象及灾异现象。其中，《汉书·五行志下》记载和评论了《春秋》所记鲁国十二公242年的36次日食，汉平帝二年（公元2年）以前汉代十二世212年的53次日食。对每次灾异现象，异常天象都与天气变化和人事吉凶相附会。引录了京房《易传》的“食二十占，其形二十有四”，作为对灾异现象的归类分析，系统认识。

---

① 李迪：《中国古代关于气象仪器的发明》，《大气科学》，1978年第3期。

亡师兹谓“不御”，厥异日食，其食也既，并食不一处。诛众失兹谓“生叛”，厥食既，光散。

纵畔兹谓“不明”，厥食先大雨三日，雨除而寒，寒而食。

专禄不封兹谓“不安”，厥食既。先日出而黑，反光外烛。

君臣不通兹谓“亡”，厥食三既。(《汉书·五行志下》)

这五种情况都是日全食（既）。其中“不明”是三天大雨之后，冷空气下来，天气转晴，发生日食。“不安”则是“带食而出”的景象，太阳刚出即已食去一部，另一部分反光。这大约是根据《春秋》以来的日食与天气、人事统计得出来的，不是很有内在联系的规则的系统，有时还把条件说得很具体，因而不可能是编造出来的。统计之后，再抽象出一定的名称，如“不御”、“生叛”等。

同姓上侵兹谓“诬君”，厥食四方有云，中央无云，其日大寒。

公欲弱主位兹谓“不知”，厥食中白青，四方赤，已时地震。

诸侯相侵兹谓“不承”，厥食三毁三复。

君疾善下谋上兹谓“乱”，厥食既，先雨雹，杀走兽。

弑君获位兹谓“逆”，厥食既，先风雨折木，日赤。

(《汉书·五行志下》)

这里后两种是在强风暴天气之后出现日全食，被认为对君王是“逆”、“乱”的不祥之兆。而前两种日食则伴有寒潮或地震。

内臣外乡（向）兹谓“背”，厥食，食且雨，地中鸣。

冢宰专政兹谓“因”，厥食先大风，食时日居云中，四方亡云。

伯正越职兹谓“分威”，厥食日中分。

诸侯争美于上兹谓“泰”，厥食日伤月，食半，天营而鸣。

赋不得兹谓“竭”，厥食星随而下。(《汉书·五行志下》)

“背”的“食且雨，地中鸣”不知何指，或许是在日食过程中忽然起云，下了雨，而且发生了地震。“因”日在云中能看到日食，那当是很薄的云。“泰”不是凶兆，“食半”是说只食去太阳的一半，天空是较明亮的。“竭”的“星随而下”，是在日食天暗之时见到了流星。

受命之臣专征云“试”，厥食虽侵光犹明，若文王臣独诛纣矣。

小人顺受命者征其君云“杀”，厥食五色，至大寒陨霜，若纣臣顺武王而诛纣矣。

诸侯更制兹谓“叛”，厥食三复三食，食已而风，地动。

適（嫡）让庶兹谓“生欲”，厥食日失位，光晻晻，月形见。

酒亡节兹谓“荒”，厥食乍青乍黑乍赤，明日大雨，发雾而寒。(《汉书·五行志下》)

这里“试”和“杀”不是凶兆，举了武王诛纣的例子。这说明“二十占”确实是统计以往日食资料得出来的。从中可以看出日食前后种种天气状况。这并不说明这些变化与人事有什么关系。去掉附会人事部分，可以认为这里记录了日食发生前后的气象情况。

中国古代对日、月食的推算，从夏代就开始研究了。汉代不仅对日、月食推算得较准确，而且对日、月、五星的运行周期、交食规律都掌握得很精密。虽有这样的认识，却仍然认为这是上帝的安排。要细致地观测、记录它，还要注意上帝态度的变化。这种变化不是用日月五星、四时气候的正常情况来表示，而是用风雨雷电、异常气候来表示。所以，《五行志》对于各种异常征兆的记载是很详细的。例如：

> 元帝永光元年四月，日色青白，亡景，正中时有景亡光。是夏寒，至九月，日乃有光。(《汉书·五行志下》)

汉元帝永光元年即公元前43年。“是夏寒”，说明这是一个夏季低温冷害年。值得注意的是，从四月到九月，从春到秋，整个夏半年都是日色青白，太阳光照到地面物体都没有影子（亡景），只是中午短时间有影子，也无强光。半年时间都是如此，这就不能用薄云蔽日来解释了。这是地球上发生了异常变化，可能是几起严重火山爆发，尘埃遮蔽日光达半年之久，并造成了气候异常，中国出现低温冷害。然而，那时人们却认为是上天的警告，弄得丞相只好挂冠而去。

第四节 《五星占》帛书的天文气象预测

1974年初发掘的湖南长沙马王堆3号汉墓，出土的帛书有《天文气象杂占》、《五星占》等8000字，29幅彗星图，为我们提供了汉代天文气象预测的资料。

3号汉墓安葬日期为汉元帝十二年二月乙巳朔戊辰，即公元前168年，按当时所用《颛顼历》为二月二十四日。《五星占》帛书记录了秦始皇元年（公元前246年）到汉文帝三年（公元前177年）七十年间木、土、金三大行星位置的观测值。可知《五星占》帛书的写作时间在公元前177—前168年之间。反映了西汉进行气候预测的方法。

《五星占》帛书在行星记录中，用了精确的角度、角分的概念：圆周为$365\frac{1}{4}$度，一度为24分。这种分度至少在秦始皇元年已经使用了，一直记录下来。《五星占》帛书详载了这些观测值，分析了五星行度，标志了行星对于恒星的视运动的顺、逆、迟、疾、留等状态。对行星的运动规律和周期，描述得清晰、准确。在此基础上，结合实际出现过的情况，找出规律，来校正四时变化和推测未来气候年景。

一、木星司岁及预测

木星从夏、商时代就作为岁星了。《五星占》帛书根据七十年观测资料，总结了木星司岁和占候的规律。

> 木，左右进退之经度，日行二十分，十二日而行一度。……列星监正，九州以次，岁十二者，天干也。(《五星占·木星》)

这里说的是木星的十二年周期，木星主十二岁，是列星的“监正”，并按十二次的“分野”管天下九州。

> 其失次以下一舍二舍三舍，是谓天缩，纽，其下之国有忧，将亡，将倾败。其失次以上一舍二舍三舍，是为天赢，于是岁天下大水，不乃天裂，不乃地动；纽亦同占。(《五星占·木星》)

《史记·天官书》说：“其趋舍而前曰赢，退舍曰缩。”二十八宿随天运行，即自西向东运动。这里的“天缩”，指木星对于二十八宿的运动是逆行，即自东向西运动；“天赢”则是顺行，即自西向东运动。由顺转逆或由逆转顺的过程中，都有一个暂时停顿不动的时期，这里称为“纽”，也称为“留”。

岁星每年在十二次间运行一次，一次含有二十八宿的二、三宿。“其失次以下”是说木星过了某年的宿次以后，它的运动是逆行或纽，一舍二舍三舍大约相当于一次（一年），预测该次所属分野的地方，国家有忧，或败亡。

“其失次以上”是指木星过了某年宿次以后顺行或纽，该一年左右有大水灾。天裂是天雨不止。或者发生地震。

这是按木星的十二年周期来预测气候趋势和社会形势。这种办法《计倪子》里就曾用过，但那时的观测工作要粗疏一些。

二、金星司日及预测

金星与木星不同，它是地内行星。地面上看来，他总是在太阳附近活动，角距有一定范围，最大距离为43—48度。《五星占》帛书记载了用金星预测水旱、彗星、天矢、甲兵、死丧等自然灾害和凶兆。

金星又称太白星，是除太阳、月亮外最明亮的天体，当它运行到太阳前面（西边）时，早晨先于太阳升起在东方，称为启明星；黄昏日落后它还在地平线上，称为长庚星。

> 太白与岁星相遇，太白在南，岁星在北方，命曰牝牡，年谷大熟；太白在北，岁星在南方，年或有或无。
>
> 月食岁星，不出十三年，国饥亡……(《五星占·金星》)

《史记·天官书》也曾记载："金在南曰牝牡，年谷熟。"这方面的预测方法，《五星占》帛书与《史记》一致。这类预测气候的方法，当时在南方、北方可能都流行。

三、水星主四时及预测

水星又叫辰星，离太阳很近，大距时与太阳的角距离仅18—28度，因此常被黎明前的曙光或黄昏的暮光所掩盖，无法见到它。也正因为它几乎经常和太阳同位，所以可用它来"正四时"。

> 辰星主正四时，春分效娄，夏至效鬼（或井），秋分效亢，冬至效牵牛。一时不出，其时不利；四时不出，天下大饥。
>
> 其出早于时为月食，其出晚于时为天矢彗星。其出不当其效，其时当旱反雨，当雨反旱；当温反寒，当寒反温。(《五星占·水星》)

"效"，这里释为"出现"。水星主四时是符合科学道理的。秦汉时代，春分、夏至、秋分、冬至太阳的位置正好在娄、鬼（或井）、亢、牛四宿，水星也跟着太阳在这四宿。因此，观测水星也可以确定二分二至。《甘石星经》也引用了这番话。

"一时不出"、"四时不出"，这与水星绕太阳运动的位置有关。所谓"不出"，并非真不出，而是被太阳光焰掩盖了。由此可知：

> 春分时在娄宿见不到辰星，春季的气候不利于农业；
> 夏至在鬼宿（井宿）见不到辰星，夏季的气候不利于农业；
> 秋分时在亢宿见不到辰星，秋季的气候不利于农业；
> 冬至时在牛宿见不到辰星，冬季的气候不利于农业；
> 如果这四个节气辰星都不出现，气候就连续异常，要发生大饥荒。

这些经验的起源，可能是相当早的。农业得力于太阳，人们最早重视观测的对象是太阳，可能就发现了它近处的水星时有时无。古农字为"農"，上面是方块田，下面就是"辰"，它可能泛指天上星辰，也可能就是水星。

不到时候水星就出现，或者延迟出现，就会出现月食、天矢、彗星等异常天象。水星不是在二分二至的时间和对应的星宿出现，那时的气温、雨量变化就会反常："当旱反雨，当雨反旱；当温反寒，当寒反温。"

总的来看，《五星占》帛书里的这些天文气象预测，是以严密的观测资料和总结了以往经验为其基础的，是以行星运行状况和周期来预测气候变化，对当时生产可能起了一定作用。至于附会人事的一些东西，如亡国，甲兵、夭丧之类，则是受传统的天命论思想影响，误把个别历史现象提高到普遍规律，是没有多少道理的。

第五节 秦汉农书中的农业气象知识及谚语

秦汉时代最重要的农书，有西汉氾胜之所撰《氾胜之书》和东汉崔寔所撰《四民月令》等。可惜两书均佚，我们只能根据辑佚本来了解其中的农业气象知识。此外，据传崔寔编选的《农家谚》，是最早的气象谚语专集，其中也有农业气象知识。此书也佚，《说郛》引有书中一些谚语。

《氾胜之书》发展了先秦农学，提出了区田法和溲种法。书中还论及耕田法、种麦法、种瓜法、种谷法、穗选法、调节稻田水温法、桑苗截干法等。这些都反映了当时的农业技术水平，也看出其中农业气象知识水平。这些方法都涉及气象条件和农业气象效应。特别是调节稻田水温，需要有一定的田间气候知识。

区田法是在总结了自古以来的耕作方法，根据我国北方气候特点，考虑到有利于蓄水保墒的小气候效应而创造出来的。

> 《氾胜之书·区种法》曰："汤有旱灾，伊尹作为区田，教民粪种，负水浇稼。……
>
> 诸山陵近邑高危倾坂及邱城上，皆可为区田。区田不耕旁地，庶尽地力。不区不种，不先治地，便荒地为之。以亩为率，上农夫一亩三千七百区，亩收百斛。中农夫一亩千二百七十区，收粟五十一石。下农夫一亩五百六十七区，收二十八石。"自注云："谚曰：顷不比亩善。谓多恶不如少善也。"（据《齐民要术》引）

《齐民要术》引《氾胜之书》是很可靠的。这是氾胜之把发明区田法的功劳记在伊尹名下，只不过是为了托名先贤以便推广他的创造。

汉代的亩是大亩，一亩为240步，相当于57000平方步；一亩3700区，那么每区约占16平方步。这是一个相当于四步见方的田畦的面积。这样的小区，不论在什么地方都可以耕作。禾稼种在低洼处，既能保湿，又不跑肥，又便于浇灌。

《氾胜之书》作者熟悉各种作物的生物学特性及所需农业气象条件。如种麦：

> 麦生黄色，伤于太稠。稠者锄而稀之。秋锄以棘柴耧之，以壅麦根。故谚曰：“子欲富，黄金覆。”谓秋锄麦曳柴壅麦根也。至春冻解，转柴曳之实，绝其干黄。顶麦生，复锄之，到榆荚时注雨止。候土白背复锄。如此则收必倍。（据《齐民要术》引）

从冬小麦越冬前到反青后，一道道工序，都具有保湿、保温、保苗的小气候效应。这些改善植株小气候条件的方法是十分有效的。谷子防霜：

> 植禾，夏至后八十、九十日，常夜半候之，天有霜若白露下，以平明时，令两人持长索相对，各持一端，以槩禾中，去霜露，日出乃止。如此，禾稼五谷不伤矣。（据《齐民要术》引）

这是防止禾谷成熟时的秋霜（初霜）。还有黍（粘小米）种后、未成穗前的凉露、雨灌：

> 黍心未生，雨灌其心，心伤无实。黍心初生，畏天露。令两人对持长索，搜去其露，日出乃止。（据《齐民要术》引）

这种拉绳防霜去露的方法，在实践中是颇为有效的。这也反映了古代一家一户的农业经营的精耕细作的传统。

《氾胜之书》虽然记载的是从陕西关中地区气候条件出发积累起来的科学知识，但也适用于我国北方广大地区。因为就气候情况来说，都处于半干燥的气候区，都要注意保湿，注意利用冬雪。在这些方面，《氾胜之书》都有宝贵的贡献。

> 春冻解，地气始通，土一和解。夏至，天气始暑，阴气始盛，土复解。夏至后九十日，昼夜分，天地气和。以此时耕田，一而当五，名曰膏泽，皆得时功。(据《齐民要术》引)

暑天的“阴气始盛”是指湿气盛。这里讲春耕、夏耕、秋耕的“得时功”问题，就是掌握土壤条件的“和”与“解”的问题。“和”是指天地气和，是指温度适宜。春天地化通后，是土壤第一次的“和”与“解”。夏天温度高，湿度大，土壤“复解”，由于硬而变酥润。可知“解”是指土壤湿润而疏松、通气，是“膏泽”的必要条件。秋分时是第三次天地气和。掌握的土壤条件进行“三耕”，完成春播、夏播、秋播，就可“一而当五”。保墒防旱不是一种临时措施，而是一年四季都要注意的事情，利用冬雪也很重要。

> 冬雨雪止，辄以蔺之，掩地雪，勿使从风飞去；后雪复蔺之，则立春保泽，冻虫死，来年宜稼。(据《齐民要术》引)

“雨雪止”是“下雪止”，非有雨。蔺之，即躏之，进行踏、压，使雪贴地而紧密。再下一次雪，就再进行一次压雪保墒。每场雪都压实在地里，不让跑掉。这样不仅能“保泽”，而且还能消灭田间害虫。农民喜雪，瑞雪兆丰年，是很有道理的。

《四民月令》是仿《礼记·月令》的体例，逐月叙述各种生产活动和生活活动的书。可见对于各月各季气象、物候的描写较为全面。现在的辑本都残缺不全，但可以看出东汉时代洛阳一带的经济、文化生活。《四民月令》在叙述农业生产时，引用了一些有关气象的谚语，如：

> 二月昏，参星夕，杏花盛，桑叶赤（一为桑作椹）。
> 蜻蛉鸣，衣裘成。蟋蟀鸣，懒妇惊。
> 河射角，堪夜作。犁星没，水生骨。(引《古谣谚》)

前面第一条是掌握春播时机的星象、物候。第二条的两种虫鸣，是秋收时节之后，天气将要变冷的物候。早在春秋时代，民间对蟋蟀就有跟踪描述。这里没有什么进步之处。第三条，“河”是指银河，“角”是指东方苍龙之首的角宿。天河斜穿苍龙指向西北，物换春回，是生产大忙之时，所以“堪夜作”。至今东北民间还有“银河吊角，鸡报春早”的谚语。这是看银河走向掌握农时。“犁”是指三星横斜若犁，是心宿三星。大火（心）西沉备寒衣，三星没了，天就冷了，当在十二月。“水生骨”，即水结冰。

崔寔在写作中喜欢引用一些谚语，所以他编选过《农家谚》是可能的。但《农家谚》既已早佚，又无辑本。只是元末明初陶宗仪编大型笔记丛书《说郛》引录了一部分。清代咸丰年间杜文澜编《古谣谚》时，见到这些谚语在其他书中也有，疑其大半出现在汉代以后，非崔氏之书，所以“将他书所有者，分别析出”。这样，在《古谣谚》里，崔寔《农家谚》条目下就只剩一首谚语了。这首谚语是《冬青谚》：“冬青花，不落湿沙”，是说冬青开花的时节天气干燥。

其实，既是谚语，它便四处流传，诸书引录并不奇怪。既可归于诸书，自然也可归于《农家谚》。《说郛》引崔寔《农家谚》有一条：“舶舻风云起，旱魃深欢喜。”这是对东南季风与旱涝关系最早的记述。对这种风，与崔寔同在东汉时代的应劭也曾谈及。他在《风俗通》里说：“五月有落梅风，江淮以为信风。”这是盛夏开始的风，东汉民间对东南季风有这样的认识，说明崔寔引谚确有可能。崔寔编选《农家谚》也确有可能。

第六节　二十四节气之外的杂节

除了二十四节气之外，还有许多杂节，具有气象意义。普及于王室及民间，而且起源也很古老。这些杂节包括伏、九、腊、梅、社……反映生产、生活活动及社会风习，并多与祭祀有关。

1972 年山东临沂银雀山二号西汉墓出土竹简历书一份，计三十二枚，称为《汉武帝元光元年历谱》，基本完整地记载着元光元年（公元前134年）全年的日历。这是《太初历》颁行前三十年的历书，是实行秦制，用《颛顼历》的情况。历书在每日干支下，记有节气名称，还记有二十四节气之外的伏、腊等杂节名。

伏这个杂节起源相当早。据《史记·秦本记》："德公二年初伏。"秦德公二年为公元前676年，还在春秋早期，就有数伏这个习俗了。"初伏"，是开始在伏日作祭祀。伏这个辞本身就有天文气象的意义，是指某宿、某星到了某个季节，就在初昏时落入西边地平线下，不见了。作为杂节的伏，气候意义是阳气始伏。规定从夏至后算起，第三个庚日为初伏，第四个庚日为中伏，立秋后第一个庚日为末伏。汉代对伏这个杂节比秦代重视，这一天皇帝还赏赐肉给近臣。《汉书·东方朔传》："伏日，诏赐从官肉。"颜师古注："伏者，谓阴气将起，迫于残阳而未得升，故为藏伏，因名伏日也。立秋之后，以金代火，金畏于火，故至庚日必伏。庚，金也。"这样说，意思倒差不多，但概念不准确。按颜注，前句是说阴气伏，后句是说金（庚）伏。实际应是阳气伏，火伏，而不是阴气伏，金伏。阴气与金是处于升势。

夏至后数伏，是十天一伏。古代夏至后还数九。因为九者，究也，是"天之大数"。夏天数九的习俗没有流传到今天，但也流行了千年以上时间。我们从《古谣谚》中可以看到"冬数九歌"和"夏数九歌"，且是有好几种书中提到。这两种数九歌是从南北朝时代流传下来的。①

冬至后数九的习俗起于春秋战国时代，而最早的数九歌谚已不能找到。现在所见到的九九歌均产生于汉代以后，故不引用。从《古谣谚》的冬、夏九九歌来看，其内容基本为气象（气候）描述，杂以生活和农事活动。现代的冬九九歌也是如此。各地歌词不同，总的规律是：一九、二九，天气开始冷起来，到三九达到最严寒，四九仍很冷，五九、六九天气开始回暖，七九、八九冬去春来，到九九已是春日融融的艳阳天了。

腊日，指十二月八日。由商代的百神大祭蜡祭，到周代祭祖先

① （清）杜文澜辑：《古谣谚》，中华书局1958年版，第618页。

的腊祭，时间由秋变到冬；秦代以十二月八日为腊日，汉代因之。这种祭祀也是祭八方风和预测来年之景（占岁）的日子。《吕氏春秋·季冬纪》："命有司大傩，旁磔，出土牛。"这是在腊日前一天举行大傩舞，是驱鬼的大型假面舞。驱逐各种害人妖魔以及水旱病虫等灾害。

梅指梅雨季节，黄梅天气。汉代应劭的《风俗通》说民间把五月江淮一带的东南信风称为"黄梅风"。大约在这同时，人们把黄梅时节的雨称为"黄梅雨"。而文字记载"黄梅雨"是南北朝时代梁元帝《纂要》："梅熟而雨曰梅雨"，记下了几百年前民间的叫法。至于把芒种后的丙日作为入梅，夏至后的壬日作为出梅，则更是后来的事了。

社，有春社、秋社之分。公社是最古老的地方基层行政组织，国家形成之初的夏代就已普遍存在。二十五家为社，社有社庙作为祭祀和集会场所。社日要进行迎神赛会。汉代以前只有春社，是立春后的第五个戊日。汉代以后有春秋二社，秋社是立秋后第五个戊日。《月令通考》有谚语：

> 分社同一日，低田尽叫屈。
> 秋分在社前，斗米换斗钱；秋分在社后，斗米换斗豆。

前一条谚语是说，立春后第五个戊日正好在春分这一天，这一年就会偏涝。后一条谚语是说，社日在秋分前，粮贵；社日在秋分后，豆贵。这又是一种占气候年景的经验方法。

后来，杂节越演越多。清明前一日为寒食，说是为纪念介之推，一天不举火。节火，对于防止森林火灾有价值。正月正，二月二，三月三，五月五，七月七，九月九等，都为节日。二月二是龙抬头，从此雨水调匀。三月三是"上巳节"，到水边洗濯以祈福驱邪。西南地区少数民族至今对三月三仍十分重视。五月五是端阳节，纪念屈原。七月七为七巧，牛郎织女故事，早在《诗经》里就有记载了。九月九为重阳节，登高望远。这些杂节多与人们的文化生活有关，反映了气象与精神生活的关系，大多因某种良好气象条件而起兴，许多节气注重一个“阳”字，如端阳、重阳，反映天高气爽，宜于郊游。

第七节 《淮南子》及二十四节气的定型

《淮南子》又称《鸿烈》、《淮南鸿烈》。西汉淮南王刘安（公元前179—前122年）组织他的门客所编著。据东汉高诱《淮南鸿烈解·序》所载，参与写作的有苏飞、李尚、左吴、田由、雷被、毛被、伍被、晋昌八人以及大山、小山诸儒。《汉书·艺文志》著录此书有内二十一篇，外三十三篇。内篇论道，外篇杂说。现存内二十一篇。那时尚未形成“独尊儒术”的局面。刘安好为仙道，思想倾向于杂家。《淮南子》的内容，大体以道家的自然观、天道观为中心思想，综合了先秦道、法、阴阳等家的观点。书中记有西汉、先秦乃至遥远古代的很多自然科学知识。

《淮南子》的写作与《吕氏春秋》有相似的地方，即它不是刘安等人的创作，而是大量综述已有的成果。这些知识，有的本身能考证出产生的时间，有的与别的典籍映证能确定其产生年代。因此，《淮南子》有关气象、天文的一些知识，已在有关章节引用过的，这里不再赘述。本节讨论两个问题。

一、《淮南子》的自然观及对大气现象的解释

《淮南子》的自然观，基本上是道家的天道观，但已不是早期道家的思想，而是汉初黄老学派的思想。这个学派的思想，具有朴素辩证法的因素。基本观点仍然是以阴阳精气为天地万物的根本。

> 天地之袭精为阴阳，阴阳之专精为四时，四时之散精为万物。(《淮南子·天文训》)

这里把四时（春夏秋冬）在物质世界的作用看得很高，四时的概念已经扩大了。为解释天地、四时、万物，提出了“袭精”、“专精”、“散精”的概念。精，就是精气。袭，有接触、合、和的意

思。“天地之袭精为阴阳”，是说阴阳两种精气合成了天地，或者说天地的精气就是可以分合的阴阳之气。天地即阴阳。专，有单纯、一心一意的意思。《吕氏春秋·论感》说：“并气专精，心无有虑，目无有视，耳无所闻。”“阴阳之专精为四时”，是说春夏秋冬四时变化，是单纯的阴阳两种精气自然变化的结果。“散精”是天地、阴阳、四时之气推广到万物，万物都有阴阳。简单地说，天地万物都是阴阳精气构成，万物都可分为阴阳，如具有冷热、表里这些特性。《淮南子》对各种自然现象的解释，都是从这种基本认识出发来进行的。

> 四时者，天之吏也；日月者，天之使也；星辰者，天之期也；虹蜺者，天之忌也。(《淮南子·天文训》)

这里又提出了天吏、天使、天期、天忌的概念。这里的天，是“天法道，道法自然”的天。四时变化管着万物生荣，是天吏。日月光照万物，是天使。星辰决定历数，是天期。只是对虹蜺现象有些过于重视，又过于贬低。重视，是把虹蜺与日月、星辰、四时并列；贬低，是认为它是“天忌”。天上彩虹是壮丽的，可惜古人把它视为凶兆，所以成了天忌。

> 天地之大，可以矩表识也；日月之行，可以律历得也；雷震之声，可以鼓钟写也；风雨之变，可以音律知也。(《淮南子·本经训》)

《淮南子》认为，俱有物质性的天地、四时、风雨、雷电是可以认识的，可以用各种工具来进行测量，对天空和大地可以用矩表，即用勾股定律和标竿来测量，对日月运行可以按律历来测算；对风雨变化可以用音律来预测，这些都是正确的。那时对雷电不能测定，只能用鼓钟来模拟它的声音。

> 悬羽与炭，而知燥湿之气。以小明大，见一叶落而知岁之

将暮，睹瓶中之冰，而知天下之寒(《淮南子·说山训》)

这里提到三种观测方法：测湿度用羽炭，测季节用物候，测温度用水瓶。后者走到了液体测温仪器的门口，却没有跨进门去。这些方法是简易而有效的。就是通过这些简易的观测，抽象出了较深的气象变化理论认识。如对于羽炭测湿原理的解释：

……阳气为火，阴气为水。水胜，故夏至湿，火胜，故冬至燥。燥故炭轻，湿故炭重。

这样，就可以用羽炭来测燥湿，掌握气候情况，季节变化。

阳气起于东北，尽于西南；阴气起于西南，尽于东北。阴阳之始，皆调适相似。(《淮南子·诠言训》)

何谓八风？东北曰炎风，东方曰条风，东南曰景风，南方曰巨风，西南曰凉风，西方曰飂风，西北曰丽风，北方曰寒风。(《淮南子·坠形训》)

八风的变化就是季风变化。冷暖、燥湿是随季风而变化的。季风变为西南风，称为凉风，秋天开始，阴气起于西南，从此进入冬半年。直到季风变为东北风，称为炎风，即干暖之风，阳气起于东北，从此进入夏半年。“阴阳之始”指春秋过渡季节，气候的冷暖燥湿“皆调适相似”，而冬夏两季气候则相反。这两段话是对四时气候及季风完整系统的描述。

天之偏气，怒者为风；地之含气，和者为雨。阴阳相薄，感而为雷，激而为霆，乱而为雾。阳气胜则散而为雨露，阴气胜则凝而为霜雪。(《淮南子·天文训》)

这里认为风是由于被激发（怒）的偏气而形成的。那时没有气压的概念，但是猜想到了有一种自然力量使气有“偏”有“正”，产生不平而被激发（怒），这样就出现了风。雨则为地气——从地上升腾的水汽相和而成。如果阴阳二气（冷暖、燥湿之气）相接近而且激烈交汇（薄、感、激），就产生了雷霆。雾则是阴阳之气相混合（乱）而形成的。温度高（阳气胜）就形成雨露，温度低（阴气胜）就凝成霜雪。这些解释，都有一定道理。这些与同时代的董仲舒等人的观点是明显对立的。

二、二十四节气的发展和定型

二十四节气经历了数千年的发展，到《淮南子》的时代，已从各方面完成并定型了。

最早出现的节气，是冬、夏二至。这是万年之前，靠观测太阳定季节的原始人类就已掌握了的。掌握了这两个节气，就知道了一年的长度。在这之前，观察几度青草发芽，几度花开花落，用物候把握岁月变化，已积累了一定经验。那是确定季节的努力的起点。

掌握了冬夏二至之后的几千年，人们探索季节规律，沿着物候和天象两个方向发展。逐渐认识了春秋二分，知道一年有两个时候昼夜等长，那就是燕子归宋和飞去的时候，即所谓“玄鸟司分”。这正是传说史的时代。然而，这段历史实际上是存在的，并非传说。分出了四时、四方，进而又分出了八节。经过龙纪、云纪、鸟纪的各种物候测天时代（这是节气史上最漫长的时代），又开辟了观星候气的新时代。物候定季节在夏代结出硕果，观星候气在殷代掀起高潮。“郁郁乎文哉”的周朝，开始制定细致的节气。《管子·幼官》保存太公古法，出现了三十节气，但未能流行开来。由于十二次和二十八宿结合的天空区划方法占了主导地位，二十四节气的方法逐渐被采用。

春秋战国之际，公元前430年前后100年期间，精密地测定了十二次的“初”与“中”，即二十四节气的“节气”与“中气”，这是二十四节气天文定位的完成。这时，二十四节气的名称还未定型。有几个节气的名称在除《逸周书》之外的先秦典籍中尚未见到。《逸周书·时则训》有完整的二十四节气和七十二候的排列。这个节气系统，这种排列，在《逸周书》的时代出现是完全可能的。只是其中的节气名称，显然经过汉人校订。原注“古雨水在惊蛰后，前汉末始易之”，说明在《淮南子》后一百多年，大约在刘歆乱篡古籍的时候，有人还对《逸周书》的二十四节气名称作过变动。节气名称可以改变，但物候期却是不能变动的。因此，可以认为《逸周书》对二十四节气和七十二候系统的排列是可信的，但原书的节气名称如何，实难肯定。按理《逸周书》二十四节气名称与现在相同者不应多于《吕氏春秋》，因为它更早些。是《淮南子》照抄《逸周书》，或者是汉人按《淮南子》来订正《逸周书》二十四节气名称，这是一个悬案。也许将来地下实物能解开这个谜。

《淮南子》的二十四节气，是根据斗建和律吕来确定的，有关的全部文字如下：

八月二月，阴阳气均，日夜平分。

子午、卯酉为二绳，丑寅、辰巳、未申、戌亥为四钩。东北为报德之维也，西南为背阳之维，东南为常羊之维，西北为蹄通之维。日冬至，则北斗中绳……

十五日为一节，以生二十四时之变。

斗指子则冬至，音比黄钟。

加十五日指癸则小寒，音比应钟。

加十五日指丑则大寒，音比无射。

加十五日指报德之维，则越阴在地，故曰距日冬至四十六日而立春，阳气解冻，音比南吕。

加十五日指寅则雨水，音比夷则。

加十五日指甲则雷惊蛰，音比林钟。

加十五日指卯中绳，故曰春分，则雷行，音比蕤宾。

加十五日指乙则清明风至，音比仲吕。

加十五日指辰则谷雨。音比姑洗。

加十五日指常羊之维，则春分尽，故曰有四十六日而立夏，大风济，音比夹钟。

加十五日指巳则小满，音比太簇。

加十五日指丙则芒种，音比太吕。

加十五日指午则阳气极，故曰有四十六日而夏至，音比黄钟。

加十五日指丁则小暑，音比太吕。

加十五日指未则大暑，音比太簇。

加十五日指背阳之维，则夏分尽，故曰有四十六日而立秋，凉风至，音比夹钟。

加十五日指申则处暑，音比姑洗。

加十五日指庚则白露降，音比仲吕。

加十五日指酉中绳，故曰秋分，雷戒，蛰虫北乡，音比蕤宾。

加十五日指辛则寒露，音比林钟。

加十五日指戌则霜降，音比夷则。

加十五日指蹄通之维，则秋分尽，故曰有四十六日而立冬，草木皆死，音比南吕。

加十五日指亥则小雪，音比无射。

加十五日指壬则大雪，音比应钟。

加十五日指子。故曰阳生于子，阴生于午。阳生于子，故十一月日冬至。……(《淮南子·天文训》)

这就是古代文献中最早对二十四节气的系统排列。这些节气名称，两千多年来没有改变。所以说这是二十四节气定型的形式。每个节气的气候意义，节气名称本身就简明地表达出来了。

关于十二律的气候意义，《淮南子》所表述的与《汉书》不同。《汉书》里，一年十二个月正好排满十二律。二十四节气每个单元只有半个月，所以《淮南子》里从冬至到夏至，十二个节气已将十二律排完了；从夏至到冬至又倒过来，十二个节气再把十二律排一次。这样，差别就大了。比如正月，《汉书》说对应太簇一律；《淮南子》则是音比南吕、夷则两律。六月，《汉书》说对应林钟一律；《淮南子》则是音比太吕、太簇两律。冬至、夏至，在《淮南子》里都是与黄钟对应。这样，《汉书》对十二律气象意义的解释，在这里就不能用了。

《淮南子》是按“斗转星移”的原则，根据北斗星斗柄的指向来定二十四节气的。首先，用子午、卯酉“二绳”来正春夏秋冬。子午线（绳）就是正南北线，卯酉线就是正东西线。正如《鹖冠子》所说，斗柄东指天下皆春，斗柄南指天下皆夏，斗柄西指天下皆秋，斗柄北指天下皆冬。所以指子、卯、午、酉分别是冬至，春分、夏至、秋分。

其次，用丑寅、辰巳、未申、戌亥来构成“四钩”，分布在由“二绳”分割成的东北、东南、西南、西北四个象限之内。“四钩”和“二绳”包含了全部十二支，也只能表示十二个方位。

于是又加上“四维”：正东北为“报德之维”，正东南为“常羊之维”，正西南为“背阳之维”，正西北为“蹄通之维”。这样就表示出了十六个方位。

如果加上十干，就能表示二十六个方位了。定二十四节气只需要划分为二十四个方位，因此必须从十干中去掉两个。正好，十干之中的“中央戊己属土”，这个方位是没有必要的。去掉戊己，剩下的是：东方甲乙属木，南方丙丁属火，西方庚辛属金，北方壬癸属水。这八干正好排在子午、卯酉“二绳”的近旁。这样就确定了《淮南子》划分天空为二十四个方位的顺序。

《淮南子》在这一段叙述中，对各个节气的气候意义一般没有解释。只对处于“二绳”、“四维”上的八个节气作了气候意义的简要描述。子午线上的冬、夏二至，分别为阴、阳之极，极则反，所以说“阳生于子（冬至），阴生于午（夏至）”。

处于卯酉线上的春分为“雷行”，秋分为“雷戒，蛰虫北乡”。这是冬半年和夏半年的分界。

处于四维上的四个节气是“四立”。“立春，阳气解冻”；“立夏，大风济”；“立秋，凉风至”；“立冬，草木皆死”。这些气候描写十分准确，精湛。比如立夏，至今群众中还流传“立夏鹅毛住”的天气谚语，意思是说多风的春季天气到立夏就结束了，所以说“大风济”。

古代气象科学，是以气候学为主导的。到《淮南子》时代，古代气候学知识体系已臻于完善。二十四节气的气候描述，在精密的天文定位的基础上已经完全定型了。这是中国古代气象科学发展史上的一个高峰。二十四节气用于中国农业的经济效益是十分巨大的。两千多年来，它对中国人民生产、生活各个方面都起着重要作用。没有一种自然科学的系统知识能像这样普及、深入、持久、经常地影响到全体社会成员的生产和生活。

附传 与气象有关的人物

一、张苍

张苍（公元前256—前152年），汉初历算家。阳武（今河南省原阳县东南）人。曾为秦御史，获罪亡归，从刘邦起兵，因功封北平侯。汉文帝时为丞相十余年，曾改定音律，历法。长寿，活一百余岁。《汉书·艺文志》著录阴阳家《张苍》十六篇，今佚。阴阳家讲“数”，研究天文、气象、历数。

二、刘安

刘安（公元前179—前122年），西汉思想家。沛郡丰（今江苏省丰县）人。汉高祖刘邦之孙，袭父封为淮南王。好读书，博学能文。招致四方宾客方术之士数千人。在他主持下，集体编撰《鸿烈》一书，后称《淮南鸿烈》、《淮南子》。其书以道家的自然观为中心，综合先秦道、阴阳、法、名各家思想，反映了当时的科学文化知识和学术水平。《汉书·艺文志》把《淮南子》列为杂家著作。刘安政治上主张“无为而治”，思想上反对儒家。元狩元年（公元前122年）有人告刘安谋反，下狱，自杀。受株连者达数千人。

三、董仲舒

董仲舒（公元前179—前104年），西汉哲学家，今文经学大师。广川（今河北省枣强县东）人。少时专攻《春秋公羊传》，汉景帝时为博士。汉武帝举贤良文学之士，董仲舒上“天人三策”，建议“罢黜百家，独尊儒术”，为武帝所采纳，从此开始了二千多年以儒学为正统思想的局面。曾因言谈灾异事下狱，后被赦免。为胶西王相，恐再获罪，以病居家。朝中有大事，常遣使至其家咨询，著有《春秋繁露》及《董子文集》。董仲舒发展儒家的天命论思想，提出“天人感应”的目的论，把儒家学说变为宗教神学。这种思想是后来谶纬神学的理论基础。

四、司马谈、司马迁

司马谈（？—前110年），西汉史学家，思想家。夏阳（今陕西省韩城县南）人。汉武帝时任太史令。他的《论六家要指》评述了阴阳、儒、墨、名、法、道等先秦六家学说，认为道家最能综合各家之长，推崇道家思想“立俗施事，无所不宜”。（见《史记·太史公自序》）。他根据古籍撰写史书，死后由其子司马迁续成为《史记》。

司马迁（公元前145—前86年），西汉史学家、思想家和文学家，字子长。司马谈之子。早年曾游历天下，涉汶、泗，渡江、淮，浮沅、湘，西至巴、蜀及邛、笮、昆明等地。考察南北风习，采集民间传说。初任郎中。元封三年（公元前108年）继父职任太史令，得读史官所藏图书。后来因为李陵投降匈奴辩护，治罪下狱，处以宫刑。出狱后任中书令，发愤著书，完成父业，修完《史记》。开创了我国纪传体史书的形式。这也是我国第一部通史。书中的传记，是优秀的文学作品。所作《报任少卿书》，对下狱受刑经历和他著书的志愿有动人叙述。

五、班彪、班固、班超、班昭

《汉书》世称“班史”。一家人前仆后继修史，为后世留下了宝贵的历史资料，也包括天文气象等科学史资料。

班彪（公元3—54年），东汉史学家。字叔皮。扶风安陵（今陕西省咸阳市东北）人。西汉末年曾避乱天水，劝窦融支持汉光武帝。东汉初任徐令，因病免官，专事史学。司马迁《史记》记事止于汉武帝太初年间。班彪收集资料作《史记·后传》六十余篇，后由其子班固续修成《汉书》，又由其女班昭补充完稿。

班固（公元32—92年），东汉史学家，文学家。字孟坚。班彪长子。继父志续修《史记·后传》，被人告发私改国史，系京兆狱。经过其弟班超上书辩白，获释。汉明帝诏为兰台令史，又升迁为郎，典校秘书，奉诏完成其父所著书。历二十年，修成《汉书》。文辞渊雅，叙事赡详。唯八表及天文志未完成而卒，后由其妹班昭完成。汉章帝于建初四年（公元79年）诏儒生博士在白虎观讨论五经同异，辩论结果由班固撰成《白虎通义》。班固长于辞赋，作有《两都赋》等。汉和帝永元元年（公元89年）窦宪征匈奴，命班固为护军。永元四年（公元92年）宦官擅权杀窦宪，班固被洛阳令捕系，死于狱中。后人编辑他的著作为《班兰台集》。

班超（公元33—103年），东汉名将。字仲升。班彪少子。父卒家贫，投笔从戎。永平十六年（公元73年）从窦固击北匈奴。奉命率吏士三十六人出使西域，平定西域各国，保障"丝绸之路"畅通。任西域都护，封定远侯。曾遣甘英出使大秦（罗马帝国）。在西域三十一年。其妹班昭以其年老，上书乞归。永元十五年（公元103年）回洛阳，拜射声校尉。同年病卒。

班昭（约公元49—120年），东汉史学家。班彪女。一名姬，字惠班。嫁曹世叔，早寡。其兄班固死时，所撰《汉书》的八表及天文志遗稿散乱，未完成，她奉诏与马续共同续撰。汉和帝常召她入宫，任皇后及嫔妃教师。人们称她为曹大家（姑）。《汉书》初出，读者多不通晓，她教授马融等诵读。著有《东征赋》、《女诫》。班昭是第一位通晓天文气象的女学者。

六、王充

王充（公元27—97年），东汉唯物主义哲学家。字仲任。会稽上虞（今浙江省上虞县）人。据所著《论衡·自纪篇》："其先本魏郡元城，一姓孙。几世尝从军有功，封会稽阳亭。"到祖父王汎时，"以贾贩为事"。少孤，家贫无书，游洛阳书肆，阅所卖书，辄能忆诵。入太学师事班彪，深通诸子百家学说。曾任功曹、治中等官，后罢职居家，专事著述。同郡谢夷吾上书荐王充才学，汉章帝特诏公车征聘，因病不行。

王充一生致力于反对宗教迷信和目的论。吸收当时的自然科学知识，特别重视研究气象知识和自然灾害。以丰富的科学知识为武装，批评儒家天命论和谶纬神学。所著《论衡》八十五篇，为后世保存了丰富的气象史及其他科学史料。今佚《招致篇》一篇。又著《养性书》十六篇，从《自纪篇》所述来看，此书主要讲老年修身保健，已佚。

七、扬雄

扬雄（公元前53—18年），西汉文学家，哲学家，语言学家。一作扬雄。字子云。蜀郡成都（今四川省成都市）人。少好学，长于辞赋，喜仿效。博通群书，多识古文奇字。仿《易经》作《太玄经》，仿论语作《法言》。他提出以“玄”为宇宙万物根源的学说，强调如实地认识自然现象的必要性（追求真），驳斥了神仙方术的迷信。

扬雄的“玄”分为八十一首，七百二十九赞，每昼夜各为一赞，合二赞为一日。首相当于卦，赞相当于爻。《太玄》与《易》卦一样，包含了整个宇宙系统，以气象知识为基本构件。书中列载了二十四节气（太初元年）在二十八宿、十二次中的位置。

八、落下闳

落下闳，生卒年不详。西汉民间天文学家。姓落下，名闳，字长公。巴郡阆中（今四川省阆中县）人。精通天文地理，长于历算。受汉武帝征聘为太史待诏，与邓平等创制《太初历》，于公元前104年颁行。并制造浑仪，以观测星象。亦作洛下闳，洛下弘。

九、张衡

张衡（公元78—139年），东汉科学家，文学家。字子平。河南南阳西鄂（今河南省南阳县石桥镇）人。十七岁离家，到故都长安进行历史、社会及经济考察。后到首都洛阳，求师访友，参观太学。二十二岁时回南阳，任太守鲍德的主簿。写《东京赋》、《西京赋》，称为“两京赋”，成为文学名著流传至今。汉安帝永初二年（公元 108 年）鲍德离开南阳，张衡回乡钻研天文、气象、数学与哲学，声誉大振。永初五年赴京城任郎中与尚书侍郎。元初二年（公元 115 年）起，两度任太史令，前后十四年。创制了世界最早的水运浑天仪、相风铜鸟和候风地动仪，开创了科学仪器发明史的光辉篇章。

张衡首次解释月光为日光的反照，月食为月球进入地影。

古代宇宙结构理论有盖天、浑天、宣夜三说，张衡是浑天说的代表。他认为天好比蛋壳，地好比蛋黄，天大地小，天地各乘气而立，载水而浮。他虽然认为天似蛋壳，但并不认为那是宇宙的边界。他在《灵宪》中说：“宇之表无极，宙之端无穷”，认识到了宇宙的无限性。

对于宇宙起源，张衡认为天地未分之前，混混沌沌；既分之后，轻者上升为天，重者凝结为地。天为阳气，地为阴气，阴阳气合而生万物。继承了古代朴素唯物主义的认识。

围绕着历法改革，张衡与谶纬神学进行了激烈斗争。他提出了禁绝图谶之书的主张。张衡著有科学、哲学、文学著作三十二篇。《后汉书·张衡传》全文收入了《应闲赋》、《思玄赋》。《思玄赋》是一篇畅游太空的美妙的科学幻想诗。

十、京房

京房（公元前 77—前 37 年），西汉律学家，《易》学家。本姓李，字君明。东郡顿丘（今河南省清丰县西）人。今文《易》学的开创者。好论灾异，对许多自然灾害和奇异天气作了迷信的解释。汉元帝时为博士。根据八卦原理，用“三分损益法”将十二律扩展为六十律。著作今存《京氏易传》三卷。

十一、氾胜之

氾胜之，生卒年不详。又名氾胜。山东曹（今山东省曹县）人。农学家。汉成帝（公元前 37—前 7 年在位）任为议郎，曾以轻车使者名义在三辅（今陕西关中平原）一带倡导新法种麦，获得成功，后升为御使。所著农学著作《氾胜之书》，反映了当时农业科学水平，重视掌握气候、物候和农业气象知识。书中《调节稻田水温法》首次提出了通过农业措施改善农田小气候的理论与实践。原书已佚，主要内容散存于《齐民要术》、《太平御览》中。

十二、崔寔

崔寔（？—170年），东汉政论家，字子真。一名台，字元台。涿郡安平（今河北省安平县）人。官至尚书。大胆抨击当时社会弊端，重视生产知识。作有《政论》、《四民月令》、《农家谚》，均佚。《四民月令》里的各种农作物种植法、农业气象知识、谚语等，《齐民要术》有引载。《农家谚》中的气象谚语，《说郛》中有引用。

致　　谢

在本书付印之际，谨向近十年来帮助和鼓励我研究气象史的北京大学谢义炳教授、南京气象学院王鹏飞教授、中国大百科全书出版社吕东明编审、中国气象学会洪世年高工、辽宁省人大常委会周琳高工、气象出版社史秀菊同志致谢。

作者敬志

中国专门史文库

（第一辑）

中国政制史（修订版）
中国俸禄制度史（修订版）
中国家族制度史
中国民族史（上、下册）
汉民族发展史
中国科学技术史纲（修订版）
中国交通史
中国城市史
中国宗教史
中国佛教史
中国帮会史
中国新闻史
中国史学史
中国舞蹈发展史
中国旅游史
中国姓名史
中国丧葬史
中国书院史（增订版）
中国逻辑思想史
中国边疆经略史
中国认识论史

中国文化生成史（上、下册）
中国救荒史
中国婚姻史
中国社会福利史
中国戏曲史
中国法制史（上、下册）
中国土地制度史
中国相声史
中国通俗小说史
中国社会风俗史
中国古代造船史
中国话剧通史
中国火器通史
中国古代气象史稿
中国流民史（古代卷）
中国流民史（近代卷）
中国流民史（现代卷）
中国皇权史
中国性文化史
中国围棋文化史
中国禁忌史